改定版

よくわかる公共土木工事の設計変更
～基礎と事例～

一般財団法人　建設物価調査会

はじめに

発注者と受注者は，それぞれが役割をきちんと果たし，緊張関係を持ちながら連携することで，良い社会資本を整備するという共通の目標を達成することができる。発注者と受注者の役割分担は，社会資本の整備に伴うリスクをいかに分担するかということでもある。

わが国の政府調達は，標準的な建設会社が標準的な施工をして完成させる場合を前提として積算した予定価格を上限の価格としており，不確定要素に伴うリスクを受注者の入札価格に反映し難いしくみである。また，設計・施工分離原則により設計に起因する責任の多くは発注者側にあることを前提にして，リスク分担も考えたしくみになっている。

一方，社会資本を建設する土木工事は，生産現場が屋外であるため自然条件の影響を受ける，工事中の交通の確保や近隣への迷惑防止などの措置が必要となるなど社会条件への配慮も必要とする。また，各種の外的条件の変化や予期せざる事態が発生しやすいこともあり，契約当初の施工条件に不確定要素の多くを含まざるを得ない。

このようなわが国の調達制度の下では，リスクが顕在化した時点で発注者が応分の負担を行うことが，良い社会資本を整備するために不可欠である。とはいえ，それは受注者において必要となった費用のすべてを実費精算することではない。自主施工の原則を踏まえ，受注者の創意工夫を活かしつつ適切にリスクを分担することが必要である。このためには，契約約款や設計図書が適切であり，施工条件等が変わった時点，不確定要素が確定した時点で，その内容に応じて設計変更が適切に行われることが肝要である。

このようなわが国の公共工事調達の方法は，発注者の設計図書を作成する技量，設計変更を行う技量に依存する部分が大きい。このため，各発注機関においては，制度を整え，運用の適正化を図る努力がなされている。

設計変更にとって重要な条件明示の徹底を図る通知は昭和60年に参考通知され，改訂されて来ている。本通知を基に特記仕様書の作成例や条件明示のチェックリストが国土交通省の地方整備局等によって整備されてきた。近年では，工事施工の円滑化を図るべく，「設計変更ガイドライン」，「設計図書の照査ガイドライン」，「工事一時中止に係るガイドライン」等が発出されている。

また，平成22年度からは「総価契約単価合意方式」が全面的に採用され，受発注者の双務性の向上や設計変更の円滑化に貢献している。さらに，受発注者間のコミュニケーション並びに施工効率の向上を目的とした「三者会議」，「ワンデーレスポンス」，「設計変更審査会」などが，受発注者の関係改善を意識した具体的活動として全国の地方整備局等で実施されるようになった。

これらの活動は，建設現場の生産性の向上を通して建設企業の厳しい経営状況の改善に役立つものと受注者の評価も高く，また，より良い活動となるよう受注側からも活発な提案がなされているところである。

本書は，円滑かつ適正な設計変更を支援することを目的として，法令や通知及び活動を体系的に編纂するとともに事例を加え，現場実務者の理解に役立つ解説版として作成したものである。

各章別には，

第１章「土木工事の特性と契約」では，土木工事に係る契約についての基本的事項について記述している。始めに，土木工事の特性に伴う契約上の特性，公共工事標準請負契約約款の改正経緯，設計変更と契約変更の解説をした後に，設計変更を扱う上で重要な契約約款の条項についての逐条解説をしている。逐条解説では，手続きを判りやすくするため設計変更，契約変更の要因別に手続きフローを示した。

第２章「設計図書と設計変更」では，国土交通省直轄土木工事を対象に，契約図書，設計図書の作成及び設計変更に関連する規則等の規範の概要について解説している。公共土木工事の執行に係る規範は，契約書並びに法律を頂点とする多くの通知等で成り立っている。これらの規範は経年的に変化するものであり，その意図や他の通知等との関係は一般には判り難いものである。本章では，契約から検査に至る行為別にそれぞれの行為を律する規範を概説した。特に後半では，「設計変更ガイドライン」等の解説を行っている。

第３章「条件明示と設計変更の実際」では，設計変更等について実務で役立てて戴くため具体的事例を示している。第１節で条件明示について項目別に解説するとともにチェックリストの事例を掲載した。また，第２節では「設計変更ガイドライン」を参考に設計変更が可能なケースあるいは不可能なケース等に関する事例について記載した。さらに，第３節では具体的な設計変更の事例について当初の条件明示，設計変更項目と内容を示した。

第４章「新たな取り組み」では，設計変更にも密接に関連する最近の新たな取り組みを解説している。具体的には，第２節では，請負代金の変更があった場合の金額の算定等の単価について，前もって合意しておくことにより設計変更の円滑化を図るための「総価契約単価合意方式」，合理的な範囲を超える価格変動があった場合に請負代金の変更を行う「スライド条項の運用」について解説している。第３節では，各工事現場における受発注者間のコミュニケーション・施工効率の向上を目的とした「三者会議」，「ワンデーレスポンス」及び「設計変更審査会」などの様々な取り組みについて紹介している。

第５章「資料編」には，関係する代表的な通知，ガイドライン等の文書並びに用語の定義を掲載して利用の便を図っている。

本書が，公共工事に係る各方面の担当者に広く活用され，設計変更などの円滑化，適正化に貢献し，より良い社会資本の整備に寄与することを期待している。

なお，本書の作成にあたっては，国土交通省大臣官房技術調査課，国土技術政策総合研究所総合技術政策研究センター，各地方整備局等の技術管理課，（社）日本建設業連合会，（一社）全国建設業協会の皆様，並びに造詣が深い有識者，諸先輩から貴重な資料をご提供戴くとともに，ご助言，ご指導を戴いた。ここに厚く御礼申し上げる次第である。

平成24年６月

改訂版の発行に当たって

初版を発行した以降に「公共工事の品質確保の促進に関する法律」の改正があった。法改正は社会資本の品質確保とその担い手の中長期的な育成・確保を目的として行われ，公共工事の執行システムをより適正化する観点からの規定が盛り込まれた。

改正法の第７条では，発注者の責務が明示され，特に，「設計図書に適切に施工条件を明示するとともに，設計図書に示された施工条件と実際の工事現場の状態が一致しない場合，設計図書に示されていない施工条件について予期することができない特別な状態が生じた場合その他の場合において必要があると認められるときは，適切に設計図書の変更及びこれに伴い必要となる請負代金の額又は工期の変更を行うこと。」とされ，設計変更が発注者の責務と法的に位置付けられた。本法は，すべての公共工事の発注者に適用される法律であり，運用指針なども整備されているので，設計変更の適切な実施に幅広く効果を及ぼすものと期待される。

設計変更の重要性は発注者もよく理解するところである。しかし，現実にうまく進めるためには，個別の案件の担当者が公共の利益の為に必要な事柄ということを理解することや，その具体的な実施方法を理解することが第一歩となる。理解を助け，実施を促すため国土交通省では各種の通達やガイドラインを整備し，コミュニケーション改善の運動を行ってきた。このようなここ数年の大きな変化を踏まえ，改訂版を出版することになった。

各章別には，改正品確法はもとより以下のような点について改定した。

第１章では，総合評価に係わる改定，総価契約単価合意方式に関する改定を反映した。また，（一社）全国建設業協会，（一社）日本建設業連合会でなされたアンケートから設計変更に関係する部分を収録させて頂いた。

第２章では，公共土木工事の執行に関する通達の制改定，設計変更ガイドライン，一時中止ガイドラインなどの改定を踏まえて内容を更新した。

第３章では，各地方整備局で新たに作成された条件明示の手引きや設計変更事例も踏まえ，内容を更新するとともに事例を追加した。

第４章では，総価契約単価合意方式について，その要領と解説が全面的に改定されたことを踏まえて内容を更新した。また，スライド条項，施工効率向上の取組みなどについては，新たな通達や取組みの状況を踏まえて内容を更新した。

改訂版の編集に当たって，監修してくださった国土交通省の皆様，並びにご協力いただいた関係各位に厚く御礼申し上げます。

また，本書が読者の皆様のお役に立ち，より良い社会資本の整備に寄与することを祈念いたします。

平成28年７月

目　　次

第１章　土木工事の特性と契約

第２章　設計図書と設計変更

第３章　条件明示と設計変更の実際

第5章　資料編

よくわかる公共土木工事の設計変更～基礎と事例～の概要

1．良質な社会資本は適切な設計変更から

★良質な社会資本を造ることは，発注者・受注者の共通目標

★建設事業はリスク（不確定要素）を抱えてスタート

　しかし，リスクは予定価格・入札価格に反映されない。

★では，どうするか？

➡契約・設計の条件と価格の関係が判った対応を発注者・受注者がする。

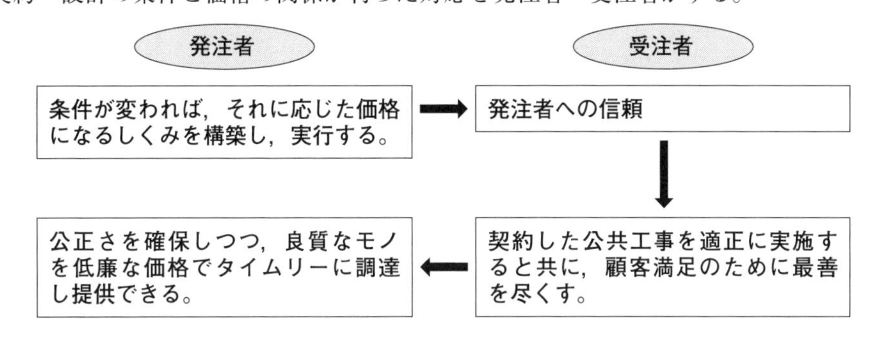

2．適切な設計変更を行うために

★ルールの理解

・契約約款の理解（設計変更の条件と手続き）……………第１章

・設計図書の理解（設計図書作成のルール）……………第２章２－１

・契約価格の理解（積算と単価合意のルール）……………第２章２－１ (8) (9)

　第４章４－２

★理解を行動に

・条件明示通達（特記仕様書等への明示項目）……………第３章３－１

・設計変更ガイドライン（設計変更の場合の取り扱い）……………第２章２－２ (3)

　第３章３－２

・設計変更の事例……………第３章３－３

・設計図書の照査ガイドライン（照査の基本的考え方，範囲）……………第２章２－２ (4)

・工事一時中止ガイドライン（一時中止の場合の取り扱い）……………第２章２－２ (5)

★コミュニケーションが大事

・施工効率向上の取組み……………第４章４－３

　・三者会議

　・ワンデーレスポンス

　・設計変更審査会

　・情報共有システム

第1章

土木工事の特性と契約

１－１　建設工事の請負契約

近代法においては，契約の当事者は，原則として自由な合意や約束によって，どんな内容の契約をどんな方法で締結するのかという自由を有するものとされている（契約自由の原則）。この原則のもとでは，民法や商法の規定は補充的に適用されるに過ぎず，建設工事の請負契約もまた，当事者の意思の合致によって定められるものであることはいうまでもない。

しかし，この契約には往々にして意思表示の不明確さや不完全さがあり，また，民法における典型契約の一つとしての請負の規定も不十分なものであるため，建設工事に関する紛争は生じやすいものとなっている。また，建設工事では受発注者の力関係から片務的なものになりがちであり，とりわけ官公庁や大注文者と受注者の間においては，支配服従関係のような契約関係があったり，著しく受注者に不利な取扱いがされたりする「片務性」が強く見られると言われてきた。

このような状況は，建設業の健全な発展と建設工事の施工の適正化を妨げるものと懸念され，昭和24年に制定された建設業法においては，法自体に契約の書面化等の請負契約の適正化のための規定（建設業法第３章）をおき，このような強行規定により契約自由の原則に一定の修正を加えた。さらに一般的な規定だけではなく，請負契約の「片務性」の是正と契約関係の明確化，適正化のため，契約の内容そのものを合理的にする目的として，中央建設業審議会が公正な立場から当事者間の具体的な権利義務の内容を定める標準請負契約約款を作成し，その実施を当事者に勧告する（建設業法第34条第２項）こととしている。

１－２　土木工事の特性と契約変更

土木工事は，現地屋外での工事が多く，単品受注生産方式であることから，生産段階において多くの不確実性を有している。道路，橋梁，トンネル，ダム等の土木工事の大部分は現地屋外でその工事が実施されるため，工事現場の気候，地質，地形，地下水，周辺住民や交通に与える影響に関する制約等の自然的・社会的条件の影響を著しく受けることとなる。また，その影響の要素も非常に多く，程度も広範囲にわたるとともに，それらが互いに関連して複雑な条件をつくり出している。これらの施工条件については，あらかじめ十分に把握することは困難なことが多い。

例えば自然条件である地質をとってみると，工事に必要となる区域の地質条件を把握する方法として，橋梁下部工などにおけるジャストポイントでの調査等を別にすれば，一般的には数本のボーリング調査結果からある区域のある深さまでの土質性状を推定する方法が行われている。しかし，地盤の構成が複雑である場合にはこの数本のボーリング調査結果からでは全体像を十分に把握しきれないことも多い。

社会条件である騒音，振動，水質などについては地域によって，他の地域の事例では推し量れぬほどの異なった対応が求められる場合がある。

さらに，工事期間が長期にわたる場合には，工期内に物価などの条件が変動することがある。

このように土木工事では，施工条件が複雑かつ多様であり，工事現場により大きく異なる。また，これらの施工条件は，工事の実施過程でも変化したり，予期しない状態が発生することも少なくない。

土木工事では，一般消費財の売買と異なり，工事目的物が存在しない段階で契約が締結されるが，施工条件に不確実性を伴うため，起こりうるすべての状況に対応しうる契約を記述することは不可能である。したがって，不確実な事象に対する解決のルールが契約に記述されることとなり，公共工事標準請負契約約款において契約変更，紛争解決に関する条項が定められているのである。

ここで，契約変更に関して法令等ではどのように規定されているかを以下に取りまとめる。

1） 会計法・地方自治法・建設業法

建設工事の請負代金額について規定した法令としては，会計法・予算決算及び会計令，地方自治法など公共工事の発注者である国及び地方自治体が従うべき法令が挙げられる。これらには予定価格についての規定はあるが，契約変更，設計変更については規定されていない。

一方，建設業法では，第19条（建設工事の請負契約の内容）に請負契約の締結に際して記載しなければならない事項を列挙しており，それらは中央建設業審議会の標準請負契約約款に反映されている。契約変更に関連するものとしては，次の３項目が示されている。

- 当事者の一方から設計変更又は工事着手の延期若しくは工事の全部若しくは一部の中止の申出があつた場合における工期の変更，請負代金の額の変更又は損害の負担及びそれらの額の算定方法に関する定め
- 天災その他不可抗力による工期の変更又は損害の負担及びその額の算定方法に関する定め
- 価格等（物価統制令（昭和二十一年勅令第百十八号）第二条に規定する価格等をいう。）の変動若しくは変更に基づく請負代金の額又は工事内容の変更

また，第19条第２項には，請負契約の内容を変更するときは書面に記載し署名又は記名押印することとしている。

2） 品確法

平成17年に制定された「公共工事の品質確保の促進に関する法律」（以下，「品確法」という。）は，公共工事の品質確保のための基本理念，基本方針，発注者及び受注者の責務等が明記され，競争参加者の技術的能力の審査や競争参加者の技術提案が規定され，総合評価落札方式に法的な根拠が与えられた。

現在及び将来にわたる建設工事の適正な施工及び品質の確保と，その担い手の確保を目的として，平成24年６月に品確法は大幅に改正・施行された。改正品確法の第３条（基本理念）には，公共工事における請負契約の当事者が適正な額の請負代金で締結することが追記されるとともに，発注者の責務として，第７条（発注者の責務）において，設計変更に関する規定が新設された。

第７条　発注者は，基本理念にのっとり，（中略）仕様書及び設計書の作成，予定価格の作成，入札及び契約の方法の選択，契約の相手方の決定，工事の監督及び検査並びに工事中及び完成時の施工状況の確認及び評価その他の事務（以下「発注関係事務」という。）を，次に定

めるところによる等適切に実施しなければならない。
一～四及び六（略）
五　設計図書（仕様書，設計書及び図面をいう。以下この号において同じ。）に適切に施工条件を明示するとともに，設計図書に示された施工条件と実際の工事現場の状態が一致しない場合，設計図書に示されていない施工条件について予期することができない特別な状態が生じた場合その他の場合において必要があると認められるときは，適切に設計図書の変更及びこれに伴い必要となる請負代金の額又は工期の変更を行うこと。
　必要に応じて完成後の一定期間を経過した後において施工状況の確認及び評価を実施するよう努めること。

また，改正品確法の第22条には，国が「発注関係事務の運用に関する指針」を定めることとしており，平成27年1月に，公共工事の品質確保の促進に関する関係省庁連絡会議が同指針をとりまとめ，公表している。指針は本文と事務局である国土交通省が策定した解説資料からなり，設計変更に関しては，本文ではⅡ．１．⑷ 工事施工段階で取り組む事項として，以下の記述がある。

（施工条件の変化等に応じた適切な設計変更）
　施工条件を適切に設計図書に明示し，設計図書に示された施工条件と実際の工事現場の状態が一致しない場合，設計図書に明示されていない施工条件について予期することのできない特別な状態が生じた場合その他の場合において，必要と認められるときは，適切に設計図書の変更及びこれに伴って必要となる請負代金の額や工期の適切な変更を行う。
　また，労務，資材等の価格変動を注視し，賃金水準又は物価水準の変動により受注者から請負代金額の変更（いわゆる全体スライド条項，単品スライド条項又はインフレスライド条項）について請求があった場合は，変更の可否について迅速かつ適切に判断した上で，請負代金額の変更を行う。
（工事中の施工状況の確認等）（略）
（施工現場における労働環境の改善）（略）
（受注者との情報共有や協議の迅速化等）
　設計思想の伝達及び情報共有を図るため，設計者，施工者，発注者（設計担当及び工事担当）が一堂に会する会議（専門工事業者，建築基準法（昭和25年法律第201号）第２条に規定する工事監理者も適宜参画）を，施工者が設計図書を照査等した後及びその他必要に応じて開催するよう努める。
　また，各発注者は受注者からの協議等について，速やかかつ適切な回答に努める。
　変更手続の円滑な実施を目的として，設計変更が可能になる場合の例，手続の例，工事一時中止が必要な場合の例及び手続に必要となる書類の例等についてとりまとめた指針の策定に努め，これを活用する。
　設計変更の手続の迅速化等を目的として，発注者と受注者双方の関係者が一堂に会し，設計変更の妥当性の審議及び工事の中止等の協議・審議等を行う会議を，必要に応じて開催するよう努める。

解説資料においては，「指針本文」に記載の内容について，ポイントとなる項目ごとに，具体的な取組事例の紹介や，参考となる要領，ガイドライン等を引用するなどにより解説されている。設計変更に関しては以下の項目の解説があるので参考にされたい。

（施工条件の変化等に応じた適切な設計変更）

○適切に設計図書の変更（施工条件）

○適切に設計図書の変更（追加工事等）

○いわゆる全体スライド条項，単品スライド条項又はインフレスライド条項

（受注者との情報共有や協議の迅速化等）

○設計思想の伝達及び情報共有

○受注者からの協議等

○変更手続の円滑な実施

○設計変更の手続の迅速化

1－3　公共工事標準請負契約約款の作成と改正の経緯

建設業法の規定に基づき，中央建設業審議会は，標準請負契約約款に関しては，公共工事用として公共工事標準請負契約約款，民間工事用として民間建設工事標準請負契約約款（甲）及び（乙）並びに下請工事用として建設工事標準下請負契約約款を作成し，その実施を勧告してきている。

このうち，公共工事標準請負契約約款は，国の機関，地方公共団体，独立行政法人等の政府関係機関が発注する工事を対象とするのみならず，電力，ガス，鉄道，電気通信等の常時建設工事を発注する民間企業の工事についても用いることができるように作成されたものである。これが，「建設工事標準請負契約約款」の名称で最初に作成・勧告されたのは昭和25年２月のことであり，当初の契約約款においては，契約内容の公正化・民主化（片務性の打破）と契約内容の明確化の２点に主眼を置いて，注文者側の監督の権限を明確にすることや，発注者の検査期日・代金支払期日を明確にすることなどを骨子とし，全38条の規定が定められた。

その後，数次の改正が行われてきたが，昭和47年には，建設業法の大改正を受けて契約条件の明確化・適正化，工事管理の合理化等を中心にした大改正が行われ，名称も「公共工事標準請負契約約款」と変更された。特に，工事管理の合理化に関して，自主施工の原則とされる『約款及び設計図書に特別の定めがある場合を除き，仮設，工法等工事目的物を完成させるために必要な一切の手段については，請負者が定めること』を確認的に規定した。

平成７年には，履行保証制度の整備や契約関係の明確化等を主な内容とする改正が行われるとともに，工事完成保証人が約款の条項から全面的に削除された。

さらに，最近では，平成22年に契約当事者間の対等性確保等を内容とする改正が行われ，約款中

の呼称が「甲」・「乙」から，「発注者」・「受注者」に変更されている。

本書で引用する条文は，平成22年改正後の公共工事標準請負契約約款を用いることとする。なお，第３章における事例は本改正以前のものもあるが，基本的な考え方は変わっていないので改正後の条文を用いて解説しても特段の問題は無い。

１－４　設計変更と契約変更

本節では，「設計変更」と「契約変更」との関連について述べる。

(1)　設計図書と契約図書

まず，設計図書と契約図書の定義を明確にしておく。

「設計図書」は公共工事標準請負契約約款第１条において，『別冊の図面，仕様書，現場説明書及び現場説明に対する質問回答書をいう』と規定されている。一方，土木工事共通仕様書 第１編 共通編「１－１－２ 用語の定義」において，『契約図書とは，契約書及び設計図書をいう』，『設計図書とは，仕様書，図面，現場説明書及び現場説明に対する質問回答書をいう，また，土木工事においては，工事数量総括表を含むものとする』とされており，公共工事標準請負契約約款と土木工事共通仕様書を併せると，公共土木工事における契約図書，設計図書の定義は次のとおりとなる。

契約図書：契約書，約款及び設計図書 設計図書：図面，仕様書，現場説明書，現場説明に対する質問回答書及び工事数量総括表

なお，国土交通省発注工事では「工事請負契約書の制定について」（平成７年６月30日建設事務次官通知，平成28年３月18日最終改正，国地契第88号国北予第35号）において公共工事標準請負契約約款における契約書と約款を合わせたものを契約書としている※1。

(2)　設計変更と契約変更

設計変更，契約変更という用語はあまり厳密に使い分けられずに用いられているが，本書においては，昭和44年３月の東北地方建設局長からの照会に対する建設省官房長の回答「設計変更に伴う契約変更の取扱いについて」に示された考え方を用いることとする※2。

※1　公共土木工事標準請負契約約款と国土交通省の工事請負契約書の約款部分は，概ね同様であるが一部で異なっている。本書では，公共土木工事標準請負契約約款の条文を用いることを優先する。ただし，国土交通省の通知文等を引用する場合で「工事請負契約書」とされている場合は原文のまま表記することとし，それを解説する場合も「工事請負契約書」に基づいて解説する。

※2　国土交通省関東地方整備局制定の「工事請負契約における設計変更ガイドライン（総合版），平成27年６月」では，次のように定義している。
○設計変更：契約変更の手続きの前に当該変更の内容をあらかじめ受注者に指示すること
○契約変更：契約内容に変更の必要が生じた場合，当該受注者との間において，既に締結されている契約を変更することこれによると,「設計変更」の定義として『工事請負標準契約書第15条及び第16条（注：現行の工事請負契約書では第18条及び第19条）の規定により図面又は仕様書（土木工事にあっては，金額を記載しない設計書を含む）を変更することとなる場合において，契約変更の手続きの前に当該変更の内容をあらかじめ請負者に指示することをいう。』とされている。これから，本書では「契約変更を前提として，設計図書の内容を変更すること」を「設計変更」とし，設計変更を伴う場合も伴わない場合も含め,「契約の内容を変更すること」を「契約変更」と呼ぶことにする。

「設計変更に伴う契約変更の取扱いについて」においては,「契約変更の範囲」として『設計表示単位に満たない設計変更は，契約変更の対象としないものとする。』とされ，例えば，図面の変更があっても設計表示単位（工事量の設計表示単位は，別に定められた設計積算に関する基準において工事の内容，規模に応じ定めるものとされている。）に満たない場合には「設計変更」とは言わないこととする。

1－5　公共工事標準請負契約約款の主な条項

公共工事標準請負契約約款（以下,「標準契約約款」という。）において設計変更に関連する主な条文を示し簡単な解説を加える。ここでは，建設業法研究会編著「改訂４版　公共工事標準請負契約約款の解説」（大成出版社）を参考としており，より詳細な解説については同書を参照されたい。

(1)　契約の基本原則

請負契約の本旨は，発注者が示した図面，仕様書等の設計図書に基づいて受注者が工事を施工することにあり，標準契約約款の第１条はその基本原則を規定している。

（総則）

第１条　発注者及び受注者は，この約款（契約書を含む。以下同じ。）に基づき，設計図書（別冊の図面，仕様書，現場説明書及び現場説明に対する質問回答書をいう。以下同じ。）に従い，日本国の法令を遵守し，この契約（この約款及び設計図書を内容とする工事の請負契約をいう。以下同じ。）を履行しなければならない。

２　受注者は，契約書記載の工事を契約書記載の工期内に完成し，工事目的物を発注者に引き渡すものとし，発注者は，その請負代金を支払うものとする。

３　仮設，施工方法その他工事目的物を完成するために必要な一切の手段（以下「施工方法等」という。）については，この約款及び設計図書に特別の定めがある場合を除き，受注者がその責任において定める。

５　この約款に定める請求，通知，報告，申出，承諾及び解除は，書面により行わなければならない。

（４及び６以降略）

第1項では，発注者及び受注者が請負契約の履行に関して，この約款及び設計図書に従うこととし，設計図書が，図面，仕様書のみならず，現場説明書及び現場説明に対する質問回答書を含むものであることを明らかにしている。

第2項は，請負契約における受注者と発注者の基本的義務を確認的に明記したものである。すなわち，「請負」を規定した民法では，『請負は，当事者の一方がある仕事を完成することを約し，相手方がその仕事の結果に対してその報酬を支払うことを約することによって，その効力を生ずる。(第632条)』とされているが，建設工事における受注者の基本的義務は「工事を工期内に完成させ発注者に引き渡すこと」，発注者の基本的義務は「工事の完成に必要な請負代金を支払うこと」であることを明らかにしている。

第3項は，「自主施工の原則」といわれるものであり，直接的な施工技術を有する受注者が最も合理的・効率的な施工方法等を選択することを可能にし，円滑で迅速な施工を期待するとともに，民間技術の開発・進歩を促す等の効果もある。受注者の責任において定めたものであるため，選択した施工方法等が高額な場合であっても契約変更の対象にはならない。一方，「この約款及び設計図書に特別の定めがある場合を除き」とされているとおり，発注者が技術上，安全上等の合理的な理由から施工方法等を定める必要がある場合には，設計図書に施工方法等を指定しておくこととなり，その変更については「設計図書の内容の変更」として扱うことになる。

第5項は，書面主義といわれるものであり，発注者と受注者の間で紛争の原因を作らないように，請求，通知，報告，申出，承諾及び解除については書面により行わなければならないとしている。

⑵ 設計変更の手続き

1－2で述べたように，土木工事の特性として契約した工事目的物や仮設についての施工条件が異なる等の理由で既契約どおりに施工できないために設計図書の内容を変更せざるを得なくなる場合や，諸般の事情により工事が追加されたり，工事が中止される場合がある。このような場合の設計変更の手続きが定められている。ここでは第18条から第22条までの条文の説明とともに，手続きの流れを図で示すこととする。

(条件変更等)

第18条　受注者は，工事の施工に当たり，次の各号のいずれかに該当する事実を発見したときは，その旨を直ちに監督員に通知し，その確認を請求しなければならない。

一　図面，仕様書，現場説明書及び現場説明に対する質問回答書が一致しないこと（これらの優先順位が定められている場合を除く。)。

二　設計図書に誤謬又は脱漏があること。

三　設計図書の表示が明確でないこと。

四　工事現場の形状，地質，湧水等の状態，施工上の制約等設計図書に示された自然的又は人為的な施工条件と実際の工事現場が一致しないこと。

五　設計図書で明示されていない施工条件について予期することのできない特別な状態が生

じたこと。

2　監督員は，前項の規定による確認を請求されたとき又は自ら同項各号に掲げる事実を発見したときは，受注者の立会いの上，直ちに調査を行わなければならない。ただし，受注者が立会いに応じない場合には，受注者の立会いを得ずに行うことができる。

3　発注者は，受注者の意見を聴いて，調査の結果（これに対してとるべき措置を指示する必要があるときは，当該指示を含む。）をとりまとめ，調査の終了後○日以内に，その結果を受注者に通知しなければならない。ただし，その期間内に通知できないやむを得ない理由があるときは，あらかじめ受注者の意見を聴いた上，当該期間を延長することができる。

4　前項の調査の結果において第１項の事実が確認された場合において，必要があると認められるときは，次の各号に掲げるところにより，設計図書の訂正又は変更を行わなければならない。

一　第１項第一号から第三号までのいずれかに該当し設計図書を訂正する必要があるもの　発注者が行う。

二　第１項第四号又は第五号に該当し設計図書を変更する場合で工事目的物の変更を伴うもの　発注者が行う。

三　第１項第四号又は第五号に該当し設計図書を変更する場合で工事目的物の変更を伴わないもの　発注者と受注者とが協議して発注者が行う。

5　前項の規定により設計図書の訂正又は変更が行われた場合において，発注者は，必要があると認められるときは工期若しくは請負代金額を変更し，又は受注者に損害を及ぼしたときは必要な費用を負担しなければならない。

本条では，設計図書の表示が不明確な場合，設計図書と工事現場の状態が異なる場合，設計図書に示された施工条件が実際と一致しない場合，工事の施工条件について予期し得ない特別の状態が生じた場合等における発注者及び受注者のとるべき措置について規定している。

第１項では，本条を適用すべき条件変更の事実が第一号から第五号まで列挙され，受注者の監督員への通知義務及び確認請求義務について規定している。

第２項では，監督員は事実確認についての調査を受注者の立会いの上で直ちに行うことを，また第３項では，発注者は受注者の意見を聴いて調査結果をとりまとめ，調査終了後一定期間以内に指示を含めた調査結果を受注者に通知することを規定している。

この場合の指示は，規定全般の趣旨からみて再調査等事実の確認に関するもの，あるいは，とりあえずの工事の中止，応急措置等の当面の措置に関するものと解されている。

第４項では，第１項の事実が発注者及び受注者の間において確認された場合において，その事実により設計図書の訂正又は変更の必要があると認められるときの受発注者間の対応について規定している。設計図書は発注者が作成するものであるから，その訂正や変更は発注者が行うのは当然である。工事目的物の変更を伴わない設計図書の変更については，受注者の意見をも十分考慮して定める必要があるので協議して発注者が行うとしている。

第5項では第4項の規定により設計図書の訂正又は変更が行われた場合，発注者は客観的に必要があると認められるときは工期若しくは請負代金額を変更し，又は必要な費用を負担しなければならないことを明示している。

第18条（条件変更等）の手続きフロー

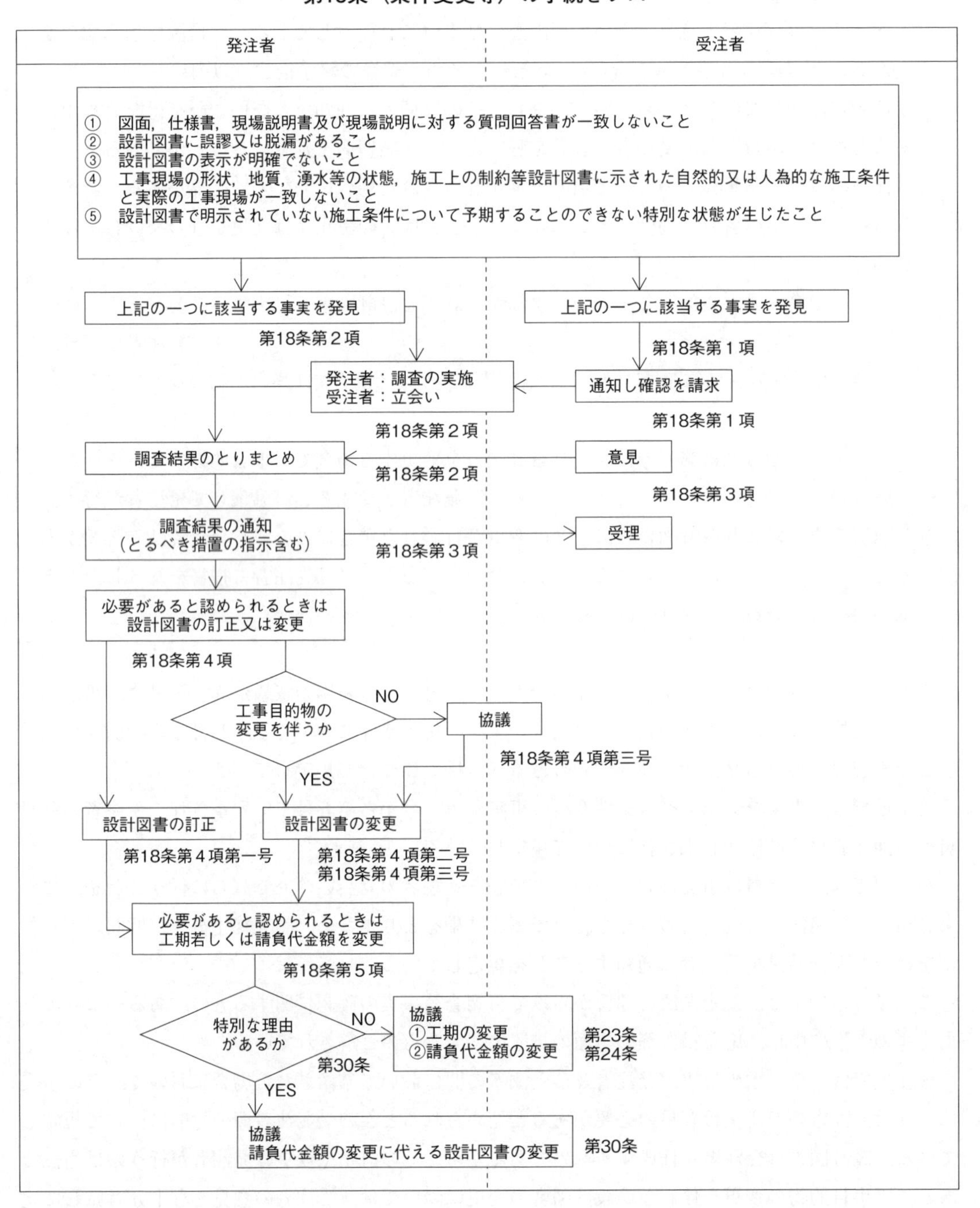

（設計図書の変更）
第19条　発注者は，必要があると認めるときは，設計図書の変更内容を受注者に通知して，設計図書を変更することができる。この場合において，発注者は，必要があると認められるときは工期若しくは請負代金額を変更し，又は受注者に損害を及ぼしたときは必要な費用を負担しなければならない。

本条は，発注者の意思により工事数量が変更される場合に適用され，発注者は，自らの意思で設計図書を変更できること及びその場合の工期若しくは請負代金額の変更等について規定している。設計図書を変更する場合には発注者は設計図書の変更内容を受注者に通知しなければならないとしている。

発注者は，自己の都合により設計図書を変更することができるが，その場合には，発注者と受注者の契約事項を踏まえながら，工期又は請負代金額の変更を行うのが当然であるとしている。

第19条（設計図書の変更）の手続きフロー

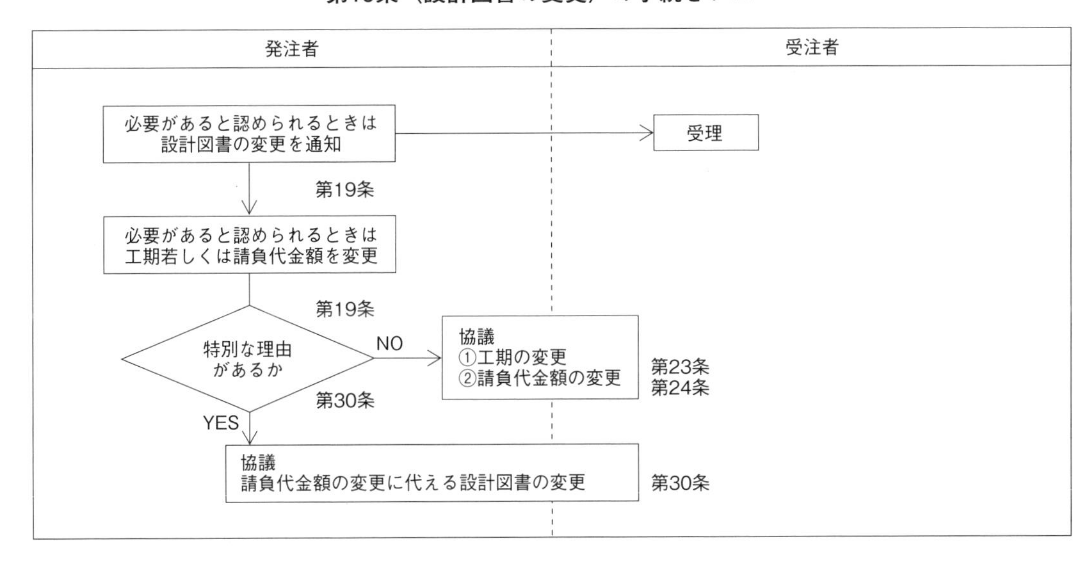

（工事の中止）
第20条　工事用地等の確保ができない等のため又は暴風，豪雨，洪水，高潮，地震，地すべり，落盤，火災，騒乱，暴動その他の自然的又は人為的な事象（以下「天災等」という。）であって受注者の責めに帰すことができないものにより工事目的物等に損害を生じ若しくは工事現場の状態が変動したため，受注者が工事を施工できないと認められるときは，発注者は，工事の中止内容を直ちに受注者に通知して，工事の全部又は一部の施工を一時中止させなければならない。
2　発注者は，前項の規定によるほか，必要があると認めるときは，工事の中止内容を受注者に通知して，工事の全部又は一部の施工を一時中止させることができる。
3　発注者は，前二項の規定により工事の施工を一時中止させた場合において，必要があると認められるときは工期若しくは請負代金額を変更し，又は受注者が工事の続行に備え工事現場を維持し若しくは労働者，建設機械器具等を保持するための費用その他の工事の施工の一時中止に伴う増加費用を必要とし若しくは受注者に損害を及ぼしたときは必要な費用を負担しなければならない。

第20条（工事の中止）の手続きフロー

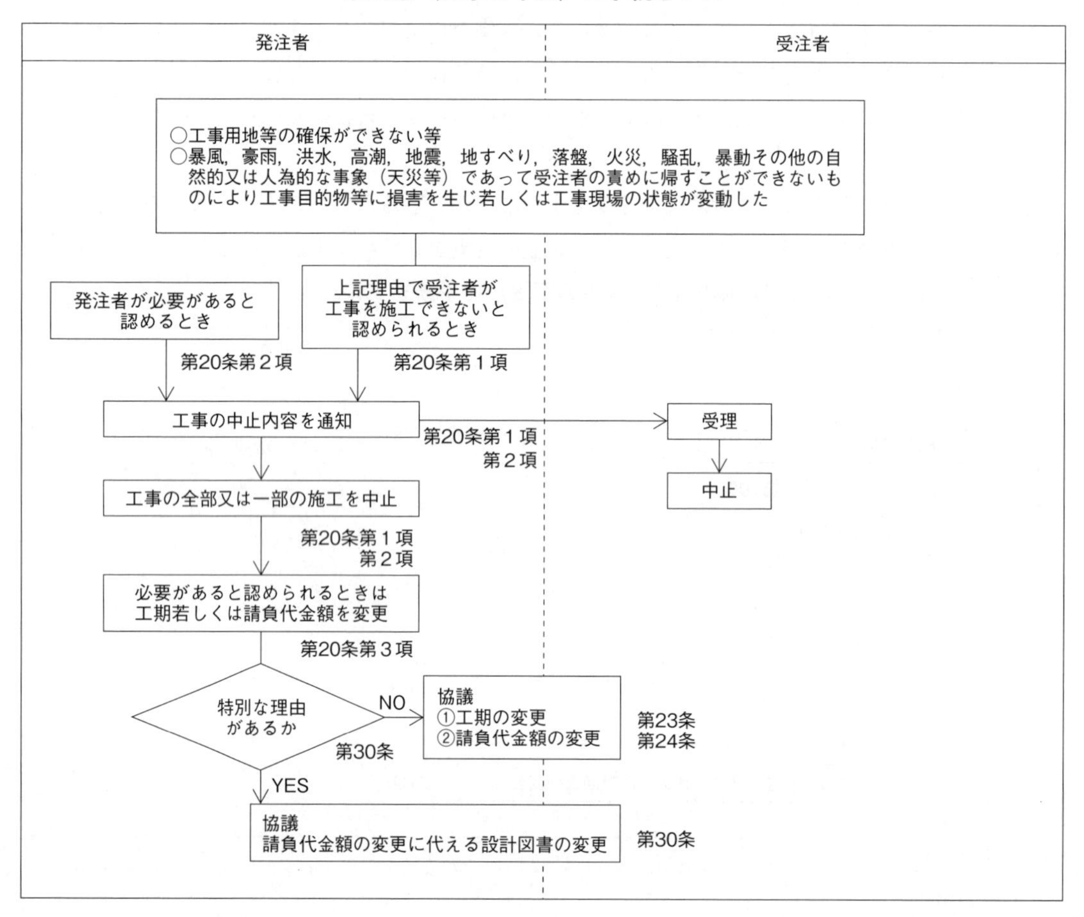

本条では，発注者が用地の確保ができないときなど，受注者が工事を施工できないと認められる一定の場合には，発注者は工事の中止内容を受注者に通知して工事の全部又は一部の施工を一時中止させなければならないこと，また，発注者はこの場合以外でも必要があると認めるときに工事を中止させることができることを規定している。さらに，工事が中止された場合の工期及び請負代金額の変更等について規定している。

（受注者の請求による工期の延長）

第21条　受注者は，天候の不良，第２条の規定に基づく関連工事の調整への協力その他受注者の責めに帰すことができない事由により工期内に工事を完成することができないときは，その理由を明示した書面により，発注者に工期の延長変更を請求することができる。
2　発注者は，前項の規定による請求があった場合において，必要があると認められるときは，工期を延長しなければならない。発注者は，その工期の延長が発注者の責めに帰すべき事由による場合においては，請負代金額について必要と認められる変更を行い，又は受注者に損害を及ぼしたときは必要な費用を負担しなければならない。

第21条（受注者の請求による工期の延長）の手続きフロー

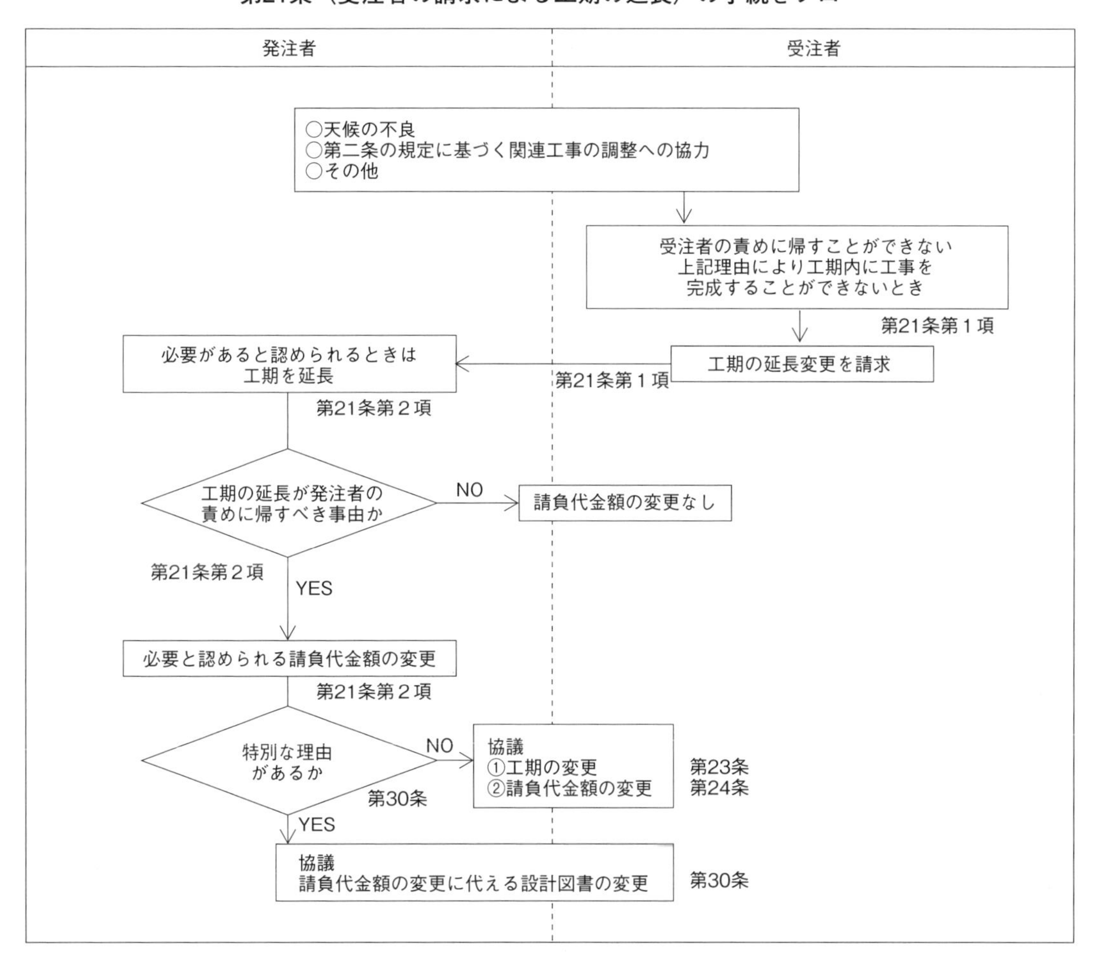

本条では，受注者は，受注者の責めに帰すことができない事由によって工期内に工事を完成することができない場合には，工期の延長を請求することができることを規定している。

なお，受注者の責めに帰すことができない事由として天候の不良，第２条の規定に基づく関連工事の調整への協力が例示されている。

平成22年の改正以前は本条は第１項のみであり，請負代金額の変更を伴わない工期の変更（いわゆる無償延長）を認める趣旨の規定とされている。一方，第２項は新たに追加された項であり，契約当事者間の対等性を確保するため，工期延長に伴う費用増加について発注者に帰責事由がある場合には発注者が負担する旨を明確にしている。

（発注者の請求による工期の短縮等）

第22条　発注者は，特別の理由により工期を短縮する必要があるときは，工期の短縮変更を受注者に請求することができる。

2　発注者は，この約款の他の条項の規定により工期を延長すべき場合において，特別の理由があるときは，延長する工期について，通常必要とされる工期に満たない工期への変更を請求することができる。

3　発注者は，前二項の場合において，必要があると認められるときは請負代金額を変更し，又は受注者に損害を及ぼしたときは必要な費用を負担しなければならない。

第22条（発注者の請求による工期の短縮等）の手続きフロー

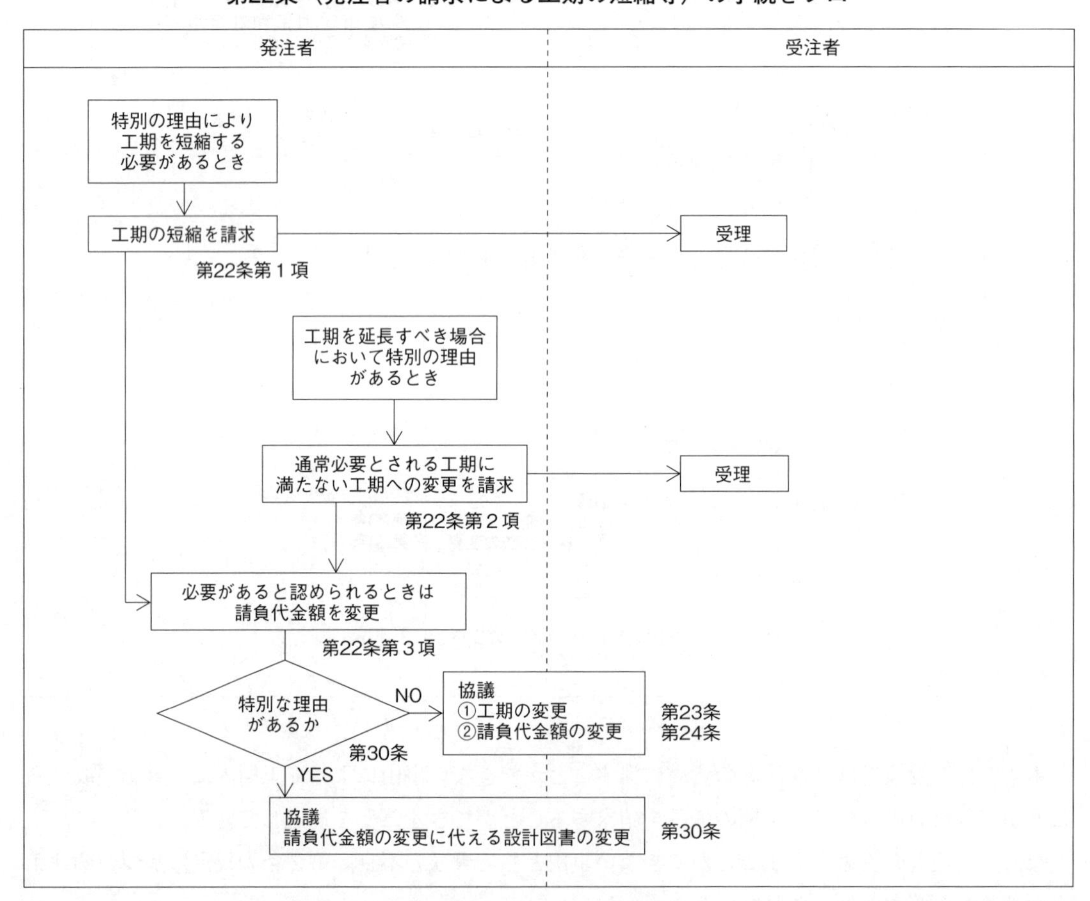

本条は，特別な理由により発注者の意思で工期の短縮を求めることができる規定である。特別な理由としては特別な事情により供用時期を早める場合などが考えられる。

第２項は，約款の他の条項の規定により工期を延長すべき場合に，延長する工期が通常必要とされる工期に満たない工期への変更を求めることができる規定であり，第１項と同様に供用時期等の関係で通常必要とされる工期延長ができない事情がある場合等が考えられる。

工期内に完成させるため通常とは異なる施工方法を採ること等による工事費の増嵩について必要があると認められる場合には請負代金額の変更を行うこととしている。

⑶　工期・請負代金額の変更方法

約款の他の条項の規定により工期，請負代金額を変更する場合の手続き（第23条，第24条），請負代金額の変更に代えて設計図書を変更する場合の手続き（第30条）をそれぞれ規定している。

（工期の変更方法）

第23条　工期の変更については，発注者と受注者とが協議して定める。ただし，協議開始の日から○日以内に協議が整わない場合には，発注者が定め，受注者に通知する。

（注）　○の部分には，工期及び請負代金額を勘案して十分な協議が行えるよう留意して数字を記入する。

２　前項の協議開始の日については，発注者が受注者の意見を聴いて定め，受注者に通知するものとする。ただし，発注者が工期の変更事由が生じた日（第21条の場合にあっては発注者が工期変更の請求を受けた日，前条の場合にあっては受注者が工期変更の請求を受けた日）から○日以内に協議開始の日を通知しない場合には，受注者は，協議開始の日を定め，発注者に通知することができる。

（注）　○の部分には，工期を勘案してできる限り早急に通知を行うよう留意して数字を記入する。

本条は，約款の他の条項の規定により工期の変更を行う場合の変更方法を定めた規定である。

工期の変更は発注者と受注者の協議により定めるが，協議が整わない場合には発注者が定めて受注者に通知することとされている。受注者がこの決定に対し不服がある場合には第52条に定める紛争処理手続きに進むことになる。

契約書に調停人を記載し，第52条に第４項，第５項の規定がある場合には，発注者と受注者との間の協議に第三者である調停人を立ち会わせ，当該協議が円滑に整うよう必要な助言又は意見を求めることができる（⑸　紛争処理を参照）。

（請負代金額の変更方法等）

第24条（Ａ）　請負代金額の変更については，数量の増減が内訳書記載の数量の百分の○を超える場合，施工条件が異なる場合，内訳書に記載のない項目が生じた場合若しくは内訳書によることが不適当な場合で特別な理由がないとき又は内訳書が未だ承認を受けていない場合にあっては変更時の価格を基礎として発注者と受注者とが協議して定め，その他の場合にあっては内訳書記載の単価を基礎として定める。ただし，協議開始の日から○日以内に協議が整わない場合には，発注者が定め，受注者に通知する。

（注）（A）は，第3条（A）を使用する場合に使用する。
「百分の○」の○の部分には，たとえば，二十と記入する。「○日」の○の部分には，工期及び請負代金額を勘案して十分な協議が行えるよう留意して数字を記入する。

第24条（B）　請負代金額の変更については，発注者と受注者とが協議して定める。ただし，協議開始の日から○日以内に協議が整わない場合には，発注者が定め，受注者に通知する。

（注）（B）は，第3条（B）を使用する場合に使用する。
○の部分には，工期及び請負代金額を勘案して十分な協議が行えるよう留意して数字を記入する。

2　前項の協議開始の日については，発注者が受注者の意見を聴いて定め，受注者に通知するものとする。ただし，請負代金額の変更事由が生じた日から○日以内に協議開始の日を通知しない場合には，受注者は，協議開始の日を定め，発注者に通知することができる。

（注）○の部分には，工期を勘案してできる限り早急に通知を行うよう留意して数字を記入する。

3　この約款の規定により，受注者が増加費用を必要とした場合又は損害を受けた場合に発注者が負担する必要な費用の額については，発注者と受注者とが協議して定める。

本条は，約款の第25条を除く他の条項の規定により請負代金額の変更を行う場合の変更方法を定めた規定である。

請負代金内訳書（内訳書）に関する第3条の規定は，受注者が作成した内訳書を発注者に提出し承認を受ける場合（A），又は提出のみの場合（B）のいずれかを選択することとされている。これに対応して，請負代金額の変更方法を定めた本条においても，原則として内訳書の単価を基礎とする方法（A）と発注者と受注者の協議による方法（B）の2つの方法を規定している。なお，第3条の注書において，（A）は「契約の内容に不確定要素が多い契約等に使用する」とされており，通常は（B）が用いられている。

受注者の内訳書を承認する（A）においても，数量の増減が大きい場合，施工条件が異なる場合，内訳書に記載のない項目が生じた場合等一定の場合があるときは，請負代金額の変更に内訳書の単価を用いることが不適当であるため発注者と受注者の協議により定めることとしている。

協議が整わない場合の発注者による受注者に対する通知，受注者がこの決定に対し不服がある場合の紛争処理手続き，発注者と受注者との協議への調停人の立会い等については，第23条と同様である。

（請負代金額の変更に代える設計図書の変更）

第30条　発注者は，第8条，第15条，第17条から第22条まで，第25条から第27条まで，前条又は第33条の規定により請負代金額を増額すべき場合又は費用を負担すべき場合において，特別の理由があるときは，請負代金額の増額又は負担額の全部又は一部に代えて設計図書を変更することができる。この場合において，設計図書の変更内容は，発注者と受注者とが協議して定める。ただし，協議開始の日から○日以内に協議が整わない場合には，発注者が定め，受注者に通知する。

（注） ○の部分には，工期及び請負代金額を勘案して十分な協議が行えるよう留意して数字を記入する。

2 前項の協議開始の日については，発注者が受注者の意見を聴いて定め，受注者に通知しなければならない。ただし，発注者が請負代金額を増額すべき事由又は費用を負担すべき事由が生じた日から○日以内に協議開始の日を通知しない場合には，受注者は，協議開始の日を定め，発注者に通知することができる。

（注） ○の部分には，工期を勘案してできる限り早急に通知を行うよう留意して数字を記入する。

本条は，約款の各条項の規定により請負代金額を増額しなければならない場合であって，予算措置等の事情で増額できない場合には，それに代えて設計図書を変更できるとした規定である。例えば，変更請負代金額を予算の範囲内に収めるため，増額分に相当する工事の一部を実施しない等の変更を行うことが考えられる。その変更は発注者と受注者の協議によって定めることとしている。

協議が整わない場合の発注者による受注者に対する通知，受注者がこの決定に対し不服がある場合の紛争処理手続き，発注者と受注者との協議への調停人の立会い等については，第23条と同様である。

⑷ スライド条項

第25条は，賃金や物価の変動に基づき請負代金額を変更する場合の規定であり，スライド条項と呼ばれる。本書で対象とする設計変更を通常は伴わないが，平成20年には資材価格や労務単価の変動に伴う単品スライド条項の適用が行われ，また，平成24年の東日本大震災及びその後の賃金等の高騰時にインフレスライド条項の適用が行なわれるなどの動きがみられたので，簡潔に紹介する。

（賃金又は物価の変動に基づく請負代金額の変更）

第25条 発注者又は受注者は，工期内で請負契約締結の日から十二月を経過した後に日本国内における賃金水準又は物価水準の変動により請負代金額が不適当となったと認めたときは，相手方に対して請負代金額の変更を請求することができる。

2 発注者又は受注者は，前項の規定による請求があったときは，変動前残工事代金額（請負代金額から当該請求時の出来形部分に相応する請負代金額を控除した額をいう。以下この条において同じ。）と変動後残工事代金額（変動後の賃金又は物価を基礎として算出した変動前残工事代金額に相応する額をいう。以下この条において同じ。）との差額のうち変動前残工事代金額の千分の十五を超える額につき，請負代金額の変更に応じなければならない。

3 変動前残工事代金額及び変動後残工事代金額は，請求のあった日を基準とし，

（内訳書及び）

（A） [ ] に基づき発注者と受注者とが協議して定める。

(B) 物価指数等に基づき発注者と受注者とが協議して定める。

ただし，協議開始の日から○日以内に協議が整わない場合にあっては，発注者が定め，受注者に通知する。

(注) (内訳書及び) の部分は，第3条 (B) を使用する場合には削除する。

(A) は，変動前残工事代金額の算定の基準とすべき資料につき，あらかじめ，発注者及び受注者が具体的に定め得る場合に使用する。

[　　　] の部分には，この場合に当該資料の名称 (たとえば，国又は国に準ずる機関が作成して定期的に公表する資料の名称) を記入する。

○の部分には，工期及び請負代金額を勘案して十分な協議が行えるよう留意して数字を記入する。

4　第1項の規定による請求は，この条の規定により請負代金額の変更を行った後再度行うことができる。この場合において，同項中「請負契約締結の日」とあるのは，「直前のこの条に基づく請負代金額変更の基準とした日」とするものとする。

5　特別な要因により工期内に主要な工事材料の日本国内における価格に著しい変動を生じ，請負代金額が不適当となったときは，発注者又は受注者は，前各項の規定によるほか，請負代金額の変更を請求することができる。

6　予期することのできない特別の事情により，工期内に日本国内において急激なインフレーション又はデフレーションを生じ，請負代金額が著しく不適当となったときは，発注者又は受注者は，前各項の規定にかかわらず，請負代金額の変更を請求することができる。

7　前二項の場合において，請負代金額の変更額については，発注者と受注者とが協議して定める。ただし，協議開始の日から○日以内に協議が整わない場合にあっては，発注者が定め，受注者に通知する。

(注) ○の部分には，工期及び請負代金額を勘案して十分な協議が行えるよう留意して数字を記入する。

8　第3項及び前項の協議開始の日については，発注者が受注者の意見を聴いて定め，受注者に通知しなければならない。ただし，発注者が第1項，第5項又は第6項の請求を行った日又は受けた日から○日以内に協議開始の日を通知しない場合には，受注者は，協議開始の日を定め，発注者に通知することができる。

(注) ○の部分には，工期を勘案してできる限り早急に通知を行うよう留意して数字を記入する。

本条は，請負契約締結後に賃金水準又は物価水準の変動により請負代金額が不適当になった場合の変更について規定したものである。

第1項から第4項は，全体スライド条項と呼ばれ，工期が1年以上に及ぶ長期間の工事で契約締結後12ケ月経過後に残工事の請負代金額について変動前と変動後の賃金又は物価を基礎として算出した差額のうち変動前残工事代金額の1.5%を超える額を発注者が負担するものである。

第5項は，単品スライド条項と呼ばれ，特別な要因によって工事材料の価格が変動した場合に適用される。

第６項は，インフレスライド条項と呼ばれ，急激なインフレーション又はデフレーションが生じた場合に適用される。

スライド条項の具体的な運用については，「第４章　４－２ ⑵ スライド条項」に示している。

⑸　紛争処理

建設工事請負契約書においては，『発注者と受注者は，各々の対等な立場における合意に基づいて，別添の条項によって公正な請負契約を締結し，信義に従って誠実にこれを履行するもの』とされ，請負契約における片務性を是正するため，発注者と受注者が対等の立場での合意に基づく契約であり，契約当事者双方が信義に従い誠実に履行することを明記している。

契約変更に関連して，約款のいくつかの条項において「発注者と受注者とが協議して定める。協議が整わない場合には，発注者が定め，受注者に通知する。」と規定している。この協議は当然，発注者と受注者の双方が信義に従い誠実に行われるものであるが，その結果について受注者に不服がある場合，その他契約に関して発注者と受注者との間に紛争を生じた場合の紛争の処理方法として，第三者によるあっせん，調停及び仲裁に関する規定を約款に定めている。

（あっせん又は調停）

第52条（A）　この約款の各条項において発注者と受注者とが協議して定めるものにつき協議が整わなかったときに発注者が定めたものに受注者が不服がある場合その他この契約に関して発注者と受注者との間に紛争を生じた場合には，発注者及び受注者は，契約書記載の調停人のあっせん又は調停によりその解決を図る。この場合において，紛争の処理に要する費用については，発注者と受注者とが協議して特別の定めをしたものを除き，発注者と受注者とがそれぞれ負担する。

２　発注者及び受注者は，前項の調停人があっせん又は調停を打ち切ったときは，建設業法による［　　］建設工事紛争審査会（以下「審査会」という。）のあっせん又は調停によりその解決を図る。

（注）［　　］の部分には，「中央」の字句又は都道府県の名称を記入する。

３　第１項の規定にかかわらず，現場代理人の職務の執行に関する紛争，主任技術者（監理技術者），専門技術者その他受注者が工事を施工するために使用している下請負人，労働者等の工事の施工又は管理に関する紛争及び監督員の職務の執行に関する紛争については，第12条第３項の規定により受注者が決定を行った後若しくは同条第５項の規定により発注者が決定を行った後，又は発注者若しくは受注者が決定を行わずに同条第３項若しくは第５項の期間が経過した後でなければ，発注者及び受注者は，第１項のあっせん又は調停を請求することができない。

４　発注者又は受注者は，申し出により，この約款の各条項の規定により行う発注者と受注者との間の協議に第１項の調停人を立ち会わせ，当該協議が円滑に整うよう必要な助言又は意見を求めることができる。この場合における必要な費用の負担については，同項後段の規定を準用する。

5　前項の規定により調停人の立会いのもとで行われた協議が整わなかったときに発注者が定めたものに受注者が不服がある場合で，発注者又は受注者の一方又は双方が第１項の調停人のあっせん又は調停により紛争を解決する見込みがないと認めたときは，同項の規定にかかわらず，発注者及び受注者は，審査会のあっせん又は調停によりその解決を図る。

（注）第４項及び第５項は，調停人を協議に参加させない場合には，削除する。

第52条（Ｂ）（略：契約書に調停人を記載しない場合）

あっせんは，相対立する当事者に話合いの機会を与え，第三者が双方の主張の要点を確かめ，相互の誤解を解くなどして，紛争を終結（和解）に導こうとする制度である。また，調停は，相対立する当事者に話合いの機会を与え，紛争解決のための努力を行ってもらい，場合によっては調停案を示して，その受諾を勧告することにより紛争を解決しようとする制度である。単に当事者間の話合いを促すだけでなく，当事者に調停案の受諾を勧告することができる点に，あっせんに対する特色がある。

第52条には，契約書に調停人を記載する場合と記載しない場合の２通りの条文があり，調停人を記載しない場合（Ｂ）には，あっせん又は調停は建設工事紛争審査会が行う規定となっている。

第４項及び第５項は，紛争が生じた後だけではなく，紛争が生じる前の受発注者の協議段階から第三者である調停人を活用し，円滑に協議が行われるように設けられた規定であり，平成22年の改正で導入された。約款において「発注者と受注者とが協議して定める」とした条項の協議に調停人を立ち会わせ，必要な助言や意見を求めることができるとしている。

（仲裁）

第53条　発注者及び受注者は，その一方又は双方が前条の［調停人又は］審査会のあっせん又は調停により紛争を解決する見込みがないと認めたときは，同条の規定にかかわらず，仲裁合意書に基づき，審査会の仲裁に付し，その仲裁判断に服する。

（注）［　］の部分は，第52条（Ｂ）を使用する場合には削除する。

仲裁は，あっせんや調停と異なり，和解による解決ではなく，第三者に裁判所の判決に代わる「仲裁判断」を下してもらう制度である。

1－6　総合評価落札方式における技術提案と契約変更

価格と価格以外の条件を総合的に評価して落札者を決定する総合評価落札方式は，「予定価格の範囲内で最低価格の入札者と契約を行う」と定めた会計法第29条の６における「最低価格自動落札」の例外として「その性質又は目的から前項の規定により難い契約については，同項の規定にかかわらず，政令の定めるところにより，価格及びその他の条件が国にとって最も有利なものをもって申込みをした者を契約の相手方とすることができる」とした規定を根拠に行われている。当初は大蔵大臣（当時）と工事ごとに個別に協議を行っていたが，平成12年３月に大蔵大臣との包括協議が整い，同方式の普及が図られることになった。さらに，平成17年４月より施行された品確法第３条の２は『公共工事の品質は，建設工事が，目的物が使用されて初めてその品質を確認できること，その品質が受注者の技術的能力に負うところが大きいこと，個別の工事により条件が異なること等の特性を有することに鑑み，経済性に配慮しつつ価格以外の多様な要素をも考慮し，価格及び品質が総合的に優れた内容の契約がなされることにより，確保されなければならない』としており，公共工事において価格と品質が総合的に優れた内容の契約が求められており，総合評価落札方式を推進する強力な根拠となっている。

総合評価落札方式は，工事の特性（規模，技術的な工夫の余地）に応じて，施工能力審査型（Ⅰ型，Ⅱ型）と技術提案評価型（ＡⅠ型，ＡⅡ型，ＡⅢ型，Ｓ型）に大別・分類されている。価格以外の評価要素として入札参加者に技術提案を求める場合が多く，その技術提案には，簡易な施工計画から工事目的物自体についての提案も含む高度な技術提案まで適用する方式に応じて様々なものがある。

本節では，落札者の技術提案に関する契約上の取扱いについて述べることとする。

総合評価落札方式における技術提案については，「国土交通省直轄工事における総合評価落札方式の運用ガイドライン」（平成25年３月）に「総合評価落札方式の評価内容の担保」として契約上の取扱いが示されており，これを次に示し簡単な解説を加える。

「国土交通省直轄工事における総合評価落札方式の運用ガイドライン」（平成25年３月）より抜粋

＜（本文）５．総合評価落札方式の評価内容の担保＞

５－１技術提案履行の確保

⑴　契約書における明記

総合評価落札方式により落札者を決定した場合，落札者決定に反映された技術提案について，発注者と受注者の双方の責任分担とその内容を契約上明らかにするとともに，その履行を確保するための措置として提案内容の担保の方法について契約上取り決めておくものとする。

具体的な対応方法として，特記仕様書の記載例を以下に示す。

【特記仕様書への記載例】（略）

なお，技術資料に記述した提案であっても，工事施工途中の条件変更等によって，当該提案内容を変更することが合理的な場合は適切に変更手続きを行うものとする。

⑵　評価内容の担保の方法

受注者の技術提案の不履行が工事目的物の瑕疵に該当する場合は，工事請負契約書に基づき，瑕疵の修補を請求し，または修補に代えもしくは修補とともに損害賠償を請求する。

施工方法に関する技術提案の不履行の場合には，受発注者間において責任の所在を協議し，受注者の責めによる場合には，契約不履行の違約金を徴収する。その際，協議の円滑化のために中立かつ公平な立場から判断できる学識経験者の意見を聴くことも考えられる。
　契約不履行の違約金の額としては，例えば，次のような運用例がある（入札説明書記載例）。
　また，いずれの場合においても工事成績評定の減点対象とする。
　【入札説明書における記載例】（略）
　【技術提案不履行の場合の違約金の算定例】（略）

　総合評価落札方式を適用した場合には，技術提案の評価は価格以外の要素として落札者の決定に直接関係している。このため，発注者としては提案内容の履行を検証することで受注者に確実な履行を求め，結果として公正な競争の維持を図ることが重要であり，技術提案の内容を契約書に明記することにより受注者の履行を担保することとしている。
　ただし，総合評価落札方式において入札参加者の技術提案はすべてが評価の対象とされるのではなく，発注者の審査において提案としての評価に値しないと判断されたり，履行することが適当でないと判断された技術提案については評価されず，総合評価における落札者の決定に反映されない場合がある。したがって，発注者にとって履行が担保されなくてはならないものとして，契約書に明記する技術提案を「落札者決定に反映された技術提案」としている。
　また，技術提案についての発注者と落札者の責任の分担とその内容を契約上明らかにすることが求められているが，「総合評価落札方式の実施に伴う手続きについて」（平成12年９月20日，建設省厚契発第32号，建設省技調発第147号，建設省営計発第132号，最終改正平成17年10月７日国地契第83号，国官技第137号，国営計第85号）において，提案を求める部分の位置付けとしては『標準案と異なる設計及び施工方法等に関する技術提案（VE 提案）を求める部分については，設計図書において施工方法等を指定しないものとする』，責任の所在とペナルティについては『発注者が技術提案を適正と認めることにより，設計図書において施工方法等を指定しない部分の工事に関する建設業者の責任が軽減されるものではないこと，また，性能等に関わる提案が履行できなかった場合で再度施工が困難あるいは合理的でない場合は，契約金額の減額，損害賠償等を行う旨を入札説明書又は技術資料作成要領及び契約書に記載するものとする』とされ，技術提案を認めても，当該部分に関する施工方法等に対する受注者の責任（例えば事故の責任）が軽減されることにはならない。
　契約書に明記された技術提案は落札決定要因であるため，自主施工原則において発注者の承認を得て行われる施工方法等と比較すると同等以上に受注者が履行の責任を負うものと考えられ，施工段階において受注者側の事情で技術提案内容の変更を行うことは基本的には認められないと考えられる。一方，技術提案は入札説明書等において提示された条件に応じるものとしてなされるものである。このため，例えば，地形地質条件の変更等提示された条件が受注者の責めによらず変更となり，提案された技術が履行できない場合においては，標準契約約款第18条の条件変更の条項が適用される場合には同条の規定による手続きを行うこととなる。

1－7　総価契約単価合意方式

総価契約単価合意方式は，国土交通省直轄事業において平成22年度より導入された契約方式である。標準契約約款には同方式の規定はないが，約款の一部の条文の記述が追加・変更されて運用されている。直近では平成28年３月14日付で改定されており，本書でも解説するものとする。

総価契約単価合意方式は，

① 請負代金額の変更があった場合の金額の算定や部分払金額の算定を行うための単価等を前もって協議し合意しておくことにより，設計変更や部分払に伴う協議の円滑化を図る。

② 後工事を随意契約により前工事と同じ受注者に発注する場合においても適用し，適正な金額の算定を行う。

ことを目的として実施するものであり，国土交通省においては「総価契約単価合意方式実施要領」及び同解説が作成され，平成22（2010）年４月から適用されている（実施要領は，平成23年９月14日付け及び平成28年３月14日付で一部改正されている）。

本方式は「公共工事標準請負契約約款」においては規定がないが，「総価契約単価合意方式実施要領」において，総価契約単価合意方式を適用する場合に契約書の必要な条項に同方式に関する記述を加えることとされている。関連する契約書の条項は，第３条（請負代金内訳書及び工程表），第24条（請負代金額の変更方法等），第25条（賃金又は物価の変動に基づく請負代金額の変更），第29条（不可抗力による損害），第37条（部分払），第38条（部分引渡し）であるが，ここでは，単価合意書の締結に関する第３条及び請負代金額の変更を単価合意書の記載事項を基礎として定めることとした第24条の記載例を通知より示す。具体的な運用については「第４章　4－2 (1) 総価契約単価合意方式」に示している。

総価契約単価合意方式実施要領（平成28年）より工事請負契約書の記載例を抜粋

（請負代金内訳書，工程表及び単価合意書）

第３条　受注者は，この契約締結後○日以内に設計図書に基づいて，請負代金内訳書（以下「内訳書」という。）及び工程表を作成し，発注者に提出しなければならない。

２　（略）

３　発注者及び受注者は，第１項の規定による内訳書〔詳細設計完了後に行う契約の変更の内容を反映した内訳書〕の提出後，速やかに，当該内訳書に係る単価を協議し，単価合意書を作成の上合意するものとする。この場合において，協議がその開始の日から○日以内に整わないときは，発注者がこれを定め，受注者に通知するものとする。

４　受注者は，請負代金額の変更があったときは，当該変更の内容を反映した内訳書を作成し，○日以内に設計図書に基づいて，発注者に提出しなければならない。

５　第３項の規定は，前項の規定により内訳書が提出された場合において準用する。

６　第３項（前項において準用する場合を含む。）の単価合意書は，第25条第３項の規定により残工事代金額を定める場合並びに第29条第５項，第37条第６項及び第38条第２項に定める場合（第24条第１項各号に掲げる場合を除く。）を除き，発注者及び受注者を拘束するものではない。

7　第１項，第３項から第５項までの内訳書に係る規定は，請負代金額が１億円未満又は工期が６箇月未満の工事について，受注者が包括的単価個別合意方式を選択した場合において，工事費構成書の提示を求めないときは適用しない。

［注１］　○の部分には，原則として，「14」と記入する。

［注２］〔　〕内は，設計・施工一括発注方式の場合に使用する。

（請負代金額の変更方法等）

第24条　請負代金額の変更については，次に掲げる場合を除き，第３条第３項（同条第５項において準用する場合を含む。）の規定により作成した単価合意書の記載事項を基礎として発注者と受注者とが協議して定める。ただし，協議開始の日から○日以内に協議が整わない場合には，発注者が定め，受注者に通知する。

一　数量に著しい変更が生じた場合。

二　単価合意書の作成の前提となっている施工条件と実際の施工条件が異なる場合。

三　単価合意書に記載されていない工種が生じた場合。

四　前各号に掲げる場合のほか，単価合意書の記載内容を基礎とした協議が不適当である場合。

［注］　○の部分には，原則として，「14」と記入する。

2　前項各号に掲げる場合における請負代金額の変更については，発注者と受注者とが協議して定める。ただし，協議開始の日から○日以内に協議が整わない場合には，発注者が定め，受注者に通知する。

3・4　（略）

１－８　設計変更に関する施工者アンケート

設計変更等を円滑に行うため従前から設計変更審査会や三者会議等は実施されていたが，１－２で述べたように，改正品確法において設計変更に関する規定が明記されるとともに，「発注関係事務の運用に関する指針」において，設計変更を適切に行うために発注者が取り組むべき事項が具体的に示された。ここでは，「発注関係事務の運用に関する指針」が公表されて以降に建設業団体が行ったアンケートから，設計変更に関連する公共発注者の取り組みについての質問と回答結果を抜粋して紹介する。

なお，三者会議や設計変更審査会の制度内容については，「第４章　４－３　施工効率向上の取り組み（発注者と受注者のコミュニケーション強化）」で紹介する。

⑴ （一社）全国建設業協会

（一社）全国建設業協会では，都道府県建設業協会及び会員企業を対象とした「品確法等の効果検証に係るアンケート」を行い，その結果を平成27年９月に公表した。※

【調査の内容】

調査の主たる内容は，「改正法及び運用指針の趣旨を踏まえ，各発注者において適切な対応がなされているか。」であり，平成26年（概ね12月頃）と平成27年７月１日時点との比較を行っている。

【調査概要】

調 査 日：平成27年５月28日～平成27年８月21日
調査対象：47都道府県建設業協会及び会員企業（一部）
＊会員企業の選定については，各都道府県建設業協会に一任。
回 答 数：40都道府県建設業協会（回収率：85.1%）
会員企業　計1,162社
集計方法：都道府県建設業協会及び会員企業の回答を単純集計

Q　施工条件の変化に伴う，必要な契約変更が行われていますか？

・「以前から行われている」「行われるようになった」の合計が，国土交通省で概ね７割，都道府県で概ね８割，市区町村においても概ね６割となっており，会員企業が必要な契約変更が行われていると認識している。

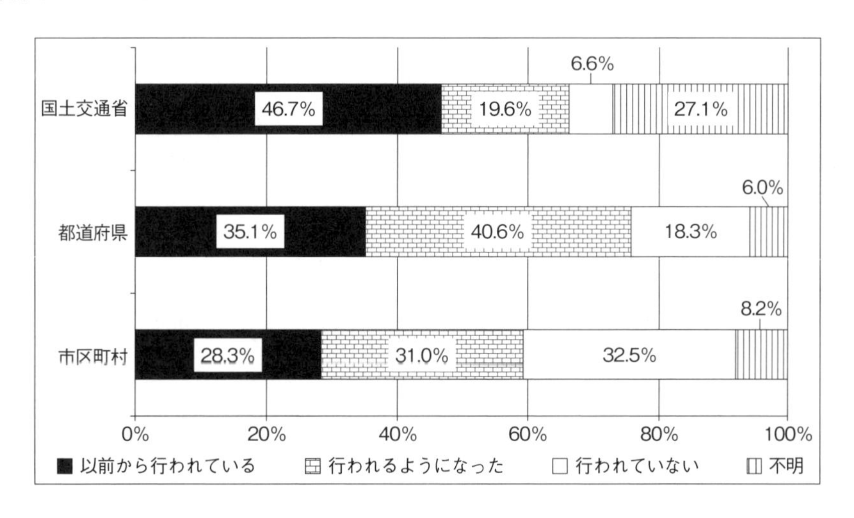

※　各設問に対する回答結果についてのコメントは報告書に記載されているものを転記した。

Q　三者会議（発注者，施工者，設計者）などの活用により，受発注者間での情報共有は行われていますか？

・国土交通省で「以前から行われている」「行われるようになった」の合計が6割となっており，会員企業は一定の対応がされていると認識している。

・都道府県で「行われるようになった」が概ね3割となっており，会員企業は改善が進んでいると認識している。

・市区町村で「行われるようになった」が1割超となっているものの，「行われていない」が6割となっており，会員企業は改善が進んでいないと認識している。

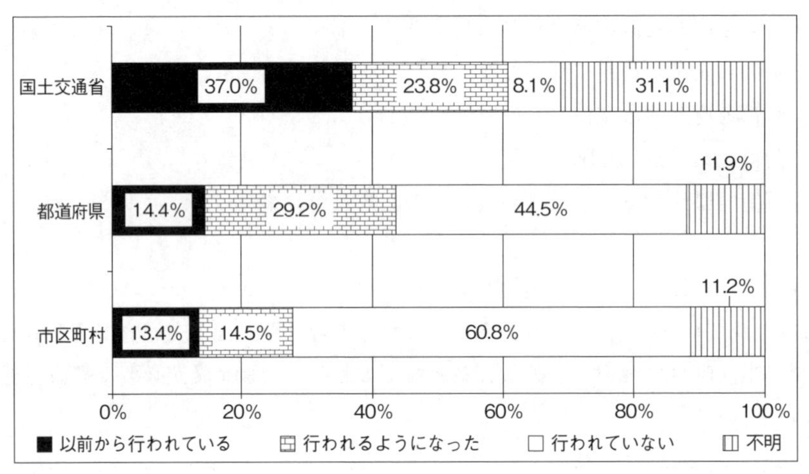

Q　設計変更審査会は活用されていますか？

・国土交通省で「以前から行われている」「行われるようになった」の合計が3割超となっており，会員企業は一部の工事について活用がされていると認識している一方で，「行われていない」「不明」の合計が6割超となっており，活用が不十分だと認識している。

・都道府県，市区町村で「行われていない」がそれぞれ過半数を超えており，会員企業は活用が不十分だと認識している。

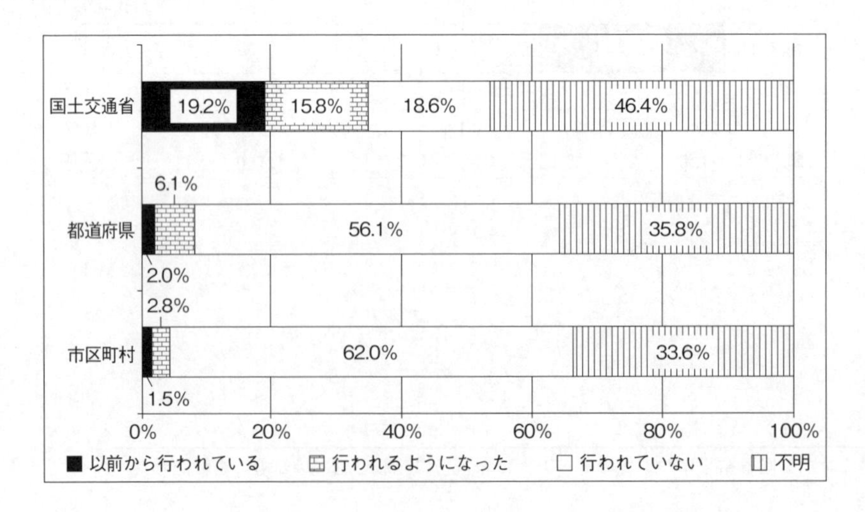

Q　ワンデーレスポンスなどの活用により，迅速な対応が行われていますか？

・国土交通省で「以前から行われている」「行われるようになった」の合計が概ね５割となっており，会員企業は一定の工事について対応がされていると認識している一方で，「行われていない」「不明」の合計が５割超となっており，対応が不十分だと認識している。

・都道府県，市区町村で「行われるようになった」がそれぞれ概ね３割，２割となっており，会員企業は改善が進んでいると認識している一方で，「行われていない」がそれぞれ半数を超えており，対応状況は不十分であると認識している。

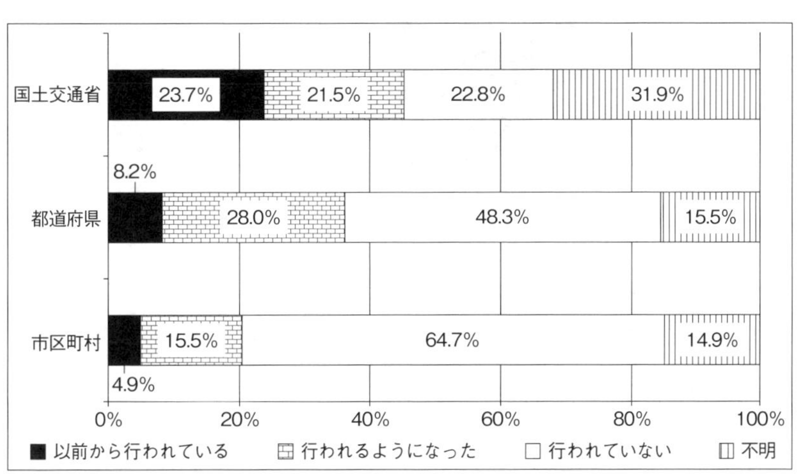

⑵　（一社）日本建設業連合会

（一社）日本建設業連合会の公共積算委員会は，平成26年度に「現場における生産性向上と適正利益確保に関するアンケート調査」を行った。会員企業が施工した工事を調査対象とし，476件の回答を得ている。

発注機関別では，国土交通省：205（43%），内閣府：３（１%），道路関係会社：61（13%），機構・事業団：34（７%），地方自治体：173（36%）となっており，工事分野別では，道路：184（39%），港湾：97（20%），河川：52（11%），海岸：29（６%），下水道：36（８%），上水・工業用水：18（４%），鉄道・軌道：20（４%），その他：40（８%）である。

ここでは，（一社）日本建設業連合会より提供いただいたデータをもとに，設計変更に関連する設問についての集計結果の一部を図示するとともにコメントを付けて紹介する。

Q　条件明示について（有効回答 458件）

・条件明示が「十分だった」と「不十分だった」がほぼ半々であった。

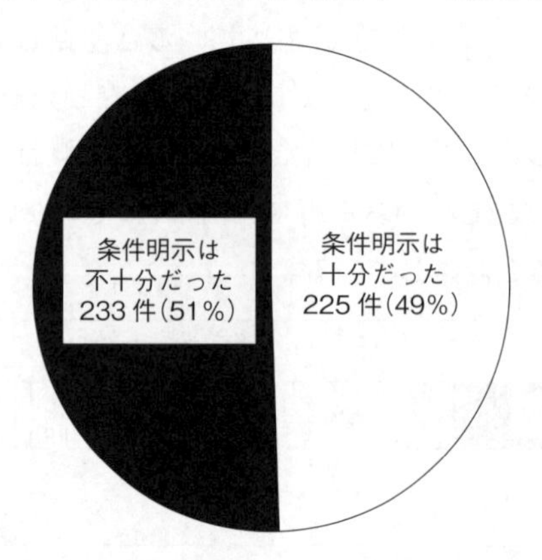

Q　条件明示で不足していたのは，どのような項目ですか？

・多く挙げられたのは工程関係で，「影響を受ける他の工事」が100以上の回答があり，「関連機関などとの協議に未成立のものがある場合の制約等」，「関連機関，自治体等との協議の結果，工程に影響を受ける特定条件」，「自然的・社会的条件で制約を受ける施工の内容，時期，時間及び工法等」，「地上物件・地下埋設物・埋蔵文化財等の事前調査・移設の制約」，「余裕工期を設定した工事の着手時期」の各項目も30以上の回答があった。

・次いで，工事支障物件等及び用地関係が多く，「地上，地下等の占用物件の有無及び占用物件等で工事支障物が存在する場合は，支障物件名，管理者，位置，移設時期，工事方法，防護等」，「工事用地等に未処理部分がある場合の，その場所，範囲及び処理の見込み時期」，「工事用仮設道路，資機材置き場等の用地を借地させる場合のその場所，範囲，時期，期間等」の各項目が30以上の回答数であった。

工程関係（影響を受ける他の工事）

工程関係（関連機関などとの協議に未成立のものがある場合の制約等）

工事支障物件等（地上,地下等の占用物件の有無及び占用物件等で工事支障物が存在する場合は,支障物件名,管理者,位置,移設時期,工事方法,防護等）

工程関係（関連機関,自治体等との協議の結果,工程に影響を受ける特定条件）

工程関係（自然的・社会的条件で制約を受ける施工の内容,時期,時間及び工法等）

用地関係（工事用地等に未処理部分がある場合の,その場所,範囲及び処理の見込み時期）

工程関係（地上物件・地下埋設物・埋蔵文化財等の事前調査・移設の制約）

工程関係（余裕工期を設定した工事の着手時期）

用地関係（工事用仮設道路,資機材置き場等の用地を借地させる場合のその場所,範囲,時期,期間等）

仮設備関係（仮設備の構造及びその施工方法を指定する場合は,その構造及びその施工方法）

工事用道路関係（一般道路を搬入路として使用する場合,工事用資機材等の搬入経路,使用期間,使用時間帯に制限がある場合は,その経路,期間,時間帯等）

工程関係（設計工程上見込んでいる休日日数等作業不能日数）

その他

建設副産物関係（建設発生土が発生する場合は,残土の受入場所及び仮置き場所までの距離,時間等の処分及び保管条件）

用地関係（施工者に官有地等を使用させる場合の,その場所,範囲,時間,使用条件等）

安全対策関係（鉄道,ガス,電気,電話,水道等の施設と近接する工事での施工方法,作業時間等に制限がある場合は,その内容）

仮設備関係（仮土留,仮橋,足場等の仮設物を他の工事に引き渡す場合及び引き継いで使用する場合は,その内容,期間,条件等）

安全対策関係（交通誘導員,警戒船及び発破作業等の保全設備,保安要員の配置を指定する場合又は発破作業等に制限がある場合は,その内容）

公害関係（工事に伴う公害防止（騒音,振動,粉じん,排ガス等）のため,施工方法,建設機械・設備,作業時間等を指定する必要がある場合は,その内容）

建設副産物関係（建設副産物及び建設廃棄物が発生する場合は,その処理方法,処理場等の処理条件。なお,再資源化処理施設又は最終処分場を指定する場合は,その受入場所,距離,時間等の処分条件）

仮設備関係（仮設備の設計条件を指定する場合は,その内容）

工事用道路関係（仮道路を設置する場合,仮道路の工事終了後の処置,仮道路の維持補修が必要である場合は,その内容）

用地関係（工事用地等の使用終了後における復旧内容）

建設副産物関係（建設副産物の現場内での再利用及び減量化が必要な場合は,その内容）

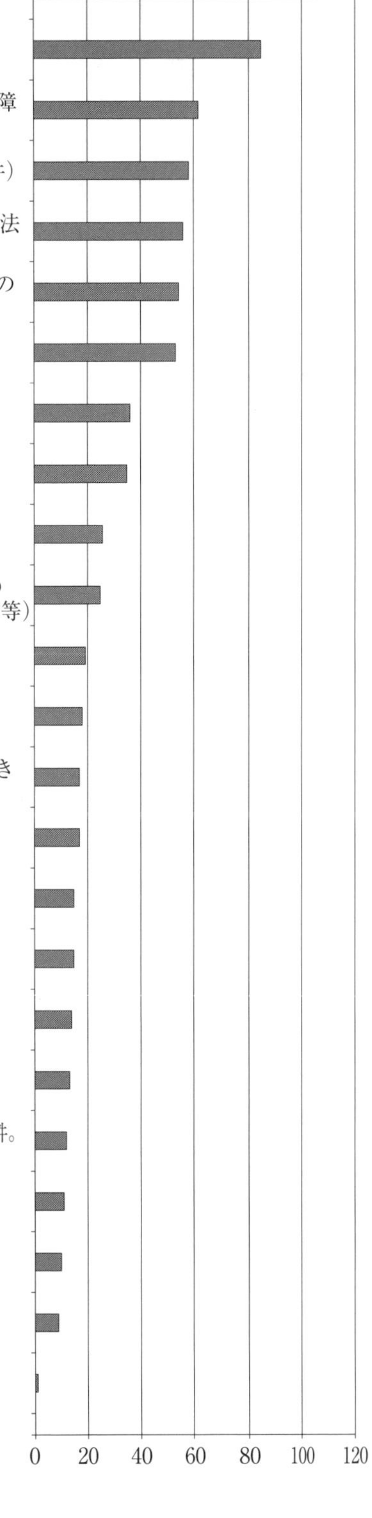

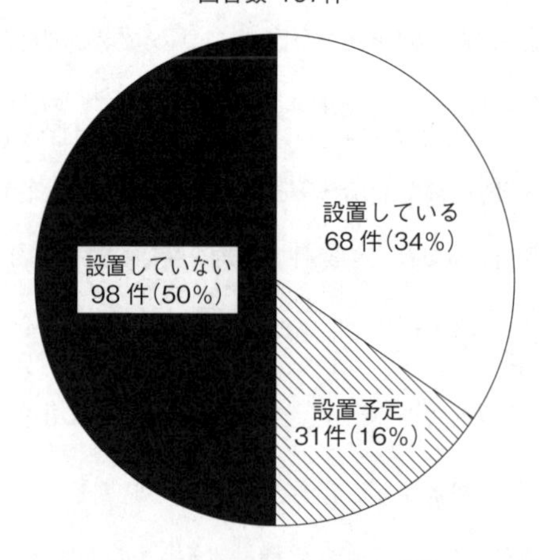

Q　発注者は設計変更審査会を設置していますか？

・国土交通省，沖縄総合事務局発注工事では「設置している」と「設置予定」を合わせると5割であるが，高速道路会社，機構・事業団，地方公共団体発注工事では「設置していない」が94%と設置が進んでいない。

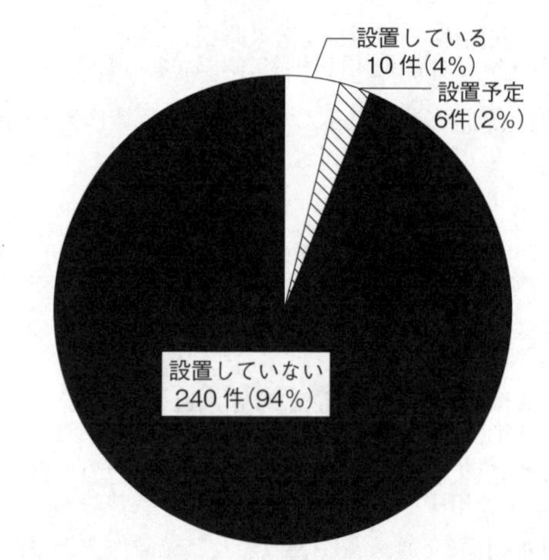

Q　審査会の協議結果について，採否の結果も含めて審査会の協議に納得していますか？（回答数29件）

・回答数が少なく，「その他」の多くが「まだ協議中」等であるが，「その他」を除くと審査会の協議の在り方については全回答者が肯定的に評価している。一方，「その他」を除く回答者の2割弱は「採否の結果に納得できない」としている。

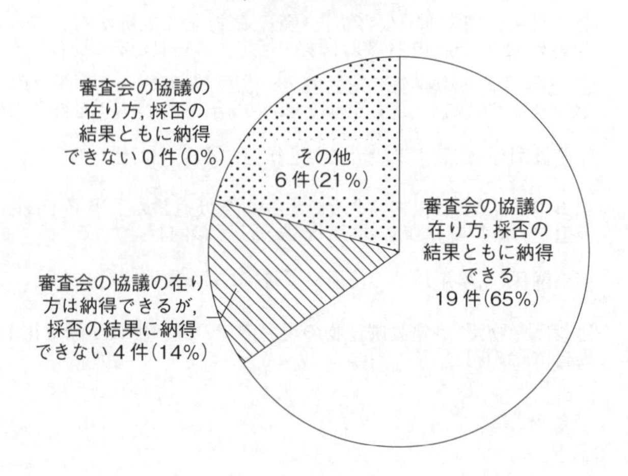

Q　三者会議の開催の有無について（回答数 431件）

・発注者，施工者，設計者による三者会議の開催状況は「開催した」と「開催される予定」を合わせるとほぼ5割である。

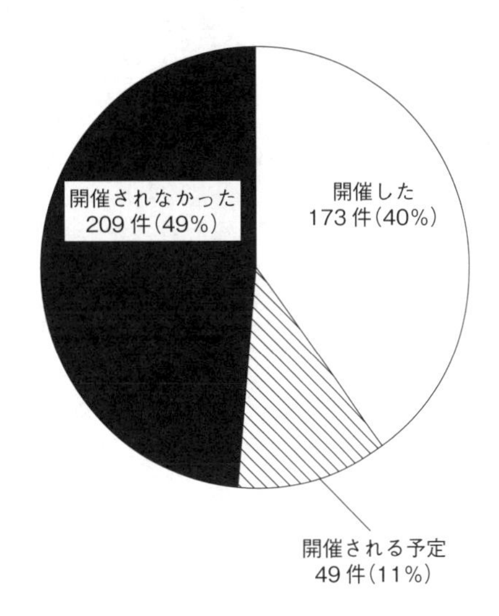

Q　三者会議開催の要請の有無について（回答数 417件）

・三者会議の要請については「要請した」が43%であった。

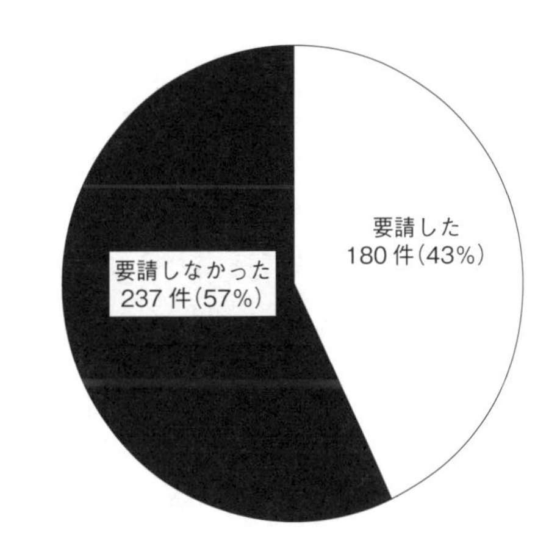

Q　三者会議開催要請に対して発注者の反応はどうでしたか？（要請した180件に限定，回答数 178件）

・三者会議を要請した工事についての発注者の対応は，「速やかに対応してくれた」が64%であったが，「対応に時間がかかった」が20%，「対応してくれなかった」も8%あった。

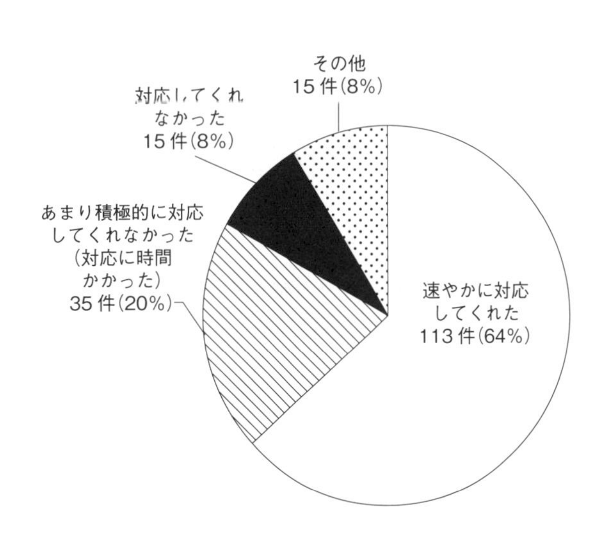

Q　ワンデーレスポンスの実施の有無について（回答数 418件）

・ワンデーレスポンスについては「実施している」は1／4，「実施する予定」を合わせても1／3であった。

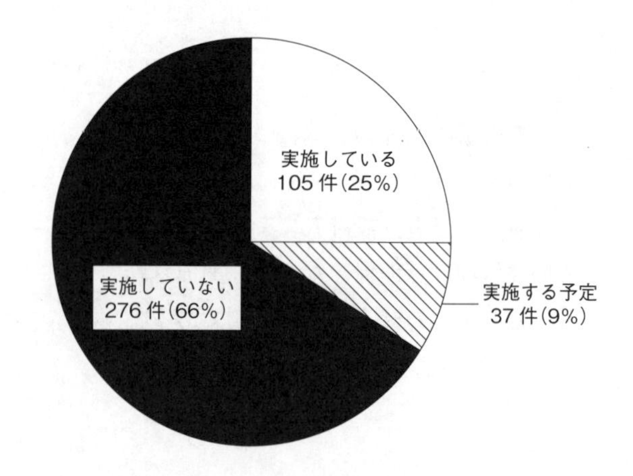

Q　ワンデーレスポンス実施の要請の有無について（回答数 409件）

・ワンデーレスポンスを実施するように要請したのは20％であった。

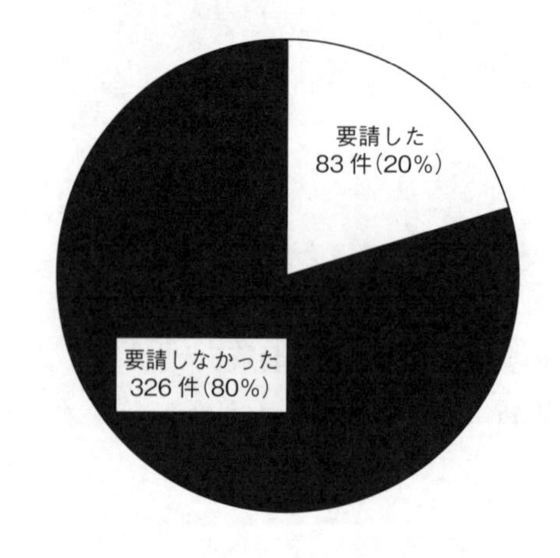

Q　ワンデーレスポンスの実施要請に対して，発注者の反応はどうでしたか？（要請した83件に限定，回答数 73件）

・ワンデーレスポンスの実施を要請した工事についての発注者の対応は，「速やかに対応してくれた」が約5割，「対応に時間がかかった」が25％，「対応してくれなかった」も19％あった。

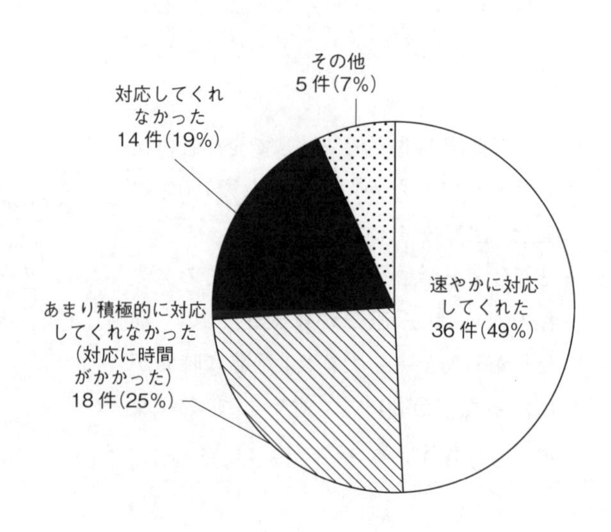

【参考文献】

１－１
１．建設省五十年史編集委員会：建設省五十年史，（社）建設広報協議会，1998
１－２及び１－４
２．（財）日本建設情報総合センター：公共土木工事設計変更事例集，山海堂，1995.9
１－３及び１－５
３．建設業法研究会：改訂４版　公共工事標準請負契約約款の解説，大成出版社，2012.4
１－６
４．国土交通省大臣官房地方課，大臣官房技術調査課，大臣官房官庁営繕部計画課：国土交通省直轄工事における総合評価落札方式の運用ガイドライン，2013.3
１－７
５．国土交通省：総価契約単価合意方式実施要領の解説，2016.3
１－８
６．（一社）全国建設業協会：品確法等の効果検証に係るアンケート　報告書，2015.9

第2章

設計図書と設計変更

公共土木工事は発注者と受注者間の契約，並びに一定の規範に則って執行される。本章では，国土交通省直轄土木工事（河川，道路等）を対象に，契約図書，設計図書の作成及び設計変更に関連する規範（規則等）の概要について解説する。

なお，地方公共団体の場合も国に準拠する内容で発注手続きや契約図書等の作成に関する規則等が定められていることが通例であり，本書は地方公共団体発注の土木工事にも参考にできると考えている。また，国土交通省や地方公共団体の土木工事の場合，設計・施工分離発注，総合評価落札方式を採用した一般競争が発注件数の多数を占めるため，特に断りがない限りこれらの方式を前提として記述している。

2－1　土木工事のプロセスと関連規則等の概要

(1)　発注者

国土交通省直轄工事の場合は，事業全体の工程や予算を調整して工事の発注対象を決定し，工事の入札手続きや契約図書の準備，予定価格の作成に入る。

個々の工事におけるこれらの行為の実施責任は支出負担行為担当官（発注責任者）が負っている。すなわち，支出負担行為担当官は，国の歳出予算，継続費及び国庫債務負担行為に基づいて国の支出の原因となる契約を行う権能をもち，かつ，その執行の責任を負うほか，歳出予算等に基づく一切の行為を行う権能と責任を負うものである※。

国土交通省の支出負担行為担当官は，国土交通大臣（法定支出負担行為担当官），地方整備局長（委任支出負担行為担当官），事務所長（分任支出負担行為担当官）であり，工事規模等によって委任される範囲が決まっている。具体的な契約図書等の作成等の作業は，最初に事務所で行われ，権限等に従って審査・承認等の決裁手続きが実施されている。

なお，国の組織の場合，発注に関する決裁権限等は会計法等に基づくが，地方公共団体の場合は地方自治法が基本法となる。

※　参考文献5．p.205

(2) 公共土木工事に関する規範

■ 工事に係る法令から通達の体系イメージ

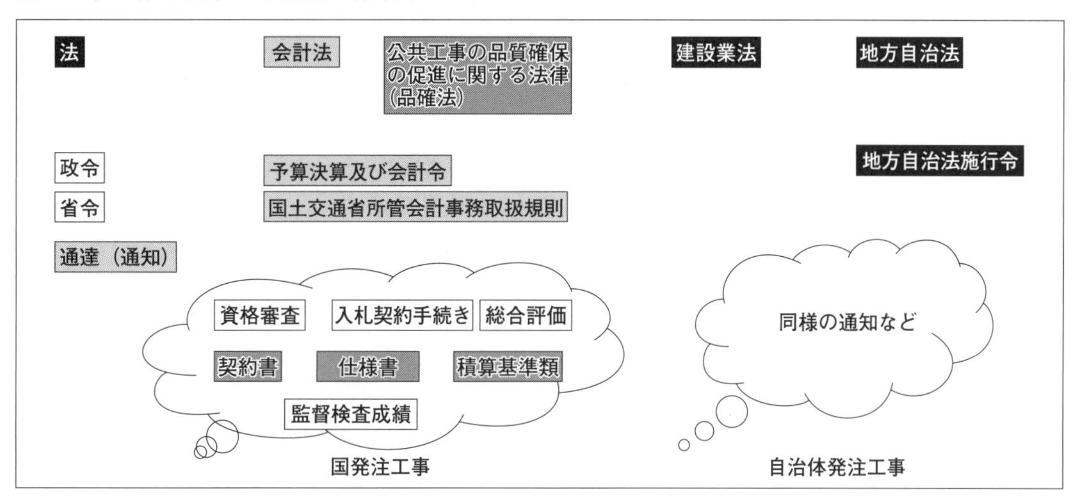

公共土木工事の実施にかかる規範は法律を最上位に様々な通達で成り立っている。

法律に書いてあるのは基本的事項のみである。実際の実務を動かしている規範は法律から通達等の縦の体系において，通達等までを見ないと判らないことが多くなっている。実務を動かしている通達等が何かを知ることが重要である。

上図の横方向には主な法律を示している。工事の発注から監督検査までの骨格を定める法律に会計法と地方自治法がある。会計法は国の省庁，地方自治法は地方公共団体に適用される。法律の名称は異なっているが，契約に関する規定はほぼ同様である。ただし，地方自治法には最低制限価格の規定がある（施行令第167条の10）のに対し，会計法には同規定がないなど異なる場合もある。

それぞれの発注者は法令に基づき発注者としての業務を統制する規範を整備する必要がある。地方公共団体の場合は国の通達等を参照して必要な通達等を発出しているので，国も地方公共団体もほぼ同じ運用になっている。しかしながら，すべてを網羅できていないことや異なる取り扱いとなっていることもある。

公共工事の品質確保の促進に関する法律（以下，品確法）は国，地方公共団体を問わず適用される法律である。平成26年に改正された品確法では発注者の責務（第７条）が多く追加された。やはり，品質確保のためには発注者がきちんと責務を果たすことが重要であるが故といえる。また，国は発注者を支援するため発注関係事務の運用に関する指針を定めること（第22条）も規定された。この規定に則り，平成27年１月に運用指針が，２月にはその解説が発表された。これらには，発注関係事務における必要事項や努力義務が網羅されている。本指針等により地方公共団体においても必要な規範等が充実すると期待される。

体系イメージに示している法律以外に，建設工事に係る資材の再資源化等に関する法律，労働安全衛生法，道路交通法など発注者，受注者が工事に際して遵守しなければならない法律はたくさんある。国土交通省の土木工事共通仕様書（以下，「共通仕様書」という。）にはそれらの法律を例示している。

これらの法令における契約変更に関する規定は，「１－２　土木工事の特性と契約変更」で説明している。

【公共工事の執行に関係する法律の概要】―――――――――――――――――――――

●**会計法**（明治22年旧法制定，昭和22年制定，平成18年最終改正）

・国による歳入徴収，支出，契約等について規定した法律である。

・国等の機関に適用される法律であり，地方公共団体に対しては地方自治法に同趣旨の条文がある。

●**建設業法**（昭和24年制定，平成26年最終改正）

・建設業を営む者の資質の向上，建設工事の請負契約の適正化等を図ることによって，建設工事の適正な施工を確保し，発注者を保護するとともに，建設業の健全な発達を促進し，もつて公共の福祉の増進に寄与することを目的とする。

・建設業の許可，請負契約，技術者の配置・資格などについて定めている。

●**公共工事の入札及び契約の適正化の促進に関する法律（入契法）**（平成12年制定，平成26年最終改正）

・国，特殊法人等及び地方公共団体が行う公共工事の入札及び契約について，その適正化の基本となるべき事項を定めるとともに，情報の公表，不正行為等に対する措置及び施工体制の適正化の措置を講じ，併せて適正化指針の策定等の制度を整備すること等により，公共工事に対する国民の信頼の確保とこれを請け負う建設業の健全な発達を図ることを目的とする。

●**公共工事の品質確保の促進に関する法律（品確法）**（平成17年制定，平成26年最終改正）

・公共工事の品質確保に関する基本理念，国等の責務，基本方針の策定等その担い手の中長期的な育成及び確保の促進その他の公共工事の品質確保の促進に関する基本的事項を定めることにより，現在及び将来の公共工事の品質確保の促進を図り，もって国民の福祉の向上及び国民経済の健全な発展に寄与することを目的とする。適切な積算，工期設定，設計変更など発注者の責務が規定されている。

★――――――――――――――――――――――――――――――――――★

表－１　公共土木工事の執行に関する通知等

2016.3月末時点

No	区分	名　称	発出者	年月日	文書番号	最終改正	文書番号	文書の趣旨
11	資格審査	競争参加の資格の基本となるべき事項について	建設大臣	平成12年12月28日	建設省会第４号			予決例第72条第１項及び第95条第１項の規定に基づく定め
12	資格審査	工事請負業者選定事務処理要領	国土交通事務次官	昭和41年12月23日	建設省厚第76号	平成27年３月31日	国地契第114号	競争参加者の資格と資格審査，並びに競争参加者の選定等の事務取扱
13	入札契約手続	一般競争入札方式の実施について	建設大臣官房長	平成６年６月21日	建設省厚発第260号	平成28年３月９日	国官会第3830号 国地契第64号 国北予第32号	一般競争入札方式における公告から入札執行の実施手続き（WTO）
14	入札契約手続	一般競争入札方式の拡大について	国土交通省大臣官房長	平成17年10月７日	国地契第80号	平成28年３月９日	国官会第3830号 国地契第64号 国北予第32号	対象工事を拡大した一般競争入札方式における公告から入札執行の実施手続き
15	入札契約手続	競争契約入札心得について	官房長	平成24年３月19日	国官会第3170号／国地契第90号／国北予第35号			入札その他の取り扱いについて，法令によるもののほかの定め
16	総合評価	工事に関する入札に係る総合評価落札方式について	会計課長	平成12年３月27日	建設省会発第172号			「工事に関する入札に係る総合評価落札方式」の取り扱いに関する建設大臣から大蔵大臣への協議と回答
17	総合評価	総合評価落札方式の実施について	建設大臣官房長	平成12年９月20日	建設省厚契発第30号			「工事に関する入札に係る総合評価落札方式の標準ガイドライン」（公共工事発注官庁申し合わせ）の通知
18	総合評価	総合評価落札方式の実施に伴う手続きについて	建設省大臣官房地方厚生課長／技術調査室長／営繕計画課長	平成12年９月20日	建設省厚契発第32号／技調発第147号／営計発第132号	平成25年３月26日	国地契第110号 国官技第297号 国営計第123号	総合評価落札方式の実施に係る手続き
19	総合評価	国土交通省直轄工事における総合評価落札方式の運用ガイドラインについて	国土交通省大臣官房地方課長／技術調査課長／営繕計画課長／北海道局予算課長	平成25年３月26日	国地契第109号 国官技第296号 国営計第121号 国北予第53号	平成28年４月28日	国地契第８号 国技建調第26号 国営計第16号 国北予第７号	品確法及び基本方針に基づき品質確保を図っていく上でのガイドライン。国土交通省直轄工事における総合評価方式の運用の大筋を示している。従来の直轄ガイドラインの抜本見直しに伴う通知

No	区分	名　称	発出者	年月日	文書番号	最終改正	文書番号	文書の趣旨
20	契約	公共工事標準請負契約約款	中央建設業審議会	昭和25年２月		平成22年７月26日	中央建設業審議会	
21	契約	工事請負契約書の制定について	建設事務次官	平成７年６月30日	建設省厚契発第25号	平成28年３月18日	国地契第88号 国北予第35号	国土交通省直轄工事に適用する契約書の通知。「公共工事標準請負契約約款」に準拠している。
22	契約	工事請負契約書の運用基準について	建設大臣官房長	平成７年６月30日	建設省厚契発第27号	平成22年９月６日	国地契第20号	工事請負契約書の条項別の運用基準
23	契約	工事請負契約書第25条（スライド条項）の減額となる場合の運用について	建設大臣官房地方厚生課長／技術調査室長	平成12年10月６日	建設省厚契発第34号／技調発第159号			第25条（スライド条項）の減額となる場合の運用基準の補足
24	契約	工事請負契約書第25条５項の運用について	建設大臣官房地方厚生課長／技術調査課長／営繕計画課長	平成20年６月13日	国地契第９号／国技建第１号／国営計第24号	平成25年10月１日	国地契第37号 国官技第143号 国営計第61号	第25条５項（単品スライド条項）の運用基準
25	契約	工事請負契約書第25条６項の運用について	大臣官房地方課長／技術調査課長／営繕部計画課長，他港湾局／航空局／北海道局課長	平成26年１月30日	国地契第57号／国官技第253号／国営管第393号／国営計第107号他			第25条６項（インフレスライド条項）の運用基準
26	契約	総価契約単価合意方式の実施について	国土交通省大臣官房地方課長／技術調査課長／北海道局予算課長	平成23年９月14日	国地契第30号／国官技第183号／国北予第20号	平成28年３月14日	国地契第79号／国官技第360号／国北予第33号	総価契約単価合意方式の実施要領通知
27	契約	設計変更に伴う契約変更の取り扱いについて	官房長	昭和44年３月31日	建設省東地厚発第31号の２			設計変更に伴う契約変更の取り扱いに関する運用の基本
28	仕様書	土木工事共通仕様書（案）について	国土交通省大臣官房技術審議官	昭和43年12月23日	建設省官技発第95号	平成27年３月31日（通常，２年に１回改訂）	国官技第317号	土木工事，港湾工事，空港工事，その他これらに類する工事に係る，工事請負契約書及び設計図書の内容について，統一的な解釈及び運用を図るとともに，その他必要な事項を定めている。

No	区分	名　称	発出者	年月日	文書番号	最終改正	文書番号	文書の趣旨
29	仕様書	土木工事施工管理基準及び規格値（案）について	国土交通省大臣官房技術審議官	平成７年９月25日	建設省技調発第120号	平成28年３月30日（通常，２年に１回改訂）	国官技第371号	土木工事共通仕様書（案）に規定する土木工事の施工管理及び規格値の基準を定めたもの。
30	仕様書	写真管理基準（案）について	国土交通省大臣官房技術調査室長	平成11年８月26日	建設省技調発第138号	平成27年３月31日	国官技第321号	土木工事施工管理基準に定める土木工事の工事写真（電子媒体によるものを含む）の撮影に適用する。
31	仕様書	条件明示について	国土交通省大臣官房技術調査課長	平成14年３月28日	国官技第369号			国土交通省直轄の土木工事を請負施工に付する場合における工事の設計図書に明示すべき施工条件について，明示項目及び明示事項（案）をとりまとめている。
32	仕様書	土木請負工事における設計書及び工事数量総括表に関する標準的な構成内容について	建設省大臣官房技術審議官	平成８年４月１日	建設省技調発第90号			工事工種体系ツリーの通知 国土技術政策総合研究所HPに最新版が掲載されている。
33	仕様書	新土木工事積算大系に関する用語定義集について	建設省大臣官房技術調査室長	平成９年10月１日	建設省技調発第169号			工事数量総括表に示された細別（レベル４）の作業内容の項目内訳（「定義」と呼ぶ）を明らかにしている。国土技術政策総合研究所HPに最新版が掲載されている。
34	仕様書	土木工事数量算出要領（案）について	建設省大臣官房技術調査室長	平成７年９月29日	建設省技調発第158号	平成19年４月３日	国コ企第１号	工事工種体系に沿った数量算出の基準 国土技術政策総合研究所HPに最新版が掲載されている。
35	積算	土木請負工事工事費積算要領及び基準について	建設事務次官	平成28年３月14日	国官技第347号			国土交通省直轄の土木工事を請負施工に付する場合における工事の設計書に計上すべき工事費の算定に関する基本的事項
36	積算	土木請負工事工事費積算要領及び基準の運用について	国土交通省大臣官房技術審議官	平成28年３月14日	国官技第348号			No.35通達の運用通達。平成28年３月に従来の通達を統合した。
37	積算	土木工事標準歩掛について	建設大臣官房技術参事官	昭和58年２月２日	建設省機発第37号	平成28年３月14日（通常，毎年改訂）	国総公第75号	土木請負工事費の積算に必要な，施工単位別の労務，材料，機械器具等の歩掛（所要量）に関して，標準的な値を示した文書

No	区分	名　称	発出者	年月日	文書番号	最終改正	文書番号	文書の趣旨
38	積算	施工パッケージ型積算方式の試行について	国土交通省大臣官房技術審議官	平成24年3月20日	国官技発360号			施工パッケージ型積算の試行実施要領及び積算基準の通達。別途改定通達有り。最新は平成28年3月14日第349号
39	監督検査	地方建設局請負工事監督検査事務処理要領	建設事務次官	昭和42年3月30日	建設省厚第21号	平成6年3月31日	建設省厚第120号	請負工事契約の履行の監督及び検査の実施に関する事務の基本的事項
40	監督検査	土木工事監督技術基準について	建設省大臣官房技術審議官	昭和54年2月26日	建設省技調発第94号	平成15年3月31日	国官技第345号	土木工事監督技術基準(案)の通知
41	監督検査	土木工事検査技術基準について	建設省大臣官房審議官	昭和42年3月30日	建設省官技第14号	平成28年3月30日	国官技第394号	土木工事検査の技術基準(案)の通知
42	監督検査	地方整備局工事技術検査要領について	建設事務次官	昭和42年3月30日	建設省官技第13号	平成18年3月31日	国官技第282号	工事の技術検査に関する基本的事項
43	監督検査	土木工事技術検査基準について	国土交通省大臣官房技術審議官	平成18年3月31日	国官技第283号			土木工事技術検査の基準(案)の通知
44	監督検査	請負工事成績評定要領の制定について	国土交通事務次官	平成13年3月30日	国官技第92号	平成22年3月31日	国官技第326号	工事の成績評定に関する基本的事項
45	監督検査	請負工事成績評定要領の運用について	国土交通省大臣官房技術審議官	平成13年3月30日	国官技第93号	平成28年3月30日	国官技第396号	工事成績評定並びに難易度評価の実施要領
46	コミュニケーション	土木工事における設計者，施工者及び発注者間の情報共有等について	国土交通省大臣官房技術調査課長	平成21年5月日				三者会議の活用と実施上の留意点

⑶ 公共土木工事の流れと規範

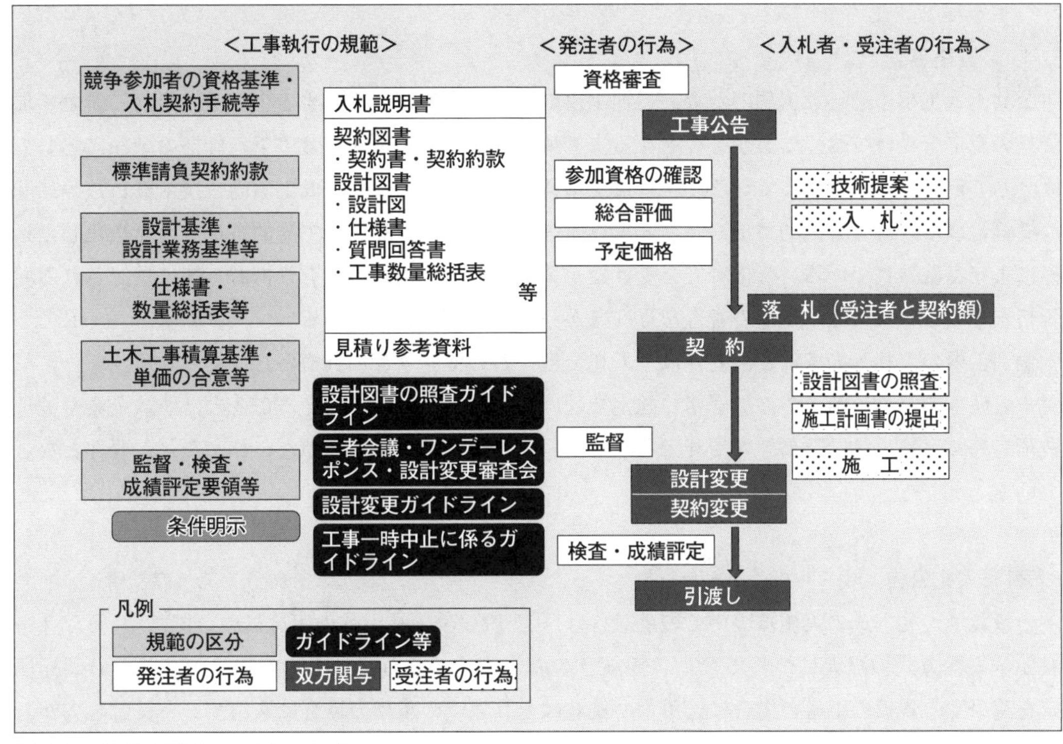

（出典）　参考文献８．p.29より作成

公共土木工事は，工事公告，契約，施工，変更，検査・引渡しという流れで進む。

その過程で発注者は，入札参加企業の資格審査，入札説明書の作成，契約書，設計図書の作成，予定価格の作成，総合評価，落札者・額の決定，契約，監督，検査などの業務を行う。それぞれの業務は定められた規範（法令や通達）に従って実施される（表－１，表－２）。

設計変更ガイドライン等は工事実施中に取り扱いが課題となりやすい事項について，具体的な手続きや判断基準を示すものである。国土交通省では，特記仕様書に「その具体的な考え方や手続きについては，「工事請負契約における設計変更ガイドライン（案）」（国土交通省○○地方整備局）及び「工事一時中止に係るガイドライン（案）」（国土交通省）によることとする。」と記述して両ガイドラインを位置づけている。なお，ガイドラインは地方整備局ごとに作成されているが，内容はほぼ同様である。

また，三者会議，ワンデーレスポンス及び設計変更審査会は，施工効率向上，コミュニケーション改善等の取り組みとして実施されている。これらは発注者と受注者のコミュニケーションを人間関係に係らず公平に増進することにより，施工効率の向上を図る運動と言える。

⑷ 入札契約手続き

ここでは，入札参加資格者の選定，受注者の選定と契約額の確定などの手続きを定める通達等について概説する。

１） 資格審査

公共土木工事の適切な実施のため，個別工事の入札に参加しようとする企業は，事前に競争参加資格の認定を受けておくことが必要となる。参加資格は工事の種別ごとに予定価格の金額に応じて区分して定めることとなっている。区分は工事種別ごとの年間平均完成工事高や技術職員数等に基づく経営事項評価（客観的事項）及び工事成績等に基づく技術評価（主観的事項）を点数化した指標により実施されている。資格審査を受けた企業は各地方整備局等の有資格者名簿に登録される。資格審査は２年に一回，定期の審査を行うほか，随時にも行われている。

個別工事の入札への参加資格要件は，入札公告において競争参加資格として示される。

一般競争の場合，前述の参加資格の認定を受け，一定の点数以上であることのほか，企業や監理技術者等の実績，設計業務等の受託者との資本若しくは人事面の関連がないことなどが要件となっている。

２） 入札公告

一般競争入札方式の実施についての手続きは，「一般競争入札方式の実施について[※1]」，及び「一般競争入札方式の拡大について[※2]」に手続きの基本が定められている。前者はWTO政府調達協定を適用する規模の工事の場合に適用し，後者はそれ以下の規模の場合に適用する。後者の方が若干手続きが簡素化されている。

■ 入札公告の図書

公　　　告：工事概要，競争参加資格，担当部局，入札説明書の交付場所と期間など
入 札 説 明 書：説明書本文のほか，別冊として公告の写し，契約書案及び（契約約款），入札心得，図面，仕様書，（工事数量総括表）及び現場説明書
入札説明書本文：工事概要，競争参加資格，設計業務等の受託者，現場説明会（行う場合），入札説明書等に対する質問の方法，入札方法，落札者の決定方法，支払条件など
現場説明に対する質問とその回答は，後に設計図書の一部となる（標準契約約款第１条）

発注者が一般競争に付す場合には公告が行われる。公告には，工事概要，競争参加資格，担当部局，入札説明書の交付場所と期間などが示されている。競争に参加しようとする企業は入札説明書の交付を受けることになる。

入札説明書は説明書本文のほか，別冊として公告の写し，契約書案（及び契約約款），入札心得，図面，仕様書及び現場説明書を含めるものとされている。公告，入札心得以外は契約図書の原型となるものであり，設計変更の観点からも重要である。なお，入札心得は，入札者が競争入札への参

※１　表－１ No.13
※２　表－１ No.14

加に当たって法令の他に順守すべき入札手続きなどを示したものである。

入札説明書には，工事概要，競争参加資格，設計業務等の受託者，現場説明会（行う場合），入札説明書等に対する質問の方法，入札方法，落札者の決定方法，支払条件などが記載されている。入札説明書等に対する質問とその回答は，後に設計図書の一部となるものであり，入札書の提出期限前日以前まで閲覧に供されることになっている。

3） 総合評価

総合評価落札方式は，「価格と価格以外の要素（品質など）を総合的に評価して落札者を決定する方式」である。

■ 総合評価落札方式の概要

・予定価格の範囲内で，**評価値**が最も高い者を落札者とする方式

・**評価値**は除算方式で算定する

$$\text{評価値}=\frac{\text{技術評価点}}{\text{入札価格}}$$

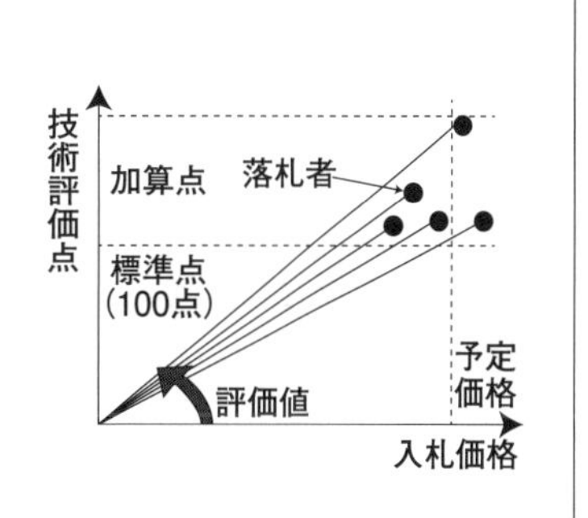

・**技術評価点＝標準点＋加算点＋施工体制評価点**

・**標準点**は，入札説明書等に記載された要件を満足する場合に与える点数。満足する場合は100点。
それ以外の場合は不合格。

・**加算点**は，評価項目に対して，各競争参加者の技術力等に応じて付与される点数。

・**施工体制評価点**は，施工体制確認型総合評価落札方式を適用する工事において用いる。

・**施工体制評価点**は，入札説明書等に記載された要件を実現できるかどうかを審査・評価し，その確実性に応じて付与される点数。

◎総合評価落札方式のタイプ

・工事の特性（工事内容，規模，要件等）に応じて，**「技術提案評価型」**と**「施工能力評価型」**に大別される。

（出典） 表－1 No.19より作成

平成17年４月に品確法が施行され公共工事の品質を確保するための調達の基本理念が総合評価落札方式であることが示された。これにより，同方式の普及が進み国土交通省ではほとんどの工事に適用されるようになり，地方公共団体等でも取り入れられるようになっている。国土交通省においては，実績を踏まえ適用の見直しが行われ，平成25年に通達された「国土交通省直轄工事における総合評価落札方式の運用ガイドライン※」が運用の規範となっている。技術提案に関する契約変更の取り扱い等は，「第１章 １－６ 総合評価落札方式における技術提案と契約変更」で解説している。

※ 表－1 No.19

(5) 契約図書と設計図書

1） 図書の定義

契約に当たって，発注者により契約図書と設計図書が用意され，受注者は契約書に押印する。

契約図書とは，契約書，（契約約款）※1及び設計図書をいい，設計図書が図面，仕様書，現場説明書，現場説明に対する質問回答書であることは，標準契約約款の第1条第1項で定義されている。工事数量総括表については，土木工事では共通仕様書（1－1－1－2 用語の定義）に位置付けられているが，建築工事では設計図書とはされていない※2。

設計図書を構成する各図書の定義は，共通仕様書において明らかにされている（第5章 10. 用語の定義 参照）。

2） 見積り参考資料

入札説明書には，契約図書の他に見積り参考資料として，工事数量総括表に任意項目（第2章 2－2 (1) 指定と任意 参照）である使用機械や一式項目の数量などを記載した図書，並びに任意仮設に関する参考図面が添付されることがあるが，これらは入札者の見積りの便に供するためのもので設計図書には含まれない。

地方整備局発注工事の見積参考資料の鏡には，「入札参加者の適切かつ迅速な見積に資するための資料であり，契約書第1条にいう設計図書ではない。したがって『見積参考資料』は請負契約上の拘束力を生じるものではなく，受注者は，施工条件，地質条件等を十分考慮して，仮設，施工方法，安全対策等，工事目的物を完成するための一切の手段について受注者の責任において定めるものとする。なお，この『見積参考資料』の有効期間は，この工事の入札日までとする。」などと記述されている。

例えば，工事数量総括表で一式表示の仮設工において，見積り参考資料の数量と現地の数量とが違うことが受注後に判明した場合，設計変更できるとは限らない。入札者においては，リスク管理の観点からも金額の大きい仮設については入札前に照査しておくことが必要である。

法定福利費の事業者負担額，労務管理費等の労務費以外の現場労働者に係る経費については現場管理費に含まれている。平成24年度には本来事業者が負担すべき法定福利費が，予定価格に適切に反映できるよう現場管理費率式の見直しが行われた。

この点については関係者への周知が行われたが，各工事の入札契約手続きにおいても競争参加者に周知するため，「見積参考資料」に下記の事項が記載されるようにするとともに入札調書に「予定価格に含まれる法定福利費概算額」を記載するようになった。

※1　標準契約約款では，契約約款は契約書と独立した扱いである。国土交通省の「工事請負契約書」の場合は，契約約款（「工事請負契約書の約款部分」という。）を含む。

※2　国土交通省官房官庁営繕部は，平成28年度より「入札時積算数量活用方式」を試行導入した。

■ 法定福利費等の計上に関する「見積参考資料」記載例

建設技能労働者や交通誘導員等の現場労働者にかかる経費として，労務費のほか各種経費（法定福利費の事業者負担額，労務管理費，安全訓練等に要する費用等）が必要であり，本積算ではこれらを現場管理費等の一部として率計上している。

（出典） 現場労働者にかかる法定福利費等の計上に関する周知の徹底について，国土交通省大臣官房技術調査課事務連絡，平成25年6月7日より作成

3） 変更設計図書

設計変更に際しては，設計図書の変更が必要となる。「共通仕様書 1－1－1－14 設計図書の変更」では下記のように定めている。

「設計図書の変更とは，入札に際して発注者が示した設計図書を，発注者が指示した内容及び設計変更の対象となることを認めた協議内容に基づき，発注者が修正することをいう。」（共通仕様書 1－1－1－14 設計図書の変更）

変更においては，図面，特記仕様書，工事数量総括表について当初設計図書と対比できる形で変更設計図書を作成する。設計図書の変更を適切に行うには，実務的に変更を必要とする都度，発注者と受注者間での協議，指示等の内容を書面により交しておくことが重要である（詳しくは第2章 2－2 (3) 設計変更ガイドライン 参照）。

(6) 図面と構造物の設計・施工の技術基準類

河川法～「河川管理施設等構造令」
（昭和51年7月20日，政令第199号，平成25年7月5日最終改正，政令第214号）
道路法～「道路構造令」
（昭和45年10月29日，政令第320号，平成23年12月26日最終改正，政令第424号）

「土木設計業務等共通仕様書」や「土木工事共通仕様書」において，工種（章）ごとに「適用すべき諸基準」を明示

「土木工事設計要領」，「設計便覧」，若しくは「設計マニュアル」と呼ばれる要領等： 各地方整備局等が整備

↓

図面：位置図，平面図，縦断図，標準横断図，横断図，構造一般図，構造詳細図（配筋図等），（指定仮設の）仮設構造図 など

河川や道路の構造物の設計施工に関する技術基準類は，河川法に基づく「河川管理施設等構造令※1」，道路法に基づく「道路構造令※2」が基本となる。これらを頂点とする多くの技術基準類に

※1 河川管理施設等構造令（昭和51年7月20日，政令第199号，平成25年7月5日最終改正，政令第214号）
※2 道路構造令（昭和45年10月29日，政令第320号，平成23年12月26日最終改正，政令第424号）

従って設計された結果が設計図面として示されることになる。いかなる技術基準類を設計・施工の基準とするかは，土木設計業務等共通仕様書や土木工事共通仕様書において，工種（章）ごとに「適用すべき諸基準」として明示されている。

施工を業とする受注者は図面のとおりに構造物を施工すればよいので設計に関する技術基準類の細部まで熟知していなくても仕事は可能と考えられるが，設計図書の照査や設計変更の提案などを的確に実施するためには，技術基準類について相当の知見が必要になる。

一般に技術基準類と認識されている基準類の他に，設計図書である図面等の作成に関する実務上の運用規範として，「土木工事設計要領」，「設計便覧」，若しくは「設計マニュアル」と呼ばれる要領等が各地方整備局等において定められている場合がある。これらの要領等はその呼称が異なるだけでなく，記述項目にも差異があるが，各地方整備局等で実施する土木工事の設計及び設計図書の作成，並びに設計書（予定価格の積算内訳書）と積算資料の作成において，地方整備局等内で運用の統一を図るものとして作成されており，設計図書作成の上では鍵となる文書である。

本要領等に従って構造物の設計や品質の指定を行うことにより統一性が保たれる。半面，画一的な運用に陥りやすい。しかしながら，設計要領等は要領と異なる提案を否定しているものではなく，個々の構造物の目的や施工条件を的確に把握し，合理的な設計となるよう努めることをその精神としている。

図面は発注者が要求する目的物を具体的に示す図書である。図面は，一般的には，位置図，平面図，縦断図，標準横断図，横断図，構造一般図，構造詳細図（配筋図等），（指定仮設の）仮設構造図などが用意される。

⑺　仕様書と条件明示

１）　仕様書

仕様書は，共通仕様書と特記仕様書で構成されることが一般的である。

国土交通省では，所管の全土木工事を対象に土木工事共通仕様書（案）（共通仕様書）を大臣官房技術審議官より概ね２年に一回通達している。共通仕様書は，発注者が全ての工事を対象に共通的な要求事項をまとめた文書で，「工事請負契約書及び設計図書の内容について，統一的な解釈及び運用を図るとともに，その他必要な事項を定め，もって契約の適正な履行の確保を図るためのもの」と位置付けられている（共通仕様書　１－１－１－１）。

特記仕様書は，「共通仕様書を補足し，工事の施工に関する明細または工事に固有の技術的要求を定める図書」（共通仕様書　１－１－１－２）をいう。なお，共通仕様書　１－１－１－１では，「図面，特記仕様書及び工事数量総括表に記載された事項は，この共通仕様書に優先する」と，特記仕様書等は共通仕様書に優先することを明確にしている。また，共通的な特記仕様の事項をまとめて，「共通特記仕様書」を定めている整備局もある。

2） 土木工事共通仕様書（案）

土木工事共通仕様書の構成

- **・第1編　共通編**
  - **第1章　総則**…施工に共通する用語の定義，手続き，遵守事項など
  - **第2章　土工，第3章　無筋・鉄筋コンクリート**
- **・第2編　材料編**…使用材料に関する要求事項
- **・第3編　土木工事共通編**…第6編～第10編の工事施工に共通する要求事項
- **・第4編　港湾工事共通編　・第5編　空港土木工事共通編（省略）**
- **・第6編　河川編　・第7編　河川海岸編　・第8編　砂防編**
- **・第9編　ダム編　・第10編　道路編**

（第1章 総則 → 土木工事施工管理基準及び規格値）

土木工事施工管理基準及び規格値

＊土木工事共通仕様書「第1編－1－1－23 施工管理」に規定する
土木工事の施工管理及び規格値の基準を定めたもの

① 施工管理基準　② 出来形管理基準及び規格値
③ 品質管理基準及び規格値　④ 写真管理基準（案）

国土交通省の共通仕様書は，記述量が多いため上表のように共通編と事業分野別の編とで構成されている。

土木工事施工管理基準及び規格値は，共通仕様書の「1－1－1－23 施工管理」に規定する土木工事の施工管理及び規格値の基準を定めたものである。これらは，受注者における工程管理，施工管理，品質管理に対する要求事項を示す文書であり，監督，検査での判断基準ともなる。

施工管理は，工程管理，施工管理，品質管理で構成され，各々の「管理」に対する要求事項を示す文書としては，「施工管理基準」のほかに，「出来形管理基準及び規格値」，「品質管理基準及び規格値」，「写真管理基準（案）」がある。

写真に関しては，デジタル写真での管理が通常になっており，その場合は，「デジタル写真管理情報基準※」に基づき整理し提出することになる。

「管理基準」は，受注者の施工管理の基本，並びに発注者の監督・検査・成績評定の基本になるものであり，基準に従った施工ができるようにしなければならない。特に新技術等を用いて施工管理を行おうとする場合は，事前に発注者の承諾を得ておくことが肝要である。

3） 条件明示

当初の積算，設計変更を現場ごとの条件に適合した形で実施するためには，施工条件を設計図書によって明らかにしておくことが極めて重要である。このため，国土交通省等の発注者においては，施工条件を事前に調査し，必要なものを設計図書の中で明らかにしている。しかしながら，施工条件の明示が充分でないため，設計変更が円滑に行われないことが，しばしばみられるとともに，施工条件の明示項目，範囲について統一性がとれていない面もあった。このため，国土交通省（当時，建設省）は，昭和60年（1985年）1月に施工条件の明示項目，範囲について共通的な事項をとりま

※　デジタル写真管理情報基準，平成28年3月は，平成25年3月より共通仕様書の写真管理基準（案）で引用され，本基準に基づき写真ファイルの整理及び電子媒体への格納方法の基準となっている。

とめ，施工条件明示について参考通知し，平成３年１月に改訂版を通知した。

その後，平成14年に施工環境の変化や設計変更の経験を踏まえて補足追加が行われ，改定版の「条件明示について」※が通達された。本通達では，明示項目は，工程，用地，公害，安全対策，仮設備，建設副産物等であり，各項目別に明示事項が示されている。この「条件明示について」の通達は多くの発注者で活用されており，特記仕様書等の充実に役立っている。（詳しくは，第３章 ３－１ 条件明示に関する通達 参照）。

各地方整備局等では，条件明示が的確になされるよう「条件明示の手引き」や「条件明示のチェックリスト」（第３章 ３－１ ⑶ 条件明示の手引き（案）参照）を用意したり，「特記仕様書作成の手引き」等に反映したりしている（表－２ 参照）。

４） 質問とその回答及び受注者における条件明示の確認

個別の工事においての条件明示は，特記仕様書，現場説明書，質問回答書，若しくは工事数量総括表の規格欄においてなされることが通例である。設計変更を円滑に行うには，受注者においてもこれらの図書に示された施工条件を確認しておくことが重要である。特に，入札前には，設計図書を熟読して疑問点について質問し，質問回答書を得て疑問点を解決しておくことが必要である。

現場説明に対する質問回答書は設計図書として位置づけられている（標準契約約款第１条）。入札公告で発注者が提示した設計図書の案に対して適切に質問することで，設計図書の明確化や変更，積算の見直しが行われ，より適正な工事発注となることが期待される。

また，落札後は「設計図書の照査」を行うことが共通仕様書により義務付けられている（第２章 ２－２ ⑷ 設計図書の照査ガイドライン 参照）。

⑻ 新土木工事積算大系と工事数量総括表

１） 新土木工事積算大系

「新土木工事積算大系」に関する研究が平成３年から進められてきた。本研究は，従来の積算を見直し，契約内容の明確化，積算・契約業務の合理化，効率化などを目的として実施されており，その方向性は以下に示すものである。

① 積算の内容を発注者，受注者にとってわかりやすいものにする。
② 誰が積算しても標準化された同じような積算となるものにする。
③ 契約に関する図書類（工事数量総括表，仕様書等）を一貫した統一のとれた形態とする。
④ 工事目的物が明確に理解できるものにする。

目的のうち③により，工事数量総括表の標準化・規格化（以下，「工事工種の体系化」という。），用語の統一が図られたことに加えて，共通仕様書，土木工事数量算出要領（以下，「数量算出要

※ 表－１ No.31

領」という。）さらには積算基準書等が工事工種体系と一貫性を確保したものに整備されている。これにより，目的の④にある目的物に対する発注者の要求が明確化され，また，目的物に対応する価格もわかりやすくなっている。

2） 工事数量総括表と工事工種体系ツリー

■ 工事数量総括表の例

（レベル1）工事区分	（レベル2）工種	（レベル3）種別	（レベル4）細別	（レベル5）規格	単 位	数 量	備 考
道路改良					式		
	道路土工				式		
		掘削工			式		
			土砂掘削	レキ質土	m³	1,360	
			軟岩掘削	軟岩	m³	30	
		盛土工			式		
			路体盛土工	幅員	m³	10,000	
	法面工				式		
		植生工	客土吹付	吹付厚	m²	1,100	

工事数量総括表は，工事施工に関する工種，設計数量及び規格を示した書類であり，国土交通省の土木工事では設計図書となっている。

工事数量総括表の「事業区分」「工事区分」「工種」「種別」「細別」「規格」のレベル0からレベル5は工事工種体系ツリー（積算体系ツリー）※に従って選択する。工事工種体系ツリーは，工事工種の体系化により，国土交通省の各種の工事に対応できるよう最小公倍数的に整備されている。

■ 工事工種体系ツリー（積算体系ツリー）の例

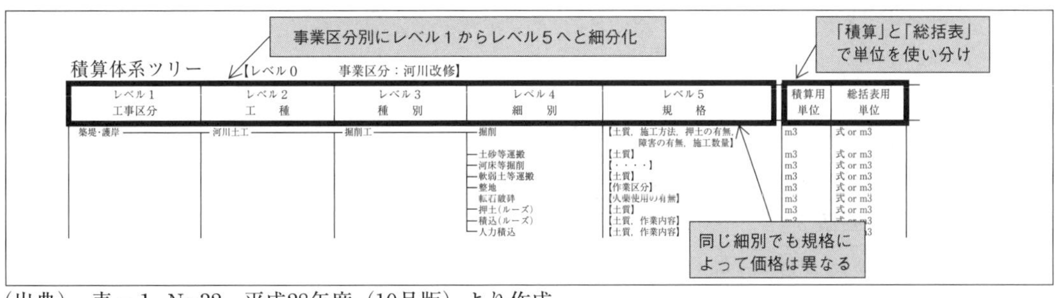

（出典） 表－1 No.32，平成28年度（10月版）より作成

ここで，細別（レベル4）は，工事を構成する基本的な単位目的物，または単位仮設物で，単位とともに契約数量を表示するレベルである。また，規格（レベル5）は細別（レベル4）を構成する材料などの具体的な材質や規格，契約上明示する条件などである。

実務上は，積算ソフトの中にデータとして取り込まれているのであまり意識されていないかもしれない。

※ 工事工種体系ツリー（積算体系ツリー）は表－1 No.32，により通達された。国土交通省の国土技術政策総合研究所社会資本システム研究室のHPから最新版を入手できる。

3） 数量算出

同じ土砂掘削でも，規格（レベル5），つまり施工条件によって積算価格（レベル4の単価）は異なる。このため，積算に当たっては，図面や現地の状況等から施工条件を判断してレベル5の違いごとに数量を算定する必要がある。すなわち，工事数量総括表の細別，規格の区分，積算条件の区分などに整合した数量を，単位の取り方にも注意しつつ算出することになる。

このような数量算出を統一的に行うため，数量算出要領（案）及び数量集計様式（案）が整備されている※。数量算出要領（案）は工事数量の計算の方法や数位を規定したもので，土木工事数量集計表様式（案）は，数量集計を統一的に行うための様式として整備されている。

また，平成28年3月にはi-Construction版が発行され，土工についてICTを活用した場合の数量算出も加えられた。

■ 数量算出要領（案）の概要

1.1 適用範囲

> 土木工事に係る工事数量の計算等にあたっては，本要領を適用する。

1.2 数量計算方法

> 数量の単位は，計量法によるものとする。
>
> 長さ・面積・断面積等の計算は数学公式によるほか，スケールアップ，プラニメーター，平均面積（断面）法等により行うものとする。また，CAD ソフトによる算出結果について，適宜結果の確認をした上で適用できるものとする。
>
> 算式計算の乗除は，記載の順序によって行ない，四捨五入して位止めするものとする。

1.3 構造物の数量から控除しないもの

1.4 構造物数量に加算しないもの

1.5 数量計算の単位及び数位

1.6 設計表示単位及び数位

1.7 図面表示単位

1.8 単位体積質量

1.9 数量の算出

> 各工種の数量は，各章の記載内容により算出するものとする。

以下，工種別要領

（出典） 表－1 No.34，平成28年度 i-Construction 版より作成

(9) 価格の合意に関する規範

公共工事において，応札者の入札価格は自社の施工能力や受注戦略などを勘案して決定されるべきものである。よって建設市場での自由な価格形成という観点に立った場合，発注者の予定価格算定作業である積算について受注者が精通することは良いとしても，それに縛られることは好ましい

※ 数量算出要領は，表－1 No.34により通達された。国土交通省の国土技術政策総合研究所社会資本システム研究室のHPから最新版を入手できる。

ことではない。一方，設計変更に伴う請負金額の変更に関しては積算が影響している現実がある。

このようなことも踏まえつつ，受注者も知っておいた方がよい発注者の積算に関する規範について本項で解説する。

1） 予定価格の作成

ア．積算基準

予定価格は，「契約担当官は，その競争入札に付する事項の価格を当該事項に関する仕様書，設計図書等によって予定し，その予定価格を記載した書面を封書にし，開札の際これを開札場所に置かなければならない」（予決令第79条）との定めに従って作成されるものである。

予定価格の作成作業全体を積算と呼んでいる。積算の過程は大きく２つに分けられる。前半は工区の設定，施工手順等の検討を行い，仕様書等の設計図書を用意する過程である。後半は，請負工事費の算定であり，施工を行うために必要な資材，機械等の所要量や必要な工期の把握及びこれに基づく工事費の算定である。

後半の価格算定に関しては，予決令第80条第２項で，「予定価格は，契約の目的となる物件または役務について，取引の実例価格，需給の状況，履行の難易，数量の多寡，履行期間の長短などを考慮して適正に定めなければならない」とされている。

■ 積算基準類

［1］土木請負工事工事費積算要領及び基準について（注）
［2］土木工事標準歩掛について
［3］施工パッケージ型積算方式の試行について
［4］工事工種体系ツリー
（注） 本通達（国官技第347号）は，従来の「積算要領」と「積算基準」を統合して，平成 28 年３月 14 日に制定通達された（表－１ No.35）。

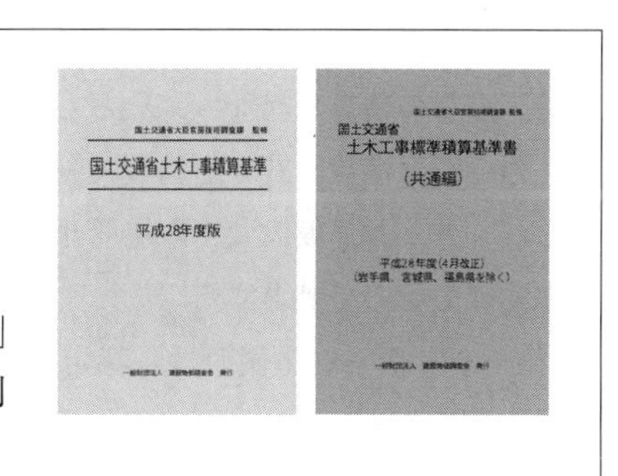

予定価格の算定方法を示した積算基準類は上に示したものの他，多くの通達で成り立っている（表－１参照）。

［1］は，工事費の構成と費目の内容，間接工事費算定の方法等を示しており，積算の基本，骨格を示す通達である。

［2］の標準歩掛は，「本標準歩掛は，土木請負工事工事費の積算に必要な労務，材料，機械器具等の歩掛（所要量）に関して，標準的な値を示したものである。」と定義している。

［3］は，施工パッケージ型積算の実施要領と施工パッケージ型積算基準を通達したものである。施工パッケージ型積算方式は，上表の通達のうち，「土木工事標準歩掛について」を適用しない積算方式となる。

［4］は，本ツリーに示された体系や用語を使用することによって，工事数量総括表等における工事内容の表示方法（体系や用語）を標準化するものである（第２章　２－１ ⑻ 新土木工事積算

大系と工事数量総括表 参照)。

［1］から［3］及び関連する通達については，それらを全体的に理解できるよう国土交通省大臣官房技術調査課監修の図書として，「国土交通省土木工事積算基準 各年度版，(一財) 建設物価調査会」(以下，黄本という。)，「国土交通省土木工事標準積算基準書 各年度版，(一財) 建設物価調査会」(以下，赤本という。) 等が発刊されている。これらの図書は市販されているので入札参加企業も同じ情報を入手することができる。

黄本は積算に関する基準を取りまとめて周知することに主眼を置いた編集になっている。

赤本は積算実務者の作業用として編集されていたものを一般向け図書としたものである。共通編，河川編，道路編，公園編の編構成，工種別の章構成になっている他，積算作業において必要となる工法選定などの説明が入っている。また，赤本は工種ごとの構成になっているので，歩掛型と施工パッケージ型が混在して記述されている。

イ．「施工パッケージ型積算方式」の試行導入

施工パッケージ型積算方式は，国土交通省が価格の透明性の向上，積算の合理化等を目的として平成24年10月から試行を開始している方式である。平成27年10月の改定により319施工パッケージが導入済みであり，平成28年10月からは403施工パッケージとなる予定である。地方公共団体等でも導入が進んでいる。

従来の歩掛を用いる積算は「積上積算方式」と呼ばれている。「積上積算方式」と新方式とでは，直接工事費の積算が異なっている。新方式では直接工事費における，工事工種体系の細別（レベル4）の金額は機械経費・労務費・材料費を含めた1つの「施工パッケージ単価」で計上することになる。一方，共通仮設費，現場管理費及び一般管理費等の間接費は，従来の積上積算方式と変わらず率式等を用いて計上する。

「施工パッケージ単価」は，特定の時期の東京単価を標準単価とし，時期と地域を補正して求めることができる。

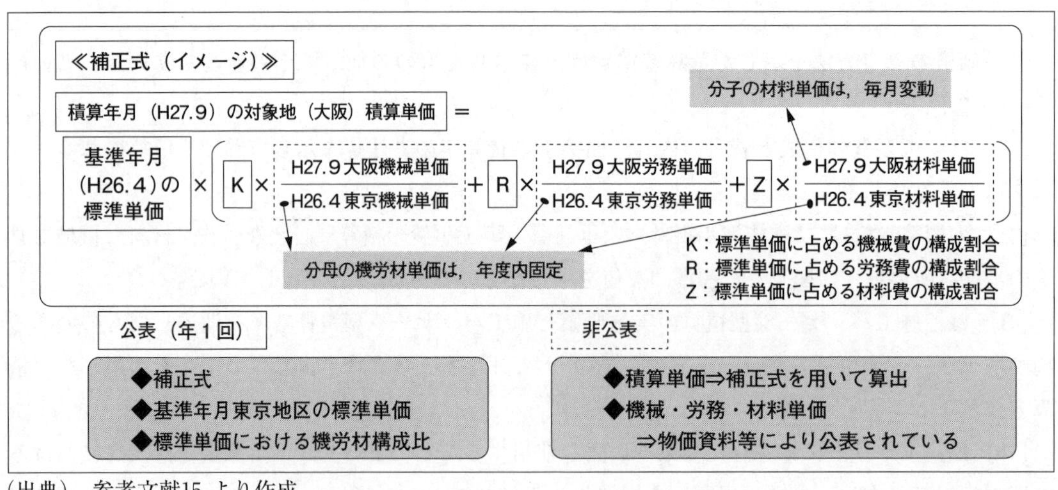

(出典) 参考文献15.より作成

施工パッケージ型積算方式の採用は発注者の積算方法の変更であり，設計変更のルールを変えるものではない。しかしながら，本方式になることにより発注者の価格設定が明確化されるため，受注後の単価協議や設計変更等における受発注者の協議の円滑化が見込まれる。

２） 請負代金額の変更

ア．予定価格の総額（総価）主義

「予定価格は，競争入札に付する事項の総額について定めなければならない。」（予決令第80条第１項）としており，総額が落札基準となり，総額で契約することが一般的である。

予定価格を総額で決定することとしているのは，施工は受注者の自主性に任されるべきものであることから，発注者が積算に用いた労働者人数や機械が使用されるものではなく，また，労務単価や資材価格についても受注者が同じ価格で実際に労務や資材を調達しているとは限らないことなどから総額で競争することが適切であると考えられたためである※1。

総額主義は契約の双務性の観点では必要な原則であるが，設計変更に関しては不都合が発生する。すなわち，設計変更で数量の変更を行うだけでも，数量の基本となる細別（レベル４）の金額が合意されていないと，発注者と受注者で変更額の規模が大きく異なることも生じかねない。

イ．請負代金額の変更

設計図書が変われば請負代金額も変更になるのが通常である。この際の金額の変更方法について標準契約約款第24条は「発注者と受注者とが協議して定める」としか書いていない。とはいえ，協議で簡単に決まるものではないので，「発注者の積算内訳単価×落札率」を変更単価とするという方法を採用しているのが通常である。この場合の変更単価は，受注者の単価ではないので変更額に不満が残ることがある。このような課題も踏まえつつ国土交通省では総価契約単価合意方式を平成22年度から採用しており※2，最近では国土交通省発注の土木工事のほとんどに採用されるようになっている。

総価契約単価合意方式の場合は，工事請負契約締結後に発注者と受注者間で協議のうえ合意した単価を基礎として変更金額を算定することを基本とする。ただし，合意単価の使用が不適当な場合は，見直した単価を用いて変更金額を算定する。

詳細は，標準契約約款の変更については，「第１章　１－７　総価契約単価合意方式」で，その運用については「第４章　４－２ ⑴ 総価契約単価合意方式」で解説している。

※１　参考文献３．p.41

※２　総価契約単価合意方式は，積上積算方式で予定価格が決められた契約では平成22年から採用されている。それ以前には平成16年度から23年度に試行されたユニットプライス型積算方式で積算された契約においても採用された。具体的運用は表－１ No.26及び参考文献17. に解説している。

3） 受注者の提案に基づく積算

ア．技術提案を求める入札契約方式と積算

発注者の側で設計・積算を完結するのが従来からの方法であったが，民間の技術力を活用する観点から応札者や受注者に技術提案を求める入札契約方式が行われるようになった。この際，技術提案に係る部分の積算や変更をどのように行うかが課題となる。

国土交通省の入札時VE方式※1は，平成9年度より試行されており，「民間の技術開発の進展の著しい工事又は施工方法等に関して固有の技術を有する工事で，コスト縮減が可能となる技術提案が期待できるもので，かつ必要と認めた工事」について採用される。本方式による場合，入札説明書の別冊に参考として示した図面及び仕様書（標準案）の内容について異なる施工法等に関する提案を求める旨を明示する。各競争参加者は，発注者の審査を経て提案に基づいての入札をすることができる。

契約後VE方式※2は，主として施工段階における現場に即したコスト縮減が可能となる技術提案が期待できる工事を対象として，契約後，受注者が施工方法等について技術提案を行い，採用された場合，当該提案に従って設計図書を変更する方式である。本方式では，提案のインセンティブを与えるため，契約額の縮減額の一部に相当する金額を受注者に支払うことを前提として，契約額の減額変更を行う※3。

設計・施工一括発注方式は，平成9年度より試行されており，設計技術が施工技術と一体で開発されることなどにより，個々の建設会社等が有する特別な設計・施工技術を一括して活用することが適当な工事を対象としている。本方式は，設計・施工分離の原則の例外として，概略の仕様等に基づき設計案を受け付け，価格のみの競争，または総合評価により決定された落札者に，設計・施工を一括して発注する方式である。また，詳細設計付工事発注方式は，仮設をはじめ詳細な設計を施工と一括で発注することにより，製作・施工者のノウハウを活用する方式である※4。なお現在では，設計・施工一括発注方式は総合評価落札方式の一部として実施される形になっている。

「国土交通省直轄工事における総合評価落札方式の運用ガイドライン」※5で示された技術提案評価型A型では，発注者による標準案ではなく，技術提案に基づき予定価格を算定することとされている。この際には「結果として最も優れた提案を採用できるように，技術評価点が最も高い技術提案に基づき予定価格を算定することを基本とする」とされている。

イ．設計・施工一括発注方式における設計変更の考え方

設計・施工一括発注方式の場合，設計確定以前に価格を確定するためにはリスクの費用を見積

※1　一般競争入札における入札時VE方式の試行について（平成10年2月18日，建設省厚契発第9号，建設省技調発第36号，建設省営計発第15号）

※2　契約後VE方式の試行に係る手続きについて（平成13年3月30日，国官地第24号，国官技第79号，国営計第81号，平成22年9月6日最終改正，国地契第23号，国官技第171号，国営計第67号）

※3　契約後VE試行工事に関する積算上の当面の扱いについて（平成9年6月23日，建設省技調発第113号）

※4　国土交通省直轄事業の建設生産システムにおける発注者責任に関する懇談会：設計・施工一括及び詳細設計付工事発注方式実施マニュアル（案），2009.3

※5　表－1 No.19

もって価格に反映することが必要となる。しかしながら，従来の標準積算に基づく予定価格算定手法にはリスクの費用を計上する考え方がない。このような観点も含め，「設計・施工一括及び詳細設計付工事発注方式実施マニュアル（案）」では，単価合意と設計変更について以下のように整理している。

《設計・施工一括及び詳細設計付工事発注方式実施マニュアル（案）抜粋》

○設計変更・単価合意

① 設計・施工一括発注方式等を適用する場合には実施設計の完了後，工事着手までの間に受発注者間で単価を合意することを基本としている。受発注者間での単価合意及び設計変更の考え方については，次のとおりとする。

② 設計・施工一括発注方式等の場合，落札者の詳細設計が終了した時点で設計数量が確定するため，予定価格における工事費の内訳と落札者の入札価格の内訳が異なることが生じる可能性がある。

③ このため，詳細設計の終了により設計数量が確定し工事に着手する前に，総価契約の金額を変更しない設計変更を行い，単価合意することを基本とする。

④ 単価合意後に，契約額の変更を伴う設計変更等が生じた場合には，詳細設計の図面，設計数量，合意した単価に基づき，設計変更及び契約額の変更を行うものとする。

また，本マニュアル（案）では，「リスク分担の基本的な考え方」として，設計・施工一括発注方式における設計変更に関する重要な考え方を示している。すなわち，設計時から施工時までに起因するリスクについては，「原則受注者負担」を撤回し，発注者は，契約時においてリスク分担（設計・施工条件）を明示し，受注者はこのリスク分担下において負担することになり，一定の条件下では設計変更も実施されることになった。

《設計・施工一括及び詳細設計付工事発注方式実施マニュアル（案）抜粋》

○設計・施工一括発注方式におけるリスク分担の基本的な考え方

① 設計・施工一括発注方式においては，設計時から施工時までに起因するリスクについては「原則受注者負担」としてきたところであるが，事例調査の結果，契約時においてこれらのリスクの予測可能性は必ずしも高いものではなく，その結果，契約時に過度に受注者への負担を負わせたり，受発注者間の協議に時間を要したりするなど，設計・施工一括発注方式のもつメリットである効率的・合理的な設計・施工の実施の観点から弊害となっている場合が見受けられる。

② このため，設計・施工一括発注方式及び詳細設計付工事発注方式におけるリスク分担の基本的な考え方である「原則受注者負担」を撤回し，発注者は，契約時において必要なリスク分担（設計・施工条件）を明示することとし，受注者はこのリスク分担（設計・施工条件）下においてリスク分担を負うものとする。

③　その際，設計・施工一括発注方式及び詳細設計付工事発注方式は，契約後に詳細設計を実施するため，（設計・施工分離発注方式とは異なり）これに起因するリスク分担が受発注者間に発生するという前提に立って，契約書等に，設計・施工条件を具体的に明示するとともに，当該条件下における受注者が負担するリスクについても，具体的に明示することとする（その他については発注者が負担（又は受発注者間協議）とする）。
④　また，受発注者双方は，契約時のリスク分担に関する未確定要素は極力少なくなるよう，十分な情報共有，質疑応答，技術対話，リスク分析等に努めなければならない。

⑽　設計照査・施工計画から施工へ

１）　設計図書の照査

受注が決まれば，受注者は基準点の確認，現地の調査測量を行い設計図書の照査を行わなければならない。

受注者による設計図書の照査は共通仕様書で求められているが，発注者が要求するから行うのでは消極的である。施工計画立案の前に照査し，施工条件について発注者の要求事項を確認し，前提条件を明確にしておくことは，良い成果を収めるためにも，自らのリスク管理としても欠かせない行為である。

照査の結果，設計図書間の不整合，現地との不一致，予期できないことがあれば発注者と協議する。

「設計図書の照査」についての基本的考え方，範囲をできる限り明示し，円滑な工事請負契約の締結に資するため，地方整備局等において「設計図書の照査ガイドライン」等が作成された（詳しくは，第２章　２－２ ⑷ 設計図書の照査ガイドライン 参照）。

２）　施工計画

発注者における施工計画は，工事に必要な費用を算定するための裏付けとして，施工方法や仮設備等は標準的なものを採用することを前提に作成されている。

■　施工計画書（共通仕様書　１－１－１－４　抜粋）

受注者は，工事着手前に工事目的物を完成するために必要な手順や工法等についての施工計画書を監督職員に提出しなければならない。

受注者は，施工計画書を遵守し工事の施工に当たらなければならない。

この場合，受注者は，施工計画書に以下の事項について記載しなければならない。

⑴ 工事概要，⑵ 計画工程表，⑶ 現場組織表，⑷ 指定機械，⑸ 主要船舶・機械，⑹ 主要資材，⑺ 施工方法（主要機械，仮設備計画，工事用地等を含む），⑻ 施工管理計画，⑼ 安全管理，⑽ 緊急時の体制及び対応，⑾ 交通管理，⑿ 環境対策，⒀ 現場作業環境の整備，⒁ 再生資源の利用の促進と建設副産物の適正処理方法，⒂ その他

受注者によって作成された施工計画書は発注者に提出される。共通仕様書で「提出※」とされているのは，施工計画書は自主施工の原則に則って受注者の責任において作成するもので，発注者が設計図書で示した以外に指定するものではないという趣旨を踏まえたものである。しかしながら，それは発注者の要求事項（設計図書で明示された事項等）を適切に反映して記載されていなければならず，不十分，不適切な場合は内容の訂正を依頼されることがある。

発注者は，仮設も含めた工事の全般的な進め方や，主要工事の施工方法，品質目標と管理方針，安全管理・管理体制を把握し，共通仕様書や特記仕様書などの設計図書で示した要求事項を満足しているかなどをチェックする。

施工を始めるに当たって建設業法，労働安全衛生法や建設工事に係る資材の再資源化に関する法律（建設リサイクル法）などに基づく手続きも必要となるので，これらの法令等との整合がとれた施工計画とすることが必要である。

3） 工事関係書類

受注者は，契約前，工事途中，完成時に様々な書類を提出しなければならない。受注者の提出書類は，契約書及び共通仕様書や特記仕様書に定められた書類となる。

近年では電子化書類が一般的になっているので，工事の履行途中では情報共有システムを利用して工事関係書類を交換し，保存するようになっている。また，工事完成図書は電子納品を求められるようにもなっている。

提出書類に関しては，書類の量が多くなっていることや電子と紙の両方での提出が求められるなどの課題があるため，提出書類を減らす対策や電子か紙どちらか一方のみを提出とする対策なども講じられ，工事関係書類の扱いが決められている。また，同じ発注者へ提出する書類でも監督職員，契約担当課，発注担当課と提出先が異なる。書類別の具体的な扱いは土木工事書類作成マニュアル（下表参照）の工事関係書類一覧表などで知ることができる。

■ 土木工事における電子納品等のガイドラインなど

○工事完成図書の電子納品等要領，国土交通省，2016.3

・土木工事共通仕様書に規定する工事完成図書を電子成果品として納品する場合等における電子データの仕様を定めたもの。

○電子納品等運用ガイドライン【土木工事編】，国土交通省大臣官房技術調査課，2016.3

・「工事完成図書の電子納品等要領，国土交通省，2016.3」に従い電子的手段により引き渡される成果品を作成するにあたり，発注者と受注者が留意すべき事項等を示したもの。

○土木工事の情報共有システム活用ガイドライン，国土交通省大臣官房技術調査課，2014.7

・受発注者間での情報共有システムの利用に当たっての適切な活用と統一的な運用を図るためのガイドライン。工事帳票の処理，保管に関する取扱いを含む。

※ 提出：監督職員に対し工事に係わる書面またはその他の資料を説明し，差し出すことをいう（共通仕様書1－1－1－2）

○**デジタル写真管理情報基準，国土交通省，2016.3**
・写真（工事・測量・調査・地質・広報・設計）の原本を電子媒体で提出する場合の属性情報等の標準仕様を定めたもの。土木工事の場合は共通仕様書の写真管理基準（案）に位置付けられる。

○**土木工事書類作成マニュアル，関東地方整備局企画部，2011.4など**
・工事関係書類の作成の実務要領。①契約図書上必要のない書類は作成しないことを明記，②発注者，受注者のどちらが作成すべき書類かを明記，③工事書類の作成様式を掲載，④施工体制台帳の作成に当たっての留意事項を明記，⑤工事検査時に確認する資料を明記。

上記のガイドラインで扱われている工事関係書類の体系は次図のようになる。本体系では，契約図書及び契約関係書類，工事完成図書，工事書類という区分をしている。特に工事完成図書は維持管理等のためにも長期保存する前提で紙と電子の両方での納品となっている。一方，主に監督業務の必要性から作成する工事書類は，工事写真と工事帳票からなり紙または電子のいずれかで提出する，または提示することになっている。

■　**土木工事における工事関係書類の体系図**

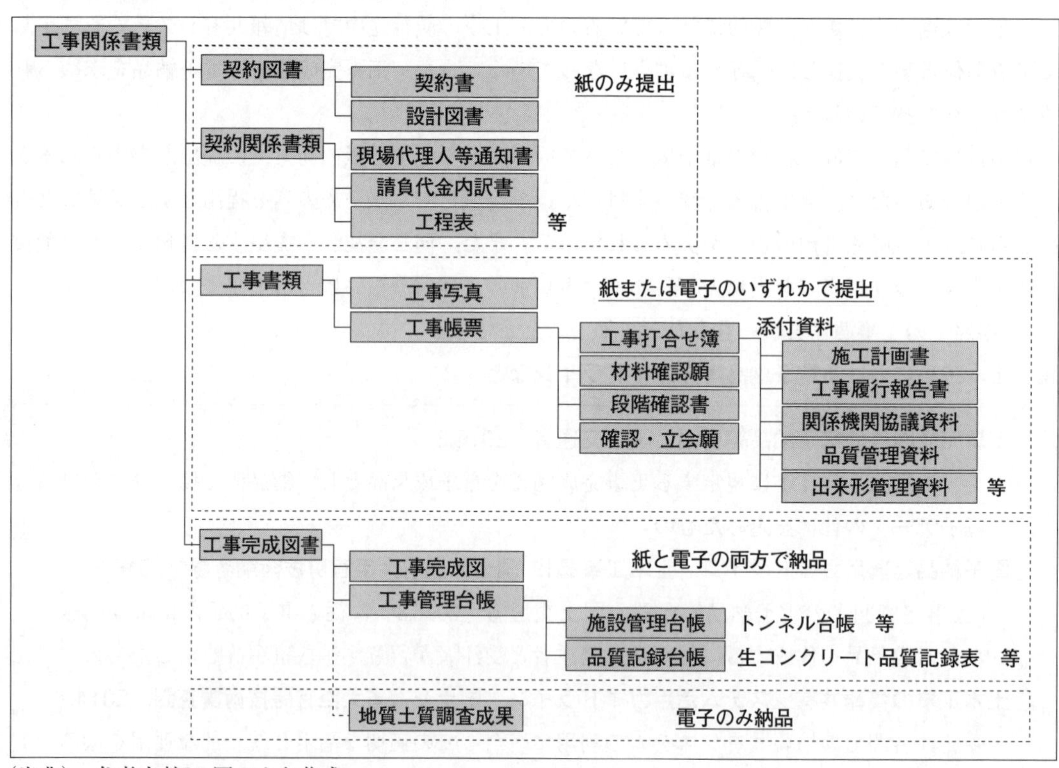

（出典）　参考文献21.図1より作成

⑾　監督・検査・成績評定

工事契約後は，契約書及び設計図書の要求に従い工事目的物の完成に向けて受注者の責任により施工方法等が定められ，工事が実施される。一方，発注者としても契約の適正な履行の確保，並びに公共工事の品質の確保の観点から関与することが法令により求められている。設計変更との関係に留意しつつ監督，検査等における発注者による工事への関与の概要について解説する。

1）　法令等

《会計法第29条の11（契約履行の確保）》

① 契約担当官等は，工事又は製造その他についての請負契約を締結した場合においては，政令の定めるところにより，自ら又は補助者に命じて，契約の適正な履行を確保するため必要な監督をしなければならない。

② 契約担当官等は，前項に規定する請負契約又は物件の買入れその他の契約については，政令の定めるところにより，自ら又は補助者に命じて，その受ける給付の完了の確認（給付の完了前に代価の一部を支払う必要がある場合において行なう工事若しくは製造の既済部分又は物件の既納部分の確認を含む。）をするため必要な検査をしなければならない。

■　監督・検査・成績評定の概要

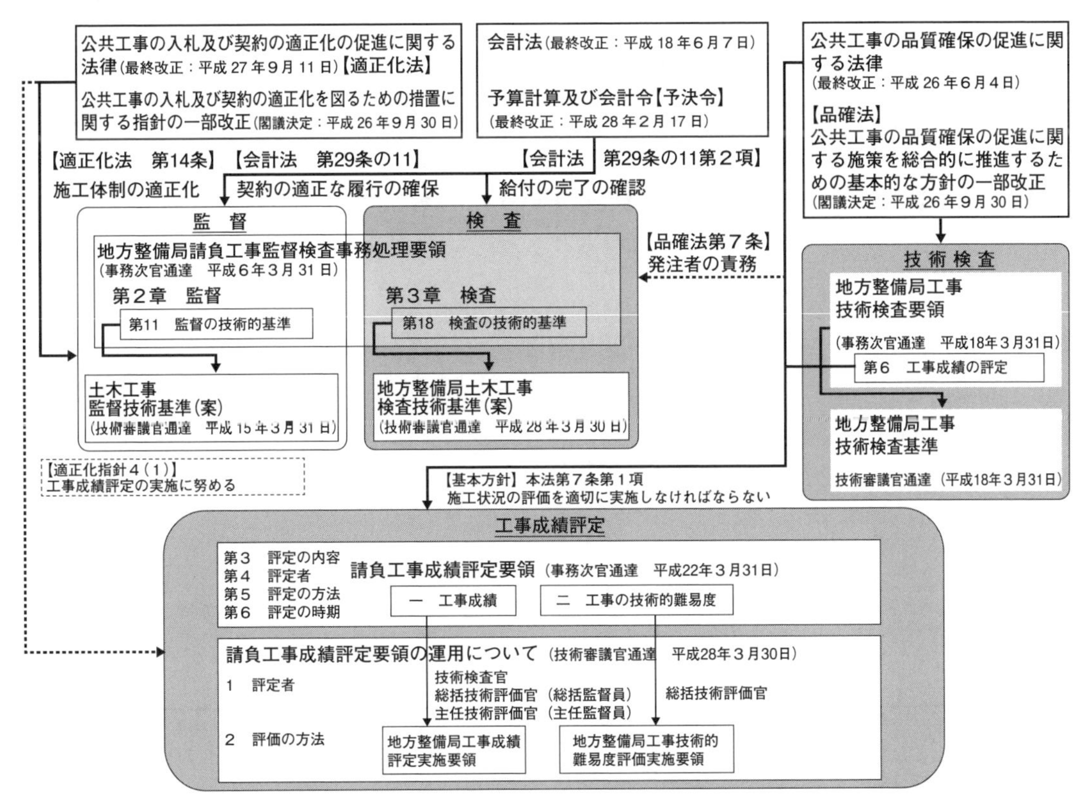

国の公共工事において，監督，検査は会計法第29条の11（契約履行の確保）が基本となる。本条では，監督は，「契約の適正な履行を確保するため」のものである。検査は「その受ける給付の完了の確認をするため」のものであることを明示しており，契約の内容への適否を判定する。なお，監督と検査の職務の兼任は禁止されている（予決令第101条の７）。

一方，技術検査は品確法に基づき「工事の能率的な施工を確保するとともに工事に関する技術水準の向上に資する」ことを目的に実施され，結果は成績評定に反映される。

検査又は技術検査は，完成時だけでなく，施工途中で既済部分検査，中間技術検査が行われることがある。また，技術検査は供用後の性能評価など工事完成後に行うこともある。

技術検査を受けて行う工事成績評定は，受注者の適正な選定及び建設会社の指導育成に資することを目的としている。評定は，工事成績と工事の技術的難易度について実施する。

このうち，工事成績は，工事の実施状況や目的物の品質による評価であり，次の発注工事の総合評価でも使用されるためその重要度は高まっている。改正品確法第７条では，発注者の責務として，発注者は，公共工事の施工状況の評価に関する資料等が将来における自らや他機関の発注に，有効に活用されるよう，評価の標準化のための措置並びにこれらの資料の保存のためのデータベースの整備等の措置を講じることを規定している。

監督・検査・工事成績の具体的な実施項目や判断基準等は表－１の通達 No.39～No.45に定められている。

２） 監督・検査・成績評定の運用基準

監督・検査において基本となる国土交通省直轄工事に関する運用基準には，港湾工事以外の土木工事にあっては，契約事務取扱規則※1，国土交通省会計事務取扱規則※2，地方建設局請負工事監督検査事務処理要領※3（以下「監督検査要領」という。）がある。

※１　契約事務取扱規則（昭和37年８月20日，大蔵省令第52号，平成25年12月27日最終改正，財務省令第64号）

※２　国土交通省会計事務取扱規則（平成13年１月６日，国土交通省訓令第60号，平成27年３月27日最終改正，国土交通省訓令第24号）

※３　表－１ No.39

ア．監督

■　会計法に基づく監督の体系

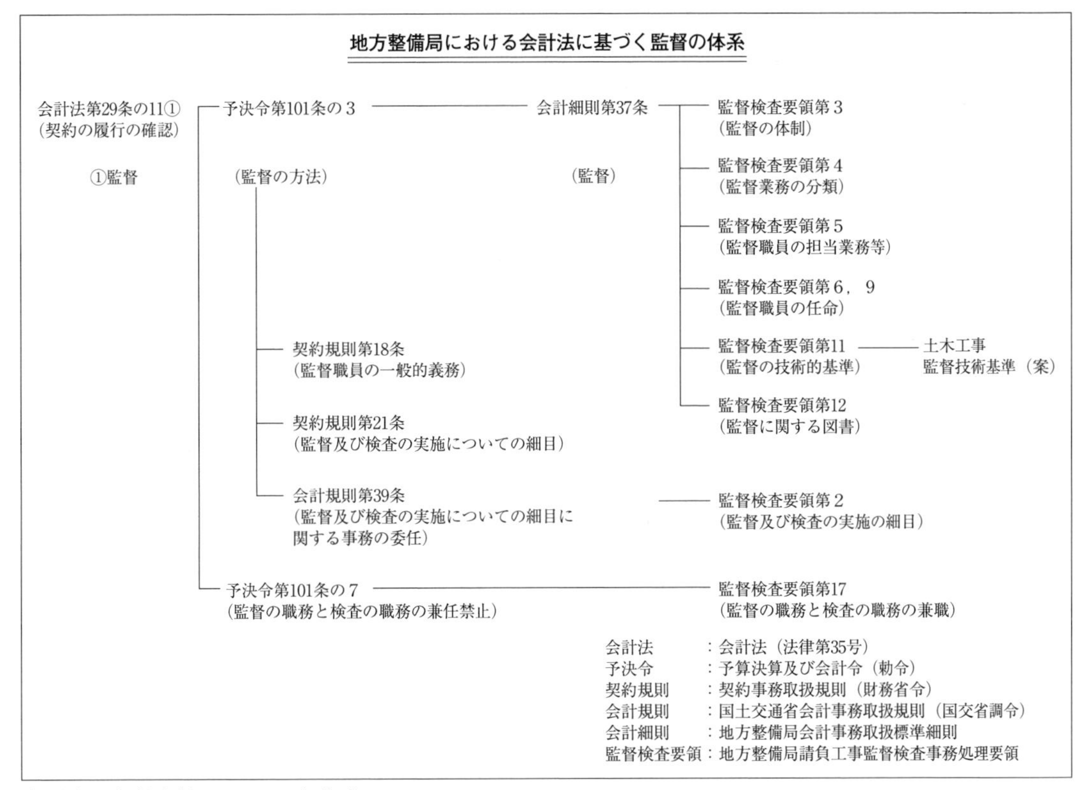

（出典）　参考文献22. p.３より作成

「監督検査要領」に監督の体制，業務，職員の任命などが定められている。同要領で別に定めるとなっている監督の技術的基準は，「土木工事監督技術基準（案）※」である。同基準では，監督の業務項目の大区分は，①契約履行の確保，②施工状況の確認等，③円滑な施工の確保，④その他であり，これらの業務項目に対応する業務内容，契約書や共通仕様書等の条項が示されている。また，段階確認，施工状況把握の項目と頻度（確認の程度）も明示されている。

なお，監督員は受注者に対して指示，承諾又は協議の権限を有しており（標準契約約款第９条）受注者に関与しやすい立場にあるが，過剰に関与して受注者の自主施工の原則を損ねないよう留意する必要がある。「公共工事の品質確保等のための行動指針」（平成10年２月，建設省）には，「工事の監督行為は，施工プロセスにおいて契約の履行状況を確認するために，必要な範囲内で段階確認行為を行う程度にとどめることを基本とし，受・発注者間の責任分担を曖昧にするような無用の指示や，コスト増につながるような不用な確認等を行うべきでない。」と明記されている。

※　表－１ No.40

イ．検査

■　会計法に基づく検査の体系

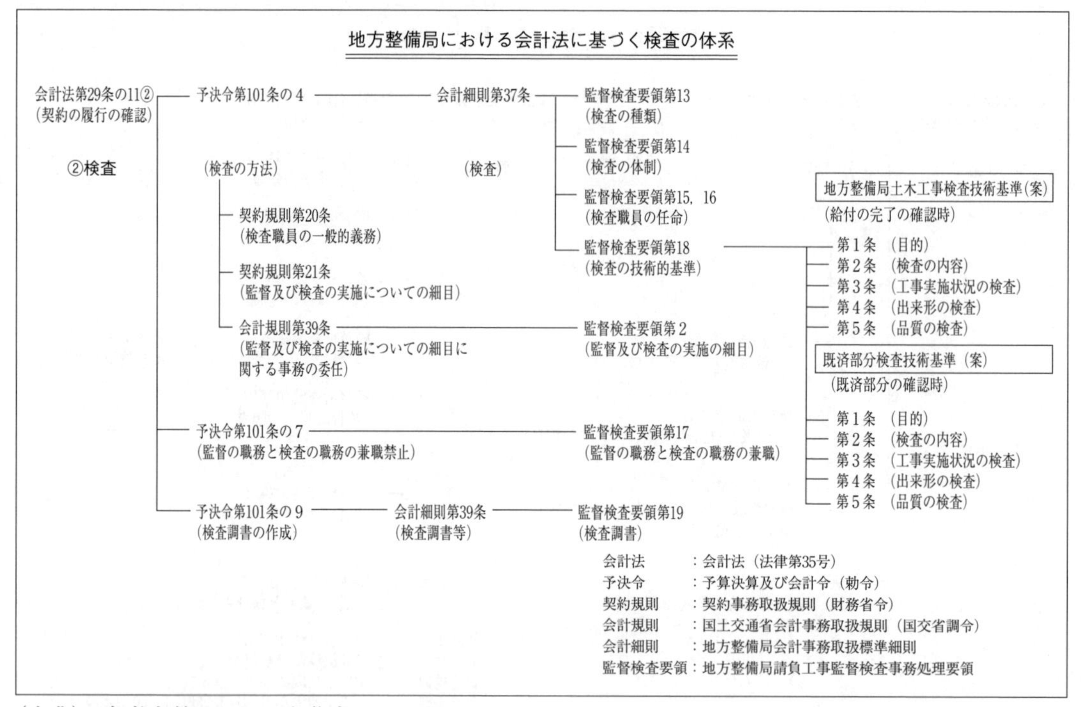

（出典）　参考文献22. p.4より作成

「監督検査要領」には，会計法に基づく「その受ける給付の完了の確認」のための検査について，その種類，体制，職員の任命などが定められている。同要領で別に定めるとされている検査の技術的基準は，「地方整備局土木工事検査技術基準（案）※1」として通知されている。同基準では，①工事実施状況，②出来形，③品質が検査項目となっている。

次の工事成績評定のために行う技術検査の基準は，「地方整備局土木工事技術検査基準（案）※2」である。技術検査では，会計法による検査に加えて④出来映えも検査項目になっている。

実務の現場では，同一の者が検査職員と技術検査官を兼ねることが一般的である。

■　監督・検査・技術検査の業務項目

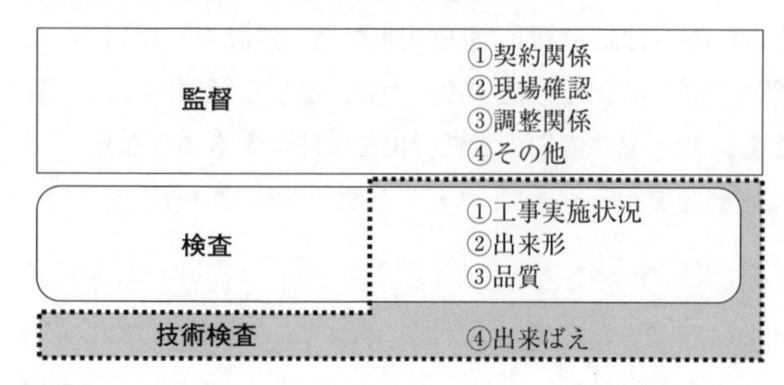

※１　表－１ No.41
※２　表－１ No.43

ウ．工事成績評定要領

■ 品確法に基づく技術検査・成績評定の体系

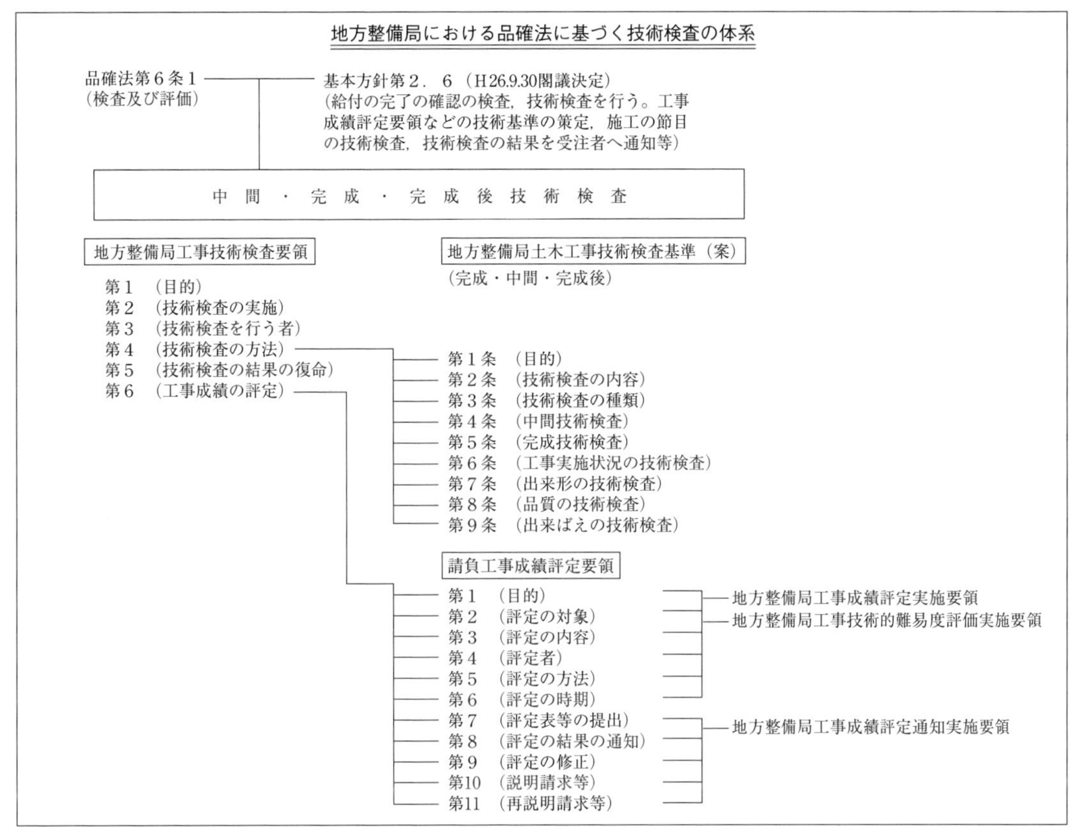

（出典）参考文献22. p.4より作成

品確法に基づく技術検査は，「地方整備局工事技術検査要領※1」，及び地方整備局土木工事技術検査基準（案）」に従って実施され，その結果が技術検査官の成績評定として工事成績に反映される。

工事成績評定に関しては，「請負工事成績評定要領の制定について※2」を基本とし，「請負工事成績評定要領の運用について※3」において，具体的な運用を定めている。

評定は，「工事成績」と「工事の技術的難易度」について実施することになっており，それぞれの実施要領が定められている。「工事の技術的難易度」は工事の構造物条件や技術特性等工事内容の難しさにより決まる。一方，「工事成績」は受注者の努力の結果として，工事の施工状況や目的物の品質により変化する。

「工事成績」の評定は，技術検査官の他，技術評価官（総括と主任）によって実施され，それらを総合して評定点（「工事成績」）が決まる。「工事成績」は次の発注工事の総合評価などでも使用

※1　表－１ No.42
※2　表－１ No.44
※3　表－１ No.45

されるためその重要度は高まっている。

３） 設計変更と監督

「標準契約約款第９条（監督員）」に，監督員の位置付けがなされており，監督員の権限が第２項に明示されている。

＜標準契約約款第９条（監督員）抜粋＞

２　監督員は，この約款の他の条項に定めるもの及びこの約款に基づく発注者の権限とされる事項のうち発注者が必要と認めて監督員に委任したもののほか，設計図書に定めるところにより，次に掲げる権限を有する。

一　この契約の履行についての受注者又は受注者の現場代理人に対する指示，承諾又は協議

二　設計図書に基づく工事の施工のための詳細図等の作成及び交付又は受注者が作成した詳細図等の承諾

三　設計図書に基づく工程の管理，立会い，工事の施工状況の検査又は工事材料の試験若しくは検査（確認を含む。）

４　第２項の規定に基づく監督員の指示又は承諾は，原則として，書面により行わなければならない。

５　発注者が監督員を置いたときは，この約款に定める請求，通知，報告，申出，承諾及び解除については，設計図書に定めるものを除き，監督員を経由して行うものとする。この場合においては，監督員に到達した日をもって発注者に到達したものとみなす。

（1，３及び６略）

設計変更に関しては監督員が一定の権限を委任された発注者側の窓口となる。

監督員は複数任命されることが通常であり，国土交通省地方整備局土木工事の場合，総括監督員，主任監督員，監督員を総称して監督職員と言っている（第５章10. 用語の定義 参照）。

第２項には監督員の権限が定められている。監督員の権限はここに定められている他，標準契約約款の第12条（工事関係者に関する請求措置）など他の条項に定められたものもある。

第２項第３号には，受注者側の現場代理人に対する指示，承諾又は協議や設計図書に基づく立会いの他に「工事の施工状況の検査又は工事材料の試験若しくは検査等の業務を行う」ことが明記されている。これらの行為は検査ではあるが，実施するのは監督員に任命された者が行う。通常の場合，検査は中間，工期末と限られた場合にのみ行われるが，このような検査だけでは契約の履行確認ができないため，当該工事担当の監督員がその履行の過程で現場において不可視部分等の施工状況の確認，工程及び工事に使用する材料の試験又は品質確認等を行うことになっている。

また，第４項では指示または承諾は書面により行うことが明記されている。

第５項により，設計図書に定めがなければ，発注者への通知，報告等については，監督員を経る事項となっている。

<共通仕様書 1－1－1－2 用語の定義抜粋>

○**指示**とは，契約図書の定めに基づき，監督職員が受注者に対し，工事の施工上必要な事項について書面により示し，実施させることをいう。

○**承諾**とは，契約図書で明示した事項について，発注者若しくは監督職員または受注者が書面により同意することをいう。

○**協議**とは，書面により契約図書の協議事項について，発注者または監督職員と受注者が対等の立場で合議し，結論を得ることをいう。

標準契約約款で監督員が行うとされている指示，承諾，協議の定義は共通仕様書に示されている。定義にも増して重要なことは，書面による「指示」は設計変更に該当するが，「承諾」や「協議」のみでは設計図書の変更とは解釈されない点である。すなわち，設計変更のためには，発注者から設計図書の変更指示が書面により示されることが必要である。

4） 施工プロセスを通じた検査の試行

平成17年の「品確法」の審議過程において，与野党協議の結論として，法成立の条件が示され，その一つに「工事施工段階における検査の充実を図ること」が位置づけられた。

国土交通省では，この基本方針を具現化すべく，現行制度の評価及び今後の監督・検査及び工事成績評定のあり方を議論し，今後の公共工事の品質向上に資する新たなシステムを導入することとした。具体的には，平成19年度以降，維持工事など単純な工事を除き，当初請負金額１億円以上かつ半年以上の工期を持つ工事について中間技術検査を工期内に原則２回実施することを徹底し，平成19年10月より工事の品質確保への取組強化を図るため，施工プロセス全体を通じて工事実施状況等の確認を行い，これを検査に反映させる「施工プロセスを通じた検査」の試行が始まった。

試行結果を踏まえて，「施工プロセスを通じた検査の試行について[※1]」が国土交通省から発出され，これに従って試行されている。

「施工プロセスを通じた検査」とは，「施工プロセス全体を通じて施工プロセス検査業務を実施し，これを検査に反映すること」を言い，「出来高部分払い」と一体的に実施されている。このように頻度の高い検査をすることで，工事の品質確保への体制強化及び出来高に応じた円滑な支払が図られる。併せて，設計変更の円滑化にも寄与するものと期待される。

5） 第三者による品質証明の試行

施工プロセスを通じた検査の試行結果から，品質検査の体制確保の課題が明らかになったことから，品質確保体制の強化に向け，「第三者による品質証明」制度について，平成25年２月より試行を進めている[※2]。本制度は，発注者及び施工者以外の第三者が工事の施工プロセス全体を通じて

※1　施工プロセスを通じた検査の試行について（平成22年３月29日，国地契第36号，国官技第338号）

※2　施工者と契約した第三者による品質証明の試行について（平成25年２月28日，国地契第73号，国官技第245号，国北予第46－２号，平成27年３月31日最終改正，国地契第122号，国官技第335号，国北予第47号）

工事実施状況，出来形及び品質について契約図書との適合状況の確認を行い，その結果を監督及び検査に反映させることにより，工事における品質確保体制を強化するとともに，出来高に応じた円滑な支払いを促進することを目的としている。

2－2　設計変更に関する規範

規範の最上位にある法令等については，「第1章　1－2　土木工事の特性と契約変更」において紹介している。個々の契約における規範である契約約款は，建設業法に基づき作成された標準契約約款に準拠している。約款には，条件変更や工期変更，請負金額の変更に関する規定がある。

設計変更に関して，設計図書に適切に施工条件を明示するとともに，必要があると認められるときは，適切に設計図書の変更及びこれに伴い必要となる請負代金の額又は工期の変更を行うことは，発注者の責務である。責務推進のため，国土交通省の本省や地方整備局等では，ガイドライン等の通達を発出し，また，実効性を確保するため三者会議等の運動を行ってきた。

設計変更等が発注者の責務であることについては改正品確法の第7条で明文化され，品確法に基づく運用指針にはガイドラインの整備や三者会議等の実施に努めることも規定された。すなわち，全ての発注者は，設計変更に関する一連の規範を整えるべきことが法令等に規定された。

国土交通省において，条件明示，設計変更，設計図書の照査，一時中止に関して適正な履行の徹底を図る目的で整備された手引き若しくはガイドラインは工事施工円滑化の4点セットと呼ばれたりしている（表－2）。さらに，国土交通省では，設計変更及び一時中止のガイドラインを特記仕様書に位置付けている。

■　特記仕様書の記述例

設計変更等については，契約書第18条～第24条及び共通仕様書　1－1－1－13～1－1－15に記載しているところであるが，その具体的な考え方や手続きについては，「工事請負契約における設計変更ガイドライン（案）」（国土交通省○○地方整備局）及び「工事一時中止に係るガイドライン（案）」（国土交通省）（または，工事請負契約における設計変更ガイドライン（案）（総合版））によることとする。

工事施工円滑化の4点セットはいずれも発注者の運用を統一化する規範であるが，一般に公開されている文書であり，受注者もそれらを理解することで設計変更が円滑に進むものと期待される。

本節では，始めに設計変更に関する規範を考える上で重要な考え方である「(1) 指定と任意」について解説し，次に「(3) 設計変更」，「(4) 設計図書の照査」，「(5) 一時中止に関するガイドライン」について解説する。なお，各ガイドラインに関係が深い「条件明示」については「第3章　3－1　条件明示に関する通達」で解説している。

表－2 地方整備局等の設計変更ガイドライン等

通達・通知文	工事請負契約における設計変更ガイドライン（総合版）等※				条件明示／特記仕様書／三者会議関係の文書	備考
地方整備局等	設計変更ガイドライン	工事一時中止ガイドライン	設計図書の照査ガイドライン	総合版に含まれる他の文書等		
本省	–	工事一時中止に係るガイドライン（案），平成28年３月29日	–	–	条件明示について，平成14年３月19日，国官技第369号	
北海道開発局	・工事請負契約における設計変更ガイドライン，平成27年９月改定 ・設計変更事例集（第７版），平成27年１月改定	工事一時中止に係るガイドライン（案），平成27年９月改定	・設計図書の照査ガイドライン，平成27年９月改定 ・照査項目チェックリスト，平成27年９月改定	–	・土木工事条件明示の手引き（案），平成27年９月改定 ・条件明示チェックリスト，平成27年９月改定 ・平成27年度施工効率向上プロジェクト，平成27年４月	
東北地方整備局	【総Ⅰ】設計変更ガイドライン 【総Ⅳ】設計変更事例集	【総Ⅱ】工事一時中止に係るガイドライン 【総Ⅱ－２】工事一時中止に伴う増加費用の取扱いについて	【総Ⅲ】設計図書の照査ガイドライン 照査項目チェックリスト	【総Ⅴ】受発注者間のコミュニケーション 【総Ⅵ】参考資料（位置づけ，請負契約書）	・土木工事条件明示の手引き（案），平成27年７月	【総】は，工事請負契約における設計変更ガイドライン（総合版），平成27年７月
関東地方整備局	【総Ⅰ】設計変更ガイドライン 【総Ⅳ】設計変更事例集	【総Ⅱ】工事一時中止に係るガイドライン（案） 【総Ⅱ－２】工事一時中止に伴う増加費用の取扱いについて	【総Ⅲ】設計照査ガイドライン 照査項目チェックリスト	【総Ⅴ】受発注者間のコミュニケーション 【総Ⅵ】参考資料	土木工事条件明示の手引き（案），平成27年６月 ・設計変更審査会の運用方針，平成27年４月１日改定 ・設計・施工技術連絡会議（「三者会議」）運用方針，平成28年４月１日 ・ワンデーレスポンスの手引き，平成21年４月	【総】は，工事請負契約における設計変更ガイドライン（総合版），平成28年５月
北陸地方整備局	・土木工事設計変更ガイドライン（案），北陸地方建設事業推進協議会工事施工対策部会，平成27年5月 ・土木工事設計変更ガイドライン（案）事例集，同部会，平成24年２月	・工事一時中止に係るガイドライン（案），北陸地方建設事業推進協議会 工事施工対策部会，平成27年５月 ・工事の一時中止に係るガイドライン（案）事例集，同部会，平成24年２月	土木工事設計図書の照査ガイドライン（案），工事施工対策部会北陸地方建設事業推進協議会，平成27年５月	–	・工事施工の円滑化４点セット【概要版】，平成27年７月 ・土木工事条件明示の手引き（案），平成27年５月 ・良くわかる工事連携会議，平成28年５月 ・良くわかる工事円滑化推進会議，平成28年５月	
中部地方整備局	【統Ⅰ】設計変更ガイドライン 【統Ⅲ】設計変更事例 ・設計変更に伴う適正な措置について，平成20年11月25日 ・付加的業務の運用基準（案）の試行の改定について，平成26年３月28日	【統Ⅰ】工事一時中止に係るガイドライン（案） 【Ⅱ－２】工事一時中止に伴う増加費用の取扱いについて ・工事請負契約書第20条による工事一時中止の取扱いについて，平成23年11月14日	【統Ⅰ】設計変更ガイドライン，10設計図書の照査について，及び設計図書の照査要領，平成17年３月	【統Ⅳ】受発注者間のコミュニケーション 【統Ⅴ】参考資料（請負契約書，中部版ワンデーレスポンス概要，現場推進会議概要）	・条件明示チェックリスト ・「現場推進会議」について（通知），平成24年３月22日 ・工事監督におけるワンデーレスポンスの実施について，平成20年11月５日	【統】は，工事請負契約における 設計変更ガイドライン（統合版），平成27年8月
近畿地方整備局	【総Ⅰ】設計変更ガイドライン（案） 【総Ⅳ】設計変更事例集	【総Ⅰ】工事一時中止に係るガイドライン（案） 【総Ⅰ－２】工事一時中止に伴う増加費用の取扱いについて	【総Ⅲ】設計照査ガイドライン（案）	【総Ⅴ】受発注者間のコミュニケーション 【総Ⅵ】参考資料	・土木工事施工条件明示の手引き（案），平成28年３月 ・工事施工調整会議（三者会議）ガイドライン（案），平成27年７月	【総】は，工事請負契約におけるガイドライン（総合版），平成27年7月
中国地方整備局	工事請負契約に係る設計・契約変更ガイドライン（案），平成27年７月	工事一時中止に係るガイドライン（案），平成28年３月	–	–	–	
四国地方整備局	・直轄請負工事における設計変更ガイドライン（案），平成27年６月改定 ・設計変更事例集，平成27年６月	・工事一時中止に係るガイドライン（案），平成27年６月改定	・設計図書の照査ガイドライン，平成21年３月	–	・工事実施段階における「設計施工調整会議」の実施について，平成27年６月24日 ・四国地方整備局の工事監督におけるワンデーレスポンス実施方針，平成21年７月16日 ・設計変更協議会実施要領（案）」の改定について，平成26年８月21日改定	
九州地方整備局	設計変更ガイドライン（案），平成27年８月	工事一時中止に係るガイドライン（案），平成27年８月	設計図書の照査ガイドライン（案），平成19年４月	–	いきいき現場づくりの施策（施工条件明示，工事監理連絡会，ワンデーレスポンス，設計変更協議会等）	
沖縄総合事務局	工事請負契約における設計変更ガイドライン，平成27年９月	工事一時中止に係るガイドライン（案），平成27年６月	設計図書の照査ガイドライン（案），平成20年４月	–	–	

※総合版の場合は，編番号を表示
※表作成時点で，「工事の一時中止に伴う増加費用等の積算方法について（平成28年３月14日，国官技第346号）以降に改訂されている一時中止のガイドラインは，本省版，関東版及び中国版である。

⑴　指定と任意

●**指定**とは，工事目的物を完成するにあたり，設計図書のとおり，施工を行わなければならないもの
　→　設計変更の対象
●**任意**とは，工事目的物を完成するにあたり，受注者の責任において自由に施工を行うことができるもの
　→　原則として設計変更の対象ではない。例外はある。
＜標準契約約款第１条第３項＞
　仮設，施工方法その他工事目的物を完成するために必要な一切の手段（以下「施工方法等」という。）については，この約款及び設計図書に特別の定めがある場合（指定）を除き，受注者がその責任において定める（自主施工の原則）。

（出典）　参考文献23.より作成

公共土木工事の設計変更に関しては，「指定」と「任意」の概念を理解しておくことが重要である。単純には「指定」は設計変更対象であり，「任意」は対象外が原則であるが，例外もある。発注者はこの区分けに留意して設計図書を作成している。本項ではこの内容について解説する。

１）　契約の原則

標準契約約款第１条第３項では，受注者は設計図書に示された通りに目的物を完成する一方で，それを完成する一切の手段は，約款及び設計図書に特別の定めがある場合を除き，受注者の責任において行うことになっている。この「特別の定め」が「指定」であり，受注者の裁量に委ねられているもの（自主施工）が「任意」である。それぞれの定義は上表の通りである。「指定」の場合は指定された条件（図面や仕様）が変われば設計変更の対象であり，「任意」は対象外が原則となる。ただし，「任意」でも設計変更の対象になる場合として，①当初積算時の条件と現地条件とが一致しない場合，②法面工事の足場のように，工事目的物の範囲が変更されて仮設の足場も変更になる場合などがある。

２）　指定と任意の違い

項　　目	指　　定	任　　意
標準契約約款第１条第３項	約款及び設計図書に特別の定めがある	特別の定めがある場合を除いて受注者がその責任において定める
設計図書	施工方法等について具体的に指定	施工方法等について具体的に指定しない
図面	設計図書としての図面	参考図としての図面
工事数量総括表（工事工種体系ツリー）	細別（レベル４）の項目を明示し，かつ，数量が単位を持って明示される	細別（レベル４）の項目が明示されない，若しくは，明示されても数量が「一式」計上される
特記仕様書（条件明示）	特別な定めの記述がある	特別な条件が記述されない，又は，定めを遵守した範囲内
仮設工	図面で明示，設置期間・仮設設計条件等を特記仕様書で明示	図面，仕様に明示されている条件を遵守して受注者が定める
建設機械	低騒音・排出ガス対策型建設機械等が条件指定される場合	左記以外の機種，規格等は受注者の任意
施工効率	施工時間，範囲，交通規制等の条件	標準歩掛は指定ではない

（出典）　参考文献23. p.２より作成

ア．設計図

設計図書としての図面は通常，目的物の形状や品質を表現するものであり「指定」に該当する。目的物の形状の変更が必要となった場合は，設計図書としての図面を修正する設計の変更を行う。

入札者の見積りの便を図る等のため，「参考図」と表示された図面が入札説明書に添付されることがあるが，これは設計図書ではないので受注者はこれに従う必要はない。「参考図」を「指定」と理解してそのとおり施工する，「参考図」の表示を忘れて「指定」と理解されるなどの失敗があるので注意を要する。

イ．工事数量総括表

工事数量総括表の標準化を目的として作成された国土交通省の工事工種体系ツリーは，「指定」と「任意」に関しても一定のルールを設けて作成している。

例えば，「工事数量総括表用単位」と「積算用単位」を示して，「任意」となる可能性がある工種については，「工事数量総括表用単位」に「式」で示すことも可能としている（下表）。

特別の定めがなければ，一般に「式」で示された細別（レベル４）は設計変更の対象外となる。「式」ではない場合は，数量が変わるような変更があれば設計変更の対象となる。「作業土工」，「型枠」，「土留め」，「足場」などは「任意」となることが多い。

■工事工種体系ツリーの事例

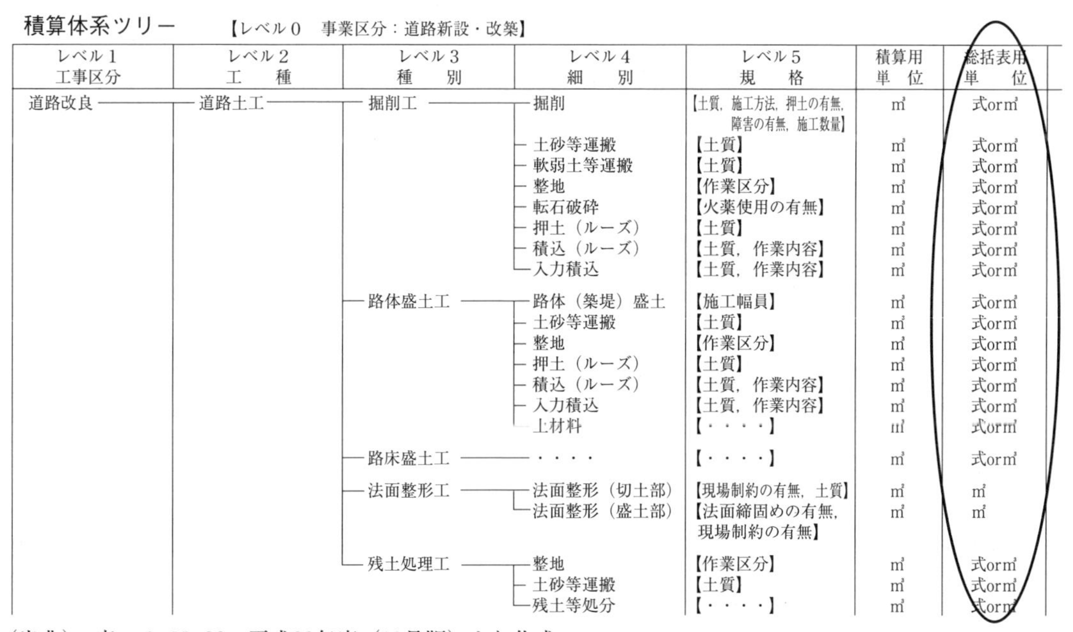

積算体系ツリー　【レベル０　事業区分：道路新設・改築】

レベル１ 工事区分	レベル２ 工　種	レベル３ 種　別	レベル４ 細　別	レベル５ 規　格	積算用 単　位	総括表用 単　位
道路改良	道路土工	掘削工	掘削	【土質，施工方法，押土の有無，障害の有無，施工数量】	㎥	式or㎥
			土砂等運搬	【土質】	㎥	式or㎥
			軟弱土等運搬	【土質】	㎥	式or㎥
			整地	【作業区分】	㎥	式or㎥
			転石破砕	【火薬使用の有無】	㎥	式or㎥
			押土（ルーズ）	【土質】	㎥	式or㎥
			積込（ルーズ）	【土質，作業内容】	㎥	式or㎥
			入力積込	【土質，作業内容】	㎥	式or㎥
		路体盛土工	路体（築堤）盛土	【施工幅員】	㎥	式or㎥
			土砂等運搬	【土質】	㎥	式or㎥
			整地	【作業区分】	㎥	式or㎥
			押土（ルーズ）	【土質】	㎥	式or㎥
			積込（ルーズ）	【土質，作業内容】	㎥	式or㎥
			入力積込	【土質，作業内容】	㎥	式or㎥
			土材料	【・・・・】	㎥	式or㎥
		路床盛土工	・・・・	【・・・・】	㎥	式or㎥
		法面整形工	法面整形（切土部）	【現場制約の有無，土質】	㎡	㎡
			法面整形（盛土部）	【法面締固めの有無，現場制約の有無】	㎡	㎡
		残土処理工	整地	【作業区分】	㎥	式or㎥
			土砂等運搬	【土質】	㎥	式or㎥
			残土等処分	【・・・・】	㎥	式or㎥

（出典）　表－１　No.32，平成28年度（10月版）より作成

ウ．仮設工

仮設工は「任意」が原則であるが，「指定」になる場合がある（「指定仮設」と呼ばれている）。以下のような場合にあるときは指定仮設とする※。

① 河川堤防と同等の機能を有する仮締切の場合
② 仮設構造物を一般交通に供する場合
③ 特許工法又は特殊工法を採用する場合
④ 関係官公署等との協議等により制約条件のある場合
⑤ その他，第三者に特に配慮する必要がある場合

指定仮設では，構造，規格，寸法，工法等を指定する。

「指定仮設」の場合，指定のとおり施工すれば受注者としての義務は果たされるが，施工に関しては受注者の方がより深く専門的知見を有しているため，その知見と現地状況を適切に判断して「指定仮設」の内容に問題がないかを照査しておくことが望ましい。

指定仮設に関する「指定」の方法には，具体的な構造等を図面で指定する方法と図面を示さず必要な設計上の条件のみを明示する方法がある。

必要な設計上の条件のみを明示する方法では，仮橋の桁下高，仮締切りの設計水位，仮排水路の断面と勾配，工事用道路の設置位置と幅員，濁水処理施設の管理基準値，足場の工事後の存置などを「指定」する。この場合，示された条件を遵守した上で，具体的な仮設の構造等を決定するのは受注者側である。

図面を明示する「指定仮設」は仮設の図面が変更になれば設計変更の対象となる。一方，具体的に構造等を明示せず，条件のみが明示される場合は，条件が変更になった場合にのみ設計変更の対象になる。

なお，目的物の変更に伴い仮設も変更になる場合は，「任意仮設」も含めて設計変更の対象にしなければならない。また，「任意仮設」で条件に変更がない場合は，設計変更対象にはならないが，受注者による施工計画書等の修正，提出は必要である。

エ．歩掛と建設機械

特定の単位作業を行う場合に必要となる機械，労務及び資材の数量を「歩掛」と呼んでいる。発注者の積算では工事実績から標準的な数値を算出した「歩掛」を用いている。この「歩掛」は，積算用の施工効率指標であって受注者にそのとおり行うことを強要するものではない。よって，建設機械は一般に「任意」である。施工パッケージ型積算方式では，任意の機種・規格を条件区分として明示しないよう配慮されている。

ただし，「低騒音型」とか「排出ガス対策型」などの特別な建設機械の使用を必要とする場合は，

※ 公共工事の発注における工事安全対策要綱，平成４年７月１日，建設省技調発第165号の５．(1)

それを明示して「指定」することもある。この場合，受注者は「指定」された条件に適合する建設機械を使用して施工しなければならない。

オ．施工効率や新技術の採用

施工効率に関して，現道上の工事で，作業可能時間に制約を受ける場合などでは，規制時間や切りまわしの方法，交通誘導員の配置及び人数などを「指定」することがある。これらの「指定」は，警察や地元との協議や安全施工の検討の結果を踏まえてなされるものであり，「指定」の内容が変われば設計変更の対象となる。

発注者は新技術の採用に対して積極的ではないと話題になることがある。しかし，設計図書で特に定めがない場合は受注者の責任で実施するものであり，新技術の採用に発注者が干渉することは適切ではない。ただし，将来の維持管理も含めて目的物に同等以上の品質が確保されないと判断される場合等は，新技術の採用を止めねばならないので，発注者にはその判断の技術力や説明力が求められる。

カ．「任意」から「指定」への変更と設計変更

現場の施工条件が変わった場合は，「指定」を「任意」に，また，その逆の変更もできる。例えば，発注後の地元協議等でアクセス道路や作業時間に制約がついた場合などは，「任意」から「指定」への変更に該当する。この場合は，新たな条件を「指示」し，設計変更をする必要がある。

一般に，「任意仮設」は設計変更の対象ではない。ただし，不確定要素が多い土木工事ではすべての事柄を条件明示できる訳ではない。このため，「任意仮設」といえども条件変更があれば設計変更になる。すなわち，当初の施工条件明示がなく不明確であったとしても，諸状況から前提条件として認識されていたであろう状況とはまったく異なる状況になった場合はそれに応じた設計変更がされる。この場合は，当初に設定されていたであろう施工条件を「客観的，常識的範囲の施工条件である」との明示があったものとして扱い，新たな条件に従って「指示」し，設計変更を進めているケースもある※。

キ．正しい理解と運用

「指定」と「任意」を正しく理解することは，単に条文の理解だけではなく，発注者と受注者の適切なリスク分担を内容とする設計図書が作成されることに繋がらなければならない。

すなわち，本来，「指定」であるべきものを「任意」にすると，受注者側の価格変動のリスクが大きくなりすぎる危険性がある。また，発注者として必要な安全対策を怠り，不作為を問われる恐れもある。

一方，本来，「任意」であるべきものを「指定」にすると，受注者側の裁量を狭くし施工効率の低下を招く恐れがあり，また，発注者が過剰なリスクを負担する恐れもある。よって，発注者も受

※　施工条件明示研究会編：建設工事施工条件明示の実際 p.25,（財）建設物価調査会，1992

注者も「指定」と「任意」を正しく使い分ける「技（テクニック）」が必要となる訳であり，その指針となるのが条件明示の通知である（第３章　３－１　条件明示に関する通達 参照）。

(2)　契約図書に関する疑義の解決

設計変更の要因としては，自然条件等の差異，地域社会との調整や関係機関協議，追加工事等に伴う対象範囲の変更などが多い。これらはいずれも当初には不確定要素であり，設計変更はやむを得ない措置ではあるが，発注前の調査や協議等を綿密に行うことで設計変更を少なくすることができる。変更が少なくなる形で発注し，必要となった場合には円滑に実施することが肝要である。

■　入札前，契約後の疑義の解決

【入札前】

・入札参加者は，契約書案，図面，仕様書等の契約担当官等が示す図書（以下「入札関係図書」という。）及び現場等を熟覧し，また暴力団排除に関する誓約事項を承諾のうえ，入札しなければならない。この場合において入札関係図書及び現場等について疑義があるときは，関係職員の説明を求めることができる。

・この工事の入札に当たっては，一般競争入札の公告，指名通知書，図面，仕様書，○○地方整備局競争契約入札心得，工事請負契約書案及びこの現場説明書をよく確認のうえ，入札書を提出するものとする。

（現場説明資料説明事項１．入札について(1)）

【契約後】

・受注者は，施工前及び施工途中において，自らの負担により契約書第18条第１項第一号から第五号に係わる設計図書の照査を行い，該当する事項がある場合は，監督職員にその事実が確認できる資料を書面により提出し，確認を求めなければならない。なお，確認できる資料とは，現地地形図，設計図との対比図，取合い図，施工図等を含むものとする。また，受注者は監督職員から更に詳細な説明または書面の追加の要求があった場合は従わなくてはならない。

（共通仕様書　１－１－１－３　設計図書の照査等）

契約図書等についての疑義を早期に解消することは，設計変更を少なくし，スムーズな設計変更に繋がることになる。受注者において契約図書等についての疑義を早期に解決する機会としては，入札前の段階，設計照査の段階があり，現場説明書，入札心得，共通仕様書に入札者，受注者の責務として示されている。

現場説明に対する質問回答書は設計図書として扱われるものであり，入札参加者全員に周知される。なお，後者の契約後の設計図書の照査等については，本節「(4) 設計図書の照査ガイドライン」で解説する。

これらの段階で文書により疑義を解決しておくことは，設計変更に関する説明性の向上の観点からも重要になっている。

(3)　設計変更ガイドライン

１）　背景

契約書にある設計変更の規定を適正に履行し，契約の双務性を維持することは，長年，受注者から求められてきている点でもある。このため，設計変更に関する規範や参考資料が整備されて来ている。

具体の設計変更を円滑に進めるため，「設計変更ガイドライン」が地方整備局等で作成されている[※1]。さらに,「設計変更ガイドライン」に併せて事例集等を発行している整備局等もある（表－2 参照)。各ガイドラインは概ね同趣旨の内容であるが，細部で表現の違い等もある。

２） 概要

地方整備局等により若干差はあるが，設計変更ガイドラインには概ね下表に示す事項が記述されている。併せて，本書での記述箇所も示す。

■ 設計変更ガイドライン記述事項

設計変更ガイドライン記述事項	本書記述章節
1．背景（土木工事の特性，発注者・受注者の留意事項，設計変更の現状）	第１章 １－４ 設計変更と契約変更
2．設計変更が不可能なケース 3．設計変更が可能なケース（第18条第１項，第20条,「設計図書の照査」の範囲をこえるもの）	第３章 ３－２ 設計変更の対象事項
4．設計変更手続きフロー	第１章 １－４ 設計変更と契約変更
5．設計変更に関わる資料の作成	第３章 ３－２ 設計変更の対象事項
6．条件明示について	第３章 ３－１ 条件明示に関する通達
7．指定・任意の使い分け	第２章 ２－２ ⑴ 指定と任意
8．違算防止のための留意事項	－

（出典） 参考文献９.の「Ⅰ 設計変更ガイドライン（平成27年)」より作成

３） 請負金額の変更

設計変更に伴う請負金額は標準契約約款第24条に従い，発注者と受注者が協議して定めることになっている（第１章 １－５ ⑶ 工期・請負代金額の変更方法 参照)。

国土交通省におけるこの具体的な運用は,「設計変更に伴う契約変更について[※2]」に示されており，本通達では,「契約変更の範囲」と「設計変更」について以下の通りとしている。

「設計変更に伴う契約変更について」（昭和44年３月31日建設省東地厚発第31号の２）抜粋
（契約変更の範囲）

３．設計表示単位に満たない設計変更は，契約変更の対象としないものとする。

（注） 工事量の設計表示単位は，別に定める設計積算に関する基準において工事の内容，規模等に応じ適正に定めるものとする。

４．一式工事については，請負者に図面，仕様書又は現場説明において設計条件又は施工方法を明示したものにつき，当該設計条件又は施工方法を変更した場合のほか，原則として，契

※１ 国土交通省関東地方整備局版の「設計変更ガイドライン」の最新版は，同局作成の「工事請負契約における設計変更ガイドライン（総合版）（平成28年５月)」の「Ⅰ 設計変更ガイドライン」に収録されている。本書の以下では，同章を「設計変更ガイドライン（平成27年)」という。
※２ 表－１ No.27（「第５章 ３. 設計変更に伴う契約変更の取扱いについて」に収録）

約変更の対象としないものとする。

５．変更見込金額が請負代金額の30％をこえる工事は，現に施工中の工事と分離して施工することが著しく困難なものを除き，原則として，別途の契約とするものとする。

（土木工事に係る設計変更の手続き）

６．土木工事に係る設計変更は，その必要が生じた都度，総括監督員がその変更の内容を掌握し，当該変更の内容が予算の範囲内であることを確認したうえ，文書により，主任監督員を通じて行なうものとする。ただし，変更の内容が極めて軽微なものは，主任監督員が行なうことができるものとする。

７．前項の場合において，当該設計変更の内容が次の各号の一に該当するものであるときは，あらかじめ，契約担当官等の承認を受けるものとする。

一　変更見込金額が請負代金額の10％又は1,000万円をこえるもの

二　構造，工法，位置，断面等の変更で重要なもの

（編注）「10％」は「20％（概算数量発注に係るものについては25％）」に，「1,000万円」は「4,000万円」に変更となっている。

（設計変更に伴う契約変更の手続）

９．設計変更に伴う契約変更の手続は，その必要が生じた都度，遅滞なく行なうものとする。ただし，軽微な設計変更に伴うものは，工期の末（国庫債務負担行為に基づく工事にあっては，各会計年度の末及び工期の末）に行なうことをもって足りるものとする。

「契約変更の範囲」のうち，５.にあるように「変更見込み金額が請負代金額の30％をこえる工事は，施工中の工事と分離して施工することが著しく困難なものを除き，原則として，別途の契約とするものとする。」とされている点には留意する必要がある。

この点に関して設計変更ガイドライン（平成27年）では，次の文章が追加された。「また，変更見込金額が請負代金額の30％を超える場合においても，一体施工の必要性から分離発注できないものについては，適切に設計図書の変更及びこれに伴い必要となる請負代金又は工期の変更を行うこととする。（但し，変更見込金額が請負代金額の30％を超える場合は追加する前に本局報告を行うこと。）この場合において，特に，指示等で実施が決定し，施工が進められているにも関わらず，変更見込金額が請負代金額の30％を超えたことのみをもって設計変更に応じない，もしくは，設計変更に伴って必要と認められる請負代金の額や工期の変更を行わないことはあってはならない。」

なお，５.にある「変更見込金額」は「変更累計金額」であり，「請負代金額」は「当初請負代金額」として運用することになっている※。

また，７.には「設計変更に当たって契約担当官等の承認が必要な場合」を，９には，「設計変更に伴う契約変更の手続きは，必要が生じた都度行うこと」を規定している。これらは，所定の手続きを経ないで設計変更により，請負代金額が増大することを防ぐために規定されているものである。

※「設計変更に伴う契約変更の取扱いについて」の運用について，平成10年６月30日，建設省厚契発第30号，建設省技調発第145号。

一方，軽微な設計変更に伴うものも含めてその都度，契約変更手続きを行うことは効率的ではないため，軽微な設計変更に該当しない場合を次のように定めている。

ア　構造，工法，位置，断面等の変更で重要なもの
イ　新工種に係るもの又は，単価若しくは一式工事費の変更が予定されるもので，それぞれの変更見込み金額又はこれらの変更見込み金額の合計額が請負代金額の20％（概算数量発注に係るものについては25％）を超えるもの

また，部分払いが予定されている場合で，出来高認定の留保期間が長期にわたる場合も適当な時期に契約変更手続きを行うことが必要である。
（通達は，「第５章　３．設計変更に伴う契約変更の取扱いについて」参照）。

⑷　設計図書の照査ガイドライン

１）　設計図書の照査

標準契約約款第18条（条件変更等）及び共通仕様書の「１－１－１－３　設計図書の照査等」の第２項において，設計図書の照査を行うことを義務づけている。

土木工事共通仕様書第１編共通編　抜粋
<１－１－１－３　設計図書の照査等>
１．図面原図の貸与
受注者からの要求があり，監督職員が必要と認めた場合，受注者に図面の原図を貸与することができる。ただし，共通仕様書等市販・公開されているものについては，受注者が備えなければならない。
２．設計図書の照査
受注者は，施工前および施工途中において，自らの負担により契約書第18条第１項第１号から第５号に係る設計図書の照査を行い，該当する事実がある場合は，監督職員にその事実が確認できる資料を書面により提出し，確認を求めなければならない。なお，確認できる資料とは，現地地形図，設計図との対比図，取合い図，施工図等を含むものとする。また，受注者は，監督職員から更に詳細な説明または書面の追加の要求があった場合は従わなければならない。
３．契約図書等の使用制限
受注者は，契約の目的のために必要とする以外は，契約図書，及びその他の図書を監督職員の承諾なくして第三者に使用させ，または伝達してはならない。

本仕様は工事請負契約書（標準契約約款）第18条の規定に従ってより具体的な手続きの内容を示しており，該当する事実がある場合は，監督職員にその事実が確認できる資料を書面により提出し，確認を求めなければならない。

なお，「事実が確認できる資料」とは，「現地地形図，設計図との対比図，取合い図，施工図等を

含むものとする」である。また，受注者は，監督職員から更に詳細な説明または書面の追加の要求があった場合は従わなければならない。この際，受注者による書面の作成が過大になるなどで時間を費やし，監督職員による事実の確認に遅れがないよう，受注者と監督職員は十分な連絡調整を行うことを心がける必要がある。

2） 設計図書の照査ガイドライン

仕様書に定める「設計図書の照査」について，発注者と受注者の責任範囲が具体的に明示されていなかったため，解釈の違いにより受注者側に過度な要求がされるとの苦情が数多く寄せられていた。このため，地方整備局等において「設計図書の照査」についての基本的考え方，範囲をできる限り明示し，円滑な工事請負契約の執行に資するため，「設計図書の照査ガイドライン」等が作成された※。地方整備局等により若干差異はあるが，概ね下表に示す事項が記述されている。

■ 設計図書の照査ガイドラインの概要

1．「設計図書の照査」の基本的考え方
　(1) 「設計図書の照査」に係わる規定について
　(2) 「設計図書の照査」の位置づけ
2．「設計図書の照査」の範囲を超えるもの（事例）（第３章　３－２ (4) 参照）
3．設計照査結果における受発注者間のやり取り（第３章　３－２ (5) 参照）
4．設計図書の照査項目及び内容
5．照査項目チェックリスト
　(1) 照査項目チェックリストの作成手順
　(2) 照査項目チェックリストの作成にあたっての留意事項

（出典） 参考文献９.の「Ⅲ 設計照査ガイドライン」より作成

ガイドラインの１.～３. では，「設計図書の照査」に関する基本的考え方等を示し，４. 及び５. に具体的な照査項目・内容を示している。

なお，設計図書の照査に関しては，

① 発注者も実施している設計図書の確認を受注者でも確認するものであること

② 設計図書の照査ガイドラインの「『設計図書の照査』の照査の範囲をこえるもの」に例示されるような過大な照査を受注者の負担により行うことを要求しないこと

を基本として実際の運用がされることが重要である。

ガイドラインの「４. 設計図書の照査項目及び内容」と「５. 照査項目チェックリスト」の例を下表に示す。

※ 本節では，国土交通省関東地方整備局版同局作成の「工事請負契約における設計変更ガイドライン（総合版）の「Ⅲ 設計照査ガイドライン」（平成27年６月）」を基本とする（第５章 ９. 設計図書の照査ガイドライン 参照）。

■ 設計図書の照査項目及び内容を使用して照査項目チェックリスト作成の例

■設計図書の照査項目及び内容

No.	項　目	主な内容	
1	当該工事の条件明示内容の照査	1−1	「土木工事条件明示の手引き(案)」における明示事項に不足がないかの確認
		1−2	「土木工事条件明示の手引き(案)」における明示事項と現場条件に相違がないかの確認
2	関連資料・貸与資料の確認	2−1	ポンプ排水を行うにあたり，土質の確認によって，クイックサンド，ボイリングが起きない事を検討し確認したか
		2−2	ウェルポイントあるいはディープウェルを行うにあたり，工事着手前に土質の確認を行い，地下水位，透水係数，湧水量等を確認したか

■照査項目チェックリスト

工事名：

No.	項　目	主な内容		①照査対象		②照査実施		③該当事実		備考
				有	無	済	日付	有	無	
1	当該工事の条件明示内容の照査	1−1	「土木工事条件明示の手引き(案)」における明示事項に不足がないかの確認							
		1−2	「土木工事条件明示の手引き(案)」における明示事項と現場条件に相違がないかの確認							
2	関連資料・貸与資料の確認	2−1	ポンプ排水を行うにあたり，土質の確認によって，クイックサンド，ボイリングが起きない事を検討し確認したか							

① 施工前に行う設計図書の照査時に，工事内容から判断して照査が必要と考えられる項目には「照査対象」欄の「有」にチェックをし，必要ないと考えられる項目には「無」にチェックを入れる。なお，施工前には確認できないが，将来的に照査が必要な項目にも「有」にチェックを入れるものとし，照査の各段階でそれぞれ見直すこととする。

② 照査を完了した項目について，「照査実施」欄の「済」にチェックをし，日付を記入する。

③ 照査を完了した項目について，契約書第18条第１項第１号から第５号に該当する事実がある場合には「該当事実」欄の「有」にチェック，ない場合には「無」にチェックを入れる。

④ チェックリストを工事打合せ簿に添付して監督職員に提出し，照査状況及び結果を報告する。その際に③の「該当事実」が「有」の項目にチェックした場合は，監督職員にその事実が確認できる資料も添付して提出する。

【留意事項】

① １つの照査項目の中に複数の確認事項がある場合，打合せ簿，備考欄，別紙等を用いて確認済の内容がわかるようにする。

② 照査内容の項目が漠然としており，発注者の認識と異なる恐れがあると判断される場合は，備考欄等に具体の確認項目を明確にしておく。

③ 特記仕様書，工事内容，規模，重要度等により，照査項目や内容を追加する必要がある場合は，項目を追加して利用する。ただし，工事によって照査の必要がない項目も含まれることになるが，「照査対象」欄の「無」にチェックすることも照査の一部と考えられることから，チェックリストから項目を削除することは行わないこと。

（出典） 参考文献９．pp.82〜91より作成

「照査項目チェックリスト」は，設計図書の照査項目及び内容を使用して個別の工事ごとに，受注者が施工前及び施工途中の照査時に作成する。作成したチェックリストは，打合せ簿に添付して監督職員に報告する等に活用する。

「照査項目チェックリスト」を用いることで，上表の通り，「主な内容」ごとに，「①照査の対象」「②照査の実施」「③該当事実」について有無や完了日を記述することで漏れなく一通りの照査を行うことができる。

なお，中部地方整備局等では，照査要領を用いることにしている※1。本要領は，「詳細設計照査要領」（建設省大臣官房技術調査室監修，平成11年）をベースに設計図書の照査用に再編集されたものであり，対象構造物は，樋門・樋管工事，築堤護岸工事，道路改良（舗装）工事，橋梁下部工事，共同溝工事，橋梁上部工事の６工種である。

各工種別に，①設計の基本条件，②施工上の基本条件，③関連機関との調整，④資料の確認，⑤地盤条件，⑥地形条件，⑦施工条件，⑧現地踏査，⑨設計図，⑩数量計算について照査項目を示している。

(5) 工事一時中止ガイドライン

1） 背景

工事の発注に際しては，地元設計協議，工事用地の確保，占用事業者等協議，関係機関協議を整え，適正な工期を確保し，発注を行うことが基本となる。しかしながら，一部の工事で各種協議や工事用地の確保が未完了な場合においてもやむを得ず，条件明示を行い発注を行うことがあり，結果，条件のとおりに工事着手できないことがある。また，工事の施工途中で受注者の責に帰すことができない事由により施工ができなくなることもある。このような場合は，工事の一時中止の指示を行わなければならない。しかし，一部の工事において一時中止の指示を行っていない工事も見受けられ，受注者の現場管理費等の増加や配置技術者の専任への支障が生じているといった指摘があったところである。

これらの課題を踏まえ，受発注者が工事の一時中止について，適正な対応を行うために「工事一時中止に係るガイドライン（案）※2」が国土交通省により作成されている。本ガイドライン（案）は，一時中止の場合の，中止指示から必要費用算定までの手続きを円滑に行うための考え方等を示している。

さらに，地方整備局等においては，本省の通達をほぼ踏襲して事務所に通知，公表している他，一部の地方整備局では，補完，解説のための通知を発出している。

関東地方整備局等のガイドラインには，「Ⅱ－2　工事一時中止に伴う増加費用の取り扱いについて」を収録して，費用積算の具体的な方法を示している。また，北陸地方建設事業推進協議会工事施工対策部会は「工事一時中止に係るガイドライン（案）事例集」（2012.2）を作成している（表－2　参照）。

※1　国土交通省中部地方整備局：工事請負契約における設計変更ガイドライン（統合版），平成27年８月の「Ⅰ　設計変更ガイドライン」の「10 設計図書の照査について」に収録されている。

※2　参考文献25.

■ 工事一時中止ガイドライン（案）の目次

1．ガイドライン策定の背景
2．工事の一時中止に係わる基本フロー
3．発注者の中止指示義務
4．工事を中止すべき場合
5．中止の指示・通知
6．基本計画書の作成
7．工期短縮計画書の作成
8．請負代金額又は工期の変更
9．増加費用の考え方
(1) 本体工事施工中に中止した場合
(2) 工期短縮を行った場合（当初設計から施工条件の変更がない場合）
(3) 契約後準備工着手前に中止した場合
(4) 準備工期間に中止した場合
10. 増加費用の設計書及び事務処理上の扱い
参考資料
・工事請負契約書（第20条，16条，18条，48条）
・増加費用の費目と内容　　・様式

（出典） 参考文献25.より作成

2） 一時中止に係る手続き

一時中止の手続きは，「①工事を施工できない要因の発生，②発注者による中止の指示，③受注者による基本計画書の提出，④再開通知，⑤請負代金，工期の変更」が基本パターンである。

■ 工事の一時中止に係る基本フロー

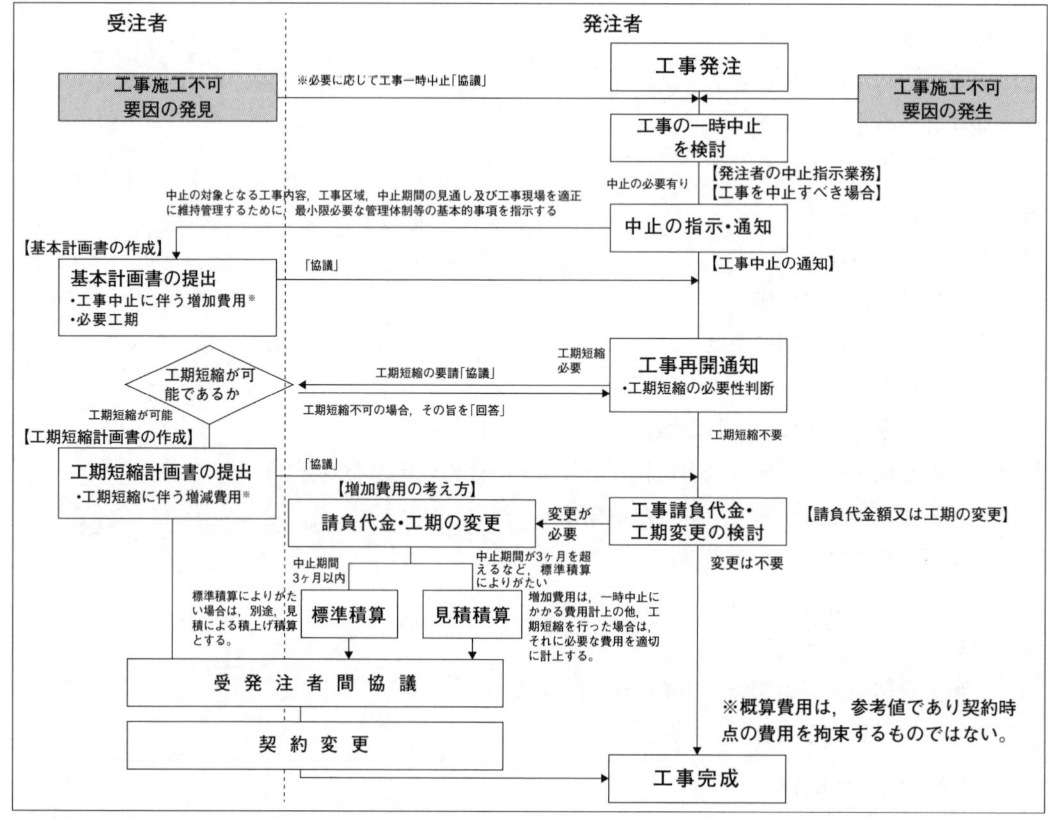

（出典） 参考文献25.より作成

この流れに沿って以下に解説する。

ア．工事の中止の事由と発注者の中止指示

受注者の責に帰すことができない事由等により工事を施工できないと認められる場合には，発注者は工事の全部又は一部の中止を速やかに書面にて命じなければならない。また，受注者は，工事施工不可要因を発見した場合，速やかに発注者と協議を行う。発注者は，必要があれば速やかに工事中止を指示する。

① 工事用地等の確保ができない等のため受注者が工事を施工できないと認められるとき（標準契約約款第20条第1項）

② 暴風，豪雨，洪水，高潮，地震，地すべり，落盤，火災，騒乱，暴動その他の自然的又は人為的な事象であって受注者の責めに帰すことができないものにより工事目的物等に損害を生じ若しくは工事現場の状態が変動したため受注者が工事を施工できないと認められるとき（標準契約約款第20条第1項）

③ 発注者が必要があると認めるとき（標準契約約款第20条第2項）

①又は②で一時中止を指示する場合は,「施工できないと認められる状態」にまで達していることが必要であり,「施工できないと認められる状態」は客観的に認められる場合を意味する。

①に関しては,発注者の義務である工事用地の確保(標準契約約款第16条)が行われない場合,設計図書と実際の施工条件の相違または設計図書の不備が発見されたため(工事請負契約書第18条)施工を続けることが不可能な場合が該当する。

②の「自然的又は人為的事象」には以下の場合も含まれる(共通仕様書1－1－1－13)。

・埋蔵文化財の発掘又は調査が必要

・関連する他の工事の進捗の遅れ(標準契約約款第2条)

・環境問題等の発生

・反対運動等による妨害活動　　　　　等

具体的な事例を「第3章　3－2 ⑶ 工事の中止に関する事例」「第3章　3－3　設計変更の事例」で紹介する

イ．工事の中止の通知と中止期間

工事を中止するにあたっては,発注者は工事の中止内容を受注者に通知しなければならない(標準契約約款第20条第1項)。工事の中止内容には,対象となる工事の内容,工事区域,中止期間の見通し等が含まれる。また,通知の際には,工事現場を適正に維持管理するために,最小限必要な管理体制等の基本事項を指示することとしている。

なお,通常,中止の通知時点では中止期間が確定的でないことが多い。このような場合,工事中止の原因となっている事案の解決にどのくらい時間を要するか計画を立て,工事を再開できる時期を通知することになる。

通知後,施工を一時中止している工事について施工可能と認めたとき,発注者は工事の再開を指示することになる。この際,工事の中止期間は,一時中止を指示したときから一時中止の事象が終了し,受注者が工事現場に入り作業を開始できると認められる状態になったときまでとなる。

なお,工事の一時中止期間における,主任技術者及び監理技術者の取扱いについては以下のとおりである。

・工事を全面的に一時中止している期間は,専任を要しない期間である。

・受注者の責によらない理由により工事中止又は工事内容の変更が発生し,大幅な工期延期となった場合は,技術者の途中交代が認められる※。なお,大幅な工期延期とは,国土交通省の工事請負契約書(受注者の解除権)第48条第1項第2号に準拠して,「延期期間が当初工期の10分の5(工期の10分の5が6ヶ月を超えるときは,6ヶ月)を超える場合」を目安とすることとしている。

※　監理技術者制度運用マニュアルについて,平成16年3月1日,国総建第315号

ウ．基本計画書の作成

■ **基本計画書の記載内容**

◇基本計画書作成の目的
◇中止時点における工事の出来形，職員の体制，労働者数，搬入材料及び建設機械器具等の確認に関すること
◇中止に伴う工事現場の体制の縮小と再開に関すること
◇工事現場の維持・管理に関する基本的事項
◇工事再開に向けた方策
◇工事一時中止に伴う増加費用※及び算定根拠
◇基本計画書に変更が生じた場合の手続き
※指示時点で想定している中止期間における概算金額を記載する。一部一時中止の場合には，概算費用の記載は省略できる。

（出典） 参考文献25.より作成

工事を中止した場合において，「受注者は中止期間中の工事現場の維持・管理に関する基本計画書を発注者に提出し，承諾を得なければならない。併せて，受注者は工事の続行に備え工事現場を保全しなければならない」（共通仕様書 1－1－1－13 工事の一時中止）。

すなわち，中止した工事現場の管理責任は受注者にあり，受注者は，基本計画書において管理責任に係る内容を明らかにすることになる。

また，受注者は，現場の維持管理に関する基本的事項等の他，再開の方策や工事一時中止に伴う増加費用及び算定根拠（受注者の見積り）も記し，これらを受発注者間で確認し，双方の認識に相違が生じないようにする。この点は，平成28年版で追加された。なお，「記載する概算費用は，参考値であり契約時点の費用を拘束するものではない」とフロー内に明示されている。

エ．工期短縮計画書の作成

工期短縮計画書の作成は，平成28年版のガイドラインに新たに盛り込まれた。

■ **工期短縮計画書の記載内容**

◇工期短縮に必要となる施工計画，安全衛生計画等に関すること
◇短縮に伴う施工体制と短縮期間に関すること
◇工期短縮に伴い，新たに発生する費用について，必要性や数量等の根拠を明確にした増加費用を記載

発注者は，一時中止期間の解除に当たり工期短縮を行う必要があると判断した場合は，受注者と工期短縮について協議し合意を図る。受注者は，発注者からの協議に基づき，工期短縮を行う場合はその方策に関する工期短縮計画書を作成し，発注者と協議を行う。協議においては，工期短縮に伴う増加費用等について，受発注者間で確認し，双方の認識の相違が生じないようにする。

受注者は，発注者からの承諾を受けた工期短縮計画にのっとり施工を実施し，受発注者間で協議した工程の遵守に努める。なお，工期短縮に伴う増加費用については，工期短縮計画書に基づき設計変更を行う。

オ．請負代金額又は工期の変更

標準契約約款第20条第３項では，「発注者は，工事の施工を一時中止させた場合において，必要があると認められるときは工期若しくは請負代金額を変更し，又は受注者が工事の続行に備え工事現場を維持し若しくは労働者，建設機械器具等を保持するための費用その他の工事の施工の一時中止に伴う増加費用を必要とし若しくは受注者に損害を及ぼしたときは必要な費用を負担しなければならない」とされている。ここで，「必要があると認められるとき」とは，客観的に認める場合を意味する。

また，中止がごく短期間である場合，及び中止が部分的で全体工事の施工に影響がないなどの例外的な場合を除き，請負代金額及び工期の変更を行う。

請負代金額の負担において，発注者は，一時中止に伴う増加費用，損害を負担する。

工期の変更期間は，原則として工事を中止した期間が妥当である。ただし，地震，災害等の場合は，取片付け期間や復興期間に長期を要す場合もある。このような場合には，取片付け期間や復興に要した期間を含めて工期延期することも可能である。

３） 増加費用の算定

ア．増加費用の考え方～本工事施工中に中止した場合

増加費用等の適用は，発注者が工事の一時中止（部分中止により工期延期となった場合を含む）を指示し，それに伴う増加費用等について受注者から請求があった場合に適用することとされている。

増加費用として積算する範囲は，①工事現場の維持に要する費用，②工事体制の縮小に要する費用，③工事の再開準備に要する費用，④中止により工期延期となる場合の費用，⑤工期短縮を行った場合の費用である。

増加費用の算定は，受注者が基本計画書に従って実施した結果，必要とされた工事現場の維持等の費用の明細書に基づき，費用の必要性・数量などについて発注者と受注者が協議して行うことが原則である。

一時中止に伴い発注者が新たに受け取り対象とした材料，直接労務費及び直接経費に係る費用は，該当する工種に追加計上し，設計変更により処理する。

一方，中止期間中の現場維持等に要する費用は，工事原価内の間接工事費の中で計上し，一般管理費等の対象とする。

なお，発注者として中止期間中の現場維持等に要する費用を算定するため，国土交通省においては，「工事の一時中止に伴う増加費用等の積算方法について※」を定めて，増加費用等の算定基準を明らかにしている。

○増加費用の考え方～本工事施工中に中止した場合

１）増加費用等の適用は，発注者が工事の中止（部分中止により工期延期となった場合を含む）を指示し，それに伴う増加費用等について受注者から請求があった場合に適用する。

２）増加費用として積算する範囲は，工事現場の維持に要する費用，工事体制の縮小に要する費用，工事の再開準備に要する費用，中止により工期延期となる場合の費用，工期短縮を行った場合の費用とする。

① 工事現場の維持に要する費用；中止期間中において工事現場を維持し又は工事の続行に備えて機械器具，労務者又は技術職員（専門職種を含む。以下同じ）を保持するために必要とされる費用等とする。

② 工事体制の縮小に要する費用；中止時点における工事体制から中止した工事現場の維持体制にまで体制を縮小するため，不要となった機械器具，労務者又は技術職員の配置転換に要する費用等とする。

③ 工事の再開準備に要する費用；工事の再開予告後，工事を再開できる体制にするため，工事現場に再投入される機械器具，労務者，技術職員の転入に要する費用等とする。

④ 中止により工期延期となる場合の費用；工期延期となることにより追加で生じる社員等給与，現場事務所費用，材料の保管費用，仮設諸機材の損料等に要する費用等とする。

⑤ 工期短縮を行った場合の費用；工期短縮の要因が発注者に起因する場合，自然条件（災害等含む）に起因する場合の工期短縮に要する費用等とする。なお，工期短縮の要因が受注者に起因する場合は増加費用を見込まないものとする。

３）増加費用の設計書における取扱い

増加費用は，中止した工事の設計書の中に「中止期間中の現場維持等の費用」として，原契約の請負工事費とは別に計上するものとする。ただし，設計書の上では，原契約に係る請負工事費と増加費用の合算額を請負工事費とみなすものとする。

４）増加費用の事務処理上の取扱い

① 増加費用は，原契約と同一の予算費目をもって，設計変更の例にならい，更改契約するものとする。

② 増加費用は，受注者の請求があった場合に負担するものとする。

③ 増加費用の積算は，工事再開後速やかに受注者が協議して，行うものとする。

※ 工事の一時中止に伴う増加費用等の積算方法について（平成28年３月14日，国官技第346号）。なお，従前の工事の一時中止に伴う増加費用等の積算上の取り扱いについて（昭和57年３月29日，建設省技調発第116号，平成元年２月８日最終改正，建設省技調発第57号），及び工事の一時中止に伴う増加費用等の積算について（平成４年３月19日，建設省技調発第80号，平成26年３月14日最終改正，国官技第277号）は廃止された。

5）増加費用等の構成

中止期間中の現場維持等に要する費用は，工事原価内の間接工事費の中で計上し，一般管理費等の対象とする。

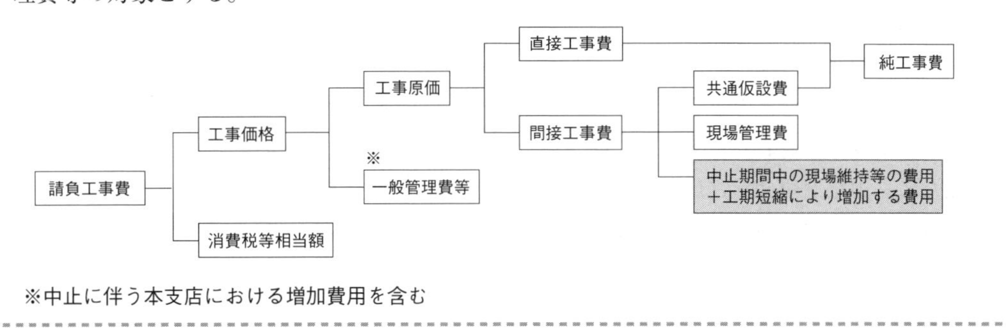

※中止に伴う本支店における増加費用を含む

標準積算により算定する場合，中止期間中の現場維持等に関する費用として積算する内容は，以下の積上げ項目及び率項目となる。

○増加費用の積算項目

＜積上げ項目＞

◆直接工事費，仮設費及び事業損失防止施設費における材料費，労務費，水道光熱電力等料金，機械経費で現場維持等に要する費用であり，下記の内容とする。

○直接工事費に計上された材料（期間要素を考慮した材料）及び仮設費に計上された仮設材等の中止期間中に係る損料額及び補修費用

○直接工事費，仮設費及び事業損失防止費における項目で現場維持等に要する費用

＜率で計上する項目＞

◆運搬費の増加費用

○現場搬入済みの建設機械の工事現場外への搬出又は工事現場への再搬入に要する費用及び大型機械類等の現場内小運搬

◆安全費の増加費用

○工事現場の維持に関する費用；保安施設，保安要員の費用及び火薬庫，火工品庫の保安管理に要する費用

◆役務費の増加費用

○仮設費に係る土地の借り上げ等に要する費用，電力及び用水等の基本料金

◆営繕費の増加費用

○現場事務所，労務者宿舎，監督員詰所及び火薬庫等の営繕損料に要する費用

◆現場管理費の増加費用

○現場維持のために現場へ常駐する社員等従業員給料手当及び労務管理費等に要する費用

イ.　工事一時中止に伴う費用の算定方法

実務上の取り扱いを容易にするため，国土交通省では，「工事一時中止に伴う増加費用等の積算方法について」において，中止期間中の現場維持等の増加費用（率計上分）の算定式を以下のように定めている。

増加費用は，原則，工事目的物又は仮設に係る工事の施工着手後を対象に算定することとし，算定方法は以下のとおりとする。

ただし，中止期間３ヶ月以内は標準積算により算定し，中止期間が３ヶ月を超える場合，道路維持工事又は河川維持工事のうち経常的な工事である場合など，標準積算によりがたい場合は，受注者から増加費用に係る見積を求め，発注者と受注者が協議を行い増加費用を算定する。

◇中止に伴う現場維持等に要する費用の算定は，以下の式により算出する。

$$G = d_g \times J + \alpha$$

ただし，

G：中止期間中の現場維持等の費用（単位：円　1,000円未満切り捨て）

d_g：中止に係る現場経費率（%　小数点第４位四捨五入３位止め）

J：対象額（中止時点の契約上の純工事費）（単位：円　1,000円未満切り捨て）

α：積上げ費用（単位：円　1,000円未満切り捨て）

1）中止に伴い増加する現場経費率

$$d_g = A\left\{\left(\frac{J}{a \times J^{b} + N}\right)^{B} - \left(\frac{J}{a \times J^{b}}\right)^{B}\right\} + \frac{(N \times R \times 100)}{J}$$

ただし，

d_g：中止に伴い増加する現場経費率（%　小数点第４位四捨五入３位止め）

J：対象額（中止時点の契約上の純工事費）（単位：円　1,000円未満切り捨て）

N：中止日数（日）

ただし，部分中止の場合は，部分中止に伴う工期延期日数

R：公共工事設計労務単価（土木一般世話役）

A：
B：
a：
b：　工種ごとに決まる係数（別表－１）

別表－1

工　種　区　分		係数A			係数B	係数a	係数b
		地方部 （一般交通等の影響なし）	地方部 （一般交通等影響あり） 山間僻地離島	市街地 （DID地区・準ずる地区）			
河川工事		739.2	781.0	807.6	－0.2636	0.3687	0.3311
河川・道路構造物工事		180.4	190.6	197.2	－0.1562	0.8251	0.3075
海岸工事		105.5	111.4	115.2	－0.1120	1.6285	0.2498
道路改良工事		339.5	358.7	370.9	－0.1935	0.4461	0.3348
鋼橋架設工事		550.3	581.5	601.3	－0.2612	0.0717	0.4607
ＰＣ橋工事		476.3	503.2	520.4	－0.2330	0.8742	0.3058
橋梁保全工事		180.4	190.6	197.2	－0.1562	0.8251	0.3075
舗装工事		453.4	479.0	495.4	－0.2108	0.0761	0.4226
共同溝等工事	(1)	209.6	221.5	229.1	－0.1448	0.1529	0.4058
	(2)	154.8	163.6	169.1	－0.1153	0.3726	0.3559
トンネル工事		293.8	310.3	321.0	－0.1718	0.0973	0.4252
砂防・地すべり等工事		151.0	159.5	164.9	－0.1379	0.4267	0.3357
道路維持工事		96.0	101.4	104.9	－0.0926	0.1699	0.3933
河川維持工事		439.2	464.0	479.9	－0.2138	0.0144	0.5544
下水道工事	(1)	437.5	462.4	478.1	－0.2054	0.0812	0.4356
	(2)	135.2	142.9	147.8	－0.1089	0.2598	0.3771
	(3)	106.4	112.6	116.3	－0.1078	0.5988	0.3258
公園工事		244.3	258.1	267.0	－0.1733	0.2026	0.3740
コンクリートダム工事		351.8	371.8	384.5	－0.1793	11.6225	0.1998
フィルダム工事		508.1	536.9	555.1	－0.2055	0.0617	0.4440
電線共同溝工事		256.9	271.4	280.8	－0.1615	8.1264	0.1740

ウ.　工期短縮を行った場合（当初設計から施工条件の変更がない場合）

■　増加費用の考え方

①工期短縮の要因が発注者に起因するもの………………………【増加費用を見込む】

ex.　・工種を追加したが工期延期せず当初工期のままとした場合

②工期短縮の要因が受注者に起因するもの………………………【増加費用は見込まない】

ex.　・工程の段取りにミスがあり，当初工程を短縮せざるを得ない場合

③工期短縮の要因が自然条件（災害等含む）に起因するもの…【増加費用を見込む】

ex.　・想定以上の悪天候により，当初予定の作業日数の確保が見込めず工期延期が必要であるが，何らかの事情により，工期延期ができない場合
・自然災害で被災※を受け，一時作業ができなくなったが，工期延期をせず，当初工期のまま施工する場合
※災害による損害については，工事請負契約書第29条（不可抗力による損害）に基づき対応

当初設計から施工条件の変更がなく，工期短縮を行った場合にも増加費用が発生することがある。この場合の考え方は上表の通りであり，以下に実際の費用計上の例を示す。

■　増加費用を見込む場合の主な項目の事例

◇当初昼間施工であったが，工種追加により夜間施工を追加した場合は，夜間施工の手間に要する費用。

◇パーティー数を増加せざるを得ず，建設機械等の台数を増加させた場合に要する費用。

◇その他，必要と思われる費用。

※増加費用の内訳については，発注者と受注者で協議を行うものとする。

エ．契約後準備工着手前に中止した場合

準備工着手前とは，契約締結後で，現場事務所・工事看板が未設置，材料等が未搬入の状態で測量等の準備工に着手するまでの期間をいう。この場合の取扱いは本工事施工中に中止した場合とは異なり，以下の通りである。

■　契約後準備工着手前に中止した場合の増加費用の考え方

１）発注者は，上記の期間中に，準備工又は本工事の施工に着手することが不可能と判断した場合は，工事の一時中止を受注者に通知する。

２）標準契約約款第16条２項に「受注者は，確保された工事用地等を善良な管理者の注意をもって管理しなければならない」とあり，準備工前であっても，受注者は必要に応じて，「工事現場の維持・管理に関する基本的事項」を記載した基本計画書を発注者に提出し，承諾を得る。

３）一時中止に伴う増加費用は計上しない。

一時中止に関する請負代金額の変更は，施工着手後を原則としており，準備工着手前には増加費用は計上しないという発注者の考え方である。

なお，準備工前であっても受注者に管理義務が生じるため，また，施工着手前の増加費用に関する受発注者間のトラブルを回避するため，契約図書に適切な条件明示（用地確保の状況，関係機関との協議状況など，工事着手に関する条件）を行うとともに，施工計画打合せ時に，現場事務所の設置時期などを確認し，十分な調整を行うことが必要である。

一方，工期については，全部中止の場合は，中止期間分の延長を行う。

オ．準備工期間に中止した場合

準備工期間とは，契約締結後で，現場事務所・工事看板を設置し，測量等の本工事施工前の準備期間をいう。この場合の取扱いは以下の通りである。

■　準備工期間に中止した場合の増加費用の考え方

１）発注者は，上記の期間中に，本体工事に着手することが不可能と判断した場合は，工事の一時中止を受注者に通知する。

２）受注者は，「工事現場の維持・管理に関する基本的事項」を記載した基本計画書に必要に応じて概算費用を記載※した上で，その内容について発注者と協議し同意を得る。

※概算費用は，請求する場合のみ記載する。

※概算費用は，参考値であり契約時点の費用を拘束するものではない。

３）増加費用

○増加費用の適用は，受注者から請求があった場合に適用する。

○増加費用は，安全費（工事看板の損料），営繕費（現場事務所の維持費，土地の借地料）及び現場管理費（監理技術者もしくは主任技術者，現場代理人等の現場従業員手当）等が想定される。
○増加費用の算定は，受注者が「基本計画書」に基づき実施した結果，必要とされた工事現場の維持等の費用の「明細書」に基づき，費用の必要性・数量など受発注者が協議して決定する。(積算は受注者から見積を求め行う。)

カ．増加費用の設計書及び事務処理上の扱い

増加費用の設計書及び事務処理における取扱いの要点は以下の通りである。

◆増加費用は，中止した工事の設計書の中に「中止期間中の現場維持等の費用」として原契約の請負工事費とは別計上する。
○ただし，設計書上では，原契約に係る請負工事費と増加費用の合算額を請負工事費とみなす。
◆増加費用は，原契約と同一の予算費目をもって，設計変更の例にならい，更改契約するものとする。
◆増加費用は，受注者の請求があった場合に負担する。
◆増加費用の積算は，工事再開後速やかに受発注者が協議して行う。

工事請負契約における設計変更ガイドライン（総合版）※の「Ⅱ 工事一時中止ガイドライン(案)」の「Ⅱ－２ 工事一時中止に伴う増加費用の取り扱いについて」では，増加費用の積算方法，工事請負代金変更請求の作成例など，より具体的な事務処理の方法を示している。

(6) 運用基準の徹底と施工効率向上

屋外現場，単品生産，設計施工分離などを特徴とする土木工事において，品質の確保・向上，現場の生産性向上のためには，規範の通達等だけでは不十分である。日々変化する現場の実態に応じて，原則をよく理解した上で臨機に対応することが必要になる。このためには，発注者と受注者がより良い社会資本を造る目的，目標を共有し，両者のコミュニケーション等を良好に維持して，規範に定められたことを適切に運用することが肝要である。

近年の発注機関においては，建設生産システムの効率化施策の内の施工効率向上，契約変更の円滑化等の施策の一環として，三者会議（工事条件の明確化の一環として行う発注者，設計者，施工者の打合せ会），ワンデーレスポンス（照会事項等に対して回答若しくはその見通しを１日を目標とする早期に伝える取り組み），設計変更審査会（発注者側で設計変更に決定権がある者が出席し，発注者と受注者で設計変更の内容について打合せる会）などが行われるようになっている。これらの取り組みは，施工現場マネジメントの改善活動であり，監督職員や現場代理人等の人間関係に偏ることなく公正・公平に設計変更を進める上でも重要な取り組みといえる。

具体的な取り組み内容については，「第４章 ４－３ 施工効率向上の取り組み」で紹介する。

※ 参考文献９．

(7) ICTの活用による施工の生産性向上

わが国全体で労働力人口が減少する中，生産性向上によって成長を図ることが喫緊の課題となっている。このような中，平成27年11月に国土交通省から，直轄工事を対象に，測量・設計から施工・検査さらに維持管理・更新までの全プロセスでICT（情報通信技術）の活用を全面展開する方針が表明され，一連の取り組みは「i-Construction」と命名された。

さらに，国土交通省は平成28年を「生産性革命元年」と位置づけ，「国土交通省生産性革命本部」を設置し，「コンパクト・プラス・ネットワーク」など社会ベースの課題や物流生産性革命なども含め幅広く生産性の向上に取り組むこととなった。「i-Construction」はその重要な施策の一つであり，建設現場の生産性を向上させることで，将来的な労働者不足を克服するとともに，「きつい，危険，きたない」から「給与，休暇，希望」を目指し，魅力ある建設現場を実現しようとするものである。

平成28年4月には実施に向けて「i-Construction 委員会の報告書」[※1]により基本方針や推進方策が示された。「i-Construction」のトップランナー3施策，①ICT技術の全面的活用，②規格の標準化（コンクリート工），③施工時期の平準化のうちの①のICTの全面的な活用に必要な新たな15の基準及び積算基準[※2]が発表された。これらの基準類は実務面で不可欠のものであり，ICT土工の施工管理や検査に係る基準，ICT土工の積算基準，UAVの活用に関する基準等から成っている。この他，TSを用いた出来高管理基準などの情報化施工に必要な基準類も従来から整備が進められており，これらの基準類は国土交通省のHPから入手可能となっている。

※1　参考文献26.
※2　参考文献27.

【参考文献】

○表－１，表－２等の通達等の最新版を入手できる文献，HP
1． 工事契約実務要覧　国土交通（建設）編，各年度版，新日本法規
2． 国土交通省HP調達情報＜http://www.mlit.go.jp/appli/file000001.html＞及び技術調査＜http://www.mlit.go.jp/tec/＞
3． 国土交通省国土技術政策総合研究所HP社会資本マネジメント研究センター＜http://www.nilim.go.jp/japanese/organization/b_center/jkiban.htm＞
4． 国土交通省地方整備局等HP企画部技術管理関係
5． 国土交通省大臣官房技術調査課監修：国土交通省度土木工事積算基準　各年度版，（一財）建設物価調査会

○参考文献
1． 施工条件明示研究会編：建設工事施工条件明示の実際，（財）建設物価調査会，1992
2． （財）日本建設情報総合センター編著，大臣官房技術調査課監修：公共土木工事設計変更事例集－実例に見る設計変更の手続き，山海堂，1995
3． 國島正彦，福田昌史：公共土木工事積算学，山海堂，1994
4． 福田昌史：公共工事の積算システムに関する研究，1998.6
5． 福田淳一編：会計法精解，p.205，（財）大蔵財務協会，2007.8
6． 芦田義則・松本直也等：不調・不落への対応策に関する研究，土木学会論文集F4（建設マネジメント）特集号Vol.66, No.1, pp.219-232,（社）土木学会，2010
7． 国土交通省大臣官房監修，芦田義則，飛田忠一，松本直也，村椿良範：よくわかる公共土木工事の設計変更，（一財）建設物価調査会，平成24年６月
8． 福田昌史監修，芦田義則：基礎からわかる公共土木工事積算－基礎・事例・成り立ち，（一財）建設物価調査会，平成27年８月
9． 国土交通省関東地方整備局：工事請負契約における設計変更ガイドライン（総合版），平成28年５月
10． 公共工事における総合評価方式活用検討委員会：公共工事における総合評価方式活用ガイドライン，平成17年９月
11． 公共工事における総合評価方式活用検討委員会：公共工事における総合評価方式活用ガイドライン，平成19年３月
12． 総合評価方式の活用・改善等による品質確保に関する懇談会：国土交通省直轄工事における総合評価落札方式の運用ガイドライン（案），平成23年３月
13． 国土技術政策総合研究所：新土木工事積算大系と積算の実際－発注者・受注者間の共通認識の形成に向けて，国土交通省国土技術政策総合研究所HP社会資本マネジメント研究センター
14． 国土交通省大臣官房技術調査課，国土技術政策総合研究所建設システム課編：平成16年度改訂版新土木工事積算大系の解説，（財）経済調査会，平成16年12月
15． 国土技術政策総合研究所：施工パッケージ型積算方式について，平成27年７月
16． 改訂よくわかる施工パッケージ型積算方式，（一財）建設物価調査会，2013.8
17． 国土交通省：総価契約単価合意方式実施要領の解説，平成28年３月
18． 国土交通省直轄事業の建設生産システムにおける発注者責任に関する懇談会：設計・施工一括及び詳細設計付工事発注方式実施マニュアル（案），平成21年３月
19． 国土交通省：公共工事の入札契約方式の適用に関するガイドライン，平成27年５月
20． 改訂８版土木工事の実行予算と施工計画，（一財）建設物価調査会，2012.4
21． 電子納品に関する要領・基準，国土交通省，平成28年３月
22． 国土交通省全国総括工事検査官等会議編著：公共事業の品質確保のための監督・検査・成績評定の手引き－実務者のための参考書－，平成22年７月
23． 国土交通省大臣官房技術調査課，総合政策局建設施工企画課監修：指定・任意の正しい運用について，（財）日本建設情報総合センター
24． 国土交通省中部地方整備局技術管理課：設計図書の照査ガイドライン（案），平成17年３月
25． 国土交通省：工事一時中止に係るガイドライン（案），平成28年３月
26． i-Construction委員会：i-Construction～建設現場の生産性革命～，国土交通省，2016.4
27． 新たに導入する15の基準及び積算基準について～平成28年４月からのICTの全面的な活用に向けて～，国土交通省報道発表，2016.3.30

第3章

条件明示と設計変更の実際

3－1　条件明示に関する通達

⑴　条件明示通達の解説

国土交通省は平成14年３月に「条件明示について」通達している。通達の経緯等については「第2章　2－1⑹３）条件明示」で記載している。ここでは，通達文に沿って解説する。

<条件明示についての通知文（抜粋）>

1．目的

「対象工事」を施工するにあたって，制約を受ける当該工事に関する施工条件を設計図書に明示することによって，工事の円滑な執行に資する事を目的とする。

2．対象工事　平成14年４月１日以降に入札する国土交通省直轄の土木工事とする。

3．明示項目及び明示事項（案）……⑵参照

4．明示方法

施工条件は，契約条件となるものであることから，設計図書の中で明示するものとする。また，明示された条件に変更が生じた場合は，契約書の関連する条項に基づき，適切に対応するものとする。

5．その他

⑴　明示されない施工条件，明示事項が不明確な施工条件についても，契約書の関連する条項に基づき発注者と受注者とが協議できるものであること。

⑵　現場説明書の質問回答のうち，施工条件に関するものは，質問回答書により，文書化すること。

⑶　施工条件の明示は，工事規模，内容に応じて適切に対応すること。なお，施工方法，機械施設等の仮設については，施工者の創意工夫を損なわないよう表現上留意すること。

【解説】

○「4．明示方法」について

明示方法については，標準契約約款第１条では，「設計図書に従い工事を履行しなければならない」としており，施工条件は工事契約上極めて重要な事項であるため，設計図書の中で明示するものとしている。

施工条件は，従来より設計図書のうち，特記仕様書，工事数量総括表，質問回答書を用いて明示されることが通常である。これを一つの方法に統一することは事柄の性格上，適当でないため，いずれかの設計図書において明示することとしている。

○「5．その他」について

①　土木工事は，不確定要素が多く，明示された施工条件について契約当初に明確にできないことや工事の実施期間中に起こるべき，すべての事柄を明示できない制約がある。

例えば，周囲の状況から，通常，予測できない軟弱地盤や転石の出現，または特殊なもので

は有毒ガスの噴出などもある。一方，工事に関連する第三者のクレーム等は事前に調査をし，諸対策を講じてもなお避けることのできない事柄である。このような場合においては，標準契約約款の関連する条項に基づいて，発注者・受注者間で協議を実施し，適切な解決策を共同してつくり出すことが，極めて重要である。

② 施工条件については，設計図書で明らかにしたものを質問等で確認するが，その際，入札者からの質問及び回答については，施工条件明示の重要性にかんがみ，これらを契約条件として明確に位置づけるため，文書化することを求めている。

③ 施工条件は，工事の種類や規模，内容に応じて千差万別であり，明示項目や明示事項についても一律なものではない。現行の契約制度は，発注者・受注者間の双務性の確保が要求されており，いたずらに契約条件を細かく規定することは，標準契約約款第１条第３項に定めている受注者の自由な判断を損なうことにもなる。

条件明示の通知は，いわば共通的事項についての指針に当たるもので，これをもとに適切な対応が望まれる。

また，最近の技術革新は著しいものがあり，効率的で安全性の高い施工技術が生み出されている。このような技術革新の成果は，工事の実施に当たって積極的に活用されることが期待されるので，施工方法や機械設備についての明示は，あくまで性能等を中心とした明示とし，受注者が自由に工法や機械を選択できるよう留意した表現にすることが望まれる。

⑵ 条件明示の明示事項

通達文のうち「３．明示項目及び明示事項（案)」の工程関係，用地関係，公害関係，安全対策関係，工事用道路関係，仮設備関係，建設副産物関係，工事支障物件関係，薬液注入関係等の各明示事項について，以下に解説する。

1） 工程関係

明示項目	明　示　事　項
1） 工程関係	1．他の工事の開始又は完了の時期により，当該工事の施工期間，全体工事等に影響がある場合は，影響箇所及び他の工事の内容，開始または完了の時期 2．施工時期，施工期間及び施工方法が制限される場合は，制限される施工内容，施工時期，施工時間及び施工方法 3．当該工事の関係機関等との協議に未成立のものがある場合は，制約を受ける内容及びその協議内容，成立見込み時期 4．関係機関，自治体等との協議の結果，特定された条件が付された当該工事の工程に影響がある場合は，その項目及び影響範囲 5．余裕工期を設定して発注する工事については，工事の着手時期 6．工事着手前に地下埋設物及び埋蔵文化財等の事前調査を必要とする場合は，その項目及び調査期間。また，地下埋設物等の移設が予定されている場合は，その移設期間 7．設計工程上見込んでいる休日日数等作業不能日数

受注者は工事受注後，速やかに施工計画を検討することとなるが，施工計画の目的は，工事を安

全に，定められた品質で，所定の工期内に完了させることにある。

施工計画の大きな要素である工程計画については，当該工事の先行工事や後続工事と関連し，それらの実施工程の制約を受けるため十分調整を図る必要がある。

例えば，道路改良工事に引き続き，舗装工事が発注された場合，先行する改良工事において路床が完成していなければ，後続する舗装工事は施工することができない。このような場合，先行する路床工事の完了時期を明示することによって，舗装工事の円滑な実施が可能となる。

また，交通量の多い現道上で行う工事は，通常，施工時間や施工方法が制限される場合が多い。このような場合には，制限される内容を明示することが重要である。

その他，土木工事は工事に関係する様々な機関と協議が必要となる場合が多い。例えば，工事で使用する仮橋の設置等で河川管理者と，鉄道に近接する工事においては鉄道管理者と協議する場合などである。これらの協議は，工事を発注する前に済ませておくことが望まれるが，様々な事情で工事と並行して協議をする場合もある。このような場合においては，協議を並行して進めていること，その成立の見込みについて明示しておくことが重要である。

また，事前の協議の結果，特定の条件が付された場合には，それらの条件を明らかにしておくことも必要である。

2） 用地関係

明示項目	明　示　事　項
2） 用地関係	1．工事用地等に未処理部分がある場合は，その場所，範囲及び処理の見込み時期 2．工事用地等の使用終了後における復旧内容 3．工事用仮設道路・資機材置場用の借地をさせる場合，その場所，範囲，時期，期間，使用条件，復旧方法等 4．施工者に，消波ブロック，桁製作等の仮設ヤードとして官有地等及び発注者が借り上げた土地を使用させる場合は，その場所，範囲，時期，期間，使用条件，復旧方法等

工事用地（工事目的物を設置する用地）は，受注者が工事を実施するために必要となる時期までに，発注者において確保することが，「標準契約約款第16条」において定められている。しかし，工事を発注する時点までに，やむを得ず一部の用地が未処理のまま発注される場合もある。このような場合には未処理部分の箇所と，処理の見込み時期を明らかにしておくことが必要である。

工事を実施するために必要な仮用地（現場事務所や資材置場等，工事期間中必要となる用地）は，受注者において確保することが原則であるが，発注者が借り上げた土地や官有地を使用させる場合もある。その場合は，その場所，範囲，時期，期間，使用条件，復旧方法等を明らかにしておくことが必要である。

河川工事等に用いる消波ブロックを製作，仮置きするために官有地である河川の高水敷を使用させたり，橋梁の桁を製作するために買収済みの用地を使用させる場合がある。このような場合にも，使用させる場所，範囲，期間，使用条件，復旧方法を明らかにしておく必要がある。

3） 公害関係

明示項目	明　示　事　項
3） 公害関係	1．工事に伴う公害防止（騒音，振動，粉塵，排出ガス等）のため，施工方法，建設機械・設備，作業時間等を指定する必要がある場合はその内容 2．水替・流入防止施設が必要な場合は，その内容，期間 3．濁水，湧水等の処理で特別の対策を必要とする場合は，その内容（処理施設，処理条件等） 4．工事の施工に伴って発生する騒音，振動，地盤沈下，地下水の枯渇等，電波障害等に起因する事業損失が懸念される場合は，事前・事後調査の区分とその調査時期，未然に防止するために必要な調査方法，範囲等

土木工事では，大型でしかも屋外で多くの機械，材料を組み合わせて工事目的物を築造するという性格から，第三者に与える影響も大きく，最近は工事に伴って発生する建設公害に対する住民意識の向上もあって，土木工事の実施方法が社会問題となっている場合もある。

工事を実施するために必要となる施工方法や機械設備の選択は，基本的には受注者任意の施工計画に委ねられている「標準契約約款第１条第３項」。しかしながら最近では，工事が施工される地域の事情に応じて発注者が公害防止の観点から特別の工法や機械設備等を考慮して，受注者に義務付ける場合も多くなっている。このような場合には，義務付ける施工方法，機械設備等の内容を明示しておくことが必要となる。

工事施工箇所内の地下水処理の必要がある場合，また周辺から施工箇所への地下水や流水の流入が考えられる場合についても，想定される内容を明示しておくことが必要となる。さらに施工箇所内で発生する濁水，湧水等の処理について，処理基準等が示されている場合は，その内容を明示しておくことが必要である。

地域の特殊性から，工事の施工過程で第三者に被害が及ぶことが懸念される場合は，家屋等影響の及ぶ対象物の現況を事前に調査しておくことが事後の適正な被害額の算定に不可欠であり，このような場合には，事前調査の方法や範囲について明らかにしておくことが極めて重要である。

4） 安全対策関係

明示項目	明　示　事　項
4） 安全対策関係	1．交通安全施設等を指定する場合は，その内容，期間 2．鉄道，ガス，電気，電話，水道等の施設と近接する工事での施工方法，作業時間等に制限がある場合は，その内容 3．落石，雪崩，土砂崩落等に対する防護施設が必要な場合は，その内容 4．交通誘導員，警戒船及び発破作業等の保全設備，保安要員の配置を指定する場合または発破作業等に制限がある場合は，その内容 5．有毒ガス及び酸素欠乏症等の対策として，換気設備等が必要な場合は，その内容

土木工事における安全対策は，第三者への影響，労働災害防止の観点から，近年社会的にも工事施工の上からも極めて重要な課題となっている。このような観点から，国土交通省は「建設工事公衆災害防止対策要綱［土木工事編］（平成５年１月12日，建設省経建発第１号）」や橋梁架設等の工事の安全施工に係る具体的な留意事項を規定した「土木工事安全施工技術指針（昭和43年４月７

日，建設省官技発第37号，平成21年3月31日最終改正，国官技第333号)」等を策定し，事故防止に対する基準を定め，これら経費の的確な積算に努めている。

特に交通安全対策としての標識，交通誘導員，バリケード等の配置は，安全の確保のためにも不可欠のものであり，これに要する経費は現場の条件等により異なる。また，工事期間中も常に状況が変化することから，変化に迅速かつ的確に対応するためには，当初設計において適切に条件を明示しておくことが不可欠である。

公共・公益施設と近接する場合，施設の区域内で工事を行う場合には，施設の各管理者から安全対策上，工法や作業時間について制限を加えられることが多い。このような場合には，これらの制限内容を明らかにして円滑な工事の施工を図るべきである。

地中の掘削作業・下水管修復の管路工事等では，有毒ガスの発生・人体に有害な粉塵・蒸気の発生及び酸素欠乏状態の恐れがある場合には条件を明示しておくことが不可欠である。

5） 工事用道路関係

明示項目	明　示　事　項
5） 工事用道路関係	1．一般道路を搬入路として使用する場合 ⑴ 工事用資機材等の搬入経路，使用期間，使用時間帯等に制限がある場合は，その経路，期間，時間帯等 ⑵ 搬入路の使用中及び使用後の処置が必要である場合は，その処置内容 2．仮道路を設置する場合 ⑴ 仮道路に関する安全施設等が必要である場合は，その内容，期間 ⑵ 仮道路の工事終了後の処置（存知または撤去） ⑶ 仮道路の維持補修が必要である場合は，その内容

土木工事の施工に必要な資材・機械等の運搬には，一般道路並びに工事用に一時的に設置される仮道路を使用する。

一般道路については，その構造上，トレーラ等特殊車両の通行が規制されている区間がある。また，住宅密集地や商店街等においては，工事用車両の通行可能時間等が制限される区間があり，これらについては，その制限内容を明らかにしておくことが必要である。

一方，工事用道路については，使用中，使用後に維持補修が必要であり，これらの程度は，工事期間中絶えず変化するものであるから，当初設計において，その程度を明示しておくことにより，変更に対して迅速に対応することが可能となる。

6） 仮設備関係

明示項目	明　示　事　項
6） 仮設備関係	1．仮土留，仮橋，足場等の仮設物を他の工事に引き渡す場合及び引き継いで使用する場合は，その内容，期間，条件等 2．仮設備の構造及びその施工方法を指定する場合は，その構造及びその施工方法 3．仮設備の設計条件を指定する場合は，その内容

工事目的物を完成させるために必要な仮設備は，設計図書に特別の定めがある場合を除いて，受注者がその責任において定めることとされている「標準契約約款第１条第３項」。すなわち任意仮設が原則である。

しかしながら，例えば，河川堤防を開削して出水期間中に行う工事の締切り工は，堤防に代わる重要な構造物となるので，その構造，材料，施工方法等が発注者によって指定される。また，仮設備に用いる主要材料の一部が指定されたり，設計条件が示される場合がある。この場合，土留め工の主要部材の規格や締切り工の設計水位等を明示する必要がある。（第２章　２－２ ⑴ ２）指定と任意の違い 参照）

また，仮設備の一部又は全部を他工事に転用させたり，他工事で築造された仮設備を兼用して使用する場合がある。橋梁の架設工事に用いた作業足場を，床版工事に転用させる場合等がこれにあたる。このような場合には，これらの条件を適切に明示することが必要である。

７）　建設副産物関係

明示項目	明　示　事　項
７）　建設副産物関係	１．建設発生土が発生する場合は，残土の受入場所及び仮置き場所までの，距離，時間等の処分及び保管条件 ２．建設副産物の現場内での再利用及び軽量化が必要な場合は，その内容 ３．建設副産物及び建設廃棄物が発生する場合は，その処理方法，処理場所等の処理条件。なお，再資源化処理施設または最終処分場を指定する場合は，その受入場所，距離，時間等の処分条件

建設工事現場から発生する建設発生土及び産業廃棄物の発生量は，依然として多く，その処理場の確保は一段と困難となり社会問題を伴っている。このような情勢下では，発注者は建設発生土及び建設廃棄物の処理，再利用について真剣に取り組むべきである。

建設発生土の処分方法，及び建設廃棄物処理は再利用を前提に，「建設副産物」として考えるべきである。この円滑な実施のためには「建設副産物情報交換システム」，「建設発生土情報交換システム」等を活用して「建設発生土・建設副産物」として再利用することが望ましい。このような場合には，利活用する情報システム及び再資源化処理施設等の情報を明示する必要がある。

特に最近では，都市部ばかりでなく地方においても建設副産物・建設発生土の処理が大きな問題となっており，法的規制を考慮した発生土の処理条件等を明確にしておくことが必要である。

８）　工事支障物件関係

明示項目	明　示　事　項
８）　工事支障物件関係	１．地上，地下等への占用物件の有無及び占用物件等で工事支障物が存在する場合は，支障物件名，管理者，位置，移設時期，工事方法，防護等 ２．地上，地下等の占用物件工事と重複して施工する場合は，その工事内容及び期間等

工事現場に存在する地上・地下の占用物件等の処理方法については，各管理者と協議した内容に

ついて明示しておくことが必要である。特に地下の占用物件は取扱いを誤ると思わぬ大事故の原因となるので，場所の確認，その処理方法について，各管理者と協議して，その結果を明らかにしておくことが必要である。

また，占用物件の管理者が独自に行う工事と重複して施工する場合もあるので，占用工事の工期や工事内容について明示しておくことも必要である。

9）　薬液注入関係

明示項目	明　示　事　項
9）　薬液注入関係	1．薬剤注入を行う場合は，設計条件，工法区分，材料種類，施工範囲掘削孔数量，削孔延長及び注入量，注入圧等 2．周辺環境への調査が必要な場合は，その内容

薬液注入を行う場合は，その工法，また材料の種類，注入量，注入圧，削孔の数量・延長，施工範囲を当初において明示することが必要である。

また，施工箇所や施工箇所周辺の地下水利用状況や地下水の流向等，周辺への影響把握のための調査が必要な場合は明示しておくことが必要である。

10）　その他

明示項目	明　示　事　項
10）　その他	1．工事用資機材の保管及び仮置きが必要である場合は，その保管及び仮置き場所，期間，保管方法等 2．工事現場発生品がある場合は，その品名，数量，現場内での再使用の有無，引き渡し場所等 3．支給材料及び貸与品がある場合は，その品名，数量，品質，規格又は性能，引き渡し場所，引き渡し期間等 4．関係機関・自治体等との近接協議に係る条件等その内容 5．架設工法を指定する場合は，その施工方法及び施工条件 6．工事用電力等を指定する場合は，その内容 7．新技術・新工法・特許工法を指定する場合は，その内容 8．部分使用を行う必要がある場合は，その箇所及び使用時期 9．給水の必要がある場合は，取水箇所・方法等

特に都市部で工事を行う場合，必要な工事用資機材等の保管及び仮置きについての場所，期間を明示することが重要である。

工事現場発生品がある場合には，その品名，数量，当該現場での使用の有無，引き渡し場所等，また支給材料及び貸与品がある場合は，品名，数量，規格又は性能，引き渡し場所，期間等について明示する必要がある。

現場周辺での工事の近接協議については，工程，安全対策，工事支障物件等にも関連することから協議の結果を踏まえて，特定の条件等を明示する必要がある。

架設工法を指定する場合は，その施工方法の内容及び施工条件を明示する必要がある。工事用電力を指定する場合も，その引き込み箇所，規格，容量，使用期間等の内容について明示する必要がある。また，給水についても予定取水箇所，容量，取水方法，使用期間等の内容を明示する必要がある。

新技術・新工法・特許工法については，特定の技術を採用する場合は，新技術情報提供システム（NETIS）等の情報または特許登録番号等について明示しておくと条件が明確になる。

部分使用を行う必要がある場合は，その箇所，範囲，引き渡し時期，使用期間について明示しておく必要がある。工事完了前にその引き渡しを受ける場合には，「標準契約約款第33条 部分使用」に定められた内容について明らかにしておく必要がある。

⑶ 条件明示の手引き（案）

国土交通省では，平成14年３月，工事の適正で円滑な執行を図るために，工程関係，用地関係，公害関係，安全対策関係，工事用道路関係，仮設備関係，建設副産物関係，工事支障物件関係，薬液注入関係，その他の全10項目からなる施工条件の明示項目について，設計図書に記載すべき標準的な明示事項を通達している（⑵ 条件明示の明示事項 参照）。

平成26年６月「公共工事の品質確保の促進に関する法律」が改正され，第７条（発注者の責務）第５項において，「設計図書に適切に施工条件を明示するとともに，設計図書に示された施工条件と実際の工事現場の状態が一致しない場合，設計図書に示されていない施工条件について予期することができない特別な状態が生じた場合その他の場合において必要があると認められるときは，適切に設計図書の変更及びこれに伴い必要となる請負代金額又は工期の変更を行うこと」とされた。

条件明示については，これまでも明示することに努められてきたが，工事によっては，明示される条件に不足があったり，条件の不明瞭により円滑な設計変更が図られないケースが見受けられ，受発注者や各業団体からも条件明示の徹底に対する強い要望が寄せられていた。

これらを受け，条件明示の徹底を図ることは，発注者と受注者の双方にとって不可欠で急務な課題であることから関東地方整備局は「土木工事条件明示の手引き（案）」（以下「手引き（案）」という）※を作成した。

なお，第５章には，北陸地方建設事業推進協議会工事施工対策部会作成の「土木工事条件明示の手引き（案）によるチェックリスト記載例」を収録している。

1） 土木工事条件明示項目の追加項目

「手引き（案）」では，本省の通達に加え，契約や積算にかかわる項目について，「工事全般関係」として示している。

※ 国土交通省関東地方整備局：土木工事条件明示の手引き（案），平成27年６月

工事全般関係

明示項目	明　示　事　項
工事全般関係	1．各種積算の取り組みの有無についての内容 2．工事が補正対象の工事である場合は，その有無についての内容 3．工事が調査対象工事である場合は，その有無と調査対象の内容 4．施工時期及び施工期間帯に制約がある場合は，その有無とその内容 5．余裕工期を設定した工事の有る場合は，その有無とその内容

積算に影響する取り組みをしている場合は，その内容について明示する必要がある。近年における新たな取り組みなどを明示する。例えば，見積活用方式，施工箇所点在の工事である場合，間接工事費実績方式等について明示する。

工事が補正の対象工事の場合はその条件について明示する必要がある。たとえば大都市補正，市街地補正，日当り作業量補正がある場合等に明示する。

技術の進歩，施工方法の技術革新などの影響を調査評価して，歩掛や，諸経費などの動向を反映し，より実態にあう積算，経費の算定に反映させるため，それらの確認，動向などを調査する対象工事である場合はその内容を明示する。諸経費動向調査，施工状況調査，施工合理化調査，新技術歩掛調査等の対象工事である場合はそれを明示する。

施工時期及び施工時間帯に制約がある場合はその内容について明示する。

余裕工期を設定した工事である場合はその内容について明示する。

2）「手引き（案)」のチェックリストの特徴

手引き（案）にはチェックリストを掲載している。

チェックリストにおける明示項目は，本省通達文における工程関係や用地関係等の10項目の他，工事全般関係として新しい取り組みに関する施策等を加えている。また，各明示項目における明示事項についても本省通知文に加えて記載されている。これらは，発注機関においても大いに参考になるものと考えられる。

「手引き（案)」では，発注者と受注者が実際の発注案件で活用することを考慮して，チェックリスト形式になっているのが大きな特徴と言える。

表－1は，関東地方整備局の工程関係のチェックリストの一例であるが，すべての明示項目に対して同様の書式によるチェックリストが用意されている。各チェックリストで記載されている明示事項の柱は本省通達文のそれに沿っており，さらにそれぞれの明示事項に対して，設計図書作成時に確認を必要とする条件明示のポイントを具体的に示している。

発注者の担当者は，当該工事において，条件明示のポイントが対象となるかの有無，対象となる場合には条件明示の具体的内容をチェックリスト上に明記することになる。併せて，チェックリストの「特記該当項目」欄に，特記仕様書での記載頁及びその条項番号を記載することとしており，さらなる条件明示の徹底が期待できる。また，積算の適正化も期待できる。

表－１　工程関係の条件明示のチェックリストの記載例

２．工程関係(1)

条件明示事項	対象　有無	特記該当項目
1　影響を受ける他の工事		
①　先に発注された工事で，当該工事の工程が影響される工事の有無	有	
a. 工事名　：　○○改良工事（先行競合工事）		
b. 上記工事の発注者　：　○○地方整備局○○国道事務所		
c. 影響内容　：　道路施工		
d. 具体的な制約　：　施工休止		
e. その他事項　：　完成引き渡し時期		
②　後から発注する工事で，当該工事の工程が影響される工事の有無	有	
a. 工事名　：　○○舗装工事		
b. 上記工事の発注者　：　○○地方整備局○○国道事務所		
c. 影響内容　：　舗装施工		
d. 具体的な制約　：　施工休止		
e. その他事項　：　供用開始時期		
③　その他工事で，当該工事の工程が影響される工事の有無	無	
a. 工事名　：		
b. 上記工事の発注者　：		
c. 影響内容　：		
d. 具体的な制約　：		
e. その他事項　：		
2　自然的・社会的条件で制約を受ける施工の内容，時期，時間及び工法		
①　交通規制や工事内容により，工事の施工期間又は時間帯に制約が生じるか。	無	
a. 要因　：		
b. 施工内容　：		
c. 施工箇所　：		
d. 施工時期　：		
e. 施工時間　：		
f. 具体的制約内容　：		

（出典）　国土交通省関東地方整備局：土木工事条件明示の手引き（案），平成27年６月

３）チェックリストの活用場面等

本省通知の「施工条件明示について」は発注者向けに作成されているが，この「手引き（案）」は受注者も有効に活用できる。発注者・受注者から見た活用場面は以下のようである。

ア．発注者の活用場面等

・発注時の設計図書に明示する条件等の確認資料として活用できる。
・積算や設計図書作成に先立ち，あらかじめ施工現場の条件，環境，制約等を調査・確認する際の手引きとして活用できる。
・積算担当者の現場確認も含め，事前調査・関係部署確認の効率化が図れる。
・施工経験の多少に関わらず，統一的な条件明示が図れる。
・具体的な特記仕様書の作成に当たっては，別途，各発注部署で作成されている特記仕様書の記載例の中から，必要な項目を選択する際の助けとなる。
・さらに，積算部署と監督部署が情報共有することにより，施工時の調整や協議の際の内訳データとして活用できる。

イ．受注者の活用場面等

・現場説明時の「質問事項」の検討資料として活用できる。
・契約締結後における標準契約約款第18条「条件変更等」の検討資料として活用できる。
・施工途中における施工条件に係わる変更や新たな課題が生じた場合における円滑な設計変更に活用できる。
・現場条件の確認時の手引きとして位置づけることにより，現場調査・測量時のチェックリストや整理フォーマット（様式）として活用できる。

ウ．活用時の留意点

・手引き（案）は，積算や設計図書，施工計画書等の参考資料として活用するものであり，請負契約上の拘束力を生ずるものではない。
・手引き（案）は，既存の資料などを基にして作成されたもので，すべての施工条件を網羅していない。施工条件が手引きにあてはまらない場合には，必要に応じて適宜，明示事項を追加して活用する。
・「明示されない施工条件」や「明示事項が不明確な施工条件」がある場合については，従来どおり契約書の関連する条項に基づき，受発注者協議により適切に対応する必要がある。

３－２　設計変更の対象事項

公共土木工事の設計変更においては，契約書における設計変更に関する各条項に基づき，発注者と受注者がそれぞれの役割分担を適切に行った上で，当初契約と契約後における設計変更について両者が合意することが重要である。

しかしながら，設計変更の実態としては，当初契約時における設計図書の施工条件や工事目的物の内容（形状，材質，数量等）が明確になっていない，設計変更の協議が曖昧であるなどの理由により，設計変更が適切に行われていないという指摘がなされている。そのため，国土交通省では，発注者，受注者の双方が設計変更に対する共通的な理解，認識を持つために，設計変更ガイドラインを策定し，設計変更の適正化に努めている。また，近年では，設計変更審査会等の検討の場を活用して設計変更の円滑化を図っている。

ここでは，関東地方整備局の「工事請負契約における設計変更ガイドライン（総合版），平成28年５月」に基づき，設計変更が可能なケースあるいは設計変更が不可能なケースのほか，工事の中止，設計図書の照査の範囲を超える行為に関する事例について概説する。

⑴　設計変更が可能なケース

標準契約約款第18条から第30条には契約変更の項目や手続きが示されている（第１章 参照）。設計図書の内容を変更して契約変更に至る事象が設計変更である。具体の事例において一般的に設計変更が可能となる場合を表－２に示す。なお，これらの設計変更に当たっては，表中にある「設計変更・先行指示にあたっての留意点」の手続きをクリアしていることが必要となる。

表－２　設計変更が可能となる場合

＜設計変更が可能となる場合＞ ①　仮設（任意仮設を含む）において，条件明示の有無に係わらず当初発注時点で予期しえなかった土質条件や地下水位等が現地で確認された場合（ただし，所定の手続きが必要） ②　当初発注時点で想定している工事着手時期に，受注者の責によらず，工事着手出来ない場合 ③　所定の手続き（「協議等」）を行い，発注者の「指示」によるもの（「協議」の結果として，軽微なものは金額の変更を行わない場合もある） ④　受注者が行うべき「設計図書の照査」の範囲をこえる作業を実施する場合 **＜設計変更・先行指示にあたっての留意点＞** ①　当初設計の考え方や設計条件を再確認して，設計変更「協議」にあたる。 ②　当該事業（工事）での変更の必要性を明確にする（規格の妥当性，変更対応の妥当性（別途発注ではないか）を明確にする） ③　設計変更に伴う契約変更の手続きは，その必要が生じた都度，遅滞なく行うものとする

（出典）　国土交通省関東地方整備局：工事請負契約における設計変更ガイドライン（総合版），平成28年５月より作成

①の「当初発注時点で予期しえなかった土質条件や地下水位等が現地で確認された場合」は，条件明示に努めても，不確定要素が多いことなどから契約当初に明示できないため，当初発注時点で予期しえなかった条件については，常識的範囲の施工条件の明示があったものとして扱い，設計変更の対象にできることを示している。ただし，この場合，留意点の①にあるように当初設計の考え方を整理する等の措置が特に重要である。

②の「受注者の責によらず，工事着手出来ない場合」は標準契約約款第20条より明らかな事項である。この場合の変更に当たっては工事中止の手続きを経ておく必要がある（「第２章　２－２ ⑸ 工事一時中止ガイドライン」参照）。

③に関しては，発注者の「指示した書面」は特記仕様書に含まれるものであり，特記仕様書を変更することになるので設計変更の対象になる。

④の「『設計図書の照査』の範囲をこえる作業」は設計図の作成等の業務を追加する指示に基づき設計変更の対象となる。ここで,「『設計図書の照査』の範囲をこえる作業」の内容についても統一的な見解がガイドラインに示されている（「第３章　３－２ ⑷「設計図書の照査」の範囲をこえるものに関する事例」参照）。

留意点の ③「設計変更に伴う契約変更の手続きの必要が生じた都度」の「必要が生じた都度」は，新規工種が追加される場合や金額規模が一定範囲をこえる場合に契約変更手続きを行うよう発注者の内規に定められている（「第１章　１－５ ⑶ 工期・請負代金額の変更方法」,「第２章　２－２ ⑶ 設計変更ガイドライン」参照）。

⑵　設計変更が不可能なケース

設計変更が不可能なケースは，表－３の通りである。逆に，本表に示している状況に該当しないことは設計変更が可能となる最低限必要な事項となる。ただし，災害時等緊急の場合はこの限りではなく，状況に応じた弾力的運用がなされる。

表－３　設計変更が不可能なケース

①　設計図書に条件明示のない事項において，発注者と「協議」を行わず受注者が独自に判断して施工を実施した場合
②　発注者と「協議」をしているが，協議の回答がない時点で施工を実施した場合
③「承諾」で施工した場合
④　工事請負契約書・土木工事共通仕様書（案）に定められている所定の手続きを経ていない場合（工事請負契約書第18条～24条，共通仕様書１－１－１－13～１－１－１－15）
⑤　正式な書面によらない事項（口頭のみの指示・協議等）の場合

（出典）　国土交通省関東地方整備局：工事請負契約における設計変更ガイドライン（総合版），平成28年５月より作成

①，②，③の項目は，発注者が設計図書を変更した後に設計変更の対象になるものであるという当然のことを指摘している。

③の「承諾」は,「契約図書で明示した事項について，発注者若しくは監督職員または請負者が書面により同意することをいう」と定義され（共通仕様書１－１－１－２),「指示」と区別されており,「承諾」のみでは設計変更できない。

また，④は標準契約約款（工事請負契約書）で設計変更及び契約変更について規定している第18条～第24条，並びに「共通仕様書」の「１－１－１－13 工事の一時中止」,「１－１－１－14 設計図書の変更」,「１－１－１－15 工期変更」に定められた手続きに従っていない場合は設計変更できないことを指摘している。

さらに，⑤は書面によらない口頭のみの指示・協議等は効力を有していないことを示している。

⑶　工事の中止（標準契約約款第20条）に関する事例

第20条は，受注者の責めに帰すことができない理由等により発注者が工事中止する場合について規定している。これに該当する場合として，標準契約約款からは「工事用地等の確保ができない

等」,「天災等」が中止理由として読み取れる。これらに類し，実際の工事で見られる事例を表－４に示す。

なお，一時中止の場合の請負代金額変更については，「第２章　２－５ (5) 工事一時中止ガイドライン」で解説している。

表－４　工事の中止（標準契約約款第20条）に関する事例

①　設計図書に工事着工時期が定められた場合，その期日までに受注者の責によらず施工できない場合
②　警察，河川・鉄道管理者等の管理者間協議が未了の場合
③　管理者間協議の結果，施工できない期間が設定された場合
④　受注者の責によらない何らかのトラブル（地元調整等）が生じた場合
⑤　設計図書に定められた期日までに詳細設計が未了のため，施工できない場合
⑥　予見できない事態が発生した（地中障害物の発見等）場合

（出典）　国土交通省関東地方整備局：工事請負契約における設計変更ガイドライン（総合版），平成28年５月より作成

(4)「設計図書の照査」の範囲をこえるものに関する事例

例えば，現地の状況が発注前と変わった場合などには構造設計から変更が必要となる。この変更は発注者が行うことが基本であるが，時間的制約や他工事との整合確保等の観点から工事受注者による測量・設計等の作業を追加で依頼される場合がある。この場合は，測量・設計等の作業費用を工事費とは別に計上する必要があるが，設計図書の照査に基づく協議資料作成との区別がつきにくく受注者の負担が増す結果になることがある。

区別を明確にするため，「設計図書の照査の範囲をこえるもの」を例示すると表－５のようになる。

表－５　設計図書の照査の範囲をこえるものに関する事例

①　現地測量の結果，横断図を新たに作成する必要があるもの。又は縦断計画の見直しを伴う横断図の再作成が必要となるもの。
②　施工の段階で判明した推定岩盤線の変更に伴う横断図の再作成が必要となるもの。ただし，当初横断図の推定岩盤線の変更は「設計図書の照査」に含まれる。
③　現地測量の結果，排水路計画を新たに作成する必要があるもの。
④　構造物の位置や計画高さ，延長が変更となり構造計算の再計算が必要となるもの。
⑤　構造物の載荷高さが変更となり，構造計算の再計算が必要となるもの。
⑥　現地測量の結果，構造物のタイプが変更となるもの。（標準設計で修正可能なものであっても照査の範囲をこえるものとして扱う。）
⑦　構造物の構造計算書の計算結果が設計図と違う場合の構造計算の再計算及び図面作成が必要となるもの。
⑧　基礎杭が試験杭等により変更となる場合の構造計算及び図面作成。
⑨　土留め等の構造計算において現地条件や施工条件が異なる場合の構造計算及び図面作成。
⑩　「設計要領」・「各種示方書」等との対比設計。
⑪　設計根拠まで遡る見直し，必要とする工費の算出。
⑫　舗装修繕工事の縦横断設計（当初の設計図書において縦横断面図が示されており，その修正を行う場合とする。なお，設計図書で縦横断図が示されておらず土木工事共通仕様書第10編道路編「14－4

－３ 路面切削工」「14－４－５ 切削オーバーレイ工」「14－４－６ オーバーレイ工」等に該当し縦横断設計を行うものは設計照査に含まれる。）

（注） なお，適正な設計図書に基づく数量の算出及び完成図については，受注者の費用負担によるものとする。

（出典） 国土交通省関東地方整備局：工事請負契約における設計変更ガイドライン（総合版），平成28年５月より作成

なお，北陸地方建設事業推進協議会工事施工対策部会策定の設計変更ガイドライン（平成27年５月）においては，設計図書の照査に関連する作業の位置付け（受発注者の費用負担）も加味する形で「『設計図書の照査』の範囲をこえると考えられる事例」を示している。

すなわち，受注者自らの負担で実施するのは，「設計図書の照査項目及び内容」とし，他は発注者の責任，または費用負担が必要な内容として，後者を以下の２つに区分して，「設計図書の照査」の範囲をこえると考えられる事例を示している。

表－６　設計図書の照査範囲をこえると考えられる事例（北陸の事例）

Ａに該当するもの

① 「設計要領」や「各種示方書」等に記載されている対比設計。
② 構造物の応力計算書の計算入力条件の確認や構造物の応用計算を伴う照査。
③ 発注後に構造物などの設計根拠の見直しやその工事費の算出。

Ｂに該当するもの

④ 現地測量の結果，横断図を新たに作成する必要があるもの。又は縦断計画の見直しを伴う横断図の再作成が必要となるもの。
⑤ 施工の段階で判明した推定岩盤線の変更に伴う横断図の再作成が必要となるもの。ただし，当初横断図の推定岩盤線の変更は「設計図書の照査」に含まれる。
⑥ 現地測量の結果，排水路計画を新たに作成する必要があるもの。又は土工の縦横断計画の見直しが必要となるもの。
⑦ 構造物の位置や計画高さ，延長が変更となり構造計算の再計算が必要となるもの。
⑧ 構造物の載荷高さが変更となり構造計算の再計算が必要となるもの。
⑨ 構造物の構造計算書の計算結果が設計図と違う場合の構造計算の再計算及び図面作成が必要となるもの。
⑩ 基礎杭が試験杭等により変更となる場合の構造計算及び図面作成。
⑪ 土留め等の構造計算において現地条件や施工条件が異なる場合の構造計算及び図面作成。
⑫ 舗装修繕工事等の縦横断設計で当初の設計図書において縦横断面図が示されており，その修正を行う場合。（なお，設計図書で縦横断面図が示されておらず，土木工事共通仕様書「３－２－６－16 路面切削工」「10－14－４－５ 切削オーバーレイ工」「３－２－６－17 オーバーレイ工」等に該当し縦横断設計を行うものは設計照査に含まれる。）
⑬ 新たな工種追加や設計変更による構造計算及び図面作成。
⑭ 概略発注工事における構造計算及び図面作成。
⑮ 要領等の変更にともなう構造計算及び図面作成。
⑯ 照査の結果必要となった追加調査の実施。

＜例＞・ボーリング調査
・杭打・大型重機による施工を行う際の近隣の家屋調査
・トンネル漏水補修工（裏込め注入工）の施工に際し，周辺地域への影響調査
・路床安定処理工における散布及び混合を行う際の粉塵対策

・移設不可能な埋設物対策
⑰　指定仮設構造物の代替案の比較設計資料と変更図，数量計算書の作成。

Ａ「Ⅱ．設計図書の照査項目及び内容」以外の照査（受注者が実施する場合は，発注者の費用負担）
Ｂ　設計図書の照査を行った結果生じた計画の見直し，図面の再作成，構造計算の再計算，追加調査の実施等（発注者の責任で行う。受注者が実施する場合は発注者の費用負担）

（出典）　北陸地方建設事業推進協議会：土木工事設計変更ガイドライン（案），平成27年５月より作成

⑸　設計変更に係わる資料の作成

受注者による設計変更に関わる資料の作成場面として，①設計照査に伴い発見された問題確認のための資料作成と②設計図書の変更のための資料作成がある。その対応方法を以下に示す。

１）　設計照査に必要な資料の作成

受注者は，当初設計等に対して標準契約約款第18条第１項に該当する事実（脱漏，現場との不一致など）を発見した場合には，監督員にその事実が確認できる資料を書面により提出し，確認を求めなければならない。この事実確認資料は受注者の側で作成すべきものであるので，これらの資料作成に必要な費用については契約変更の対象とはしない。

２）　設計変更に必要な資料の作成

標準契約約款第18条第１項に基づき設計変更するために必要な資料の作成や設計図書の修正については，標準契約約款第18条第４項に基づき発注者が行うものである。しかし，迅速な対応を図ることが必要な場合等には，現地の状況や施工方法を熟知した受注者が行った方が合理的な場合がある。この場合は，以下の手続きによるものとしている。

なお，「設計図書の照査」の範囲をこえる場合に，受注者が設計変更の資料を作成した場合の費用算定基準として，設計業務等標準積算基準書を基本とすることが設計変更ガイドライン（平成27年度）に加えられた。

表－７　設計変更に必要な資料作成の手続き

①　設計照査に基づき設計変更が必要な内容については，受発注者間で確認する。
②　設計変更するために必要な資料の作成について書面により協議し，合意を図った後，発注者が具体的な指示を行うものとする。
③　発注者は，書面による指示に基づき受注者が設計変更に関わり作成した資料を確認する。
④　書面による指示に基づいた設計変更に関わる資料の作成業務については，契約変更の対象とする。
⑤　増加費用の算定は，設計業務等標準積算基準書を基本とする。

（出典）　国土交通省関東地方整備局：工事請負契約における設計変更ガイドライン（総合版），平成28年５月より作成

⑹　先行指示書等への概算額の記載方法

平成27年版の設計変更ガイドラインには，変更に伴う増減額の概算額を記載することが明記され

た。

設計変更手続きを行うため契約変更に先だって指示を行う場合，その指示書にその内容に伴う増減額の概算を記載する。ただし，受注者からの協議により変更する場合にあっては，協議時点で受注者から見積書の提出を受けた場合に限り概算額を記載する。この概算額は，「参考値」であり契約変更を拘束するものではない。緊急的に行う場合または何らかの理由により概算額の算定に時間を要する場合は「後日通知する」ことを添えて指示を行うものとする。

以下に「指示書等の記載項目」を示す。

表－８　発注者からの先行指示の場合

① 発注者から指示を行い，契約変更手続きを行う前に受注者へ作業を行わせる場合は，必ず書面（指示書等）にて指示を行う。
② 指示書には，変更内容による変更見込み概算額を記載することとし，記載できない場合にはその理由を記載する。
③ 概算額については，類似する他工事の事例や設計業務等の成果，協会資料などを参考に記載することも可とする。また，記載した概算額の出典や算出条件等について明示する。
④ 概算額は，百万円単位を基本（百万円以下の場合は十万円単位）とする。

（出典）　国土交通省関東地方整備局：工事請負契約における設計変更ガイドライン（総合版），平成28年５月より作成

表－９　受発注者間の協議により変更する指示書の場合

① 受発注者間の協議に基づき，契約変更手続きを行う前に受注者へ作業を行わせる場合は，必ず書面（指示書等）にて指示を行う。
② 指示書には，変更内容による変更見込み概算額を記載する。
③ 概算額の明示にあたっては，協議時点で受注者から見積書の提出があった場合に，その見積書の妥当性を確認し，妥当性が確認された場合は，その見積書の額と，受注者の提示額であることを指示書に記載する。受注者から見積書の提出がない場合は，概算額を記載しない。
④ 概算額は，百万円単位を基本（百万円以下の場合は十万円単位）とする。

（出典）　国土交通省関東地方整備局：工事請負契約における設計変更ガイドライン（総合版），平成28年５月より作成

３－３　　設計変更の事例

本項では，国土交通省の各地方整備局等が出している「設計変更ガイドライン」から，設計変更の対象として記載されている事例を第⑴節で紹介する。また，第⑵節では，具体的に設計変更が可能な事例として37例を取り上げ詳述する。

⑴　各地整版設計変更ガイドラインから見た条件変更に関する事例

ここでは，各地方整備局等から出されている設計変更ガイドラインや事例集に標準契約約款第18条第１項に基づき変更設計が可能なケースとして記載されている事例（表－10）を紹介する。なお，表中の（　）は記載されている地方整備局名である。

表－10　各地方整備局等の設計変更ガイドラインで記載されている変更設計が可能なケース

ア）第１号「図面，仕様書，現場説明書及び現場説明に対する質問回答書が一致しないこと」の事例
・図面と設計書（金抜き）の材料の寸法，規格，数量等の記載が一致しない（中国）
・平面図と縦断図の延長，材料名称，仕様等の記載が一致しない（中国）
・構造図と詳細図及び数量総括表を照査したところ，構造図には，防護柵 H=1.10mが明記されているが，その詳細図はなく，数量総括表にも計上されていなかった（九州：詳細事例①－１参照）

イ）第２号「設計図書に誤謬又は脱漏があること」の事例
・条件明示する必要がある場合にも係わらず，土質に関する一切の条件明示がない場合（関東他）
・条件明示する必要がある場合にも係わらず，地下水位に関する一切の条件明示がない場合（関東他）
・条件明示する必要がある場合にも係わらず，交通誘導員についての条件明示がない場合（関東他）
・設計図書に示されている施工方法では，条件明示されている土質に対応できない（中国）
・図面に記載されている材料の規格が間違っている（中国）
・図面に使用材料の規格が記載されていない（中国）
・図面に設計寸法の明示がない（四国）

ウ）第３号「設計図書の表示が明確でないこと」の事例
・土質柱状図は明示されているが，地下水位が不明確な場合（関東他）
・水替工実施の記載はあるが，作業時もしくは常時排水などの運転条件等の明示がない場合（関東他）
・材料の使用量が共通仕様書の記載と特記仕様書の記載とで異なる（中国）
・用地買収が未了との記載はあるが，着工見込み時期の記載がない（中国）
・図面と工事数量総括表の記載事項が合致しない（四国）

エ）第４号「工事現場の形状，地質，湧水等の状態，施工上の制約等設計図書に示された自然的又は人為的な施工条件と実際の工事現場が一致しないこと」の事例
・設計図書に明示された土質が現地条件と一致しない場合（関東他）
・設計図書に明示された交通誘導員の人数等が規制図と一致しない場合（関東他）
・所定の手続きにより行った設計図書の訂正・変更で，現地条件と一致しない場合（関東他）
・設計図書に明示された地下埋設物の位置が工事現場と一致しない（中国）
・第三者機関等による制約が課せられた場合（北陸）

オ）第５号「設計図書で明示されていない施工条件について予期することのできない特別な状態が生じたこと」の事例
・施工中に埋蔵文化財が発見され，調査が必要となった（中国）
・工事範囲の一部に軟弱地盤があり，地盤改良が必要となった（中国）

表－10には，重要だが抜け落ちやすい事例を示している。このような場合，受注者側が契約前に質問する，若しくは設計図書の照査後に通知するなど早期に対応できるとその後の設計変更手続きが円滑に進むことになる。

なお，誤謬又は脱漏がある場合，表示が明確でない場合は，当初積算の考え方に基づく条件を明確にした上で，設計図書に明示し，必要に応じて設計図書の訂正又は変更を行う。

⑵　設計変更の具体的事例

各具体的事例については，「工事の種類」，「当初の仕様，施工条件等」，「設計変更等の理由」，「設計変更等の対応内容」のほか，設計変更に至る理由や該当する標準契約約款の適用条項等を「留意点」で解説している。

①　設計図書の不一致に関する事例［事例①－１］
②　設計図書の脱漏に関する事例［事例②－２］
③　設計図書に示された現場の条件と実際の工事現場が一致しない事例［事例③－３，③－４］
④　工事調整に関する事例［事例④－５，事例④－６］
⑤　用地に関する事例［事例⑤－７，事例⑤－８］
⑥　工事用道路・交通安全関係に関する事例［事例⑥－９～事例⑥－14］
⑦　仮設関係に関する事例［事例⑦－15～事例⑦－19］
⑧　埋設物・工事支障物件関係に関する事例［事例⑧－20，事例⑧－21］
⑨　環境対策・文化財関係に関する事例［事例⑨－22～事例⑨－25］
⑩　建設副産物関係に関する事例［事例⑩－26，事例⑩－27］
⑪　土質・地盤関係に関する事例［事例⑪－28～事例⑪－33］
⑫　発注者による修正・追加に関する事例［事例⑫－34］
⑬　天災等による一時中止等に関する事例［事例⑬－35～事例⑬－37］

なお，これらの事例は，特定の事例をもとに整理したものであり，設計変更の内容は個々の工事における諸条件によって変わり得るものであることに留意して実務の参考にして戴きたい。

① 設計図書の不一致に関する事例

事例①－１	図面の表示に不一致があった事例

■工事の種類

橋梁上部工事の防護柵設置

■当初の仕様，施工条件等

当初設計図書の構造一般図のみに「防護柵Ｈ＝1.10m」の明示があり，詳細図及び工事数量総括表ではその内容について示されていなかった。

■設計変更等の理由

この事例は，受注者の工事着手前における設計図書の照査段階において，構造一般図には防護柵が明示されているが，その詳細図が無く，また工事数量総括表にも数量・規格が計上されていないことが明らかとなった。そのため，この内容を確認できる資料を作成し，発注者に対して本工事における防護柵の設置の要否，詳細図等を確認した。

その結果，当初設計図書に詳細図面の添付漏れと工事数量総括表での計上漏れが明らかになり，受注者と発注者との協議に基づき，詳細図面及び工事数量総括表の設計変更を行った。

■設計変更等の内容

変更内容	積算内容
●防護柵を設計図書で追加	●防護柵の設置費用を計上

■留意点等

受注者における工事着手前の設計図書の照査が有効となった事例であり，発注者の積算段階において防護柵の規格・契約数量を数量集計表に計上することが漏れたことが主な原因と考えられる。

なお，条件明示については，特記仕様書，図面，現場説明書等で明示するのが一般的であるが，本事例に関連して，工事数量総括表での規格（レベル５）も契約上の条件明示である。

（出典）国土交通省九州地方整備局：設計変更ガイドライン（案），事例１，（第一号），平成27年８月

②　設計図書の脱漏に関する事例

事例②－２	特記仕様書に交通誘導員の条件明示が脱漏していた事例

■工事の種類

築堤・護岸工事

■当初の仕様，施工条件等

当初設計図書に生コンクリート車搬入路に対する交通安全確保のための交通誘導員の配置について施工条件が明示されていなかった。

■設計変更等の理由

受注者は，躯体工事に伴う生コンクリート車の通行が頻繁になる中，地元住民からの要請もあり，近隣住民及び一般車両の交通安全を確保するために交通誘導員の配置が必要であると判断し，その内容を確認するための簡易交通量調査を行い，それに基づく交通誘導員配置計画書を作成し，発注者に対して協議の申請を行った。

発注者はその申請が客観的にみて交通誘導員の配置が必要不可欠であると判断し，変更特記仕様書に交通量調査及び交通誘導員に関する施工条件を追加した。

■設計変更等の内容

変更の内容	積算の内容
●特記仕様書に交通量調査を追加 ●特記仕様書に交通誘導員を追加	●交通量調査費を計上 ●交通誘導員を計上

■留意点等

当初は交通誘導員が計上されていなかったが，近隣住民との協議等から交通誘導員の配置が必要であると判断された事例であり，設計図書の脱漏になる。

ここで，受注者が自ら実施した交通量調査の実施については，発注者の指示に基づき実施すべきものと考えられるが，交通誘導員の配置の必要性を客観的に証明するための必要処置であると判断され，設計変更が認められた事例と思料される。

（出典）　国土交通省九州地方整備局：設計変更ガイドライン（案），事例１，（第二号），平成27年８月

③　設計図書に示された現場の条件と実際の工事現場が一致しない事例

事例③－３	低水護岸を既設護岸へ取付ける際，法長が擦りあわず新設護岸の法長を調整

■工事の種類

河川の低水護岸の平張コンクリート工事

■当初の仕様，施工条件等

当初は低水護岸の平張コンクリートで既設堤防護岸に擦りあわせ一体化するとした。

■設計変更等の理由

現地測量の結果，計画護岸高と既設護岸が擦りあわないことが判明した。新設護岸の法長を調整して施工することになった。標準契約約款第18条第４項により，協議を行い，新設低水護岸の計画基礎高を重要視して低水護岸と既設高水護岸との景観を考慮に入れ，嵩上げコンクリートで調整する。また既設と新設の護岸法線も不具合なので，嵩上げコンクリートでの調整を行うこととした。

■設計変更等の内容

変更の内容	積算の内容
●取付け工の形状と数量の明示	●変更の材料及び数量で費用を計上

■留意点等

発注者から施工内容の一部変更指示を受け施工に取り掛かったが，着手前の現地踏査と事前測量が重要である。標準契約約款第18条第１項第四号により擦り付け現地確認の結果，設計図書と現地が一致しないことを受け標準契約約款第18条第４項の手続きを行った。

（出典）　北陸地方建設事業推進協議会：土木工事設計変更ガイドライン（案），事例集２，p.5，平成24年２月

事例③－４	舗装工事において現地地盤高が異なり盛土材が不用になった

■工事の種類

道路舗装工事の路体・路床盛土工

■当初の仕様，施工条件

現地地盤高が設計断面図に示され，路体面より低いとして購入土で盛土を行い，路体・路床を構築するとしていた。

■設計変更等の理由

現地の地盤高が明示した高さと異なり，路床面まで盛土されていた。現地を確認して現況盛土を固化剤にて地盤改良した方が，工程の短縮，施工の確実性及び経済性において優れていた。

■設計変更等の内容

変更の内容	積算内容
●現地の道路横断図を変更 ●購入土の減額 ●固化剤による地盤改良を追加	●変更後の数量で費用を積算

■留意点等

発注者は工事発注前に現地の最新情報を把握して，設計図書に明示する。設計図書と現地の条件が異なることが予想される場合には，その旨特記仕様書に明示する必要がある。

受注者は現地と設計図書が一致しない場合には，標準契約約款第18条第１項第四号に基づいて監督職員に協議を行い，協議の結果，標準契約約款第18条第４項により設計変更を行う。

（出典） 北陸地方建設事業推進協議会：土木工事設計変更ガイドライン（案），事例集20，p.23，平成24年２月

④ 工事調整に関する事例

事例④－５	先行する道路占用工事（ガス，電話，下水等）が遅れ，工期を延長

■工事の種類

現道拡幅工事

■当初の仕様，施工条件等

当初特記仕様書には，別途発注工事等に関連し，作業調整の必要があるという主旨の施工条件が示されていた。

［特記仕様書］

> 工程関係
> 1．別途発注工事との関連により工程上の制約を受ける場合は，別途協議する。
> 2．道路占用物件の先行工事との調整が必要となった場合は，別途協議する。

■設計変更等の理由

本工事箇所が総合病院の出入口に位置しているため，病院側から道路占用工事の受注者に工事の施工方法（病院関係車両の出入確保，施工時間等）について，種々の要請があった。その結果，先行する道路占用工事（ガス，電話，下水等）の工程が延び，当該工事の工程にも影響が出たため，受注者より工期延長の請求があった。

■設計変更等の対応内容

変更の内容	積算の内容
●工期の延長	－

［変更特記仕様書］

> 工期は，○○日間延長して総工期○○○日間とする。

■留意点等

別途発注工事が当該工事の工程に具体的にどのように関わってくるかは不明であるが，「工程関係」の記述の中に「別途協議する」と書かれているので，関連工事により設計変更の対象となる工程変更の可能性があると判断できる。

この事例のように，関連する他工事の影響で自工事が遅延する場合がある。これは天候の不良や第三者による工事目的物に対する加害，天災その他の不可抗力によるものと同様に，受注者の責めに帰することができない理由によるものであるから，受注者は発注者に工期の延長を求めることができる。

（出典）（財）日本建設情報総合センター：公共土木工事設計変更事例集，pp.120－121，山海堂，1995.9

事例④－６	先行工事の工期延長に伴い，当該工事の開始時期が遅れたため，工期を延長

■工事の種類

橋梁上部工事

■当初の仕様，施工条件等

当初特記仕様書に工程関係の施工条件として関連する他工事の完了予定時期が示されていた。

[特記仕様書]

下部工の完成は，平成○○年５月下旬を予定している。

■設計変更等の理由

当初は，平成○年５月下旬に下部工が完成することを見込み，６月より主桁架設を開始する予定で工期設定を行っていた。しかし，下部工の施工に遅れが生じたため，当初の工期内に完了することは困難と判断された。

■設計変更等の内容

変更の内容	積算の内容
●工期の着手時期の変更 ●工期の延長	－

[変更特記仕様書]

工期は，○○日間延長して総工期○○○日間とする。

■留意点等

関連する他工事の完了予定時期は当該工事の施工時期や全体工程に大きな影響を及ぼす重要な施工条件の一つであり，先行工事の完了が遅れた場合，当該工事の施工を着手できないことになる。

先行工事の橋梁下部工が予定時期に完了しなかったため，当該工事の橋梁上部工の工事開始が遅れ工期延長となった事例である。これは工事用地の確保ができない場合と同様に扱うことができる（標準契約約款第20条第２項）。なお，この場合，先行工事と当該工事は施工上密接に関連しているので，発注者による関連工事の調整義務及び受注者における協力についての規定（標準契約約款第２条）が適用される。

（出典）（財）日本建設情報総合センター：公共土木工事設計変更事例集，pp.122－123，山海堂，1995.9

⑤ 用地に関する事例

事例⑤－７	一部用地の取得の見通しが立たなかったため工事数量を減

■工事の種類

高架橋新設工事の排水路整備工事

■当初の仕様，施工条件等

工事用地に関する施工条件として取得の見込み時期等が設計図書に示されていた。

［特記仕様書］

本工事箇所の一部の用地については現在取得について交渉中であるが，平成○年○月までに取得できる予定である。
なお，予定通り処理できない場合は，監督職員と協議する。

■設計変更等の理由

一部用地において所有者との交渉が難航して，契約工期内に工事が完成できない見通しとなり，当該箇所の一部工事を取りやめた。

■設計変更等の内容

変更の内容	積算の内容
●排水路の数量減 ●工事用道路の数量減	●一部中止の工事数量を差し引いて積算

■留意点等

工事用地を確保できないために工事を施工できない場合，標準契約約款第20条に基づき，発注者は工事の全部又は一部の施工を「一時中止」させなければならない。しかし，本事例のように中止期間が長くなり，契約工期内に工事が完成できない見通しとなった場合は，やむを得ず工事を「一部中止」しなければならない。この場合は，数量の増減に伴う設計図書の変更として標準契約約款第19条が適用される。

（出典）（財）日本建設情報総合センター：公共土木工事設計変更事例集，pp.32－33，山海堂，1995.9

事例⑤－8	用地が取得できないため，一部区間を暫定的な護岸構造に変更

■工事の種類

河道掘削工と低水路護岸工

■当初の仕様，施工条件等

工事用地に関する施工条件として用地取得の見込み時期等が設計図書に示されていた。

[特記仕様書]

工事用地等に未処理部分がある。
処理の見込み時期　平成○年○月
予定どおり処理できない場合は，監督職員と協議する。

■設計変更等の理由

用地取得を予定して設計・工事契約した一部分について用地交渉が不調となったため，その区間では設計どおりの構造での施工が不可能となった。用地取得範囲内で擦り付け構造に変更した。

■設計変更等の対応内容

設計変更の内容	積算の内容
●用地取得範囲内で擦り付ける構造に変更	●変更した設計図書に基づき費用を計上

■留意点等

事例⑤－7と同様，この事例も用地取得に関する施工条件が明示されている。

工事用地が確保できない場合の対応方法としては，工期の延長あるいは工事数量の減が一般的である。しかし，この事例のように工事目的物を用地取得範囲内で擦り付ける構造に変更して対応するケースもある。標準契約約款第19条で，発注者は必要があると認める時は自らの意志で設計図書を変更できるとしている。

（出典）（財）日本建設情報総合センター：公共土木工事設計変更事例集，pp.34－35，山海堂，1995.9

⑥　工事用道路・交通安全関係に関する事例

事例⑥－９	交通規制を伴う工事により交通混雑が増したので，交通誘導員の配置箇所と配置時間を変更

■工事の種類
河川の未改修地区での，築堤護岸及び道路整備工事

■当初の仕様，施工条件等
当初設計図書に具体的な方法が示されている（交通誘導員の配置位置を図面で示し，人数や日数を特記仕様書に記載）。

［特記仕様書］

交通誘導員は，下記のとおりとする。
・交通誘導員　１人／箇所　・交通整理必要日数　110日間／６箇所　・交代要員　有り
ただし，現地の状況により難い場合は監督職員と協議するものとする。

■設計変更等の理由
舗装施工時・函渠施工時・舗装版切削時には，道路を一車線規制して施工するため混雑の度合いが増加した。これに伴い地元から受注者に対し交通誘導員の配置箇所の追加及び配置時間の変更の要請があった。

■設計変更等の対応内容

変更の内容	積算の内容
●交通誘導員の員数及び配置時間について設計図書に明示 ●交通量調査の仕様を設計図書に明示	●交通誘導員を変更設計図書に従い計上 ●交通量調査費を計上

［変更特記仕様書］

交通誘導員は，下記のとおりとする。
・交通誘導員　110日間／６箇所（８時～17時）　交代要員　有り
　　　　　　　110日間／４箇所（８時～18時）　〃　　〃

■留意点等
設計図書には，交通誘導員の配置方法について具体的に示されているが，その配置方法を決めた根拠は示されていない。このため，交通量若しくは混雑の度合いがどの程度増加すれば設計変更の対象となるか明らかではない。しかし，この事例の場合は特記仕様書に「現地の状況により……協議するものとする」と記されている。ここに設計変更の糸口を見ることができる。

工事によって交通量が増えることは容易に予想がつくので，交通誘導員を配置する等の対策を契約に盛り込むのは一般的なことである。しかし，混雑の増加が予測を上回ったり，地元住民の要請で対策を強化する必要が生じることもある。

このような場合，設計変更の対象とされるには，当初契約に示された（交通誘導員の配置計画）では不十分であると判断でき，かつ変更しようとする内容（交通誘導員の新たな配置計画）が妥当であると判断できる裏付けが必要になる。この事例では交通量調査を行い，これをもって変更しようとする内容の客観的な評価を行うための資料として添付し，協議することがポイントである。

（出典）（財）日本建設情報総合センター：公共土木工事設計変更事例集，pp.60－62，山海堂，1995.9

事例⑥－10	道路使用許可を申請したところ，施工時間について条件が付与

■工事の種類

切削，オーバーレイによる路面修繕工事

■当初の仕様，施工条件等

当初設計図書には施工時間帯に関する条件は特に示されていない。

［特記仕様書］

本工事の施工にあたり，関係機関等から施工時間に関する条件を付された場合は，速かに監督職員と協議するものとする。

■設計変更等の理由

受注者が所轄警察署に道路使用許可を申請したところ，施工時間について交通混雑時間帯を避けた9時～16時とするよう条件が付された。

■設計変更等の対応内容

変更の内容	精算の内容
●施工時間の制約について変更特記仕様書で明示	●「時間的制約を受ける公共土木工事の「積算要領」に基づき労務費補正割増 時間的制約を著しく受ける場合 4時間／日以上7時間／日以下の場合 →割増係数 1.14

［変更特記仕様書］

本工事のうち，下記の工事における施工時間は9時～16時までとする。

・路面切削工　・オーバーレイ工　・区画線設置工　・その他交通規制を伴う施工

■留意点等

当初設計図書に施工時間帯に関する条件が特に示されていない場合，「通常の施工時間帯（通常8時～17時）で施工すること」という内容で，発注者，受注者共に共通認識がなされていると解するのが一般的であろう。特記仕様書に「関係機関等から……協議するものとする」と記されていることから「関係機関から施工時間に関し特別な条件が付けられる場合もある」という状況を読みとることができる。

この事例のように，警察署等の関係機関から施工時間の制約を付されたため，当初設計図書で示された施工時間を変更する場合は，協議に基づき設計変更の対象となり得る。ただし，工事契約はあくまで発注者と受注者の間で取り交わされるものであり，警察署と受注者の間で施工時間変更が合意されただけでは必ずしも設計変更の対象とならない場合があるので，注意が必要である。

（出典）（財）日本建設情報総合センター：公共土木工事設計変更事例集，pp.69－71，山海堂，1995.9

事例⑥－11	道路使用が許可されなかったので，クレーン及び仮設プラントの設置用に仮桟橋を設置

■工事の種類

橋梁工事

■当初の仕様，施工条件等

当初特記仕様書に仮設備の設置方法について指定されており，設置箇所は車道の１車線規制が可能である旨の施工条件が示されていた。

[特記仕様書]

基礎工
　大口径ボーリングマシン関連設備及び鋼管吊上げ用クレーンは，本線車道を１車線使用して設置する。

■設計変更等の理由

当初，大口径ボーリングマシン関連設備及び鋼管吊上げ用クレーンは，本線車道を１車線使用して設置する計画であったが，警察署に道路使用許可を申請したところ，交通量が多い理由から本線車道の１車線規制が不可能となった。

■設計変更等の対応内容

変更設計の内容	積算の内容
●施工ヤードとして，仮桟橋工を設計図書に明示	●変更設計図書に従い，仮桟橋工を積算

■留意点等

発注者は，地質，湧水，地下水といった工事現場の自然的施工条件は言うまでもなく，交通規制のような社会的施工条件についても十分に調査し，それに基づいて設計図書でその条件を示している。受注者はこれらに基づきその工事の施工条件を判断し，施工計画を組み立てる。

本事例は，当初見込んだ道路使用が許可されなかったことにより，施工ヤードを大きく変更せざるを得なかったものであり，警察署の道路使用許可条件を添付して協議する必要がある。

(出典)（財）日本建設情報総合センター：公共土木工事設計変更事例集，pp.72－73，山海堂，1995.9

事例⑥－12	当初設計で見込んでいなかった工事用道路を追加

■工事の種類

道路改良工事

■当初の仕様，施工条件等

当初設計図書には工事用搬入路及び資材運搬路の内容については示されていなかった。

［特記仕様書］

工事用道路
工事用搬入路及び資材運搬路が必要な場合は，別途協議する。

■設計変更等の理由

当初設計では，切土施工において工事用搬入路が必要になると想定されたが，切土の施工方法により搬入路の形状が異なるため，契約後，受注者の意見を参考にして設計し工事用道路の工事を追加することにしていた。

■設計変更等の対応内容

設係変更の内容	積算の内容
●工事用搬入路を設計図書に追加	●工事用搬入路に要する費用を計上

■留意点等

工事用搬入路及び資材運搬路の内容については，当初設計図書に示されていないが，特記仕様書の記載に「……必要な場合は別途協議する」と記載されていることから，当初設計図書には工事用搬入路及び資材運搬路が含まれておらず，発注者は必要があれば設計変更で追加するつもりであったことがわかる。

将来必要になることが予想される工事や目的物であっても，当初は不明確な要素が多いために，その構造を確定することができず，当初設計図書に示されない場合がある。しかし，このような形態の工事追加は安易に行うべきではなく，判断に窮するやむを得ないケースに限るべきである。その場合は，設計条件や施工条件が明確になった時点で，発注者が受注者に設計図書の変更内容を通知することができる（標準契約約款第19条）。この事例は，発注者と受注者との間の協議により設計図書の変更を円滑に進めている事例である。

（出典）（財）日本建設情報総合センター：公共土木工事設計変更事例集，pp.130－131，山海堂，1995.9

事例⑥－13	現地状況に適した仮設歩道の設置

■工事の種類

道路改良工事の横断函渠工

■当初の仕様，施工条件等

発注者は現道下を横断する函渠の施工に際して，函渠の延長方向を二分割することによる片側交互交通を計画し，それに必要な交通誘導員を特記仕様書に示していた。

［特記仕様書］

交通誘導員は，下記のとおりとする。
・交通誘導員　２人／箇所　・交通整理必要日数　150日間　・交替要員　有り
ただし，現地の状況によりこれらにより難い場合は監督職員と協議するものとする。

■設計変更等の理由

現道下における横断函渠の施工に際して，受注者から近隣住民の負担軽減及び施工性への配慮から，現地状況に適した仮設歩道を設置する施工方法の提案があった。

受注者からの仮設歩道の提案は，現地状況に適した施工方法であったため，指定仮設として変更設計を行った。

■設計変更等の対応内容

変更の内容	積算の内容
●仮設歩道を設計図書で追加 ●交通誘導員を設計図書から削除	●仮設歩道の設置・撤去費用を計上 ●交通誘導員の費用を減額

■留意点等

本事例の施工方法に関する事項は受注者の任意であることから，設計変更の対象にはならないのが一般的である。しかし，受注者からの提案が著しく優れた施工方法であり，かつ，現道交通の制限方法の変更等という基本的な施工条件の変更を伴う場合には発注者が施工条件を主体的に変更することがある。

（出典）北陸地方建設事業推進協議会：土木工事設計変更ガイドライン（案）事例16，p.19，平成24年２月

事例⑥－14	材料入手困難による仮設道路の材料変更

■工事の種類

道路改良工事の仮設道路

■当初の仕様，施工条件等

仮設道路の設置を条件明示する一方，構造は受注者の任意のため，仮設道路の平面図及び標準横断図を示し，敷砂利の材料種別を再生クラッシャランと明示していた。

■設計変更等の理由

受注者から災害復旧工事等で再生クラッシャランが大量に利用され在庫が不足したことから，バージン材に変更する協議の請求があった。

受注者に対して，再生材取扱業者からの再生クラッシャラン在庫の不足証明書の提出を求めて，バージン材で施工するよう設計変更を行った。

■設計変更等の対応内容

変更の内容	積算の内容
●仮設道路の敷砂利のみをバージン材のクラッシャランに変更指示	●クラッシャランの材料単価を再生材からバージン材に変更

■留意点等

「標準契約約款第18条第1項の四」のうちの人為的な施工条件と実際の工事現場が一致しない条項を適用し，再生クラッシャランに次いで経済的なバージン材に設計変更したものである。

発注者は，再生クラッシャランの在庫不足を客観的に判断するための資料として，再生材取扱業者から再生クラッシャラン在庫の不足証明書の提出を求めている。

(出典)　北陸地方建設事業推進協議会：土木工事設計変更ガイドライン（案），事例集18，p.21，平成24年2月

⑦　仮設関係に関する事例

事例⑦－15	仮締切りの施工に際して予想以上の湧水が発生したため鋼矢板による仮締切工法に変更

■工事の種類

築堤護岸工事の落差工

■当初の仕様，施工条件等

当初特記仕様書に仮締切り（任意施工）を前提として，水替ポンプの規模と数量を明示していた。

［特記仕様書］

> 落差工の排水に使用する水替ポンプはφ○○×○台程度を想定しているが，これにより難い場合は監督職員と協議をすること。

■設計変更等の理由

大型土のうによる半川締切り工の施工中に，予期できない多量の湧水（ボイリング）が発生し，仕様の水替ポンプのみでは対応できないことが判明した。

発注者は，受注者からの確認請求を受け，受注者の立会いのもと地質調査を実施し，その調査結果をもとに鋼矢板による仮締切工を指定仮設として変更指示を出した。

■設計変更等の対応内容

変更の内容	積算の内容
●落差工の締切りとしての鋼矢板工を指定仮設に変更	●大型土のうから鋼矢板工法に変更

■留意点等

仮締切りは任意仮設であるが，当初から湧水の発生が予想されたため，特記仕様書で水替ポンプの規模等を条件明示していた。

受注者は条件明示の内容から見て，大型土のうによる半川締切りで対応が可能と判断したが，実際の工事現場では予想できない多量の湧水が確認されたため，標準契約約款第18条第１項の四を適用した。任意仮設であっても設計変更が認められた事例である。

（出典）　北陸地方建設事業推進協議会：土木工事設計変更ガイドライン（案），事例集４，p７，平成24年２月

事例⑦－16	発注者が確保する未処理用地の取得の遅れに起因して，コンクリート養生を冬期施工による特殊養生に変更

■工事の種類

橋梁下部工事の橋台工

■当初の仕様，施工条件

当初特記仕様書に工事用地に未処理用地があることを明示しているが，その処理の見込み時期については明示していなかった。

【特記仕様書】

工事用地等に未処理部分がある。

■設計変更等の理由

この事例は，発注者における橋台のコンクリート養生について，発注者が想定した未処理用地の取得時期をもとに，標準養生として積算を行っていた。

しかしながら，発注者で確保すべき未処理用地の確保が遅れたため，それに起因して橋台のコンクリート打設時期が冬期となり，発注者は防寒養生等の変更指示を出した。

■設計変更等の対応内容

変更の内容	積算の内容
●コンクリートの養生を防寒養生に変更	●防寒養生費を計上

■留意点等

この事例は，未処理用地の取得見込み時期が明記されていない，あるいは取得見込み時期が明記されていてもそれが遅れた場合には，工事の工程に大きく影響し，コンクリートの養生等に影響した事例である。

この事例を受けて，特記仕様書の記載例を以下に示す。

[特記仕様書記載例]

寒中コンクリートの養生に要する費用については，契約の工期内における妥当な工程において実際に寒中コンクリートの養生が必要と認められた部分に対し，変更契約において計上する。なお，妥当な工程における寒中コンクリートの養生の必要な部分は施工計画書における実施工程表により監督職員と協議して定めるものとする。

工種・数量の増減等の設計変更及び受注者の責によらない事由による工事工程の変更が生じた場合，遅延なく変更実施工程表を監督職員に提出し寒中コンクリートの養生が必要と認められる部分について協議するものとする。

なお，受注者の責めに帰する事由により工程に遅延が生じた場合は当初工程との差異により必要となる寒中コンクリートの養生に要する費用の増額は受注者の負担とする。

(出典) 国土交通省北海道開発局：設計変更事例集（第7版），仮設編－1，p.13，平成27年1月

事例⑦－17	交通確保の必要性から下部工の作業土工をオープン掘削から土留工に変更

■工事の種類

橋梁下部工の橋脚工

■当初の仕様，施工条件等

当初特記仕様書に概算数量発注であることを明示していた。

［特記仕様書］

> 本工事は，標準断面による概略発注であり，詳細については監督職員からの指示によるものとする。

■設計変更等の理由

この事例は，当初設計が概算数量発注であることから，詳細な現地測量が実施されておらず，発注者では橋脚工の作業土工をオープン掘削として積算を行っていた。

受注者は，工事発注後に発注者から貸与された現地測量の成果に基づき仮設計画を検討した結果，掘削の影響範囲が現道にかかり，現道交通の確保を図るために土留工が必要であると判断した。発注者は，受注者からの提出資料による確認請求を受け，交通確保の観点から土留工による掘削が必要であると判断し，その変更指示を出した。

■設計変更等の対応内容

変更の内容	積算の内容
●橋脚の作業土工を指定仮設の土留工に変更	●オープン掘削を削除 ●土留工の打込み，引抜き，矢板損料及び作業土工を計上

■留意点等

この事例は，当初設計の仮設計画が概算数量発注の標準断面に基づいており，工事契約後における現地測量の結果と標準断面が一致していない，すなわち，標準契約約款第18条第１項四の「当初設計の施工条件が現場条件と一致しない」を適用し，現道交通の確保から任意仮設であっても指定仮設に設計変更が認められた事例である。

（出典）　北陸地方建設事業推進協議会：土木工事設計変更ガイドライン（案），事例集28，p.31，平成24年２月

事例⑦－18	指定された仮設足場の構造では不安定と判断されたため，構造を変更

■工事の種類

砂防ダム地すべり対策工事

■当初の仕様，施工条件等

仮設足場工の図面が設計図書として示されていた。

■設計変更等の理由

指定された仮設足場は上端，下端ともに支点が自由であり，水平荷重に対して不安定と考えられた。また，仮設足場設置位置の現況地盤は高低差があり，安定性を増すためには変化点において段差をつけたほうがよいと判断された。

■設計変更等の対応内容

変更の内容	積算の内容
●仮設足場工の変更を設計図書に明示	●構造変更した仮設足場で積算

■留意点等

設計図面に示されていることから，指定仮設となる。指定仮設の設計条件は通常，設計図書には示されないが，三者会議等で確認し，照査することが必要である。

受注者は，当初に締結された請負契約に基づき，発注者の指定どおりに仮設足場を施工すれば，一見その義務は完遂されるのであるが，それ以前に受注者は工事を安全に完成させる義務を負っていることを忘れてはならない。受注者は指定仮設だからといって漫然と施工するのではなく，現地状況を十分把握し，かつ構造計算を確認するなどによりその仮設物の適否を判断することが必要である。

（出典）（財）日本建設情報総合センター：公共土木工事設計変更事例集，pp.140－141，山海堂，1995.9

事例⑦－19	地元の要望により市道の幅員を確保するため，オープン掘削を土留工に変更

■工事の種類

道路改良工事の擁壁工

■当初の仕様，施工条件等

発注者が特に指定すべき施工方法等が無かったため，当該施工箇所について設計図書には関連する記載事項がなかった。

■設計変更等の理由

地元より施工箇所上部の市道の通行を確保して工事を行うよう要望があった。

市道の幅員を確保しながら擁壁を施工するには，土留工による掘削が必要となった。

■設計変更等の対応内容

変更の内容	積算の内容
●擁壁の施工に伴い，市道の幅員の確保について明示	●幅員確保に必要な施工法として土留工が必要であり，当初のオープン掘削を矢板土留工に変更して積算

［変更特記仕様書］

仮設工

擁壁工の施工に際しては，土留工を施工し市道幅員３ｍを確保すること。

■留意点等

設計図書に施工条件が特に記載されていない場合は，発注者，受注者共に「標準的な施工」で考えるのが一般的といえる。この場合，掘削の方法は，オープン掘削で計画されていると考えられる。

掘削などの施工手順や仮設は本来受注者が任意に定めるべきものであり（標準契約約款第１条第３項），施工条件も含めて「特別な制約がない限り」設計図書に示されないことがあるので，施工条件の「変更」という解釈がしにくいことがある。したがって，この事例のように当初契約では施工条件がまったく示されていないところに「市道幅員○ｍを確保すること」といった新たな制約条件が生じた場合は，当初の施工条件の「変更」というよりは施工条件の「付加」と言ったほうが判りやすい。このような施工条件の付加は「特別な制約」として変更特記仕様書等の設計図書に示されるものであるから，施工手段や仮設といえども設計変更の対象となる。

（出典）（財）日本建設情報総合センター：公共土木工事設計変更事例集，pp.146－148，山海堂，1995.9

⑧　埋設物・工事支障物件関係に関する事例

事例⑧－20	工事の支障となる埋設管の切回し

■工事の種類

既設ブロック積擁壁を逆T形擁壁に改良する工事

■当初の仕様，施工条件等

既設の埋設管については設計図面上には示されておらず，特記仕様書に「既設管の対処方法については，監督職員が別途指示する。」と示されているだけであった。

［特記仕様書］

既設管の対処方法については監督職員が別途指示する。

■設計変更等の理由

発注段階では，既設の埋設管が工事に支障をきたすかが不明であり，設計図面には明示されていなかった。しかし，試掘等により既設の埋設管が，工事の支障となることが判明したため，既設管を一部撤去し，埋設管の切回し工事を追加した。

■設計変更等の対応内容

変更の内容	積算の内容
●既設の埋設管を一部撤去し，新規に切回しすることとし，埋設管の位置，規格，数量等を設計図書に明示	●既設の埋設管の一部撤去費用と新規切回し埋設管の敷設費用を計上

■留意点等

埋設物の存在自体は確認しているものの，その位置や形状が不明確であるため，設計図面上で示すことができなかったものである。しかし工事に影響する可能性が大きいため，とりあえず特記仕様書に「存在」を記しておき，設計変更の対象とする可能性を示している。

この事例のように，工事に関連する埋設物の位置や状態が当初は確認できないため，当初設計図書では「別途指示する」とする場合がある。このような場合は，施工途中の調査等で判明した事実を速やかに監督職員に報告し，確認を請求しなければならない（標準契約約款第18条第1項）。

（出典）（財）日本建設情報総合センター：公共土木工事設計変更事例集，pp.104－105，山海堂，1995.9

事例⑧－21	現況埋設水路を一時遮断しなければならないため，仮設の切回し水路工を追加

■工事の種類

道路舗装工事のうち，排水工

■当初の仕様，施工条件等

当初の設計図書に現況埋設水路との関係に関する記載はない。

■設計変更等の理由

排水工を施工中，現況埋設水路の存在が判り，工事に支障となるため現況埋設水路を一時遮断せざるを得ないことが判明した。このため仮設の切回し水路工の追加が必要となった。

■設計変更等の対応内容

変更の内容	積算の内容
●現況埋設水路の切回し水路工の追加を設計図書で明示	●現況埋設水路の一部を取り壊し，復旧する費用を計上した ●切回し水路（仮設）について計上

■留意点等

設計図書に施工条件に関する特別の記載がない場合，発注者，受注者共に「通常施工ができる」との前提で契約されている。

この事例のように，工事に関連する埋設物の位置等が当初は不明であるために，施工条件が事前に示せない場合がある。このような場合は，施工条件（すなわち埋設物の位置等）が明確になった時点で変更特記仕様書にこれを示すことになる。したがって，その条件が付加されることによって，設計図書を変更せざるを得ない工事については，本事例の水路工のように，たとえ仮設であっても設計変更の対象となるのである。

（出典）（財）日本建設情報総合センター：公共土木工事設計変更事例集，pp.110－111，山海堂，1995.9

⑨ 環境対策・文化財関係に関する事例

事例⑨－22	地元から振動対策についての要望があり，鋼矢板打設・引抜き工法を変更

■工事の種類

一般国道○号線における側道橋の下部新設工事

■当初の仕様，施工条件等

仮締切りの鋼矢板の打設・引抜きの施工方法は設計図書で指定されていた。施工条件については特に示されていなかった。

[特記仕様書]

仮締切りの鋼矢板の施工については，打込みを高周波バイブロハンマ，引抜きを電動式バイブロハンマとする。
なお，現地の状況（土地利用，地質，周辺環境等）により，これらにより難い場合は，監督職員と協議する。

■設計変更等の理由

地元要望により，振動発生の懸念があるとして，発注者に工法変更の申し入れがあった。

■設計変更等の対応内容

変更の内容	積算の内容
●鋼矢板の打込み，引抜き工法の変更	●変更した設計図書に基づき費用を計上

[変更特記仕様書]

仮締切りの鋼矢板の施工については，周辺住民に振動による悪影響を及ぼさない施工方法とする。

■留意点等

契約時点では，「現地の状況（土地利用，地質，周辺環境等）」から見て最も合理的な工法として指定したものであるが，地元から要望を寄せられた時点で，発注者は苦情内容を調査し，「周辺住民に振動による悪影響を及ぼさない施工方法とする」という施工の制約を変更特記仕様書に明示し，設計変更の対象とする必要があると判断したものである。

（出典）（財）日本建設情報総合センター：公共土木工事設計変更事例集，pp.40－42，山海堂，1995.9

事例⑨－23	渇水により河川の水質汚濁が危惧されたため，濁水処理設備を追加

■工事の種類

トンネル工事

■当初の仕様，施工条件等

当初設計図書には水質汚濁に関する特別な事項は示されていなかった。

■設計変更等の理由

異常渇水のために河川の水質汚濁が危惧されたので調査したところ，排水基準（水質汚濁防止法による）を満足する水質でも，濁水処理設備が必要なことが判明した。

■設計変更等の対応内容

変更の内容	積算の内容
●水質管理に伴う処理剤等について明示及び濁水処理設備の機能，稼働時間を明示	●濁水処理設備等の費用を計上

■留意点等

本来ならば濁水処理設備の必要性の有無も含めて受注者が自主的に施工する範囲であるが，異常渇水という状況下において指定仮設とした事例である。

（出典）（財）日本建設情報総合センター：公共土木工事設計変更事例集，pp.43－46，山海堂，1995.9

事例⑨－24	地元から排水計画の見直し要望が出されたため，検討を要する期間の工事を一時中止

■工事の種類

道路改築工事

■当初の仕様，施工条件等

当初特記仕様書で排水計画を作成することとされていた。

［特記仕様書］

本工事区域内の排水流末は○○川とするが，施工に先立ち排水計画を作成し監督職員と協議するものとする。

■設計変更等の理由

排水計画の基本事項については，すでに地元了解済みということで基本事項を遵守した排水計画を作成し工事に着手したが，地元漁業関係者より漁業への影響があるとして工事に伴う排水計画の再検討の要望が出されたため，地元合意が成立するまで工事を一時中止することにした。

■設計変更等の対応内容

変更の内容	積算の内容
●工事の一時中止及びガイドラインに基づく「基本計画書」の作成指示	●工事の一時中止に伴う増加費用を計上

■留意点等

事例は地元からの計画の見直しの要望により，発注者が工事の中止を必要と認めたものである。このような場合，発注者は工事の中止内容を通知して，工事の全部又は一部の施工を一時中止させることができる（標準契約約款第20条第２項）。この時，発注者は，中止がごく短期間である場合又はその中止が部分的であって全体の工事の施工に影響がない場合を除き，工期の延長又は工事の一時中止に伴う増加費用について受注者と協議して，その費用を見込まなければならない（標準契約約款第20条第３項）。

（出典）（財）日本建設情報総合センター：公共土木工事設計変更事例集，pp.47－48，山海堂，1995.9

事例⑨－25	遺跡の保存方法について，調整が難航したため工事を中止

■工事の種類

発掘調査と重複する一連地区のうち，調査が完了した部分を堤防側帯として盛土する工事

■当初の仕様，施工条件等

当初特記仕様書には，具体的な着手可能時期は明示されていなかった。

［特記仕様書］

○○市発注の○提発掘調査と重複するため，事前に調整を行い工事に着手すること。

■設計変更等の理由

当該工事とこれに隣接する○○市発注の街路工事の間に遺跡があり，発掘調査完了後，この遺跡は埋戻し保存することとされていた。

しかし，街路工事に伴い遺跡を一部壊す部分があり，市は全面的に公開保存を要求する市民団体に対して改めて保存方法について検討することを表明した。このため本工事を一部中止したものである。

■設計変更等の対応内容

変更の内容	積算の内容
●工事の一時中止 ●工事の一部中止	●「工事の一時中止に伴う増加費用等の積算上の取扱い」により増加費用を積算 ●一部中止の工事数量を差し引いて積算

■留意点等

工事施工範囲に文化財や遺跡等がある場合，その保存をめぐるトラブルはしばしば見られる。当初は関係機関と協議が整い，着手できる見込みが立っていた場合でも，保存運動の動向等により工事中止のやむなきに至る例もある。このように工事用地が確保されていない状況では，受注者が工事を施工する意志をもっていても事実上施工不可能である。このようなとき発注者は，標準契約約款第20条に基づき工事の施工を一時中止させなければならない。

施工を一時中止した工事は，その要因が取り除かれた時点で再開される場合もあるが，本事例のように工事の一部の施工を取りやめなければならない場合もある。前者の場合，一時中止がごく短期間であり，中止範囲が部分的であったりして，全体工事の施工に影響がない場合を除き，原則的には工期の延長及び増加費用の計上などの変更を行うべきであると考えられる。後者の場合は，当然ながら当初の設計図書に示された工事数量を変更する（減ずる）こととなるため，標準契約約款第19条に示される「設計図書の変更」に該当する。

本事例では，設計変更に際して，前者による費用増加と後者による費用減の双方を積算している。

（出典）（財）日本建設情報総合センター：公共土木工事設計変更事例集，pp.54－57，山海堂，1995.9

⑩　建設副産物関係に関する事例

事例⑩－26	当初の見込みよりも近い場所に掘削土の処理地が確保できたので，指定地を変更

■工事の種類

導水路埋設管工事

■当初の仕様，施工条件等

掘削土の処理に関して具体的な処理地が特記仕様書で指定されていた。

［特記仕様書］

埋設管の掘削土のうち砂質土については，下記1．に仮置きし流用するものとし，その他は下記2．に処理するものとする。

1．仮置箇所は，○○県○○郡○○町○○地先とする。

2．処理地は，△△県△△郡△△町△△地先とする。

■設計変更等の理由

埋戻し土の仮置き場については，工事発注後に当初設計で見込んでいた場所より近い場所が確保できた。また，掘削土の処理地についても，工事発注後に当初設計で見込んでいた場所より近い場所に受け入れ先が確保できた。

■設計変更等の対応内容

変更の内容	積算の内容
●掘削土の運搬先と運搬距離を設計図書に明示した。	●運搬距離を変更して積算

［変更特記仕様書］

埋設管の掘削土のうち砂質土については，下記1．に仮置きし流用するものとし，その他は下記2．に処理するものとする。

1．仮置箇所は，□□県□□郡□□町□□地先とする。

2．処理地は，××県××郡××町××地先とする。

■留意点等

発注者には設計図書において特に提供すべきものと定められた工事用地等（例えば処理地）を確保する義務がある（標準契約約款第16条）。発注者がこれを確保できない場合は，工事の全部又は一部の施工を一時中止させなければならない（標準契約約款第20条第1項）。逆に当初設計で見込んでいた処理地より近い場所，すなわち「発注者が必要であると認める」場所に新たな処理地が確保できたような場合，発注者は任意にこれに変更する権限を有する（標準契約約款第20条）。この場合，土の運搬距離が短くなった分，請負代金額を減額することになる。請負代金額の変更は発注者と受注者が協議して定める。

（出典）（財）日本建設情報総合センター：公共土木工事設計変更事例集，pp.154－155，山海堂，1995.9

事例⑩－27	掘削土を近接工事へ流用することが可能となったため，運搬距離を変更

■工事の種類

河川改修工事

■当初の仕様，施工条件等

当初特記仕様書に掘削土処理に関する事項として，運搬距離が示されていた。

［特記仕様書］

本工事における掘削土は，運搬距離Ｌ＝20㎞を見込んでいる。処理地については監督職員が別途指示する。

■設計変更等の理由

当工事に近接する他の工事と調整がとれ，掘削土を盛土材として流用することとなったため，運搬距離の変更が必要となった。

■設計変更等の対応内容

変更の内容	積算の内容
●掘削土の運搬先と運搬距離を設計図書に明示した	●運搬距離を変更して積算

［変更特記仕様書］

掘削土は，○○市○○地先 L=5.0㎞へ運搬するものとする。

■留意点等

この事例のように運搬距離のみが示された場合，これは仮想処理地までを想定した積算上の設定値である。

事例⑩－26と異なり，当初は発注者が土の処理地を指定できず，積算上の（仮想の処理地まで）運搬距離のみを設計図書に示し，処理地は別途指示した事例である。

具体的処理地が決まった時点で，運搬先が指示され，設計図書が変更された。

（出典）（財）日本建設情報総合センター：公共土木工事設計変更事例集，pp.156－158，山海堂，1995.9

⑪　土質・地盤関係に関する事例

事例⑪－28	オープン掘削中に法面崩壊が発生したため，応急措置として鋼矢板による掘削方法に変更

■工事の種類

河川揚水機場工事

■当初の仕様，施工条件等

当初設計図書には，当該箇所の土質が示され，標準横断面図に床掘掘削線（法勾配１：1.5）が示されていた。

■設計変更等の理由

床掘掘削中に法面崩壊が発生した。これが進行すると本堤まで影響が及ぶ恐れがあったため，応急措置と掘削方法の変更を行った。

■設計変更等の対応内容

変更の内容	積算の内容
●工事の一時中止 ●鋼矢板による土留工を設計図書で明示 ●土質調査及び変位観測の実施を設計図書に明示	●「工事の一時中止に伴う増加費用等の積算上の取扱い」により増加費用を計上 ●鋼矢板の打抜き費，本提の変位観測費を計上 ●土質調査の費用，本提の変位観測費を計上

■留意点等

通常，床掘掘削の位置や勾配は受注者が任意に決定すべき事項であるが，この場合，標準横断面図は設計図書にあたるので，床掘掘削線も設計図書に示された指定事項として扱われる。

標準契約約款では監督職員は，受注者から施工条件が実際と相違することについて確認を求められたときは，受注者立会の上，直ちに調査を行わなければならないとされている（標準契約約款第18条第２項）。さらにこの場合，監督職員は，受注者の意見を聴いた上でこれに対してとるべき措置を指示する必要があるときは，その指示も含めて受注者に調査結果を通知しなければならないとされている（標準契約約款第18条第３項）。

この場合の措置とは事例に見られる再調査やとりあえずの工事の一時中止，あるいはオープン掘削から鋼矢板による掘削に変更するような応急措置等も含むものである。この事例は，法面崩壊という重大な事態が生じたため，発注者と受注者が協力して迅速に対応した例である。

（出典）（財）日本建設情報総合センター：公共土木工事設計変更事例集，pp.91－93，山海堂，1995.9

事例⑪－29	切土法面勾配を変更したため用地が必要になり，取得に要する期間中の工事一時中止

■工事の種類

切土法面の崩落防止の防災工事

■当初の仕様，施工条件等

当初設計図書には，当該箇所の土質が示され，設計横断面図に設計法勾配１：0.3が示されていた。

■設計変更等の理由

当初設計図書では硬岩と想定して法面勾配を１：0.3としていたが，実際に施工したところ，法面の土質が軟岩であることが判明したため，道路土工指針等により，法面勾配を１：0.5に変更した。

その結果，用地が不足し用地取得が必要になり，それに要する期間，工事を一時中止した。

■設計変更等の対応内容

変更の内容	積算の内容
●工事の一時中止 ●法面勾配の変更及び法枠の変更を設計図書で明示	●「工事の一時中止に伴う増加費用等の積算上の取扱い」により増加費用を計上 ●変更の設計図書により積算

■留意点等

土質の条件が変わると，施工方法の変更はもちろん，目的物そのものの位置や形状を変更したりしなければならない場合もある。本事例は，①実際の土質が当初の想定と不一致→②切土勾配を変更→③用地が必要→④用地取得手続きに時間が必要→⑤工事を一時中止，という流れで工事の一時中止にまで至ったケースである。

（出典）（財）日本建設情報総合センター：公共土木工事設計変更事例集，pp.94－95，山海堂，1995.9

事例⑪－30	設計図書に示されていた土質及び地下水位と実際の工事現場が一致しないため，水替工を増強

■工事の種類

一級河川に構築する側道橋の下部工事

■当初の仕様，施工条件等

地下水位については，当初設計図面に土質柱状図と共に示されていた。また，水替工の方法と規模が特記仕様書に示されていた。

［特記仕様書］

水替工については下記に示す。
〇〇橋台　　集水ポンプ　ϕ200　３台
〇〇橋脚　　集水ポンプ　ϕ100　２台

■設計変更等の理由

設計図書で示された土質及び地下水位が実際の工事現場と一致しないため特記仕様書に記された集水ポンプでは能力不足であった。

■設計変更等の対応内容

変更の内容	積算の内容
●設計土質及び地下水位置の変更 ●水替工の方法と規模 以上の２点について設計図書を修正	●変更した水替工の方法と規模について計上

［変更特記仕様書］

水替工は，下記のとおり変更する。
〇〇橋台　　集水ポンプ　ϕ200　５台
〇〇橋脚　　集水ポンプ　ϕ200　３台

■留意点等

床掘面が地下水位に近いことから，発注者は水替工が必要であると判断し，その方法と規模を特記仕様書に示すことで，いわゆる「特別の定め」とした。

設計図書に示された工事現場の状態と実際の工事現場が一致しないため，設計図書（水替工の方法と規模）を変更せざるを得ないので，設計変更の対象となった。

受注者は実際の施工条件が設計図書と相違する事実を発見した際，直ちにその旨を監督職員に通知し，その確認を求めなければならない（標準契約約款第18条第１項）。また，この場合の設計図書の変更は，工事目的物の変更を伴わないもの（仮設工事）なので，受注者の意見も十分考慮し，発注者と受注者が協議して定めるべきものであり（標準契約約款第18条第４項），受注者はそのために必要な資料を整えて協議にあたることが望ましい。

（出典）（財）日本建設情報総合センター：公共土木工事設計変更事例集，pp.99－101，山海堂，1995.9

事例⑪－31	現場条件が砂礫地盤から岩盤への変更に伴う護岸基礎形式の変更

■工事の種類

砂防流路工事の護岸工

■当初の仕様，施工条件等

当初設計図書では，護岸工の基礎形式及び基礎の根入れ深さを砂礫地盤と想定して，基礎コンクリートを計画した構造を図面で明示している。

■設計変更等の理由

現地掘削の結果，当初設計図書の砂礫地盤と異なる岩盤が確認された。護岸工の基礎形式及びその根入れ深さは，基礎地盤の種類で異なるため，現地掘削の結果を発注者に通知し，その確認を請求した。

その結果，発注者は，岩盤地盤の条件に対する基礎形式及び根入れ深さを変更する指示を出した。

■設計変更等の対応内容

変更の内容	積算の内容
●護岸工の基礎形式と根入れ深さの変更指示	●変更後の構造に対する費用を計上

■留意点等

この事例は，基礎地盤の土質条件等に関する施工条件の明示はないが，図面中における護岸工のコンクリート基礎及び根入れ深さから，基礎地盤を砂礫地盤として想定していることが明らかである。

受注者は，発注者が想定している基礎地盤の条件が実際と相違する事実を発見したため，標準契約約款第18条に基づき，所定の手続きを行った。

本事例のように，基礎地盤の条件が変わると工事目的物そのものの形状等（本例では基礎形式，根入れ深さ）を変更しなければならない場合もある。

（出典） 北陸地方建設事業推進協議会：土木工事設計変更ガイドライン（案），事例集11，p.14，平成24年2月

事例⑪－32	杭打設において高止まり現象が発生したため，三者協議により設計図面を適切に変更

■工事の種類

橋梁下部工事の橋台杭基礎工

■当初の仕様，施工条件等

当初設計図書では，橋台の杭基礎構造図及び4箇所の土質柱状図を明示していた。

■設計変更等の理由

受注者は，設計図書の調査ボーリング結果に基づく杭長で杭打設を行った結果，支持層の著しい起伏により，杭の高止まり現象が発生したため，この現象を確認できる資料を作成し，発注者に対してその確認を請求した。

発注者は受注者及びコンサルタントからなる三者協議を開始し，その結果を踏まえて，発注者は受注者に対して設計図書の変更を指示した。

■設計変更等の対応内容

変更の内容	積算の内容
●橋台杭基礎工の変更指示	●変更後の構造に対する費用の変更

■留意点等

本事例は，杭の先端位置に関する施工条件を当初設計図書の杭基礎構造図及び土質柱状図（調査ボーリング結果）で明確に表示しており，また，杭の高止まり発生後における三者協議の速やかな開始，その後の設計変更等の手続きも標準契約約款に則り適切に処理されている。

杭の高止まり現象は，杭で支持される橋台本体の他，橋梁全体の安全性に係わる現象である。このような現象が発生した場合は，一般的に，杭の極限支持力や橋梁全体設計に係わる杭の剛性等が異なるため，橋台等の再設計が必要になる場合があるので注意が必要である。

（出典） 北陸地方建設事業推進協議会：土木工事設計変更ガイドライン（案），事例集29，p.32，平成24年2月

事例⑪−33	トンネル一次覆工（吹付）面からの不意の湧水で，導水材を追加

■工事の種類

トンネル掘削工事

■当初の仕様，施工条件等

当初特記仕様書では，切羽近くの湧水は一般に考えられなかったため明示していなかった。

■設計変更等の理由

トンネル一次覆工（吹付）面から不意の湧水により，路盤が泥濘化し工事車両等の走行が困難となり，施工性・安全性が低下したため，湧水対策として導水材を追加設置した。

■設計変更等の対応内容

変更の内容	積算の内容
●湧水導水材の追加施工を明示	●追加施工の材料，施工法で費用を計上

■留意点等

この事例は，トンネル工事で一次覆工（吹付）面からの不意の湧水により，当初設計図書には，湧水に関する施工条件は特に示されていないので，標準契約約款第18条第１項の四により，所定の協議に基づき変更の対象とされたものである。この事例では，現地立会いで路盤の泥濘化状況を把握し，導水材による湧水処理の必要性を監督職員と共に確認している。

（出典）北陸地方建設事業推進協議会：土木工事設計変更ガイドライン（案），事例集42，p.45，平成24年２月

⑫　発注者による修正・追加に関する事例

事例⑪－34	必要な仮設ヤードを確保するために仮桟橋を設置

■工事の種類

トンネル工事

■当初の仕様，施工条件等

仮桟橋の構造等については，当初設計図書に示されていなかった。

［特記仕様書］

本工事の施工に必要な仮設備の設置にあたり，仮桟橋が必要な場合には，監督職員と別途協議すること。

■設計変更等の理由

トンネル坑口付近は現道と近接しており，十分な仮設ヤードの確保ができない状況であった。地形条件から盛土で対処することは困難であることから仮桟橋が必要であると考えられていた。しかし，仮設ヤードを坑口付近以外で確保する方法も考えられることから，契約後に受注者が採用する施工方法とも併せて判断することにしていた。

■設計変更等の対応内容

変更の内容	積算の内容
●仮桟橋工について設計図書で明示	●仮桟橋工について積算

■留意点等

特記仕様書の記載内容から，発注者は当初から仮桟橋が必要になるかもしれないと認識していたが，当初設計には仮桟橋を計上せず，必要となる場合は契約後に設計変更で対応するつもりであったことが判る。

変更内容がこの事例の仮桟橋のように工事目的物でないものの施工である場合は，受注者は，標準契約約款第18条に則り，仮桟橋の必要性を監督職員に通知し，その確認を請求することになる。

本事例では，受注者において仮桟橋の必要性等を確認請求するための資料として，坑外仮設備や仮桟橋の比較検討案を作成し，発注者に対して仮桟橋設置の確認請求を行っている。請求を受けた発注者は，その請求内容が現地の条件から見て妥当であると判断し，仮桟橋の設計費用を含め，設計変更の対象とする旨を受注者に書面で通知している。

（出典）（財）日本建設情報総合センター：公共土木工事設計変更事例集，pp.132－133，山海堂，1995.9

⑬ 天災等による一時中止等に関する事例

事例⑬－35	大雨洪水災害が発生し，その災害復旧工事のために工期を延長

■工事の種類

切土法面の崩落に対応する迂回路築造工及び仮設防護柵工

■当初の仕様，施工条件等

当初設計図書では，現道に被害が生じるような大雨洪水の発生を想定していなかった。

■設計変更等の理由

大雨洪水が発生し，工事現場へのアクセス道路として利用していた現道が大きな被害を受けたため，災害復旧工事が他機関から別途発注された。

この復旧工事が完了するまで当該工事に着手することが不可能であるため，受注者が当該工事に着手できない旨を明示して，工期の延長を請求した。

■設計変更等の対応内容

変更の内容	積算の内容
●工期の延長	－

■留意点等

受注者の請求による工期の無償延長に関する事例である。

受注者が定められた工期内に工事を完成すべき義務を負うのは当然であるが，やむを得ず工期の延長が必要となる場合がある。工期の延長の理由には様々なものがあるが，天候の不良や天災等，受注者の責めに帰することができない理由，その他により工期内に工事を完成することができないときは，無償延長（発注者が受注者から損害金を徴収せずに工期を延長する）が認められる（標準契約約款第21条）。この時，受注者は遅延の理由を明らかにした書面をもって申し出ることが必要である。

なお，工期変更の手続きは標準契約約款第23条による。

（出典）（財）日本建設情報総合センター：公共土木工事設計変更事例集，pp.114－115，山海堂，1995.9

事例⑬－36	降雨により現場条件が変化したため管理用道路の工法変更

■工事の種類

砂防工事の砂防えん堤管理用道路

■当初の仕様，施工条件等

当初特記仕様書には，現場搬入路として既存の管理用通路の使用を明示していた。ただし，路面補修の方法に関して，発注者は砕石舗装を計画していたが，受注者の任意であることから特に指定は行っていない。

[特記仕様書]

本工事における現場搬入路は既存の管理用道路の使用を想定しているが，これにより難い場合は監督職員と協議すること。

■設計変更等の理由

受注者が工事着工前に条件明示にある既存の管理用通路の現地調査を実施したところ，発注前の降雨等に伴い管理用通路が著しく損傷し，ダンプトラック等の走行に支障があることが明らかになった。

発注者は，受注者からの確認請求を受け，受注者の立ち会いのもと現地調査を実施し，その結果をもとに敷鉄板の使用を変更指示した。

■設計変更等の対応内容

変更の内容	積算の内容
●管理用道路の路面補修として敷鉄板を変更指示	●敷鉄板の設置・撤去・賃料を計上

■留意点等

この事例は，現場搬入路に既存の管理用通路の使用を条件明示していたが，工事現場の環境は季節により大きく変化することも多いことから，当初設計図書では「……これにより難い場合は監督職員と協議する」と明示していた。このような場合は，着工前の調査等で判明した事実を速やかに監督職員に報告し，確認を請求しなければならない（標準契約約款第18条第1項）。

（出典） 北陸地方建設事業推進協議会：土木工事設計変更ガイドライン（案），事例集9，p.12，1995.9

事例⑬－37	予期せぬ河川の増水のため施工ができず，工期を延長

■工事の種類

河川の根固め護岸工事

■当初の仕様，施工条件等

当初設計図面には現況河川の平水位が図示されていた。

■設計変更等の理由

基礎工のコーピングコンクリート打設は，水位が所定水位以下でないと実施できない。4月に基礎の施工を開始したが，途中4月18日から5月13日まで河川の水位が高くコンクリートの打設が困難であった。水位低下後に基礎工の施工を再開したが完了予定は5月下旬となり，その後の法履工を含めると，当初工期内の工事完成が不可能となった。

（当初工期　平成○年2月14日から平成○年5月30日まで）

■設計変更等の対応内容

変更の内容	積算の内容
●工期の延長	–

[変更特記仕様書]

工期は，○○日間延長して総工期○○○日間とする。

■留意点等

この事例は河川の増水が予期できないものか否かの判断がポイントである。当初設計図書には，河川の水位に関する施工条件は特に示されていないので，発注者，受注者共に工事に影響する特別な制約は無いものと考えていたと判断される。したがって，受注者の責めに帰することができない事由により工期の延長を求めるには，実際の河川の増水が当初は予想できなかったものであること，すなわち例年とは異なることを示さなければならない。

この事例では水位観測結果，天気調査結果，写真，工程表等に関する資料（施工できない水位であることを示す資料）の提出を受け，前述の判断材料としている。

（出典）（財）日本建設情報総合センター：公共土木工事設計変更事例集，pp.116－117，山海堂，1995.9

【参考文献】

１．（財）日本建設情報総合センター：公共土木工事設計変更事例集，山海堂，1995.9
２．国土交通省北海道開発局：設計変更事例集（第７版），平成27年１月
３．北陸地方建設事業推進協議会：土木工事条件明示の手引き（案），平成27年５月
４．北陸地方建設事業推進協議会：土木工事設計変更ガイドライン（案）事例集，平成24年２月
５．北陸地方建設事業推進協議会：土木工事設計変更ガイドライン（案），平成27年５月
６．国土交通省九州地方整備局：設計変更ガイドライン（案），平成27年８月
７．国土交通省関東地方整備局：土木工事条件明示の手引（案），平成27年６月
８．国土交通省関東地方整備局：工事請負契約における設計変更ガイドライン（総合版），平成28年５月
９．国土交通省関東地方整備局：設計変更ガイドライン（案），平成27年６月
※本書では，国土交通省関東地方整備局：「工事請負契約における設計変更ガイドライン（総合版），平成28年５月」の「Ⅰ 設計変更ガイドライン」を「設計変更ガイドライン，平成27年」という。

第4章

新たな取り組み

4－1　新たな取り組み

公共土木工事は，第1章で記述のとおり，単品受注生産，施工箇所ごとに異なる現地条件等であるため大部分の工事において，設計変更（契約変更）が発生する。

設計変更の手続きは，設計変更が必要となった場合，その都度行うことは，受発注者双方の作業量等も増加するため，一般的に変更内容をまとめて行う，あるいは工期末の精算変更として行うなどの対応が取られる。また，設計変更額算定に用いられる単価は，当初官積算に基づく単価で行われることが多いこと及び変更契約締結まで単価が確定しないことにより，受注者のコスト管理が困難になる，設計変更協議が難航するなどの課題が発生している。

また，近年の厳しい財政状況による建設投資額の減少などから受注競争の激化等もあり，建設業の営業利益率は低迷し，社会資本整備を取り巻く環境は大変厳しい状況となっている。

このような厳しい環境の中では，1件ごとの工事について，発注者と受注者が対等の立場で相互に良きパートナーシップの関係を構築し，工事の効率の向上，採算の悪化要因を排除するための取り組みが重要となる。

このため，国土交通省では，受発注者の双務性の向上の観点から，請負代金額の変更があった場合の金額の算定や部分払い金額の算定等の単価について，前もって協議して合意しておくことにより設計変更の円滑化を図るための「総価契約単価合意方式の導入」，通常の合理的な範囲を超える価格変動があった場合に適正な請負代金額への変更を行う「スライド条項の運用」，各工事現場における受発注者間のコミュニケーション・施工効率の向上を目的とした「施工効率向上プロジェクト」での「三者会議」，「ワンデーレスポンス」及び「設計変更審査会」などの様々な取り組みを行っている。

本章では，国土交通省直轄事業での各取り組みの概要と取り組み状況について紹介する。

4－2　設計変更円滑化・適正化の取り組み

(1)　総価契約単価合意方式

1）概要

総価契約単価合意方式は，工事請負契約における受発注者間の双務性の向上の観点から，請負代金額の変更があった場合における変更金額や部分払金額の算定を行う際に用いる単価等をあらかじめ協議し，合意しておくことにより，設計変更や部分払に伴う協議の円滑化に資することを目的として実施するものである。また，後工事の請負契約を随意契約により前工事の受注者と締結する場合においても本方式を適用することにより，適正な契約金額の算定を行うものである。

本方式により決められる単価は，受注者の申請単価を基礎に協議して決定されるものであり

ア　受発注者間で単価合意を行うことによる双務性の向上

イ　設計変更（契約変更）時の手続きの透明化と設計変更協議の円滑化

ウ　合意単価による出来高額算出を行うことにより円滑な部分払いが可能

エ　受発注者間での単価確認を行うため，工種ごとに，設計図書で求められている仕様，品質が事前に確認できることによる目的物のより一層の品質確保といった効果が期待されている。

国土交通省では平成22年度（2010年度）より土木工事等に適用しているが，現在では建築工事以外のほぼ全ての工事に適用されている。

総価契約単価合意方式には，

●単価個別合意方式

・契約締結後に細別（レベル４）などの単価を個別に合意する方式

●包括的単価個別合意方式

・予定価格に対する請負代金額の比率（落札比率）を乗じたものを単価として単価を包括的に合意する方式

の２方式があるが，基本方式としては単価個別合意方式が位置付けられている。

なお，包括的単価個別合意方式は一度，合意した単価を変えずに，新規追加された単価のみ新たに落札比率を用いて合意するものである。

包括的単価個別合意方式はこれまでの単価包括合意方式が改名されたものである。平成28年４月に見直し（改定）され，そのポイントは以下の通りである。

■H28.4改定ポイント①

【課題１】（単価合意方式によらない課題）

○共通仮設費をまとめて１つの合意単価としていたため，新規で共通仮設費（積上分）や業務委託料を計上した場合，当初合意率が予定価格に反映されてしまう。

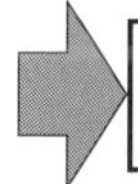

新規の共通仮設費（積み上げ分）や新規の業務種別が追加された場合，施工体制が異なるものと見なし，当初合意率を反映せずに官積算額で計上するように改定。

【包括的に単価を合意する場合】落札率90％の事例

官積算の計算方法

設計変更	改定前	改定後（H28.4.1～）
積上の追加分	【積上の追加分の官積算額】×0.9 ⇒	【積上の追加分の官積算額100%】
共通仮設費（一式合意）	当初合意した額	当初合意した額

（出典）　国土交通省：総価契約単価合意方式の見直し，平成28年３月より作成

■H28.4改定ポイント②

【課題２】（単価包括合意方式の課題）

○指定部分等の引渡し後に変更を行うことによる引渡し部分の合意単価が精算済にも関わらず変更されてしまう。

変更時において，合意済単価が変更されないように改定。
併せて，手続きフローを見直し。（本官・分任官ともに同一フローとする）

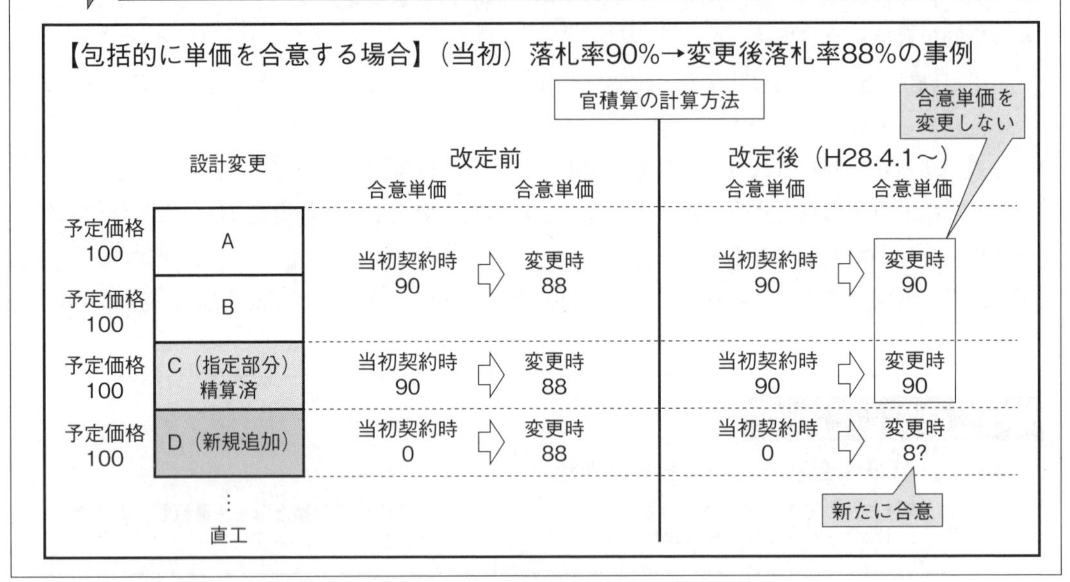

（出典）　国土交通省：総価契約単価合意方式の見直し，平成28年３月より作成

平成25年度各方式の実施状況

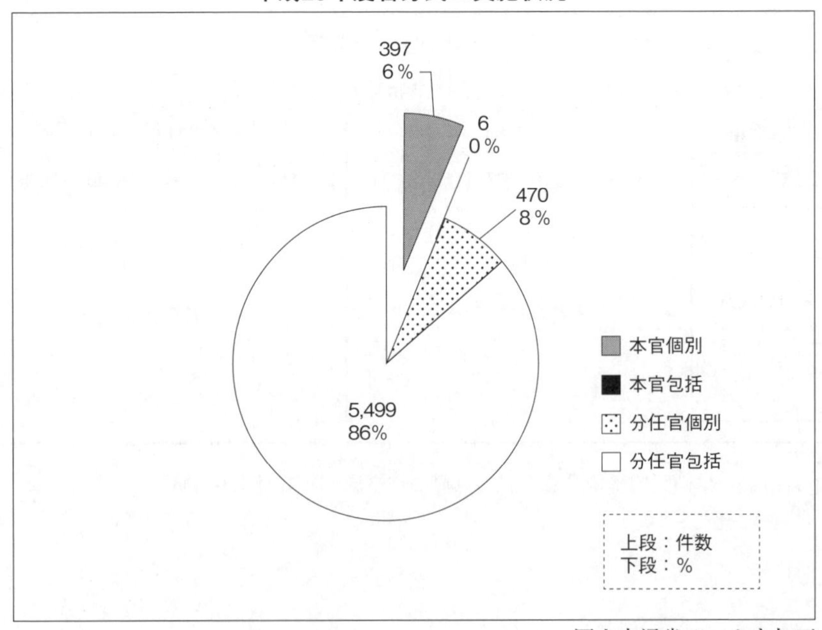

国土交通省データを加工

単価個別合意方式の実施に当たっては，請負者から代金内訳書の提出を受け，単価合意の協議を行った上で，当該請負者と単価合意書を締結することとされており，入札公告等に総価契約単価合意方式の対象工事とする旨が明記され周知されるとともに，工事請負契約書や特記仕様書に必要な事項が記載される。

工事請負契約書では以下の条項にも記載内容の変更・追加が行われ，個別に規定される。（第５章 資料編 実施要領 参照）

第３条 （請負代金内訳書，工程表及び単価合意書）

第24条 （請負代金額の変更方法）（第１章 １－７ 総価契約単価合意方式 参照）

第25条 （賃金又は物価の変動に基づく請負代金額の変更）

第29条 （不可抗力による損害）

第37条 （部分払い）

第39条 （部分引渡し）

総価契約単価合意方式を適用する工事においては，第３条第１項に基づき，受注者から提出される請負代金内訳書（以下単に「内訳書」という。）について，受注者との間で単価等を協議した上で合意することとなる。対象工事である旨の明示は入札公告等においてなされ，「本方式の実施方式としては，イ 単価個別合意方式（略），ロ 包括的単価個別合意方式（略）があり，受注者が選択するものとする。」と明記され，包括的単価個別合意方式希望書を受注者が提出することでどちらかの方法を選択できる。

単価合意は，内訳書の提出後速やかに，当該内訳書に係る単価を協議し，単価合意書を作成の上合意することとなるが，開始の日から14日以内に「単価個別合意方式」による協議が整わない場合は，包括的単価個別合意方式による「単価合意書」の締結を行う。

単価合意書の締結に当たっては，単価個別方式の場合は，合意単価を記し単価表を，包括的単価個別合意方式の場合は工事数量総括表を別紙として添付する。

２）単価協議の具体的手順

具体的な単価協議の進め方として受注者と発注者（契約担当課と発注（積算）担当課）間の単価協議・合意のフロー図については第５章の２．総価契約単価合意方式の実施についてを参照されたい。

３）単価の合意

工事請負契約書締結直後（設計・施工一括発注方式の場合は，詳細設計完了後に行う変更契約締結後）の単価合意は，工事請負契約書第３条第１項及び第３項の規定に基づき実施するほか，実施要領にてそれぞれの方式に応じて単価合意の方法が規定されている。

工事請負契約書第３条第５項及び第６項の規定に基づき請負代金額の変更後の単価合意を実施す

※ 工事予定価格が３億円を超えない工事。北海道開発局においては２億５千万円未満の工事。この金額を超える工事は，本官支出負担行為担当官の発注工事となり本官工事という。

総価契約単価合意方式の流れ

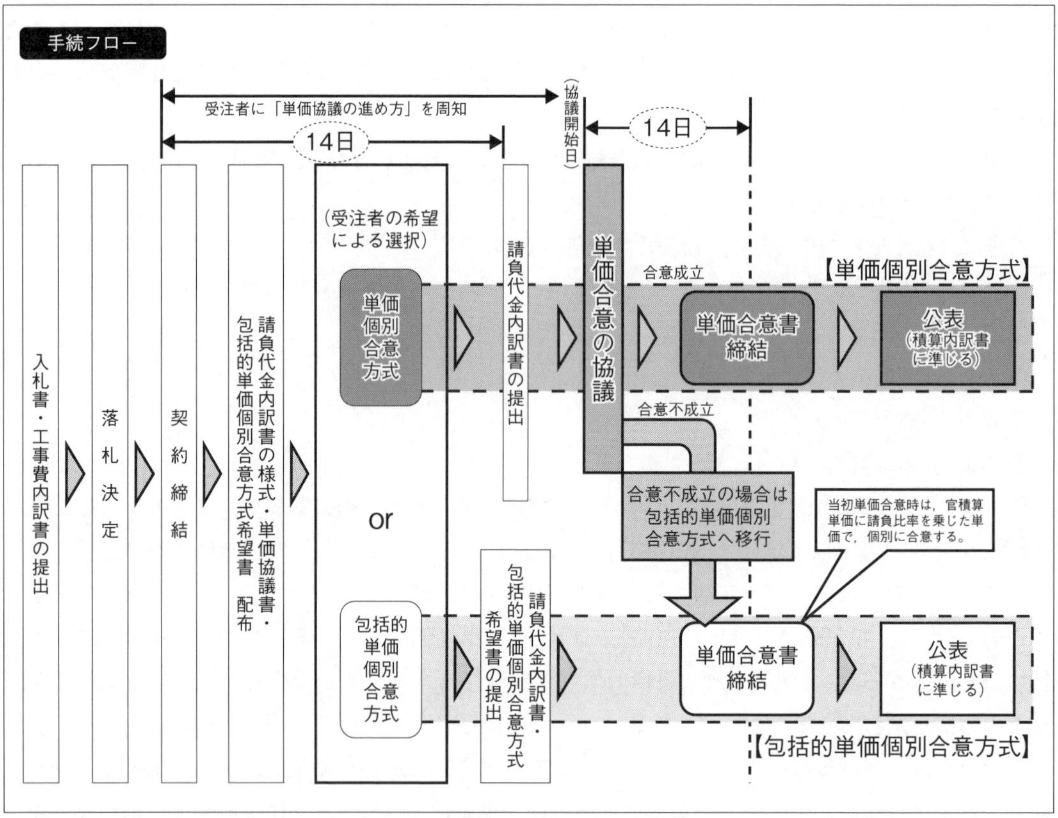

手続フロー

受注者に「単価協議の進め方」を周知

14日

（協議開始日）

14日

入札書・工事費内訳書の提出

落札決定

契約締結

請負代金内訳書の様式・単価協議書・包括的単価個別合意方式希望書　配布

（受注者の希望による選択）

単価個別合意方式

or

包括的単価個別合意方式

請負代金内訳書の提出

請負代金内訳書・包括的単価個別合意方式希望書の提出

単価合意の協議

合意成立

合意不成立

合意不成立の場合は包括的単価個別合意方式へ移行

単価合意書締結

公表（積算内訳書に準じる）

【単価個別合意方式】

当初単価合意時は，官積算単価に請負比率を乗じた単価で，個別に合意する。

単価合意書締結

公表（積算内訳書に準じる）

【包括的単価個別合意方式】

（出典）　国土交通省：総価契約単価合意方式の見直し，平成28年３月より作成

る必要がある〔（実施要領）５．⑴ ①の契約書記載例参照〕が，ここでは，当初契約時について記述する。

ア．単価個別合意方式の場合

単価合意は，受注者が提出した内訳書に基づき，工事数量総括表の直接工事費及び共通仮設費（積上げ分）の細別に関する単価（一式の場合は金額），共通仮設費（率計上分），現場管理費，一般管理費等の単価等の金額の，妥当性を確認のうえ合意する。（なお設計・施工一括発注方式の場合は，詳細設計完了後に行う変更契約締結後の工事数量総括表を基本とする。）

単価の協議は以下の区分毎に合意の内容等が定められており，一度合意した単価合意書の単価は変更しないが原則である（４）請負代金額の変更契約における取扱い 参照）。

【協議区分と合意の内容】

協議区分	合意の内容	備　考
Ⅰ．直接工事費	単価（円）	細別（レベル４）〔最下位が種別の場合は種別〕 ①単位は有効数字４桁（小数点第３位以下切り捨て） ②一式の場合は金額
Ⅱ．共通仮設費（積上げ分）	単価（円）	③細別（レベル４），単位は有効数字４桁 ④一式の場合は金額
Ⅲ．共通仮設費（率分）	金額（円）	⑤金額は円止
Ⅳ．現場管理費	金額（円）	⑥金額は円止
Ⅴ．一般管理費等	金額（円）	⑦金額は円止

＜参考＞単価協議の進め方（単価の妥当性の確認）［改正後］

■単価協議開始までの留意事項

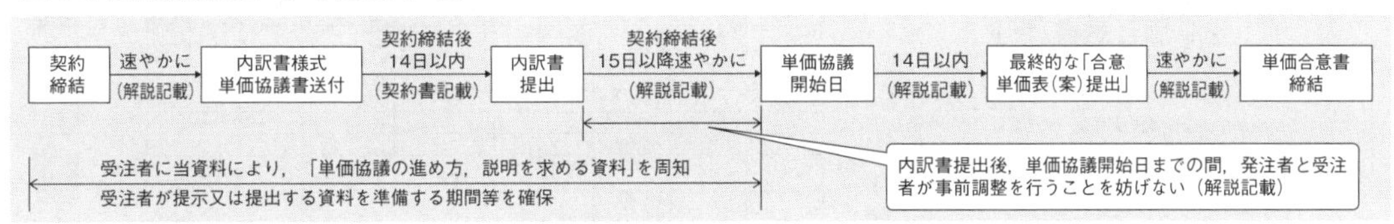

■妥当性の確認資料及び確認内容*【※単価個別合意方式の場合】*

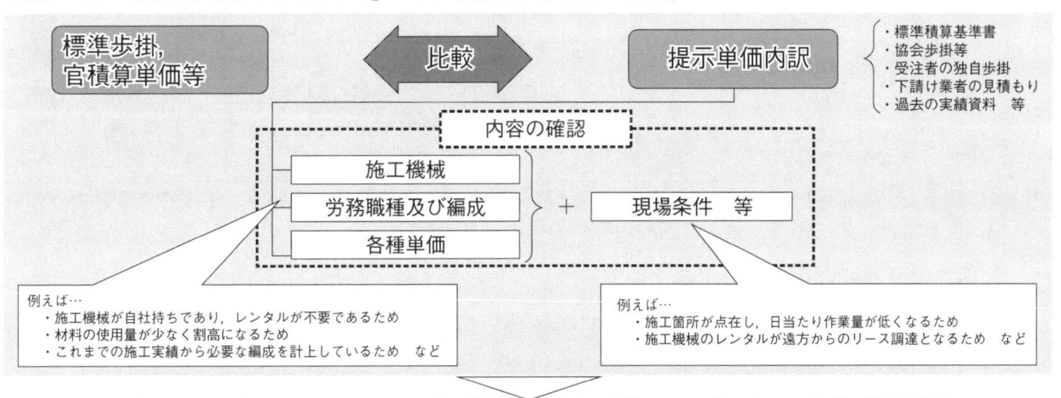

（出典）　国土交通省関東地方整備局企画部（HP）：総価契約単価合意方式の改正について，平成23年10月より作成

以下に単価合意書と単価表の例を示す。

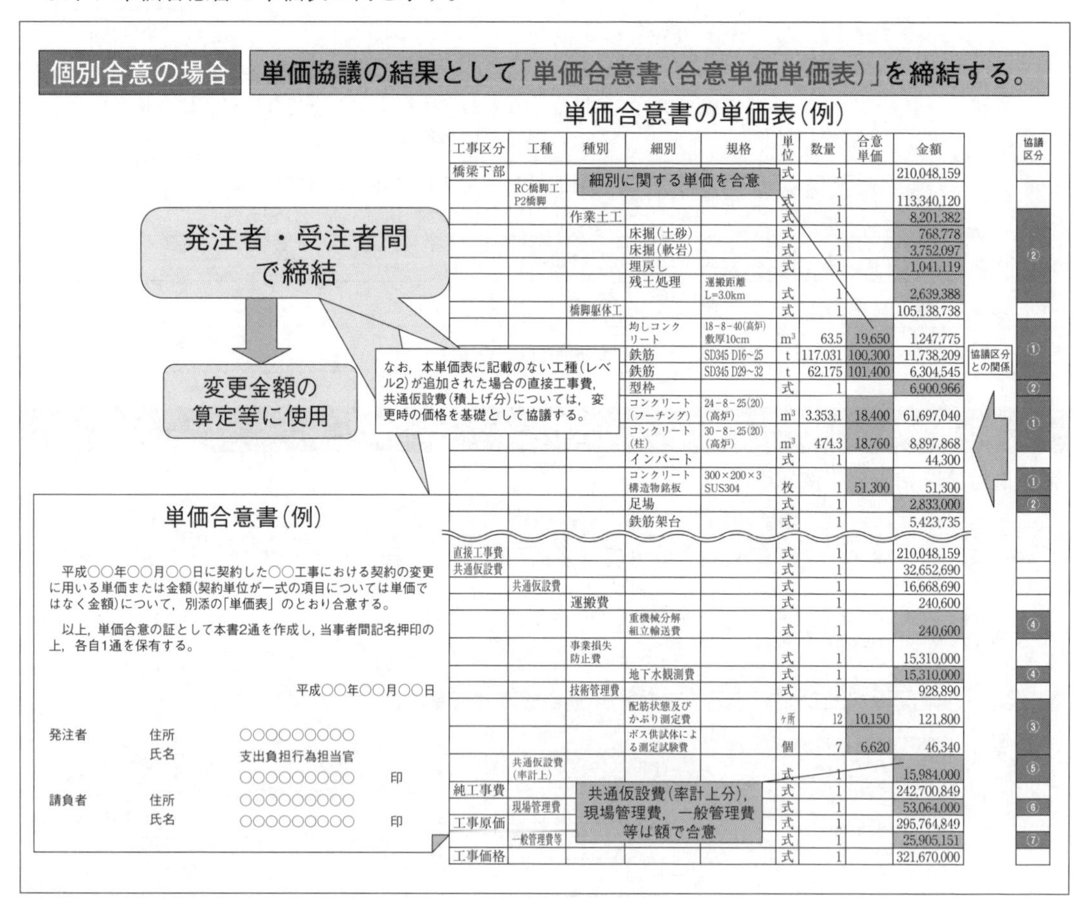

単価合意書の単価表(例)

工事区分	工種	種別	細別	規格	単位	数量	合意単価	金額	協議区分
橋梁下部					式	1		210,048,159	
	RC橋脚工 P2橋脚				式	1		113,340,120	
		作業土工			式	1		8,201,382	②
			床掘(土砂)		式	1		768,778	
			床掘(軟岩)		式	1		3,752,097	
			埋戻し		式	1		1,041,119	
			残土処理	運搬距離 L=3.0km	式	1		2,639,388	
		橋脚躯体工			式	1		105,138,738	
			均しコンクリート	18－8－40(高炉) 敷厚10cm	m^3	63.5	19,650	1,247,775	①
			鉄筋	SD345 D16~25	t	117.031	100,300	11,738,209	
			鉄筋	SD345 D29~32	t	62.175	101,400	6,304,545	
			型枠		式	1		6,900,966	②
			コンクリート(フーチング)	24－8－25(20)(高炉)	m^3	3,353.1	18,400	61,697,040	①
			コンクリート(柱)	30－8－25(20)(高炉)	m^3	474.3	18,760	8,897,868	
			インバート		式	1		44,300	
			コンクリート構造物銘板	300×200×3 SUS304	枚	1	51,300	51,300	①
			足場		式	1		2,833,000	②
			鉄筋架台		式	1		5,423,735	
直接工事費					式	1		210,048,159	
共通仮設費					式	1		32,652,690	
	共通仮設費				式	1		16,668,690	
		運搬費			式	1		240,600	
			重機械分解組立輸送費		式	1		240,600	④
		事業損失防止費			式	1		15,310,000	
			地下水観測費		式	1		15,310,000	④
		技術管理費			式	1		928,890	
			配筋状態及びかぶり測定費		ヶ所	12	10,150	121,800	③
			ボス供試体による測定試験費		個	7	6,620	46,340	
	共通仮設費(率計上)				式	1		15,984,000	⑤
純工事費					式	1		242,700,849	
	現場管理費				式	1		53,064,000	⑥
工事原価					式	1		295,764,849	
	一般管理費等				式	1		25,905,151	⑦
工事価格					式	1		321,670,000	

単価合意書(例)

平成○○年○○月○○日に契約した○○工事における契約の変更に用いる単価または金額(契約単位が一式の項目については単価ではなく金額)について，別添の「単価表」のとおり合意する。

以上，単価合意の証として本書2通を作成し，当事者間記名押印の上，各自1通を保有する。

平成○○年○○月○○日

発注者　住所　○○○○○○○○○
　　　　氏名　支出負担行為担当官
　　　　　　　○○○○○○○○○　印

請負者　住所　○○○○○○○○○
　　　　氏名　○○○○○○○○○　印

(出典)　国土交通省関東地方整備局企画部(HP)：総価契約単価合意方式について，平成22年５月より作成
※　協議区分は前出の［協議区分と合意の内容］の備考欄に対応

イ．包括的単価個別合意方式の場合

単価合意は，工事数量総括表に記載の項目（細別レベル４）について，当初契約の工事価格に対する落札金額の比率（請負代金比率）に基づき行なわれる。

・当初単価合意の合意単価の算定

合意単価＝当初一次官積算単価×(当初落札金額／当初契約一次官積算額（工事価格))

4）請負代金額の変更契約における取扱い

総価契約単価合意方式の工事請負契約書第24条に，請負代金額の変更方法等を定めている。

工事請負契約書（請負代金額の変更方法等）

第24条　請負代金額の変更については，次に掲げる場合を除き，第３条第３項（同条第５項において準用する場合を含む。）の規定により作成した単価合意書の記載事項を基礎として発注者と受注者とが協議して定める。ただし，協議開始の日から○日以内に協議が整わない場合には，発注者が定め，受注者に通知する。

一　数量に著しい変更が生じた場合。

二　単価合意書の作成の前提となっている施工条件と実際の施工条件が異なる場合。

三　単価合意書に記載されていない工種が生じた場合。

四　前各号に掲げる場合のほか，単価合意書の記載内容を基礎とした協議が不適当である場合。

（注）○の部分には，原則として，「14」と記入する。

2　前項各号に掲げる場合における請負代金額の変更については，発注者と受注者とが協議して定める。ただし，協議開始の日から○日以内に協議が整わない場合には，発注者が定め，受注者に通知する。

3・4（略）

請負代金額の変更方法については，原則として単価合意書に記載の合意単価等を基礎として請負代金額を変更することとするが，以下のような場合には，単価合意書に記載の合意単価等を用いることが不適当なことがあるので，変更時の価格を基礎として発注者と受注者とが協議して定めることとしている。

①　数量に著しい変更が生じた場合で，特別な理由がないとき

工事材料等の購入量が大幅に増え材料単価が安くなる場合や，大型の機械により施工することで施工単価が安くなる場合など，著しい数量の増減があった場合。

②　単価合意書の作成の前提となっている施工条件と実際の施工条件が異なる場合で，特別な理由がないとき

設計図書と現場条件に相違があった場合や，発注者から工事目的物の構造や材料規格について変更を指示した場合など，施工条件が異なる場合。

③　単価合意書に記載されていない工種が生じた場合で，特別な理由がないとき

単価合意書に添付の単価表又は数量総括表に記載のない項目が生じた場合。

④　単価合意書の記載内容を基礎とした協議が不適当である場合で，特別な理由がないとき

受注者の任意性が強いものとして当初一式金額で合意した作業土工について，受注者の責に帰すべきでない作業土工の金額変更が生ずる場合など，上記①から③に該当しないが単価合意書に記載合意単価等を用いることが不適当な場合。

「特別な理由」とは，受注者の責に帰すべきものとして変更の対象にならない場合や，大幅な数

量増減や施工条件変更にもかかわらず単価変動が無い場合などが該当する。尚，特別な理由がないとき」に変更時の価格を基礎とするのであるから，「特別な理由があるとき」は「その他の場合」として単価合意書に記載の合意単価等を基礎とすることとなる。

また，発注者と受注者とが協議とは，これらを踏まえて，請負代金額の変更部分の総額を協議するということである。

<参考>請負代金額の変更

合意単価を用いることが不適当な場合は，発注者と受注者とが協議して定める。

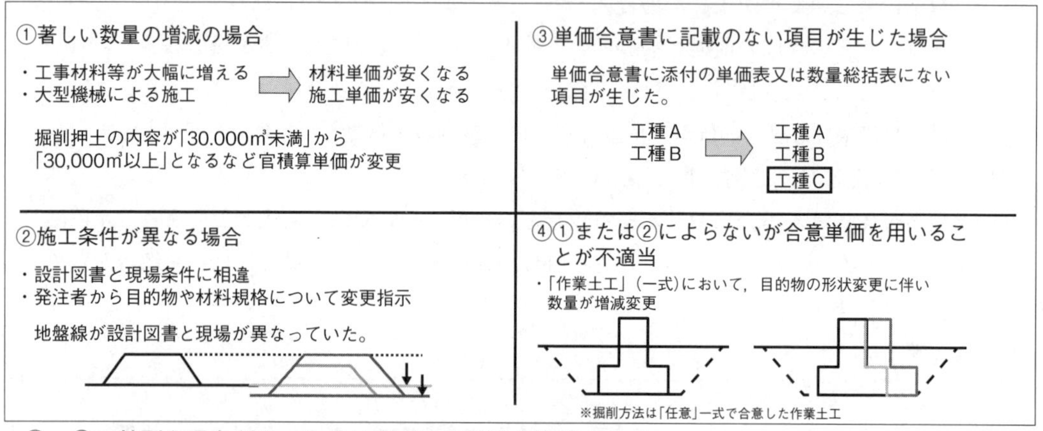

①〜④で特別な理由がないときは変更時の価格を基礎とする。

・受注者の責に帰すべきもの
・大幅な数量増減や施工条件が変わっても単価変動がない場合

特別な理由があるときは単価合意書の合意単価等を基礎とする。
上記①〜④以外の場合は，合意単価を用いる。

（出典） 国土交通省関東地方整備局企画部（HP）：総価契約単価合意方式の改正について，平成23年10月より

以下に請負代金の変更契約に関する取扱い（合意単価以外を用いる場合）を示す。

変更内容	例　示	単価個別合意方式・包括的単価個別合意方式
①数量の増減が著しく単価合意記載の単価に影響があると認められる場合	・「掘削（土砂）」の内容が，「普通土30,000㎡以上」となるなど官積算単価が変更。	・当該細別（レベル4）の比率[※1]に変更後の条件により算出した官積算単価を乗じる。 変更後の条件の官積算×官積算単価に対する合意単価（レベル4）の比率 （　）| 官積 | 予定価積算 | 合意 当初 | 100 | 100 | 90 変更 | 110 | 110×(90/100)＝99 |

※1　当該細別（レベル4）の比率：官積算単価に対する合意単価の比率をいう。

②施工条件が異なる場合	・ダンプトラック運搬において，指定場所の変更により，運搬距離が変更。 ・「掘削（土砂）」が「掘削（硬岩）」に変更。	・既存の細別（レベル４）の積算条件が変更された場合は，当該細別（レベル４）の比率に変更後の条件により算出した官積算単価を乗じる。 上記①同様 ・既存の工種（レベル２）に，新たな種別（レベル３）又は細別（レベル４）が追加された場合は，当該工種（レベル２）の比率に官積算単価を乗じる。 変更後の条件の官積算×官積算単価に対する合意単価（レベル２）の比率
③単価合意書に記載のない工種が生じた場合		・新規に工種（レベル２）が追加された場合の直接工事費及び共通仮設費（積上げ分）については，合意した工事と施工体制が異なると判断し，標準積算基準により算出した官積算単価とする。 ・ここで新規工種（レベル２）が追加された場合とは，工事工種体系の工種の用語上で同一の用語となる場合を除く。 ・なお，実施要領単価合意書（単価表）に記載の「変更時の価格を基礎として協議する」とは，新規工種（レベル２）は官積算単価を使用した上で，請負代金額の変更部分の総額を協議するということである。 ・新規に工種（レベル２）が追加される場合は官積算単価100％ ・細別（レベル４）が新規に追加された場合の共通仮設費（積上げ分）は官積算単価100％
④単価合意書記載の単価によることが不適当な場合	・「作業土工」（一式）において，目的物の形状変更に伴い数量が増減変更。	・上記①または②に該当しないが，合意単価によることが不適当な場合は，当該細別（レベル４）の比率に変更後の条件により算出した官積算単価を乗じる。 ・ただし，当該単価が細別（レベル４）ではなく，工種（レベル２）または種別（レベル３）のものである場合は，当該工種（レベル２）の比率に変更後の条件により算出した官積算単価を乗じる。 変更後の条件の官積算×官積算単価に対する合意単価（レベル４又は２）の比率

（出典）　国土交通省総価契約単価合意方式実施要領の解説，平成28年３月より作成
　　　　なお上記①～④に該当しない数量増減変更は，合意単価を乗じるものである。

イ．共通仮設費（率分），現場管理費，一般管理費等

間接労務費，工場管理費，共通仮設費（率分），共通仮設費（イメージアップ経費），現場管理費，技術者間接費，機器管理費，据付間接費，設計技術費，一般管理費等などの率計算により算出する項目についての変更金額は次のとおり算出する。なお，ここでは共通仮設費（率分）について説明するが他の率式で計算する費用の場合も同様の方法である。

㋐【単価個別合意方式】の場合

以下に示すように，直接工事費及び共通仮設費（積上げ分）での単価を基礎として算出した積算基準書で定める対象額〔B〕に，変更前の対象額に対する合意金額の比率〔C〕と，標準積算基準書の率式を利用した変更前後の低減割合〔D〕を乗じて算出する。

単価個別合意方式における共通仮設費（率分）の算出例

（例）共通仮設費（率分）＝B×C×D

B＝変更積算の共通仮設費（率分）の対象となる項目の合計金額

$$C=\frac{\text{変更前の共通仮設費（率分）の合意金額（C1）}}{\text{変更前の共通仮設費（率分）の対象となる項目の合計金額（C2）}}$$

$$D=\frac{\text{Bを積算基準書の率式に代入した値（D1）}}{\text{C2を積算基準書の率式に代入した値（D2）}}$$

<設計変更にて共通仮設費（率分）対象額が，3,000万円⇒3,300万円となった場合の積算例>

B　＝変更積算の共通仮設費（率分）の対象となる項目の合計金額＝33,000,000円

C1＝変更前の共通仮設費（率分）の合意金額＝3,150,000円

C2＝変更前の共通仮設費（率分）の対象となる項目の合計金額＝30,000,000円

C　＝C1／C2＝3,150,000円／30,000,000円

D1＝Bを積算基準書の率式に代入した値＝10.85％

D2＝C2を積算基準書の率式に代入した値＝10.95％

D　＝D1／D2＝10.85％／10.95％

共通仮設費（率分）＝B×C×D＝33,000,000×3,150,000／30,000,000×10.85／10.95

＝3,433,356円

（出典）　国土交通省：総価契約単価合意方式実施要領の解説，平成28年3月より作成

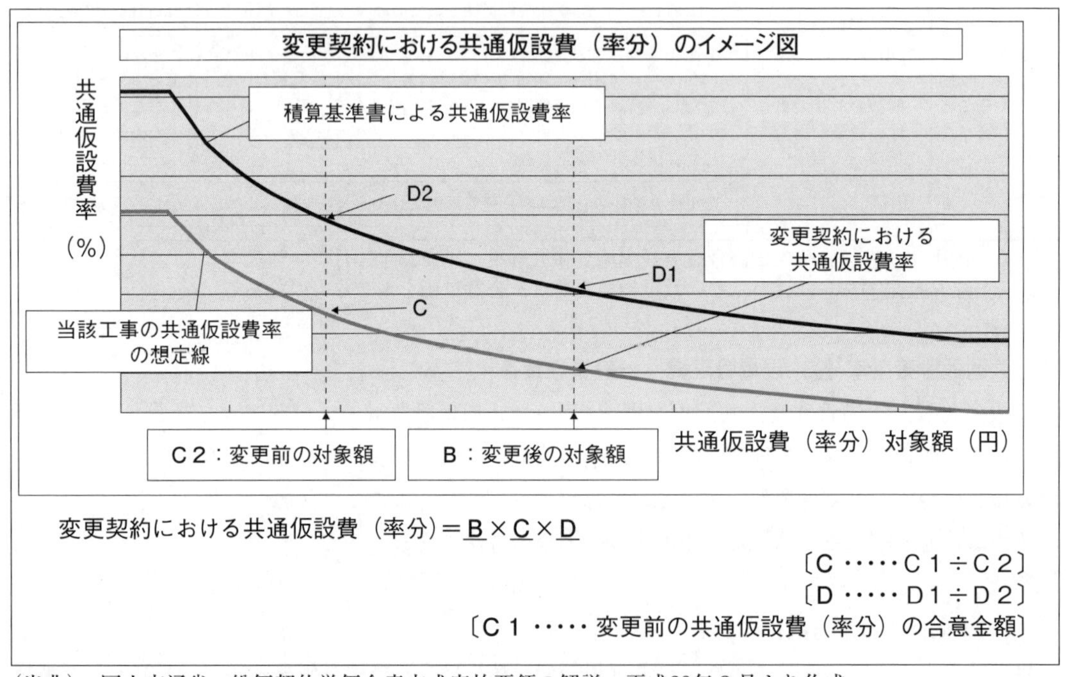

（出典）　国土交通省：総価契約単価合意方式実施要領の解説，平成28年3月より作成

⑴　【包括的単価個別合意方式】の場合

間接労務費，工場管理費，共通仮設費（率分），共通仮設費（イメージアップ経費），現場管理費，技術者間接費，機器管理費，据付間接費，設計技術費，一般管理費等などの率計算により算出する項目については，⑴の単価を基礎として算出した積算基準書で定める対象額〔B〕に，変更前の対象額に対する合意金額の比率〔C〕に，積算基準書の率式を利用した変更前後の低減割合を乗じた率〔D〕を乗じて算出する。

（例）共通仮設費（率分）＝B×C×D

B＝変更積算の共通仮設費（率分）の対象となる項目の合計金額

$$C=\frac{変更前の共通仮設費（率分）の合意金額（C1）}{変更前の共通仮設費（率分）の対象となる項目の合計金額（C2）}$$

$$D=\frac{Bを積算基準書の率式に代入した値（D1）}{C2を積算基準書の率式に代入した値（D2）}$$

＜設計変更にて共通仮設費（率分）対象額が，3,000万円⇒3,300万円となった場合の積算例＞

B　＝変更積算の共通仮設費（率分）の対象となる項目の合計金額＝33,000,000円

C1＝変更前の共通仮設費（率分）の合意金額＝3,150,000円

C2＝変更前の共通仮設費（率分）の対象となる項目の合計金額＝30,000,000円

C　＝C1／C2＝3,150,000円／30,000,000円

D1＝Bを積算基準書の率式に代入した値＝10.85%

D2＝C2を積算基準書の率式に代入した値＝10.95%

D　＝D1／D2＝10.85%／10.95%

共通仮設費（率分）＝B×C×D＝33,000,000×3,150,000／30,000,000×10.85／10.95

＝3,433,356円

（出典）　国土交通省：総価契約単価合意方式実施要領の解説，平成28年３月より作成

５）請負代金額の変更後の単価合意

総価契約単価合意方式では，工事請負契約書第３条第５項及び第６項の規定に基づき請負代金額の変更後の単価合意を実施する必要がある〔(実施要領）４．⑴ ①の契約書記載例参照〕。

単価個別合意方式，包括的単価個別合意方式のいずれの場合も，変更以後，契約変更かつ部分払いが無いことが明らかな場合は，単価協議は不要である。(ただし，前後工事の関係にある前工事については，契約変更や部分払が無いことが明らかな場合や精算変更後でも，単価協議・合意は実施する。)

また，具体的手順は，前述したそれぞれの方法に準じて行い，受注者が変更契約後14日以内に変更した「請負代金内訳書」を契約担当課に提出することなどは同様である。

ア．【単価個別合意方式の場合】

単価合意書に記載のない直接工事費及び共通仮設費（積上げ分）の細別に関する単価（一式の場合は金額)，共通仮設費（率計上分)，現場管理費，一般管理費等の金額について単価協議を行うこととしており，単価合意書に記載のある単価の変更は行わない。また精算変更後の単価協議は不要である。(ただし，前後工事の関係にある前工事については実施)

＜参考＞単価個別合意方式における変更時の予定価格算出方法と協議項目

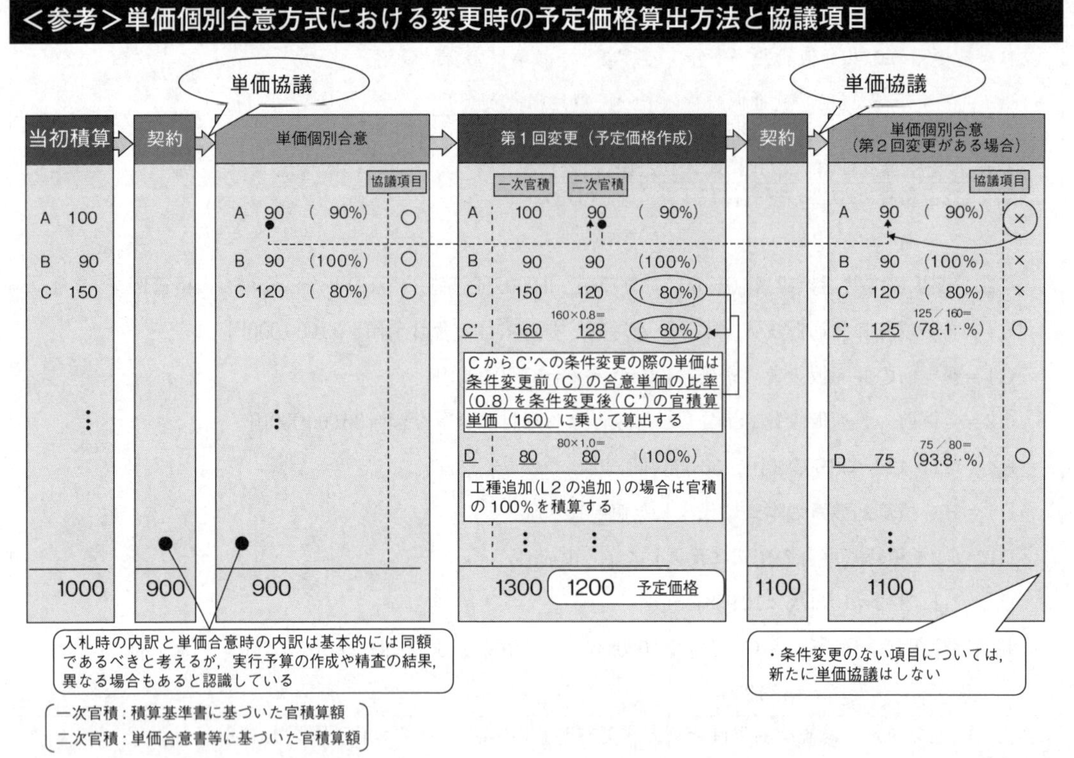

（出典） 国土交通省関東地方整備局企画部（HP）：総価契約単価合意方式の改正について，平成23年10月より作成

イ．【包括的単価個別合意方式の場合】

第（●）回 変更単価合意において，第（●）回 変更後の工事数量総括表に記載の項目のうち，単価合意書記載の単価以外を用いる直接工事費，及び共通仮設費（積上げ分）の細別の単価，並びに共通仮設費（率分），現場管理費，及び一般管理費等の金額については，一次官積算単価に，「（x）第（●）回 変更の一次官積算額（変更増減額ではなく総額）のうち，単価合意書記載の単価以外を用いる項目の官積算額」に対する「（y）第（●）回 変更後の請負代金額総額（変更増減額ではなく総額）のうち単価合意書記載の単価以外を用いる項目の金額」の比率（y／x）を乗じたものを合意単価とみなす。

6）総価契約単価合意方式の実施状況

国土交通省では，平成22年度の総価契約単価合意方式の実施状況と対象工事について発注者，受注者にアンケートによるフォローアップ調査を行い，その結果を平成23年６月20日に公表した。その概要を以下に示す。なお，平成28年４月から包括合意方式は包括的単価個別合意方式と改名されているが，当時の名称としている。

【フォローアップ調査】

(ア) アンケート調査対象工事：

・平成22年度に総価契約単価合意方式により実施した工事のうち，土木工事18工種区分別に合意方式毎，工事規模毎で各地方整備局１工事を目安として抽出し，受注者及び発注者を対象

(イ) アンケート対象工事数：

・408工事（個別合意方式：170工事，包括合意方式：238工事）

(ウ) アンケート調査結果の概要

アンケート調査結果の概要として，「受注者により評価された点」及び「受注者から改善が必要とされた点」を以下に示す。全体的には改善を必要とする点はあるものの受注者の７割がメリットを実感している。

理解度に関しては，「変更における積算方法・単価の設定方法」についての理解が難しいという意見が多い。

当初協議で手間がかかった理由としては，発注者では，「ヒアリングによる単価の妥当性の確認」，受注者では，「発注者との見解の相違～合意までの調整」の意見が最も多い。

単価は，「合意単価全体の概ね70％以上で官積算単価の±10％の範囲内だった。」が80％以上の回答であった。

本アンケート調査結果を踏まえ，総価契約単価合意方式の実施要領及び実施要領の解説が見直され，平成23年９月に改訂通達された。

◆<参考>アンケート調査結果の概要（総括）

受注者から評価された点

■ 受注者の**８割が予定した単価で概ね合意**できている。
■ 個別合意方式について，受注者の**７割が総価契約単価合意方式のメリットを実感**。（**発注者の２倍を越える**高評価）
・企業経営上工事の採算の判断等がしやすくなった。
・落札率による一律圧縮ではなくなり，より実態にあった変更契約に近づいた。 等

受発注者から改善が必要とされた点

■ 総価契約単価合意方式の浸透不足，理解不足。
■ 協議や関係資料の作成に時間や手間を要する。
■ 単価の妥当性判断や妥当性の説明が難しい。
■ 変更契約における単価がわかりにくい。

◆「実施要領」等による総価契約単価合意方式の理解度

「実施要領」等の公表された資料により本方式を理解することができましたか。

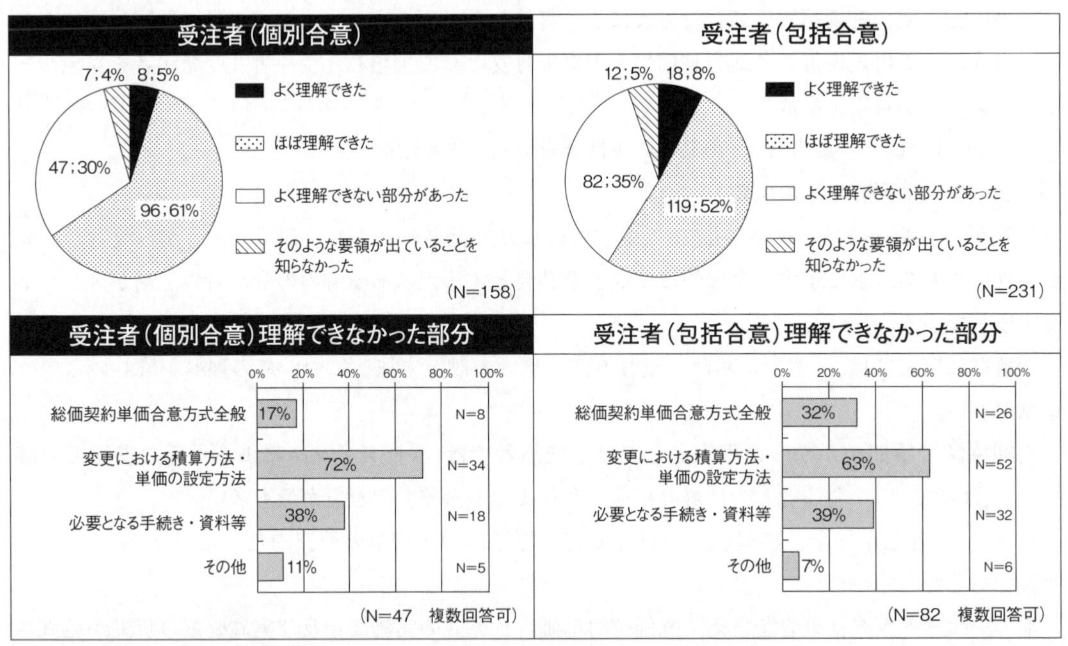

（出典） 国土交通省：平成22年度 総価契約単価合意方式の実施状況及びフォローアップ調査結果，平成23年6月より作成

◆協議（当初）の容易さ

単価協議（当初）は準備等も含めてスムーズに行えましたか。

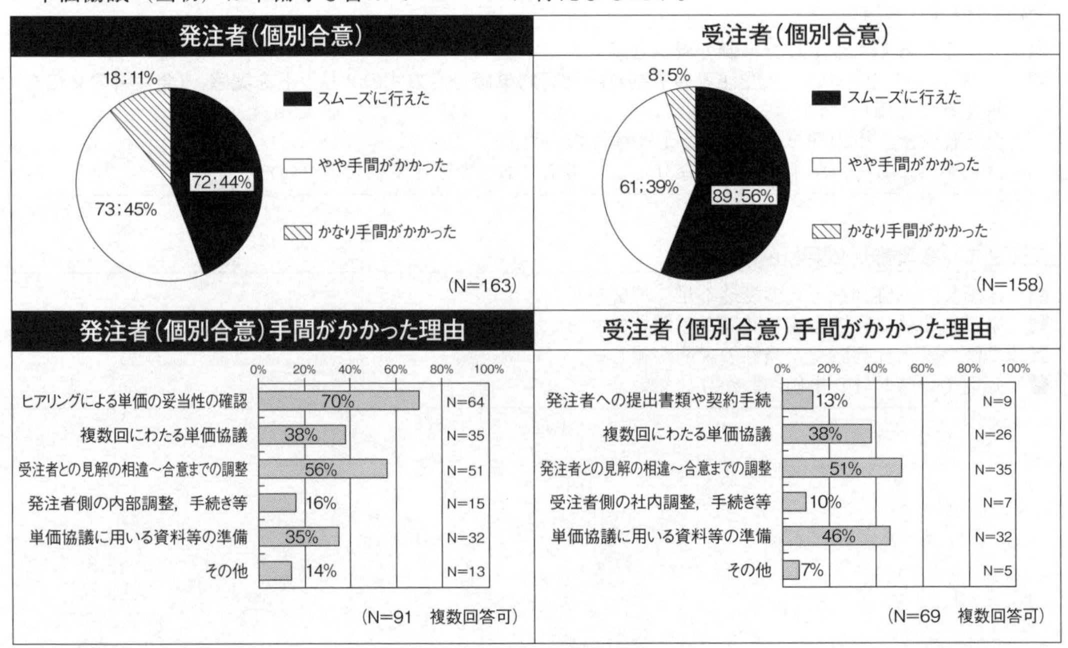

（出典） 国土交通省：平成22年度 総価契約単価合意方式の実施状況及びフォローアップ調査結果，平成23年6月より作成

◆**単価合意結果の状況**

単価協議により合意された単価の状況について。

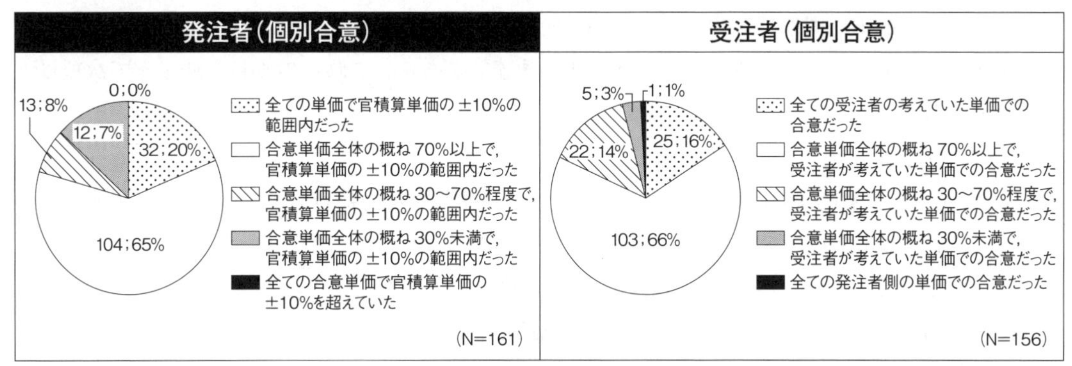

（出典）　国土交通省：平成22年度　総価契約単価合意方式の実施状況及びフォローアップ調査結果，平成23年６月より作成

(2)　スライド条項

１）スライド条項とは

公共工事におけるスライド条項とは，物価変動等による請負代金額の変更について，通常合理的な範囲を超える価格変動の場合，受注者のみにその負担を負わせるのでなく，発注者と受注者の双方で負担を分担すべきものとの考え方により，標準契約約款第25条（第１章　１－５ (4) スライド条項 参照）に規定されている措置である。

標準契約約款の規定は，昭和24年の建設業法の策定により建設工事における請負契約関係の片務性の排除，不明確性の是正が明文化されたことに伴い，昭和25年２月の建設工事標準請負契約約款の策定時から物価の変動等による請負代金額の変更（いわゆるスライド条項）が規定された。

その後，規定の明確化や変更が行われ，昭和47年以降には，いわゆる「全体スライド条項」と「インフレスライド条項」が規定されていた。第１次石油危機後の昭和48年から49年にはインフレスライドに関する通達が出され，平成元年頃のバブル景気の時期に増額の全体スライドの通達が，賃金や物価の下落が著しかった平成12年には減額の全体スライドに関する通達が出されている。昭和54から55年にかけて第２次石油危機が発生した際は，工事毎に特約条項を設けて対応したが，現在のいわゆる「単品スライド条項」はこの特約条項が一般化され，昭和56年に標準約款に規定された。

資源価格が急騰した平成20年にも単品スライドを実施し，その都度，運用基準の明確化を図ってきている。

平成24年には東日本大震災の復旧・復興事業が本格化する中，賃金等の急激な変動に対応することが必要となり，東日本大震災の被災三県における措置としてインフレスライドに関する通達がされた。さらに，労務単価の上昇等により全国に対応が必要となったことから，平成26年１月には，全国的に適用となる「賃金等の変動に対する工事請負契約書第25条第６項の運用について」の通達が出されている。

国土交通省直轄事業のスライド条項に関する要件，適用手続き等に関する規範は以下の２つである。

① 標準契約約款第25条

② 「工事請負契約書の運用基準について」（平成７年６月30日，国地契第20号，平成22年９月６日最終改正，国地契第20号）の第25条関係

上記に加えてスライドの種類別に以下の関係通達等がある。これらの資料を踏まえて次項以下に紹介する。

○全体スライド：

③ 「工事請負契約書第25条（スライド条項）の減額となる場合の運用について」（平成12年10月６日，建設省厚契発第34号，建設省技調発159号）

④ 国土交通省大臣官房技術調査課：「工事請負契約書第25条第１項～第４項（全体スライド条項）運用マニュアル（暫定版）」，平成25年９月

○単品スライド：

⑤ 「工事請負契約書第25条第５項の運用について」（平成20年６月13日，国地契第９号，国技建第１号，国営計第24号，平成25年10月１日最終改正，国地契第37号，国官技第143号，国営計第61号）

⑥ 国土交通省大臣官房技術調査課：「工事請負契約書第25条第５項（単品スライド条項）運用マニュアル（暫定版）」，平成20年７月16日

○インフレスライド：

⑦ 「賃金等の変動に対する工事請負契約書第25条第６項の運用について」，平成26年１月30日，国地契57号，国官技第253号，国営管第393号，国営計第107号，国港総第471号，国港技第97号，国空予管第491号，国空安保第711号，国空交企第523号，国北予第36号

⑧ 国土交通省大臣官房技術調査課：「工事請負契約書第25条第６項（インフレスライド条項）運用マニュアル（暫定版）」，平成26年１月

２）スライドの種類

スライドの種類については，国土交通省の通達等の中で以下の３種類のスライド条項に分類してそれぞれ運用方法を定めており，それぞれの条項を実施する行為について，各々「全体スライド」「単品スライド」「インフレスライド」と称している。（第１章　１－５ ⑷ スライド条項 参照）

○全 体 ス ラ イ ド（条項：公共工事標準請負契約約款第25条第１項～第４項）

○単 品 ス ラ イ ド（条項：公共工事標準請負契約約款第25条第５項）

○インフレスライド（条項：公共工事標準請負契約約款第25条第６項）

標準契約約款第25条では，請負代金額が不適当若しくは著しく不適当となったと認めたときは請負代金額の変更を請求できるとしており，通常，増額変更は受注者から，減額変更は発注者から協議を始めることになる。

3）スライドの種類別対象工事及び対象材料等

三つの方式についてその特徴を整理して下表に示す。

項目		全体スライド （契約書第25条第１項から第４項）	単品スライド （契約書第25条第５項）	インフレスライド （契約書第25条第６項）
適用対象工事		工期が12ヶ月を超える工事。 ただし，基準日以降，残工期が２ヶ月以上ある工事 （比較的大規模な長期工事）	すべての工事 （運用通達発出日時点で継続中の工事及び新規契約工事）	すべての工事 ただし，基準日以降，残工期が２ヶ月以上ある工事 （本通達発出日時点で継続中の工事及び新規契約工事）
条項の趣旨		比較的緩やかな価格水準の変動に対応する措置	特定の資材価格の急激な変動に対応する措置	急激な価格水準の変動に対応する措置
請負額変更の方法	対象	請負契約締結の日から12ヶ月経過した基準日以降の残工事量に対する資材，労務単価等	部分払いを行った出来高部分を除くすべての資材（鋼材類，燃料油類等）	本通達に基づき，賃金水準の変更がなされた日以降の基準日以降の残工事量に対する資材，労務単価等
	受注者の負担	残工事費の1.5％	対象工事費の1.0％ （ただし，全体スライド又はインフレスライドと併用の場合，全体スライド又はインフレスライド適用期間における負担はなし）	残工事費の1.0％ （29条「天災不可抗力条項」に準拠し，建設業者の経営上最小限度必要な利益まで損なわないよう定められた「１％」を採用）
	再スライド	可能 （全体スライド又はインフレスライド適用後，12ヶ月経過後に適用可能）	なし （部分払いを行った出来高部分を除いた工期内すべての資材を対象に，精算変更契約後にスライド額を算出するため，再スライドの必要がない）	可能 （本通達に基づき，賃金水準の変更がなされる都度，適用可能）
これまでの事例		ほぼ経年的にあり	昭和55年（第２次石油危機当時） 平成20年運用通達（資源価格高騰時）	昭和49年運用通達（第１次石油危機当時） 平成24年運用通達（震災復興時） 平成26年運用通達（労務単価高騰時）

（出典）　国土交通省：「賃金等の変動に対する工事請負契約書第25条第６項（インフレスライド条項）の運用について」記者発表資料，平成26年１月30日，及び国土交通省：工事請負契約書第25条第６項（インフレスライド条項）運用マニュアル（暫定版）平成26年１月より作成

4）スライド条項の適用手続き等

スライド条項の適用は，受注者又は発注者から請求のあった場合に行われ，賃金又は物価変動による請負代金額の変更（以下スライドという）については，発注者と受注者の間で協議して定めるとされている。

以下に，これまで発動された「全体スライド」，「単品スライド」及び「インフレスライド」のス

ライド条項の適用手続きの概要について，紹介する。

ア．全体スライド

㈠ スライド条項の適用要件

賃金又は物価変動による請負代金額の変更は，次の要件に該当し，受注者又は発注者から請求があった場合に行われる。

① 契約を締結した日から起算し12ヶ月を経過していること。
（第2回以降のスライドの場合は，前回スライドの請求のあった日から12ヶ月を経過していること）

② 残工事の工期がスライドの請求があった日から2ヶ月以上あること。

③ 変動前残工事代金額と変動後残工事代金額との差額が，変動前の残工事代金額の15/1,000を超えていること。

㈡ スライド条項の適用手続き

スライド条項の適用は，発注者，受注者の双方から請求することができるが，一般的に増額となる場合は受注者から，減額となる場合は発注者から請求手続きが行われる。

㈢ スライド条項適用手順例（増額となる場合……受注者からの請求ケース　図－1）

【手　順】

① 複数年にわたる長期工事において，契約当初の請負代金額が賃金又は物価の変動により不適当となった場合，受注者から変動状況等の資料を添えて，工事請負契約書第25条第1項に基づき請負代金額の変更を請求

②－1　請求を受けた発注者は，速やかに残工事量の確認日（請求のあった日から14日以内）について受注者へ回答

②－2　発注者は，残工事量の確認を実施

③ 受注者は，確認に基づく残工事量確認調書を作成，スライド協議額とともに発注者に提出
（この場合，現場着手の遅れなど受注者の責により遅延していると認められるものは残工事量に含まれない)。

④ 発注者によるスライド額の算出，受注者と請負代金額の変更協議（算出額が受注者提出のスライド協議額を超えている場合は，受注者の協議額)

⑤－1　受注者は発注者からの請負代金額の変更協議に異存がない場合は承諾

⑤－2　協議が整わない場合は，発注者が定め受注者に通知

図－1　スライド条項適用手順例（増額となる場合）

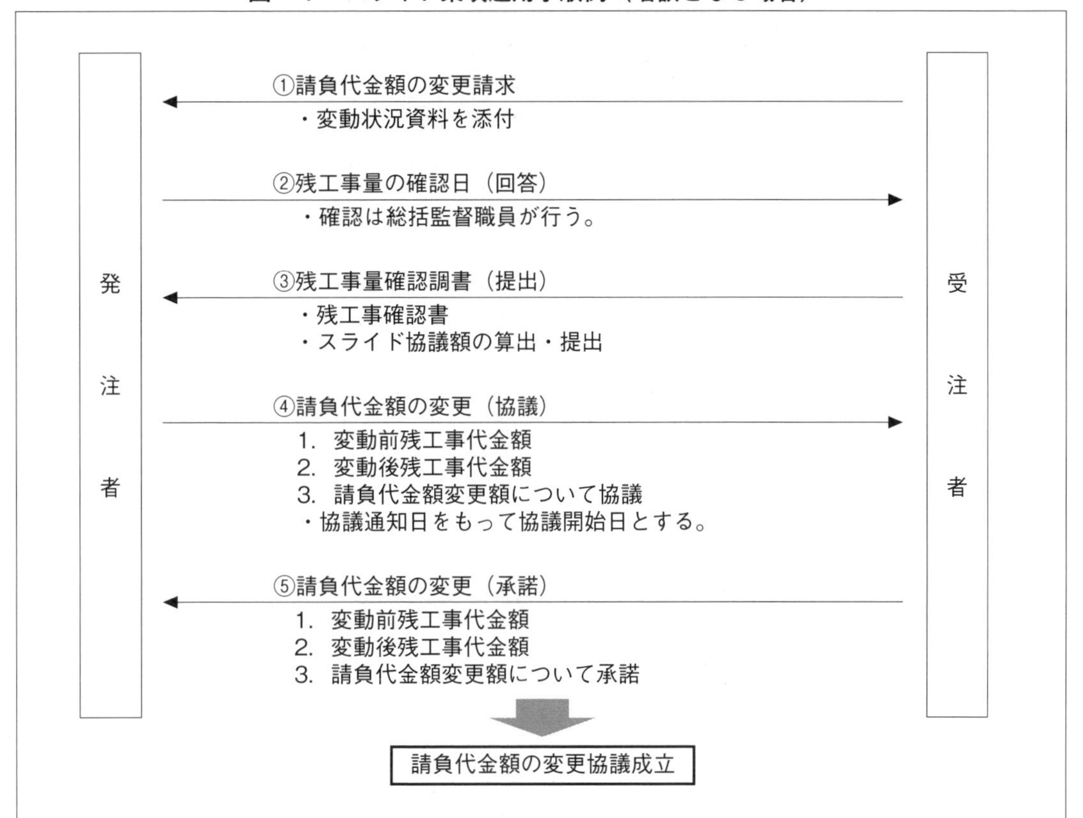

（出典）　国土交通省北陸地方整備局：契約制度実務マニュアル，平成16年10月より作成

(エ)　スライド条項適用手順例（減額となる場合……発注者からの請求ケース　図－2）

賃金又は物価が下落変動する場合には，発注者から請負代金額の変更請求を行う必要がある。発注者からの変更請求の取扱い等については，「工事請負契約書第25条（スライド条項）の減額となる場合の運用について」（平成12年10月6日，建設省厚契発第34号，建設省技調発159号）で定められている。

図－2　スライド条項適用手順例（減額となる場合）

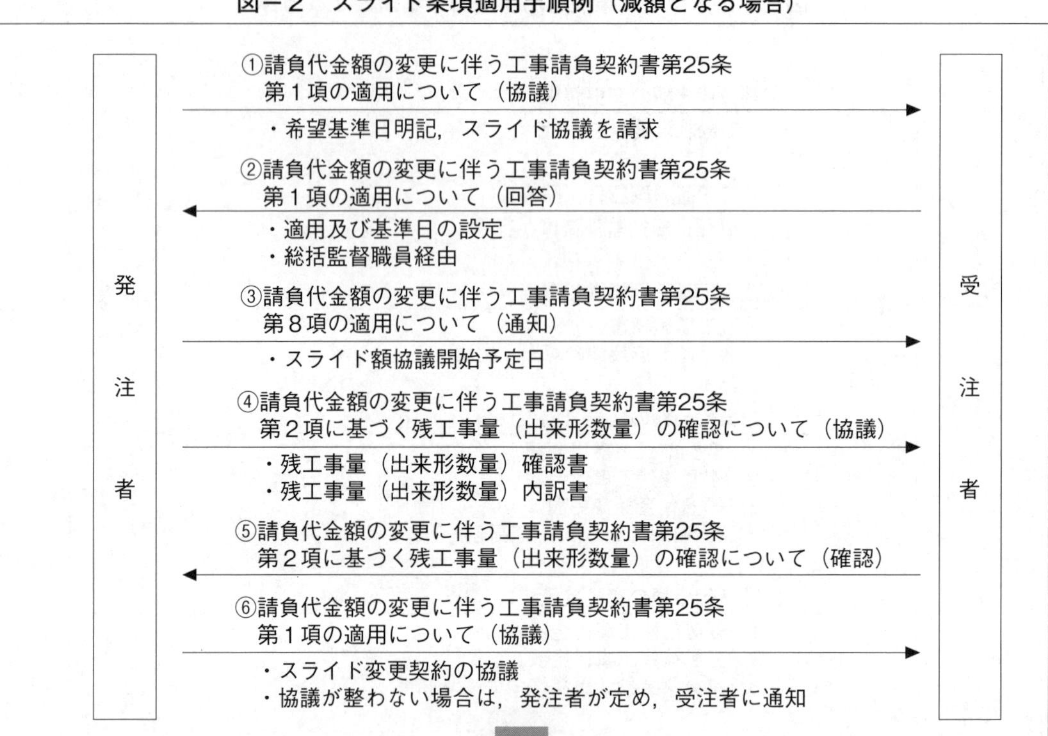

（出典）　国土交通省北陸地方整備局：契約制度実務マニュアル，平成16年10月より作成

【手　順】

①　発注者が，賃金水準及び物価水準の下落を把握した時点で，以下の確認時期，抽出要件において，当該工事が対象となるか試算を行い，適用対象となる場合は，希望基準日を明記してスライド条項の適用について受注者に協議

○確認時期

⑴　請負契約締結日（又は直前のスライド基準日）から12ヶ月を経過した時点

その時点で対象外の場合は，次の4月及び10月等，労務単価若しくは機械損料改訂時を確認時期とする。

○適用工事の抽出（抽出要件）

⑴　基準日以降の工期が2ヶ月以上ある工事

⑵　当初積算額から，当初契約数量による変動後積算額を差し引いた差が，当初積算額の30/1,000以上となっている工事

⑶　当初契約数量による変動後積算額が，契約額以下となっている工事

② 受注者から適用，基準日の設定について異存がない旨の回答
③ 発注者からスライド額協議開始予定日を受注者へ通知
④ 発注者から残工事量（出来形数量）について受注者へ協議
⑤ 受注者による残工事量（出来形数量）の確認
⑥－１ 発注者による残工事量確認調書に基づくスライド額の算出，受注者へ協議（変更工事請負契約書を添付……精算変更と同時に行うことも可）
⑥－２ 協議が整わない場合は，発注者が定め受注者に通知

㈤ スライド額（協議額）の算定

変更協議のためのスライド額は次の式により算出する。

$S=[P_2-P_1+(P_1\times 15/1{,}000)]$（ただし，$P_1>P_2$）

S ：スライド額

P_1：請負代金額から出来高部分に相当する請負代金額を控除した額（積算額×落札率）

P_2：変動後（基準日）の賃金又は物価を基礎として算出したP_1に相当する額（積算額×落札率）（落札率：当初請負代金額／当初設計書金額）

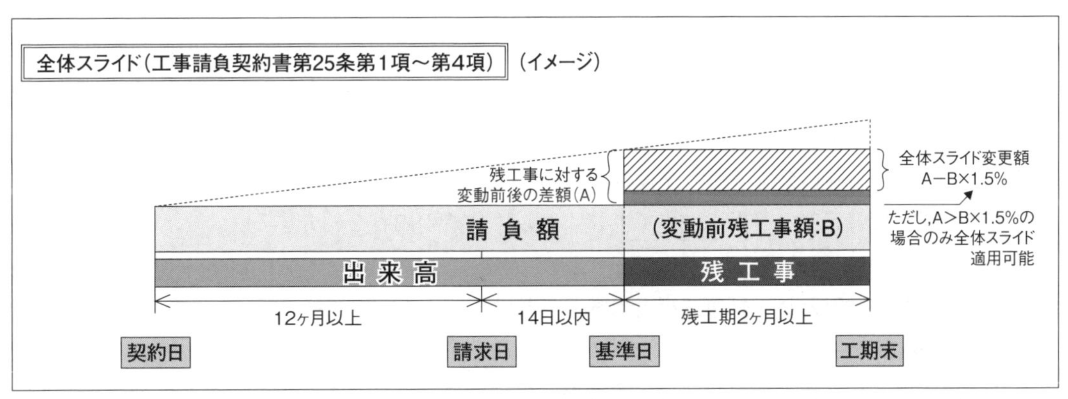

（出典） 公共工事の品質確保の促進に関する関係省庁連絡会議事務局（国土交通省）：発注関係事務の運用に関する指針（解説資料），平成27年１月30日より作成

イ．単品スライド

単品スライドとは，工事請負契約書第25条第５項に基づき，特別な要因により工期内に主要な工事資材の日本国内における価格の著しい変動により，請負代金額が不適当になった場合に受注者及び発注者から請負代金額の変更請求ができる措置である。

これまでの発動経緯は，昭和54年～昭和55年の第２次石油危機時に，一部の石油関連資材の価格が高騰し，建設工事の円滑な実施が危ぶまれる状況となったが，当時，工事請負契約書第25条に現行の第５項（単品スライド）の規定が無かったため，インフレスライド条項を根拠として，「建設資材の価格変動に伴う工事請負契約上の措置について」の通達（昭和55年３月13日，建設省厚発第85号）により，特定建設資材（燃料油，アスファルト類，セメント，アスファルト合材，生コンク

リート，その他別に定める資材）を使用する工事を対象として，工事請負契約書第20条（現在の第25条）の規定によるほかに，発注者，受注者間の協議により請負代金額を変更することができる「特約条項」による暫定措置で行われたのが最初である。

近年における「単品スライド条項」運用の発動は，平成20年度の原油価格，原燃料及び鉄鉱石，原燃料炭等の値上げを背景とする特定の資材価格の高騰を踏まえ，単品スライド条項に基づく請負代金額の見直しを円滑に行うため，当面の運用ルールとして「工事請負契約書第25条第５項の運用について」（平成20年６月13日，国地契第９号，国技建第１号，国営計第24号，平成25年10月１日最終改正，国地契第37号，国官技第143号，国営計第61号）が発出された。

当初は，「鋼材類」と「燃料油」の２資材を条項適用の対象とする資材としていたが，平成20年９月10日付け「工事請負契約書第25条第５項の運用の拡充について」（国地契第23号，国技建第116号，国営計第46号）により，「鋼材類」と「燃料油」以外の主要な工事材料についても対象とすることができる拡充が行われた。この場合，主要な当該工事材料の適用については，「鋼材類」について単品スライド条項を適用する場合の取扱いに準じて行うものとされている。

コンクリート類（対象：生コンクリート，セメント，モルタル，混和剤，骨材，二次製品）については，「単品スライドコンクリート類の運用について（大臣官房技術調査課，平成25年３月29日）」により運用が示されている。

一方，平成21年２月９日には，単品スライドについても発注者から請負代金額の減額変更を請求する場合の通達，「請負代金額の減額変更を請求する場合における工事請負契約書第25条第５項の運用について」が発出されている。

ここでは，28年ぶりに発動された平成20年６月13日付け（平成25年10月１日最終改正）の「工事請負契約書第25条第５項の運用について」により以下にその内容を紹介する。

㈠　スライド条項適用となる対象工事と対象品目等

a．請求対象工事

・通達が発出された時点で継続中の工事及び今後新たに発注される工事

b．対象品目

・鋼材類，燃料油の２品目

・スライド額の算定の対象とする品目は，鋼材類，燃料油の２品目のうち，品目類ごとの変動額が請負工事費の１％を超える品目

※品目類ごとの変動額：鋼材類を例とすればＨ形鋼，異形棒鋼……などの合計額

c．変動額の算定

・変動額の算定は以下の式により行う。

$変動額_{鋼} = M^{変更}{}_{鋼} - M^{当初}{}_{鋼}$

$変動額_{油} = M^{変更}{}_{油} - M^{当初}{}_{油}$

$M^{当初}_{鋼}$，$M^{当初}_{油} = \{p_1 \times D_1 + p_2 \times D_2 + \cdots\cdots + p_m \times D_m\} \times k \times 108/100$

$M^{変更}_{油}$，$M^{変更}_{油} = \{p'_1 \times D_1 + p'_2 \times D_2 + \cdots\cdots + p'_m \times D_m\} \times k \times 108/100$

$M^{当初}_{鋼}$，$M^{当初}_{油}$：価格変動後の鋼材類又は燃料油の金額

$M^{当初}_{鋼}$，$M^{当初}_{油}$：価格変動前の鋼材類又は燃料油の金額

p：設計時点における鋼材類又は燃料油に該当する各材料の単価

p'：運用通達３．の規定に基づき算定した価格変動後における鋼材類又は燃料油に該当する各材料の単価

D：運用通達４．の規定に基づき鋼材類又は燃料油に該当する各材料について算定した対象数量

k：落札率

(イ)　スライド条項の適用手続き

a．請　求　時　期：工期末の２ヶ月前までに申請

b．契約変更の時期：工期末に変更契約

c．証明書類の提出：受注者は，実際に購入した対象材料の価格（数量及び単価），購入先，搬入・購入時期を証明する証明書類を提出（必須）

d．協 議 の 手 続 き

スライド条項適用手続き

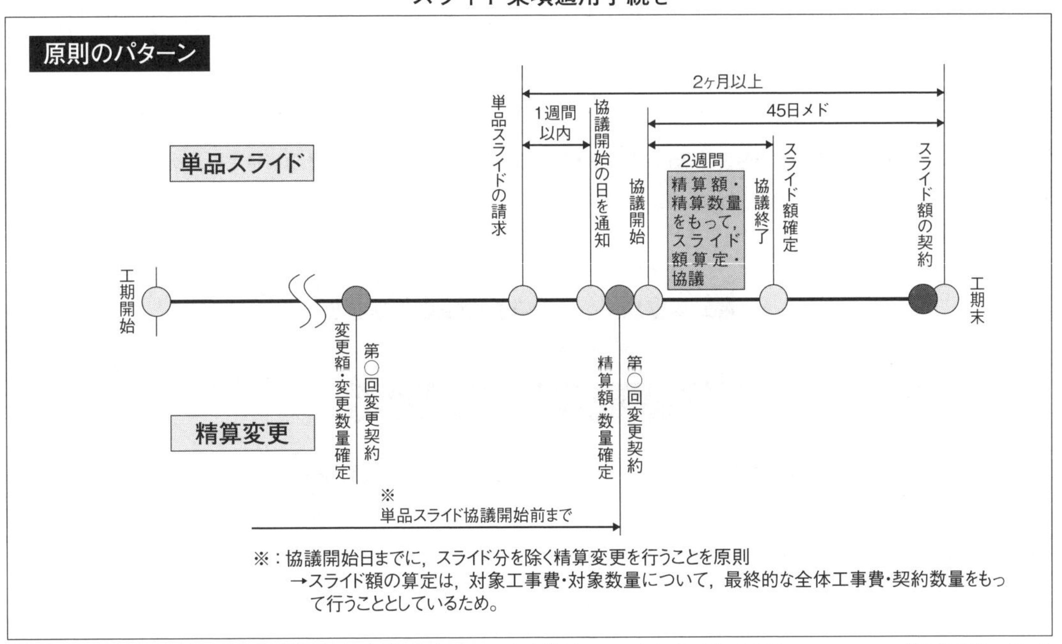

（出典）　国土交通省：工事請負契約書第25条第５項（単品スライド条項）運用マニュアル（暫定版），平成20年７月より作成

(ウ) スライド額の算定

スライド額＝鋼材の変動額＋燃料油の変動額－対象工事費×１％

$= (M^{変更}_{鋼} - M^{当初}_{鋼}) + (M^{変更}_{油} - M^{当初}_{油}) - P \times 1/100$

$M^{当初}_{鋼}$，$M^{当初}_{油}$（価格変動前の鋼材類又は燃料油の金額）

＝設計時点の実勢価格（消費税込み）×対象数量×落札率

$= \{p_1 \times D_1 + p_2 \times D_2 + \cdots\cdots + p_m \times D_m\} \times k \times 108/100$

$M^{変更}_{鋼}$，$M^{変更}_{油}$（価格変動後の鋼材類又は燃料油の金額）

＝価格変動後の実勢価格（消費税込み）×対象数量×落札率

$= \{p'_1 \times D_1 + p'_2 \times D_2 + \cdots\cdots + p'_m \times D_m\} \times k \times 108/100$

p：設計時点における各対象材料の単価

p'：搬入・購入時点における各対象材料の実勢単価（搬入・購入時期ごとの数量に応じ，加重平均値，ただし，購入先や購入時期，購入金額等を受注者が証明していない燃料油については，工事期間の平均値（工期の始期が属する月の翌月から工期末が属する月の前々月までの各月における実勢価格の平均価格））

D：各対象材料について算定した対象数量

k：落札率

P：対象工事費（部分払いを行った出来高部分等は除く）

（注） ただし，上記の式に基づき算出した$M^{変更}_{鋼}$，$M^{変更}_{油}$よりも実際の購入金額の方が安い場合は，$M^{変更}_{鋼}$，$M^{変更}_{油}$は，実際の購入金額とする。

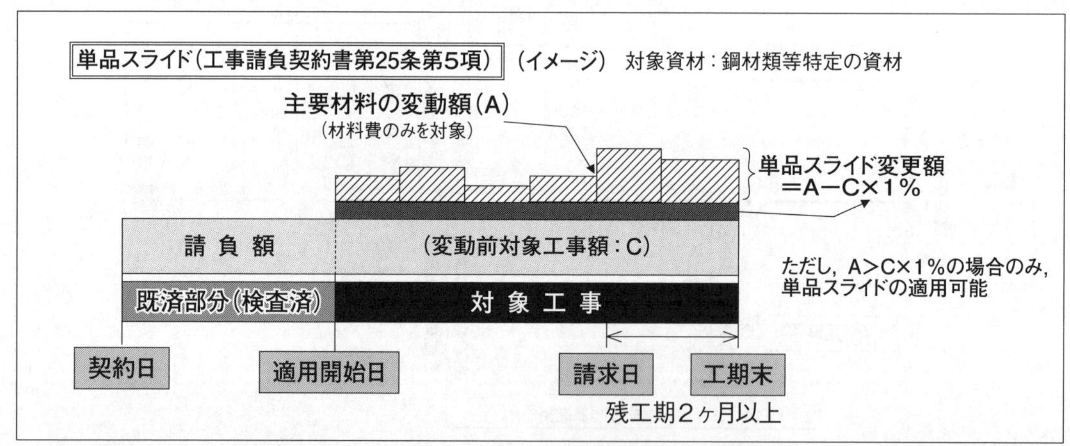

（出典） 公共工事の品質確保の促進に関する関係省庁連絡会議事務局（国土交通省）：発注関係事務の運用に関する指針（解説資料），平成27年1月30日より作成

㈠ 対象材料の考え方

【鋼材類】

・H形鋼，異形棒鋼，厚板，鋼矢板，鋼管杭，鉄鋼二次製品，ガードレール，スクラップ等，鋼材を主材料として構成されている材料
・鋼材類を一部にしか含まないコンクリート二次製品等や価格変動の要因が鋼材とは異なる非鉄金属（アルミニウム，鉛，銀，銅，ニッケル等）は対象としない。

【燃料油】

・ガソリン，軽油，混合油，重油，灯油の５材料
・潤滑油など燃料油でないものは対象としない。

ウ．インフレスライド

インフレスライドの規定である第６項に関しては，「一般的な経済事情の変動による請負代金額の変動に関しては，第１項から第４項までのスライド条項により対処しうるが，海外における戦争，動乱等の影響による高騰等といった予期不可能な特別事情による急激なインフレーション又はデフレーションについては，むしろその都度解決するのが適当である。このため，第６項のいわゆるインフレ条項は，第１項から第４項までの特則を設け，12ヶ月経過という時間的要件，15/1,000の軽微な変動の足切り，協議において基礎とすべき資料等の規定を排除し，個々の事例毎に発注者と受注者が協議のうえ解決することとしたものである。」※とされている。

特則とされているインフレスライドは，昭和48年から昭和49年の第１次石油危機時に発動されて以降，長らく事例はなかった。平成23年３月の東日本大震災の復旧・復興事業が本格化する中，被災地域を中心に賃金等の高騰等による不調が頻発したことから，本条項の発動の必要性が高まった。このため，特に被災の大きい三県（岩手県，宮城県及び福島県）で行われている工事を対象として平成24年２月に国土交通省より「東日本大震災に伴う賃金等の変動に対する工事請負契約書第25条第６項の運用について」が通達された。その後，全国的に条項の発動の必要性が高まるなか「賃金等の変動に対する工事請負契約書第25条第６項の運用について」（平成26年１月30日，国地契57号，国官技第253号，国営管第393号，国営計第107号，国港総第471号，国港技第97号，国空予管第491号，国空安保第711号，国空交企第523号，国北予第36号）が通達され，全国的に適用されることとなった。

ここでは，同通達により以下にその内容を紹介する。

㈦ 適用対象工事

ａ．契約書第25条第６項の請求は，残工期（基準日以降の工事期間）が基準日（請求日から14日

※　建設業法研究会：改訂４版　公共工事標準請負契約約款の解説，pp.231－232，大成出版社，平成24年４月

以内の範囲で定める日。請求日を基本とする。）から２ヶ月以上あること。

b．発注者及び受注者によるスライドの適用対象工事の確認時期は，賃金水準の変更がなされた時とする。

(イ) スライド協議の請求

発注者又は受注者からのスライド協議の請求は，書面により行うこととし，その期限は直近の賃金水準の変更から，次の賃金水準の変更がなされるまでとする。

(ウ) 請負代金額の変更

賃金水準又は物価水準の変動による請負代金額の変更額（以下「スライド額」という。）は，当該工事に係る変動額のうち請負代金額から基準日における出来形部分に相応する請負代金額を控除した額の100分の１に相当する金額を超える額とする。

この受注者の負担割合は，標準契約約款第29条の「不可抗力による損害」に準拠し，建設業者の経営上最小限必要な利益まで損なわないように定められた「100分の１」としたものである。

a．増額スライド額の算定

$S_{増} = [P_2 - P_1 - (P_1 \times 1/100)]$

この式において，$S_{増}$，P_1及びP_2は，それぞれ次の額を表すものとする。

$S_{増}$：増額スライド額

P_1 ：請負代金額から基準日における出来形部分に相応する請負代金額を控除した額

P_2 ：変動後（基準日）の賃金又は物価を基礎として算出したP_1に相当する額

（$P = \Sigma(\alpha \times Z)$，$\alpha$：単価合意比率又は請負比率（落札率），Z：官積算額）

なお，P_2算定に必要となる物価指数については，発注者は，積算に使用する単価を用いた変動率を物価指数とすることを基本としている。ただし，受注者の協議資料等に基づき双方で合意した場合は別途の物価指数を用いることができる。

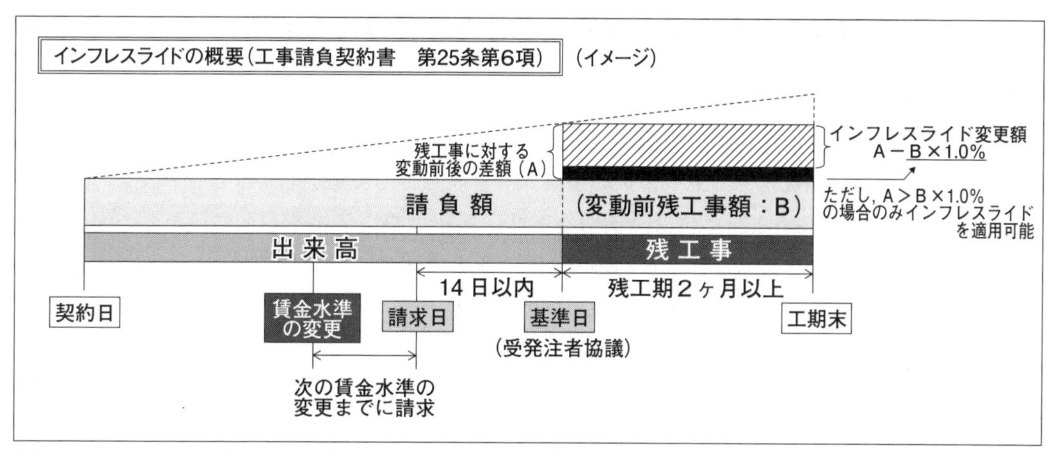

（出典）　公共工事の品質確保の促進に関する関係省庁連絡会議事務局（国土交通省）：発注関係事務の運用に関する指針（解説資料），平成27年1月30日より作成

b．減額スライド額の算定

$S_{減}=[P_2-P_1+(P_1\times 1/100)]$

この式において，$S_{減}$は減額スライド額であり，他は増額の場合と同様である。

４－３　施工効率向上の取り組み（発注者と受注者のコミュニケーション強化）

⑴　取り組み導入の背景，目的

公共工事の品質確保の促進に関する法律（以下，改正品確法という）は，平成26年６月に，公共工事の現在及び将来の品質確保，並びに担い手確保・育成を目的に追加して改正された。

公共工事の品質を確保するためには，適切な工期，適正な予定価格をもとに設計した発注のもと，技術と経営に優れた建設企業が適切に施工することが基本であり，施工過程においても地形，地質など自然条件の変化に伴う設計条件の変更等に対して，受・発注者が良質なコミュニケーションを図り適切に対応していくことが必要である。

さらに，建設業が魅力ある産業として認知されるためにも，工事の現場環境や受発注者コミュニケーションの更なる改善に取り組むことが求められている。

また，改正品確法第22条に基づき，定められた運用指針は，平成27年１月30日に「発注関係事務の運用に関する指針（以下，運用指針という）」として策定され公表されたところである。この運用指針のⅡ．発注関係事務の適切な実施について，１．発注関係事務の適切な実施，⑷ 工事施工段階の（受注者との情報共有や協議の迅速化）において，設計思想の伝達や情報の共有化のための取り組みが求められている。

■　発注関係事務の運用に関する指針（抜粋）

（受注者との情報共有や協議の迅速化等）

設計思想の伝達及び情報共有を図るため，設計者，施工者，発注者（設計担当及び工事担当）が一堂に会する会議※1（専門工事業者，建築基準法（昭和25年法律第201号）第２条に規定する工事監理者も適宜参画）を，施工者が設計図書を照査等した後及びその他必要に応じて開催するよう努める。

また，各発注者は受注者からの協議等について，速やかかつ適切な回答に努める※2。

変更手続の円滑な実施を目的として，設計変更が可能になる場合の例，手続の例，工事一時中止が必要な場合の例及び手続に必要となる書類の例等※4についてとりまとめた指針の策定に努め，これを活用する。

設計変更の手続の迅速化等を目的として，発注者と受注者双方の関係者が一堂に会し，設計変更の妥当性の審議及び工事の中止等の協議・審議等を行う会議※3を，必要に応じて開催するよう努める。

（編注）　国土交通省での取り組みに当てはめるなら，

※１　三者会議，※２　ワンデーレスポンス，※３　設計変更審査会

※４　いわゆる「設計変更ガイドライン」「工事一時中止ガイドライン」等

（出典）　公共工事の品質確保の促進に関する関係省庁連絡会議：発注関係事務の運用に関する指針Ⅱ，１．⑷ 工事施工段階より作成

改正品確法及び同運用指針は，公共工事のすべての発注者が対象となるものである。

国以外の発注者もこの目的，主旨を理解し，各発注者に適した受発注者コミュニケーションの仕

組みを導入し，発注関係事務の適切な実施に結び付ける必要がある。

国土交通省直轄事業における公共工事の品質のさらなる確保・向上を図るため，国土交通省では，建設生産システムの効率向上の取り組み（下図）を行っている。

ここでは，下図のうちの施工中における建設生産システムの効率を改善する「施工効率向上プロジェクト」の具体的な取り組みである「三者会議」「ワンデーレスポンス」「設計変更審査会」及び「情報共有システム（ASP 方式）」についてその概要と取り組み状況等について紹介する。

建設生産システムの効率化に向けた取り組み

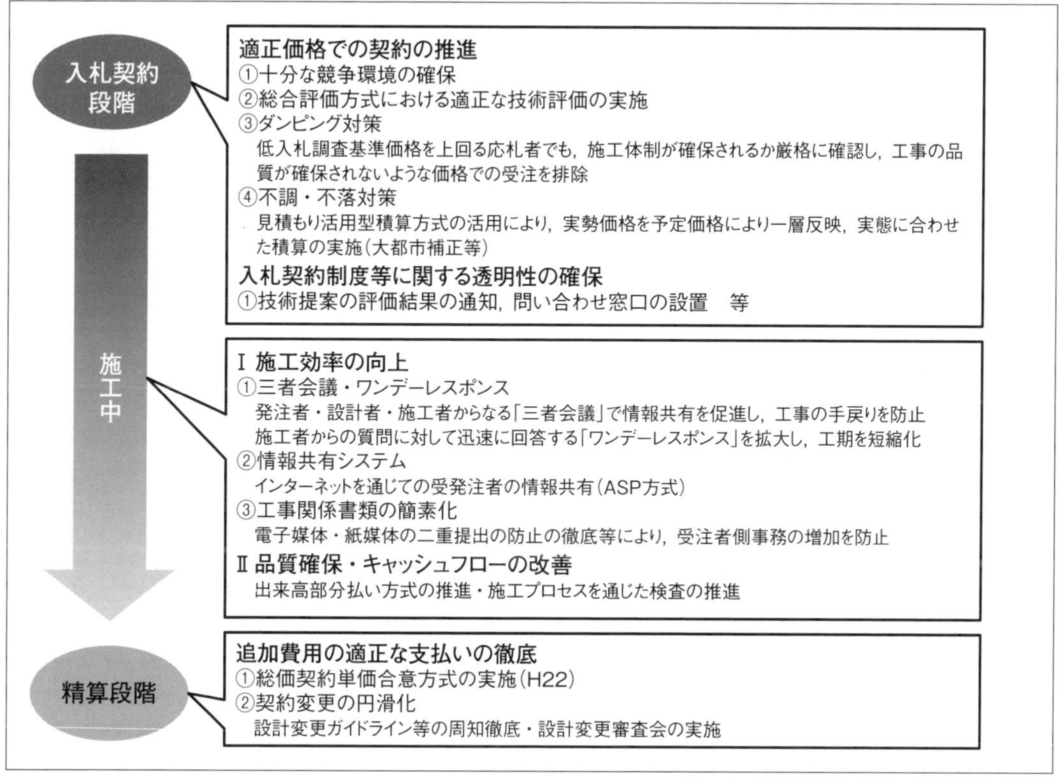

（出典）　国土交通省：平成22年度　生産性向上検討部会（第１回）資料１より作成

関東地方整備局においては，「改正品確法の発注者の責務に関する取組」（関東に取組10ポイント）として，以下の表に示す取り組みを展開している。

これらの詳細は，関東地整ホームページ（http://www.ktr.mlit.go.jp/gijyutu/gijyutu00000132.html）で閲覧する事が出来る。

『改正品確法の発注者の責務に関する取組』

（関東地方整備局の取組10ポイント）

	題目	ポイント（メイン分類）	ポイント（サブ分類(1)）	ポイント（サブ分類(2)）
1	『i-Construction』（アイ・コンストラクション）	①適切な工期の設定	⑦業務の効率化	⑧生産性・品質向上
2	『施工時期等の平準化』		⑧生産性・品質向上	−
3	『余裕期間制度』について		⑤人材育成・確保	⑩入札・契約手続き
4	『履行期限の平準化』と国債等の活用		⑧生産性・品質向上	−
5	『受発注者間における工事工程の共有』		③適切な設計変更	④コミュニケーション
6	受発注間の業務スケジュールの共有		④コミュニケーション	⑦業務の効率化
7	『不調・不落対策』について	②適正な利潤の確保	⑥発注者（自治体）支援	−
8	『スライド条項（契約書第25条）』		③適切な設計変更	−
9	『総価契約単価合意方式』			−
10	『設計変更ガイドライン（総合版）』	③適切な設計変更	②適正な利潤の確保	④コミュニケーション
11	『工事一時中止に係るガイドライン（案）』			
12	『設計照査ガイドライン』			
13	『土木工事条件明示の手引き（案）』			
14	『設計・施工技術連絡会議（三者会議）』	④コミュニケーション	③適切な設計変更	⑧生産性・品質向上
15	『設計変更審査会』			
16	『ワンデーレスポンス』			
17	条件明示チェックシートの活用		⑦業務の効率化	

	題目	ポイント（メイン分類）	ポイント（サブ分類(1)）	ポイント（サブ分類(2)）
18	『週休2日制確保モデル工事』	⑤人材育成・確保	①適切な工期の設定	−
19	『現場環境改善（トイレ）試行工事』		−	−
20	『工事検査に係わる技術力の向上』		⑨工事検査の効率化	−
21	『若手技術者の活用を評価』		⑩入札・契約手続き	−
22	『登録技術者資格の活用』			−
23	『自治体等の業務実績を評価』			−
24	『関東ブロック発注者協議会』	⑥発注者（自治体）支援	⑧生産性・品質向上	−
25	『検査技術情報の共有』		⑨工事検査の効率化	⑧生産性・品質向上
26	建設ロボット技術に関する取り組み	⑦業務の効率化	⑧生産性・品質向上	−
27	『機械経費（損料）の補正』		−	−
28	『技術提案書の記載内容を簡素化』		⑩入札・契約手続き	−
29	『技術者評価を重視した選定』			−
30	『CIM 試行（Construction Infomation Modeling/Mangement）』	⑧生産性・品質向上	⑦業務の効率化	④コミュニケーション
31	ICT 施工技術の活用推進			−
32	『新技術活用の推進』		−	−
33	『技術検査室』（技術審査と工事検査の一元化）	⑨工事検査の効率化	−	−
34	『多様な入札契約方式の導入・活用』	⑩入札・契約手続き	−	−
35	『公共工事の品質確保とその担い手の中長期的な育成・確保』		−	−
36	『業務の性格に応じた入札契約方式の選択』		−	−

【凡例】
- 工事関係の取組
- 業務関係の取組
- 工事・業務関係の取組

※内容については，随時更新していきます。

（出典）　国土交通省関東地方整備局企画部：改正品確法の発注者の責務に関する取組（関東地方整備局の取組10ポイント），平成28年4月より作成

(2)　三者会議

1）三者会議とは

工事目的物の品質確保を目的として，工事の着手前や施工段階において，発注者（設計担当・工事担当），設計者，施工者（受注者）の三者による「三者会議」（発注機関によっては異なる呼称を用いている）を実施し，設計思想の伝達及び情報共有を図る取り組みである。

会議では，発注者から事業目的，関係機関との調整状況などを，設計者からは設計の考え方，施工者からは照査結果の報告，設計図書に関する質問，施工上の課題や新たな技術提案などが出され，三者での意見交換などが行われる。

三者会議の概要

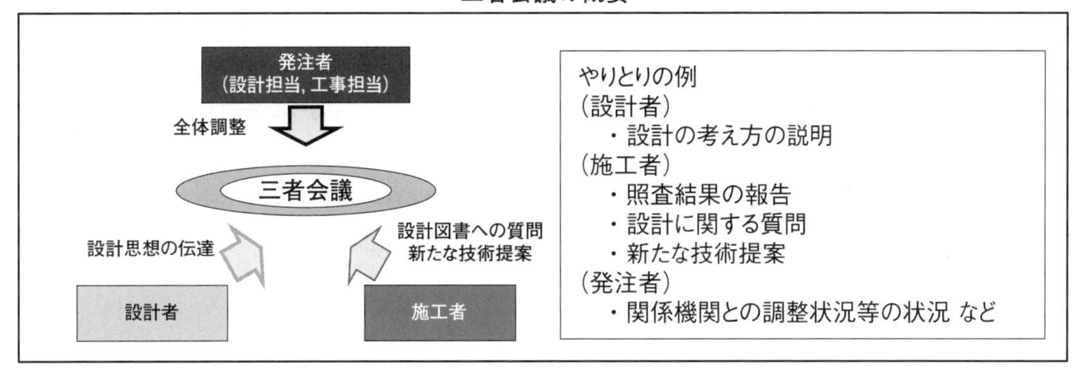

（出典） 国土交通省：平成21年度　生産性向上検討部会（第２回）資料３より作成

２）三者会議の取り組み状況

国土交通省（港湾・空港工事除く）の直轄事業では，中国地方整備局で平成12年度に試行実施されたのが最初で，平成17年度には全国の地方整備局において試行が行われた。

その後，構造物が主体の工事を対象に順次拡大され，平成21年度からは，重要構造物については，すべての工事を対象として取り組まれている。

関東地方整備局においては，新技術を採用した工事等も対象としているほか，当初対象としていなくても，施工中に現場条件が大きく変化した場合や請負者からの申し出による開催も可としており，平成26年度は約90件が実施された。

３）三者会議の実施効果

三者会議の実施については，発注者，施工者，設計者の三者ともにその有効性を評価しており，継続希望が強い。また，現場での開催が受発注者の共通認識を図る上で有効であることも指摘されている。

国土交通省が平成23年１月に行った担当者へのアンケート（代表工事1,904件の発注者，施工者，設計者）では，業務が円滑になったという意見が８割近くであった。一方，改善が必要な点として「設計者に対する議事録の情報共有が十分でなかった」ことが指摘されており，平成23年度は発注者が議事録を作成し，三者間での情報共有を徹底することを重点方針としている。

⑶　ワンデーレスポンス

１）ワンデーレスポンスとは

ワンデーレスポンスとは，工事の現場において，発注段階で予見不可能な諸問題が発生した等の場合に，発注者の意志決定に時間を費やすことにより，必要な実働工程が確保できなくなり，結果的に工事目的物等の品質が確保されていないケースが発生しているとの指摘などもあり，発注者側の行動の迅速化を図るための取り組みである。

ワンデーレスポンスの概要

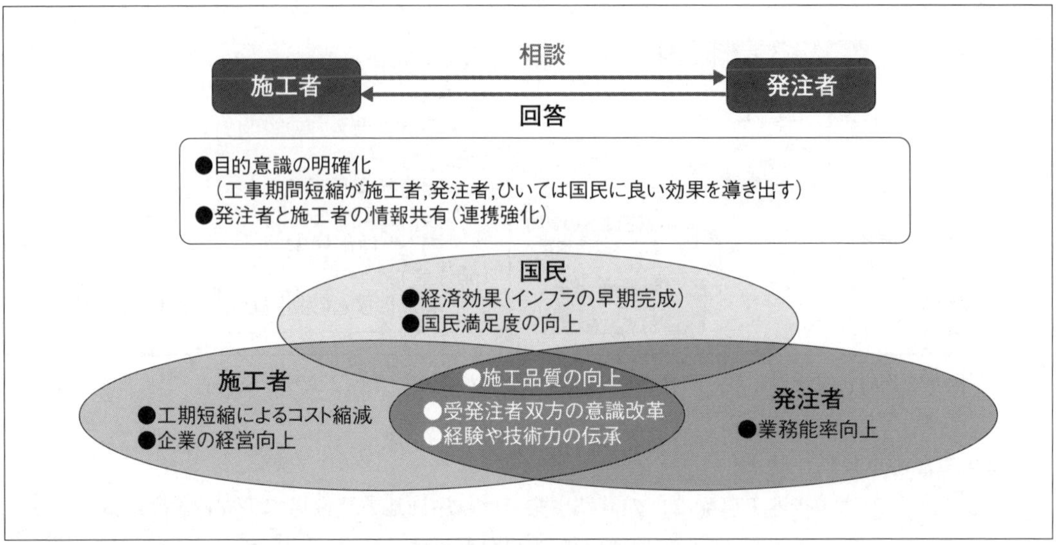

相談
施工者
発注者
回答
●目的意識の明確化
（工事期間短縮が施工者,発注者,ひいては国民に良い効果を導き出す）
●発注者と施工者の情報共有（連携強化）
国民
●経済効果（インフラの早期完成）
●国民満足度の向上
施工者
●工期短縮によるコスト縮減
●企業の経営向上
●施工品質の向上
●受発注者双方の意識改革
●経験や技術力の伝承
発注者
●業務能率向上

（出典）　国土交通省：平成21年度　生産性向上検討部会（第２回）資料３より作成

これにより，発注者，施工者間の意思疎通や情報共有が図られ，適切な工程管理のもと，工期の短縮，品質の向上，安全管理の徹底，生産性向上並びに早期の供用開始などの効果も期待される。

２）ワンデーレスポンスの実施方法

ワンデーレスポンスとは，施工者からの協議等に対する指示，通知を基本的に「その日のうち」に回答するよう発注者が対応する取り組みである。

ただし，「その日のうち」の回答が困難な場合は，いつまでに回答が必要なのか受注者と協議のうえ，「回答日を通知」するなど，何らかの回答を「その日のうち」に行うものであり，すべてについてその日のうちに回答しなければならないものではないことに留意して実施することが重要である。

３）ワンデーレスポンスの取り組み状況

ワンデーレスポンスは，国土交通省北海道開発局が平成17年４月に監督業務の改善を図るために行った「アンケート調査」で，職場での日常の意思疎通・情報共有不足や現場で発生する問題に対して発注者の意志決定に時間を要しているなどの指摘があり，問題発生に対する迅速な対応を図るため，平成18年度の一部工事（15工事）で試行実施されたのが最初である。

その後，平成19年度に全国の直轄工事の約2,500件以上で実施され，平成21年度からは，河川・道路のすべての直轄工事（約10,000件程度）で実施されている。また，実施での効果や課題等を把握するためフォローアップ調査が行われている。

4）ワンデーレスポンスの実施効果

ワンデーレスポンスについては，発注者，施工者とも有効に機能したと評価しており，受注者の継続希望が強い。

国土交通省が平成23年１月に行った担当者へのアンケートでは，発注者が施工者に回答時期の提示を求めた割合が８割，施工者に対して発注者から回答時期の明示があった割合が８割であった。

しかし，受発注者以外の関係者がいる協議や，検討が必要な設計変更などで発注者の回答が遅いことが指摘されており，平成23年度はこの点についても回答期限の連絡を徹底することを重点方針としている。

(4) 設計変更審査会

1）設計変更審査会とは

設計変更審査会とは，設計変更手続きの透明性と公正性の向上及び迅速化を目的として，発注者と受注者による，設計変更の妥当性の審議及び工事の中止等の協議・審議等を行う取り組みである。

なお，会議は審査会を構成する「発注者」，「施工者」のいずれかの発議により開催され，開催場所は協議により現場となることもある。設計変更審査会の結果について，議事録を作成し，情報共有を図るものとされている。

関東地方整備局においては，会議の場で議事録を作成，サインし，受発注者双方が議事録を保持する事とされている。

また，関東地方整備局では設計変更審査会を活用し，受発注者間で全体工程に影響する重大なポイントを盛り込んだ工程表を共有し，工事施工上の課題やその責任分担を明確にすることにより課題を速やかに解決し，現場施工のさらなる円滑化・効率化を図るための試行工事も行われている。

設計変更審査会の概要

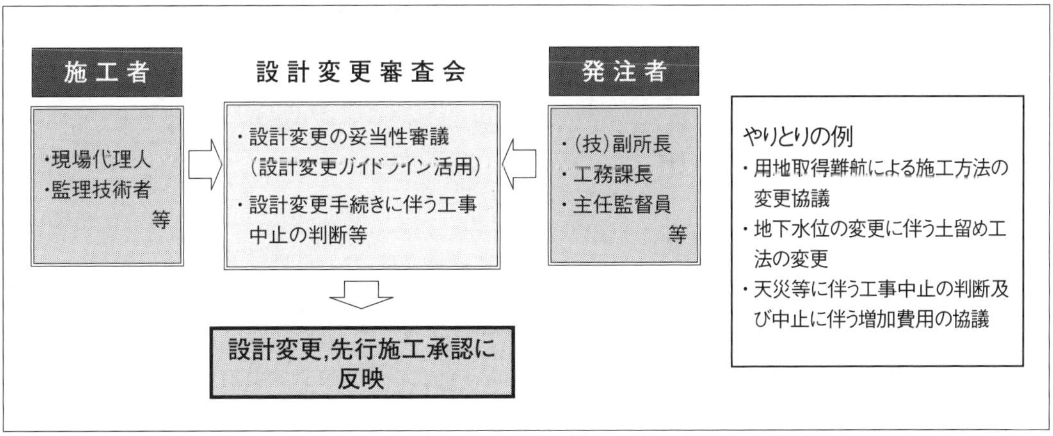

（出典） 国土交通省：平成21年度 生産性向上検討部会（第２回）資料３より作成

2）設計変更審査会の取り組み状況

平成17年度に国土交通省関東地方整備局で試行され，平成20年度に全国の地方整備局等で体制等の整備が行われた。

平成21年度に工事区分によらず対象とするなどの対象範囲の拡大が行われ，平成22年度から原則すべての工事（維持工事など簡易な工事及び数量精算などの変更工事は除く）で実施することとされている。

関東地方整備局では，平成26年度に約640件が実施され，受発注者間における工事工程の共有を行う試行工事は，平成27年度26件実施された。

3）設計変更審査会の実施効果

設計変更審査会については，発注者，施工者とも，概ね円滑に行われたと評価しており，継続希望が強い。

国土交通省が平成23年1月に行った担当者へのアンケートでは，業務が円滑になったという意見が7割強であった。

また，設計変更ガイドラインについて施工者の9割が知っており，認知の要因は特記仕様書及び監督職員等からの指導によるものが約半数であった。また，内容についての理解の促進が必要な結果となった。

設計変更ガイドラインの情報源等

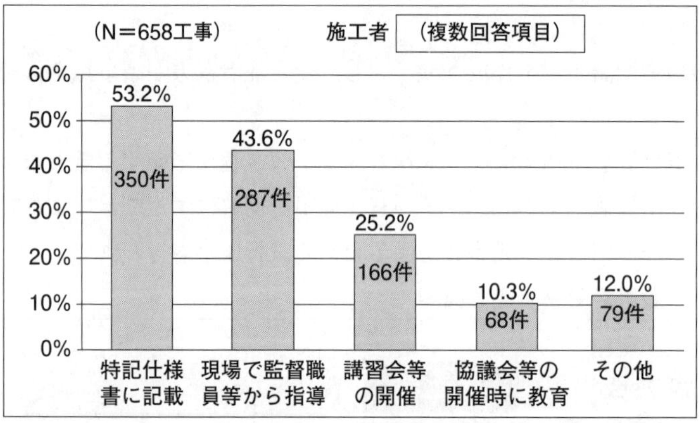

施工者は，設計変更ガイドラインについては知っているが，内容の理解の促進が必要な結果となった。

よって，平成23年度の重点方針では，設計変更ガイドラインの内容について，講習会や現場監督員からの周知を図る。

（出典） 福田勝之：施工効率向上プロジェクトに関する取り組みについて，建設マネジメント技術2012.2, pp.13-17，㈶経済調査会より作成

⑸ 情報共有システム（ASP方式）

1）情報共有システムの概要

情報共有システムは，ICT（Information and Communication Technology，情報通信技術）を活用し，各工事現場において発注者，受注者双方が電子的に情報を交換・共有することにより，円滑かつ効率的に施工管理を行うことを目的として，活用の推進が図られている。

インターネット経由で提供されるアプリケーションやサービスを購入する方法（ASP・SaaS）での実施が一般的となっている。

2）情報共有システムの導入効果と目的

情報共有システムの活用により，工事帳票の処理の迅速化，スケジュール調整の効率化，情報共有の迅速化の他に工事書類の簡素化，電子検査による検査の充実・高度化が可能となる（図－3）。

また，従来方式に比較して各作業等にかかる時間が削減されるため，発注者の監督業務の充実及び受注者の施工管理業務の充実等が図られ，各工事現場における生産性の向上や工事目的物の品質確保向上が期待されている。

図－3　情報共有システムの導入効果

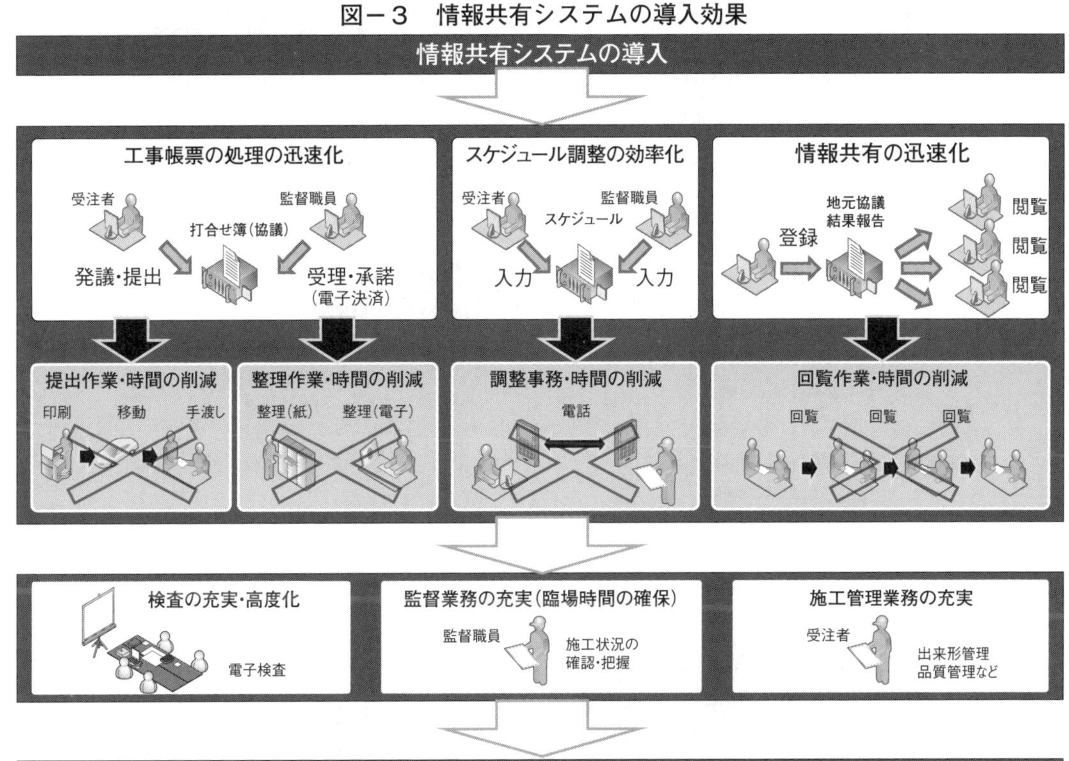

（出典）　国土交通省大臣官房技術調査課：土木工事の情報共有システム活用ガイドライン，平成26年7月より作成

3）情報共有システムの内容

各工事現場において工事の発注者，受注者双方が適切に情報共有システムを活用することで監督検査業務及び施工管理業務の効率化を図るため，統一的な活用方法を定めた「土木工事の情報共有システム活用ガイドライン」（以下，「活用ガイドライン」という。）が平成22年9月に定められた。その後，全国における情報共有システムに関しての意見照会等を経て，平成23年4月に「工事施工中における受発注者間の情報共有システム機能要件（Rev.3.0）」と同時に活用ガイドラインも改定され，平成23年9月1日以降に契約する情報共有システム活用試行工事に適用されてきた。平成26年7月30日には情報共有システム利用の一般化にともなっての必要な機能改善の検討をもと

に，「工事施工中における受発注者間の情報共有システム機能要件（Rev.4.0）」（以下，「機能要件(Rev.4.0)」という。）となり，あわせて，活用ガイドラインも改定された。

表－4　機能要件（Rev.4.0）で設定した機能

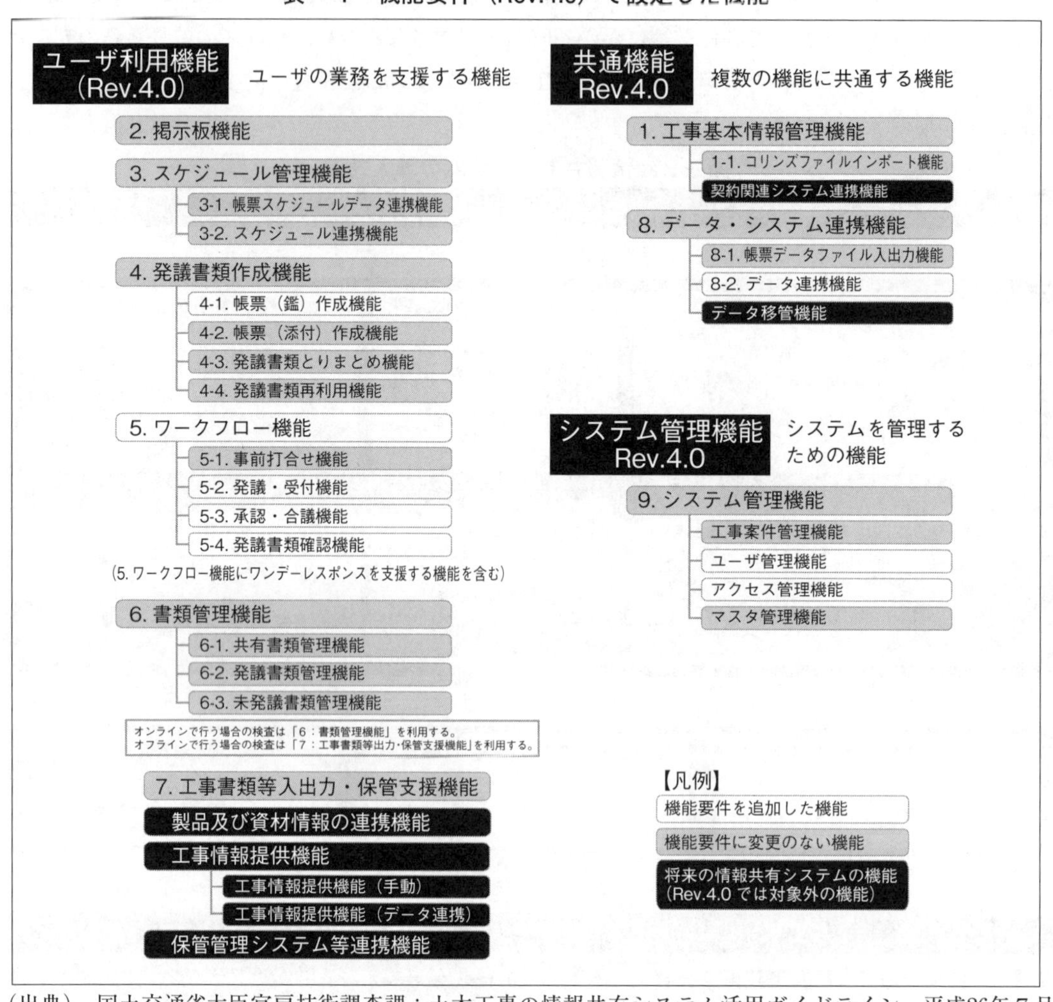

（出典）　国土交通省大臣官房技術調査課：土木工事の情報共有システム活用ガイドライン，平成26年7月より作成

ここでは，改定された活用ガイドラインにおける機能要件（Rev.4.0）で設定した機能を表－4に，利用項目と利用対象者を表－5に，システムのフォルダ構成と登録書類を表－6に示す。

本活用ガイドラインに沿った情報共有システムの利用は概ね以下の通りである。

① 表－4の機能要件（Rev.4）を踏まえて必要な機能を提供できる情報共有システム提供者（ASP・SaaS サービス）を決定する。

② 発注者側で利用者登録，フォルダ作成等を行う利用者側のシステム管理者を決定する。

③ 受発注者は表－5を参考に利用者（システムユーザ）を決定する。利用者には閲覧のみが可能な利用者と電子データの登録・変更が可能な利用者がある。

④　利用者は情報共有システム提供者からID･パスワードを受領する。

⑤　すべての受注者は表－6のフォルダ構成で利用する。統一することで発注者は複数工事の管理が容易になる。

⑥　監督・検査などに情報共有システムを活用する。

表－5　情報共有システムの利用項目と利用対象者

		システム利用者	発注者									工事監督支援業務委託		品質検査業務委託		受注者			詳細設計業務委託
			監督職員等			検査職員	副所長	発注担当課職員	設計担当課職員	用地担当課職員	契約担当課職員					現場代理人	監理（主任）技術者	専門技術者等	
			総括監督員	主任監督員	監督員	技術検査官						管理技術者	担当技術者（現場技術員）	管理技術者	担当技術者（品質検査員）				管理技術者
工事帳票の処理・情報共有	発注関係資料の保存・閲覧	◎	□	■	■	□	□	■	□	□	□	□	□	□	□	□	□	□	−
	事前打合せ	△	■	■	■	□	□	□	−	−	−	■	■	−	−	■	■	■	−
	工事帳票の作成・発議・受理・承諾 承認状況の確認	◎	■	■	■	□	□	□	−	−	−	■	■	−	−	■	■	■	−
	工事帳票の閲覧	◎	□	□	□	□	□	□	□	□	□	□	□	□	□	□	□	□	−
	電子検査	◎	□	□	□	□	−	−	−	−	−	□	□	□	□	■	■	□	−
	データの移管	◎	−	■	■	−	−	−	−	−	−	■	■	−	−	■	−	−	−
	工程調整会議資料の保存・閲覧	△	□	■	■	□	□	□	□	□	□	■	■	□	□	■	■	□	−
	三者会議資料の保存・閲覧	△	□	■	■	□	□	■	■	□	□	■	■	−	−	■	■	□	■
	設計変更審査会資料の保存・閲覧	△	□	■	■	□	□	■	□	□	□	■	■	−	−	■	■	□	−
	施工プロセス検査業務資料の保存・閲覧	△	□	□	□	■	□	□	□	□	□	□	□	■	■	□	□	□	−
スケジュール調整	確認・立会の調整	△	−	■	■	□	□	□	□	□	□	■	■	□	□	■	■	□	−
	工程調整会議の調整	△	−	■	■	□	□	□	□	□	□	■	■	□	□	■	■	□	−
	三者会議の調整	△	−	■	■	□	■	■	■	□	□	■	■	−	−	■	■	□	■
	設計変更審査会の調整	△	−	■	■	□	■	■	□	□	□	■	■	−	−	■	■	□	−
	検査日の調整	△	−	■	■	■	□	■	□	□	□	■	■	■	■	■	■	□	−

システム利用者
◎「必須項目」: 情報共有システムを利用する工事で必ず実施する項目
△「任意項目」: 個々の工事において利用を判断して実施する項目
システムの利用対象者
■「登録・変更・閲覧が可能」: 電子データを登録・変更・閲覧が可能
□「閲覧に限り可能」: 電子データの閲覧に限り可能
－「対象外」: 上記権限がない利用者

(出典)　国土交通省大臣官房技術調査課：土木工事の情報共有システム活用ガイドライン，平成26年7月より作成

表－6　情報共有システムのフォルダ構成と登録書類

フォルダ		書類の名称
第1階層	第2階層	
調査・設計成果		調査・設計業務報告書（必要に応じて発注者が登録）
		詳細設計図（必要に応じて発注者が登録）
設計図書（施工中に情報共有システム内で情報共有する場合に限り，発注者が電子データを登録する。）		共通仕様書
		特記仕様書
		発注図面（変更図を含む）
		現場説明書
		質問回答書
		工事数量総括表
前工事の図面		工事完成図（必要に応じて発注者が登録）
契約関係書類（施工中に情報共有システム内で情報共有する場合に限り，受注者が電子データを登録する。）		現場代理人等通知書
		請負代金内訳書
		工事工程表
		建退共掛金収納書
		VE 提案書（契約後 VE）
		品質証明員通知書
施工計画	計画書	施工計画書
		総合評価計画書
		ISO9001品質計画書
	設計照査	設計図書の照査確認資料
		工事測量成果表
		工事測量結果
施工体制		施工体制台帳
		施工体系図

※「前工事」とは，当該工事に関係する既に実施した工事で，例えば橋梁上部工事の前工事として実施した橋梁下部工事などをいいます。

フォルダ		書類の名称
第1階層	第2階層	
施工管理	工事打合せ簿（指示）	工事打合せ簿（指示）
	工事打合せ簿（協議）	工事打合せ簿（協議）
	工事打合せ簿（承諾）	工事打合せ簿（承諾）
	工事打合せ簿（提出）	工事打合せ簿（提出）
	工事打合せ簿（報告）	工事打合せ簿（報告）
	工事打合せ簿（通知）	工事打合せ簿（通知）
	関係機関協議	関係機関協議資料
	近隣協議	近隣協議資料
	材料確認	材料確認書
	段階確認	段階確認書
	確認・立会	確認・立会依頼書
安全管理		工事事故速報
工程管理	履行報告	工事履行報告書
出来形管理	出来形管理資料	出来形管理図表
	数量計算書	出来形数量計算書
品質管理	品質管理資料	品質管理図表
	品質証明資料	材料品質証明資料
		品質証明書
その他	報告書等	新技術活用関係資料
		総合評価実施報告書
	建設リサイクル	再生資源利用計画書（実施書）
		再生資源利用促進計画書（実施書）
	創意工夫	創意工夫・社会性等に関する実施状況
	イメージアップ	イメージアップの実施状況

※工事写真は，工事完成時にCD等の電子媒体で提出すれば済むことから，情報共有システムへの登録は必ずしも必要ありません。

（出典）　国土交通省大臣官房技術調査課：土木工事の情報共有システム活用ガイドライン，平成26年7月より作成

4）情報共有システムを活用した工事検査

情報共有システムを活用した場合は，工事検査（完成検査，既済部分検査，中間技術検査等）において，情報共有システムで処理した工事帳票や工事写真（デジタルカメラで撮影）は紙に出力せずに，電子データを利用した検査（電子検査）を行うことを原則としている。

図－7は，情報共有システムを活用した工事における工事書類の契約時から関係検査後までの流れを示したもので，情報共有システムの利用による工事帳票を電子検査用のパソコンに保存し，完成検査時に電子検査により確認する。また，完成後に提出や納品が仕様書に定められている書類等については，情報共有システムからダウンロードして電子媒体に格納することが可能となる。

図－8は，電子検査における検査会場のレイアウト例を示している。

図－7　電子納品・電子検査の流れ（情報共有システム活用時）

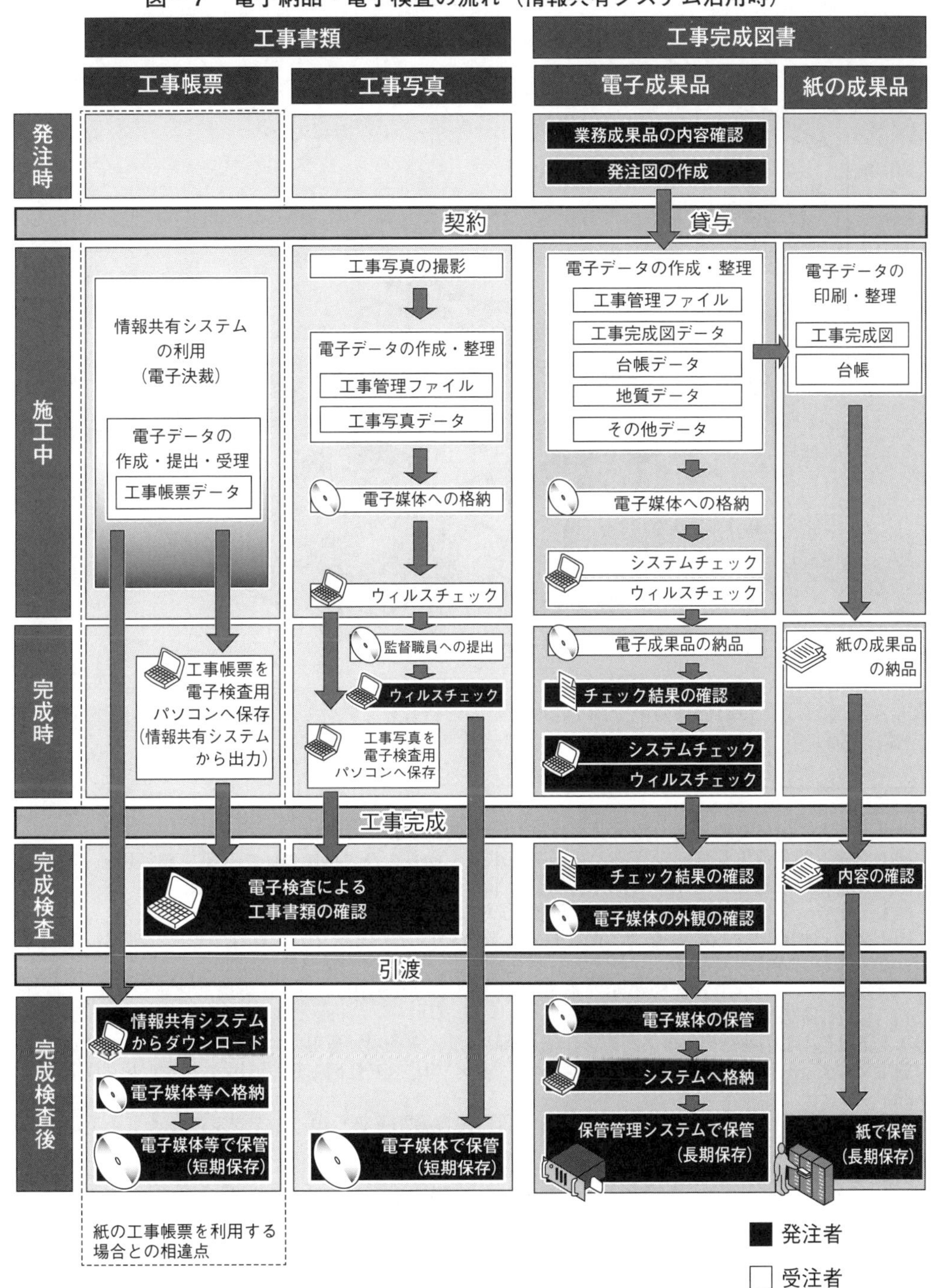

（出典）　国土交通省大臣官房技術調査課：土木工事の情報共有システム活用ガイドライン，平成26年７月より作成

図－８　電子検査における検査会場レイアウト例

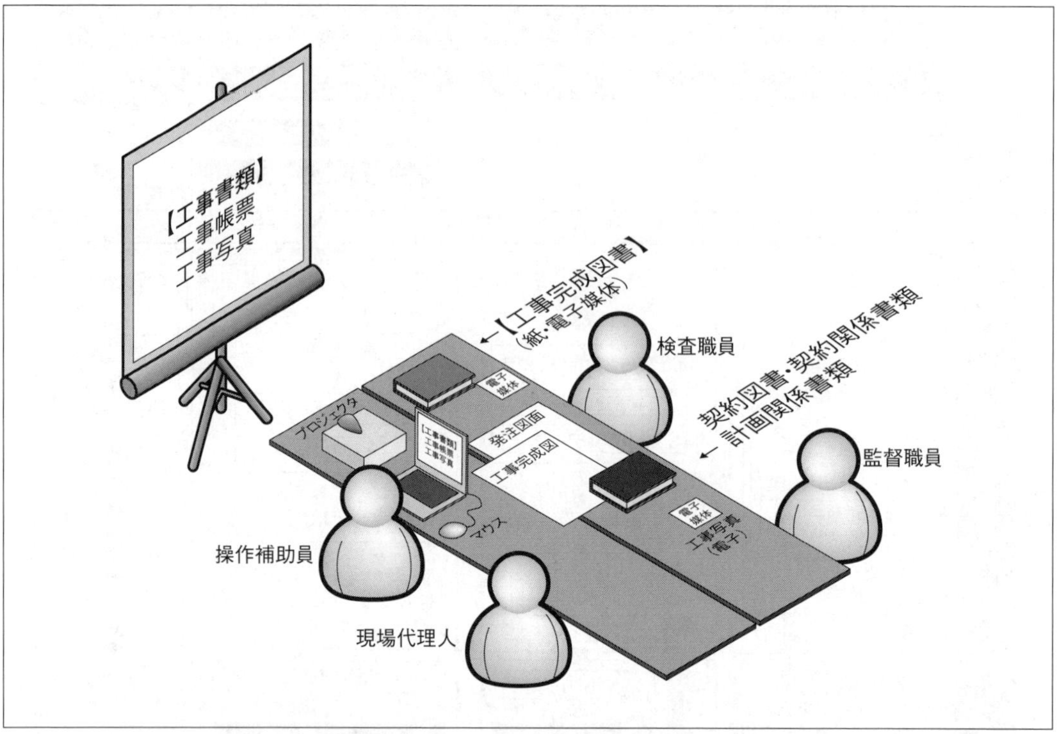

（出典）国土交通省大臣官房技術調査課：土木工事の情報共有システム活用ガイドライン，平成26年７月より作成

【参考文献】
1．国土交通省：総価契約単価合意方式の見直し，平成28年３月
2．国土交通省関東地方整備局企画部：総価契約単価合意方式の改正について，平成23年10月
3．国土交通省関東地方整備局企画部：総価契約単価合意方式について，平成22年５月
4．国土交通省：総価契約単価合意方式実施要領の解説，平成28年３月
5．国土交通省大臣官房技術調査課，国土技術政策総合研究所建設システム課：平成22年度　総価契約単価合意方式の実施状況及びフォローアップ調査結果について，平成23年６月
6．国土交通省：「工事請負契約書第25条第１項～第４項（全体スライド条項）運用マニュアル（暫定版）」，平成25年９月
7．国土交通省：工事請負契約書第25条第５項（単品スライド条項）運用マニュアル（暫定版），平成20年７月
8．国土交通省：「工事請負契約書第25条第６項（インフレスライド条項）運用マニュアル（暫定版）」，平成26年１月
9．国土交通省：「賃金等の変動に対する工事請負契約書第25条第６項（インフレスライド条項）の運用について」記者発表資料，平成26年１月30日
10. 国土交通省北陸地方整備局：契約制度実務マニュアル，平成16年10月
11. 公共工事の品質確保の促進に関する関係省庁連絡会議事務局（国土交通省）：発注関係事務の運用に関する指針（解説資料），平成27年１月30日
12. 国土交通省直轄事業における公共事業の品質確保の促進に関する懇談会　生産性向上検討部会　平成21年度第１回～平成22年度第１回　配布資料，平成21年12月～平成22年10月
13. 国土交通省：平成21年度及び平成22年度生産性向上検討部会資料
14. 国土交通省関東地方整備局企画部：改正品確法の発注者の責務に関する取組（関東地方整備局の取組10ポイント），平成28年４月
15. 福田勝之：施工効率向上プロジェクトに関する取り組みについて，建設マネジメント技術，平成24年２月号，pp.13-19，㈶経済調査会，平成24年２月
16. 国土交通省大臣官房技術調査課：土木工事の情報共有システム活用ガイドライン，平成26年７月

第5章

資料編

1．公共工事標準請負契約約款（抄）
2．総価契約単価合意方式実施要領
　総価契約単価合意方式実施要領の解説
3．設計変更に伴う契約変更の取扱いについて
4．条件明示について
5．土木工事条件明示の手引き（案）によるチェックリスト
　記載例
6．設計変更ガイドライン
7．工事一時中止に係るガイドライン（案）
8．工事一時中止に伴う増加費用の取扱いについて
9．設計図書の照査ガイドライン
10．用語の定義
　⑴　設計図書に属する文書
　⑵　工事関連
　⑶　入札契約関連
　⑷　積算関連
　⑸　監督職員関連
　⑹　検査関連
　⑺　協議・指示・承諾関連
　⑻　書類関連
　⑼　成果納品関連
　⑽　受発注者間のコミュニケーション向上関連

1．公共工事標準請負契約約款（抄）

昭和25年2月21日
中央建設業審議会決定
最終改正　平成22年7月26日

（総則）

第一条　発注者及び受注者は，この約款（契約書を含む。以下同じ。）に基づき，設計図書（別冊の図面，仕様書，現場説明書及び現場説明に対する質問回答書をいう。以下同じ。）に従い，日本国の法令を遵守し，この契約（この約款及び設計図書を内容とする工事の請負契約をいう。以下同じ。）を履行しなければならない。

2　受注者は，契約書記載の工事を契約書記載の工期内に完成し，工事目的物を発注者に引き渡すものとし，発注者は，その請負代金を支払うものとする。

3　仮設，施工方法その他工事目的物を完成するために必要な一切の手段（以下「施工方法等」という。）については，この約款及び設計図書に特別の定めがある場合を除き，受注者がその責任において定める。

4　受注者は，この契約の履行に関して知り得た秘密を漏らしてはならない。

5　この約款に定める請求，通知，報告，申出，承諾及び解除は，書面により行わなければならない。

6　この契約の履行に関して発注者と受注者との間で用いる言語は，日本語とする。

7　この約款に定める金銭の支払いに用いる通貨は，日本円とする。

8　この契約の履行に関して発注者と受注者との間で用いる計量単位は，設計図書に特別の定めがある場合を除き，計量法（平成四年法律第五十一号）に定めるものとする。

9　この約款及び設計図書における期間の定めについては，民法（明治二十九年法律第八十九号）及び商法（明治三十二年法律第四十八号）の定めるところによるものとする。

10　この契約は，日本国の法令に準拠するものとする。

11　この契約に係る訴訟については，日本国の裁判所をもって合意による専属的管轄裁判所とする。

12　受注者が共同企業体を結成している場合においては，発注者は，この契約に基づくすべての行為を共同企業体の代表者に対して行うものとし，発注者が当該代表者に対して行ったこの契約に基づくすべての行為は，当該企業体のすべての構成員に対して行ったものとみなし，また，受注者は，発注者に対して行うこの契約に基づくすべての行為について当該代表者を通じて行わなければならない。

（関連工事の調整）

第二条　発注者は，受注者の施工する工事及び発注者の発注に係る第三者の施工する他の工事が施工上密接に関連する場合において，必要があるときは，その施工につき，調整を行うものとする。

この場合においては，受注者は，発注者の調整に従い，当該第三者の行う工事の円滑な施工に協力しなければならない。

（請負代金内訳書及び工程表）

第三条（A） 受注者は，設計図書に基づいて請負代金内訳書（以下「内訳書」という。）及び工程表を作成し，発注者に提出し，その承認を受けなければならない。

2　内訳書及び工程表は，この約款の他の条項において定める場合を除き，発注者及び受注者を拘束するものではない。

（注）（A）は，契約の内容に不確定要素の多い契約等に使用する。

第三条（B） 受注者は，この契約締結後○日以内に設計図書に基づいて，請負代金内訳書（以下「内訳書」という。）及び工程表を作成し，発注者に提出しなければならない。

2　内訳書及び工程表は，発注者及び受注者を拘束するものではない。

（注）発注者が内訳書を必要としない場合は，内訳書に関する部分を削除する。

（条件変更等）

第十八条 受注者は，工事の施工に当たり，次の各号のいずれかに該当する事実を発見したときは，その旨を直ちに監督員に通知し，その確認を請求しなければならない。

一　図面，仕様書，現場説明書及び現場説明に対する質問回答書が一致しないこと（これらの優先順位が定められている場合を除く。）。

二　設計図書に誤謬又は脱漏があること。

三　設計図書の表示が明確でないこと。

四　工事現場の形状，地質，湧水等の状態，施工上の制約等設計図書に示された自然的又は人為的な施工条件と実際の工事現場が一致しないこと。

五　設計図書で明示されていない施工条件について予期することのできない特別な状態が生じたこと。

2　監督員は，前項の規定による確認を請求されたとき又は自ら同項各号に掲げる事実を発見したときは，受注者の立会いの上，直ちに調査を行わなければならない。ただし，受注者が立会いに応じない場合には，受注者の立会いを得ずに行うことができる。

3　発注者は，受注者の意見を聴いて，調査の結果（これに対してとるべき措置を指示する必要があるときは，当該指示を含む。）をとりまとめ，調査の終了後○日以内に，その結果を受注者に通知しなければならない。ただし，その期間内に通知できないやむを得ない理由があるときは，あらかじめ受注者の意見を聴いた上，当該期間を延長することができる。

4　前項の調査の結果において第一項の事実が確認された場合において，必要があると認められるときは，次の各号に掲げるところにより，設計図書の訂正又は変更を行わなければならない。

一　第一項第一号から第三号までのいずれかに該当し設計図書を訂正する必要があるもの　発注者が行う。

二　第一項第四号又は第五号に該当し設計図書を変更する場合で工事目的物の変更を伴うもの　発注者が行う。

三　第一項第四号又は第五号に該当し設計図書を変更する場合で工事目的物の変更を伴わないもの　発注者と受注者とが協議して発注者が行う。

5　前項の規定により設計図書の訂正又は変更が行われた場合において，発注者は，必要があると認められるときは工期若しくは請負代金額を変更し，又は受注者に損害を及ぼしたときは必要な費用を負担しなければならない。

（設計図書の変更）

第十九条　発注者は，必要があると認めるときは，設計図書の変更内容を受注者に通知して，設計図書を変更することができる。この場合において，発注者は，必要があると認められるときは工期若しくは請負代金額を変更し，又は受注者に損害を及ぼしたときは必要な費用を負担しなければならない。

（工事の中止）

第二十条　工事用地等の確保ができない等のため又は暴風，豪雨，洪水，高潮，地震，地すべり，落盤，火災，騒乱，暴動その他の自然的又は人為的な事象（以下「天災等」という。）であって受注者の責めに帰すことができないものにより工事目的物等に損害を生じ若しくは工事現場の状態が変動したため，受注者が工事を施工できないと認められるときは，発注者は，工事の中止内容を直ちに受注者に通知して，工事の全部又は一部の施工を一時中止させなければならない。

2　発注者は，前項の規定によるほか，必要があると認めるときは，工事の中止内容を受注者に通知して，工事の全部又は一部の施工を一時中止させることができる。

3　発注者は，前二項の規定により工事の施工を一時中止させた場合において，必要があると認められるときは工期若しくは請負代金額を変更し，又は受注者が工事の続行に備え工事現場を維持し若しくは労働者，建設機械器具等を保持するための費用その他の工事の施工の一時中止に伴う増加費用を必要とし若しくは受注者に損害を及ぼしたときは必要な費用を負担しなければならない。

（受注者の請求による工期の延長）

第二十一条　受注者は，天候の不良，第二条の規定に基づく関連工事の調整への協力その他受注者の責めに帰すことができない事由により工期内に工事を完成することができないときは，その理由を明示した書面により，発注者に工期の延長変更を請求することができる。

2　発注者は，前項の規定による請求があった場合において，必要があると認められるときは，工期を延長しなければならない。発注者は，その工期の延長が発注者の責めに帰すべき事由による場合においては，請負代金額について必要と認められる変更を行い，又は受注者に損害を及ぼしたときは必要な費用を負担しなければならない。

（発注者の請求による工期の短縮等）

第二十二条　発注者は，特別の理由により工期を短縮する必要があるときは，工期の短縮変更を受注者に請求することができる。

2　発注者は，この約款の他の条項の規定により工期を延長すべき場合において，特別の理由があるときは，延長する工期について，通常必要とされる工期に満たない工期への変更を請求することができる。

3　発注者は，前二項の場合において，必要があると認められるときは請負代金額を変更し，又は受注者に損害を及ぼしたときは必要な費用を負担しなければならない。

（工期の変更方法）

第二十三条　工期の変更については，発注者と受注者とが協議して定める。ただし，協議開始の日から○日以内に協議が整わない場合には，発注者が定め，受注者に通知する。

（注）　○の部分には，工期及び請負代金額を勘案して十分な協議が行えるよう留意して数字を記入する。

2　前項の協議開始の日については，発注者が受注者の意見を聴いて定め，受注者に通知するものとする。ただし，発注者が工期の変更事由が生じた日（第二十一条の場合にあっては発注者が工期変更の請求を受けた日，前条の場合にあっては受注者が工期変更の請求を受けた日）から○日以内に協議開始の日を通知しない場合には，受注者は，協議開始の日を定め，発注者に通知することができる。

（注）　○の部分には，工期を勘案してできる限り早急に通知を行うよう留意して数字を記入する。

（請負代金額の変更方法等）

第二十四条（A）　請負代金額の変更については，数量の増減が内訳書記載の数量の百分の○を超える場合，施工条件が異なる場合，内訳書に記載のない項目が生じた場合若しくは内訳書によることが不適当な場合で特別な理由がないとき又は内訳書が未だ承認を受けていない場合にあっては変更時の価格を基礎として発注者と受注者とが協議して定め，その他の場合にあっては内訳書記載の単価を基礎として定める。ただし，協議開始の日から○日以内に協議が整わない場合には，発注者が定め，受注者に通知する。

（注）（A）は，第三条（A）を使用する場合に使用する。
「百分の○」の○の部分には，たとえば，二十と記入する。「○日」の○の部分には，工期及び請負代金額を勘案して十分な協議が行えるよう留意して数字を記入する。

第二十四条（B）　請負代金額の変更については，発注者と受注者とが協議して定める。ただし，協議開始の日から○日以内に協議が整わない場合には，発注者が定め，受注者に通知する。

（注）（B）は，第三条（B）を使用する場合に使用する。
○の部分には，工期及び請負代金額を勘案して十分な協議が行えるよう留意して数字を記入する。

2　前項の協議開始の日については，発注者が受注者の意見を聴いて定め，受注者に通知するものとする。ただし，請負代金額の変更事由が生じた日から○日以内に協議開始の日を通知しない場合には，受注者は，協議開始の日を定め，発注者に通知することができる。

（注）　○の部分には，工期を勘案してできる限り早急に通知を行うよう留意して数字を記入する。

3　この約款の規定により，受注者が増加費用を必要とした場合又は損害を受けた場合に発注者が負担する必要な費用の額については，発注者と受注者とが協議して定める。

（賃金又は物価の変動に基づく請負代金額の変更）

第二十五条　発注者又は受注者は，工期内で請負契約締結の日から十二月を経過した後に日本国内における賃金水準又は物価水準の変動により請負代金額が不適当となったと認めたときは，相手方に対して請負代金額の変更を請求することができる。

2　発注者又は受注者は，前項の規定による請求があったときは，変動前残工事代金額（請負代金額から当該請求時の出来形部分に相応する請負代金額を控除した額をいう。以下この条において同じ。）と変動後残工事代金額（変動後の賃金又は物価を基礎として算出した変動前残工事代金額に相応する額をいう。以下この条において同じ。）との差額のうち変動前残工事代金額の千分の十五を超える額につき，請負代金額の変更に応じなければならない。

3　変動前残工事代金額及び変動後残工事代金額は，請求のあった日を基準とし，（内訳書及び）

（A）［　］に基づき発注者と受注者とが協議して定める。

（B）　物価指数等に基づき発注者と受注者とが協議して定める。

ただし，協議開始の日から○日以内に協議が整わない場合にあっては，発注者が定め，受注者に通知する。

（注）（内訳書及び）の部分は，第三条（B）を使用する場合には削除する。

（A）は，変動前残工事代金額の算定の基準とすべき資料につき，あらかじめ，発注者及び受注者が具体的に定め得る場合に使用する。

［　］の部分には，この場合に当該資料の名称（たとえば，国又は国に準ずる機関が作成して定期的に公表する資料の名称）を記入する。

○の部分には，工期及び請負代金額を勘案して十分な協議が行えるよう留意して数字を記入する。

4　第一項の規定による請求は，この条の規定により請負代金額の変更を行った後再度行うことができる。この場合において，同項中「請負契約締結の日」とあるのは，「直前のこの条に基づく請負代金額変更の基準とした日」とするものとする。

5　特別な要因により工期内に主要な工事材料の日本国内における価格に著しい変動を生じ，請負代金額が不適当となったときは，発注者又は受注者は，前各項の規定によるほか，請負代金額の変更を請求することができる。

6　予期することのできない特別の事情により，工期内に日本国内において急激なインフレーション又はデフレーションを生じ，請負代金額が著しく不適当となったときは，発注者又は受注者は，前各項の規定にかかわらず，請負代金額の変更を請求することができる。

7　前二項の場合において，請負代金額の変更額については，発注者と受注者とが協議して定める。ただし，協議開始の日から○日以内に協議が整わない場合にあっては，発注者が定め，受注者に通知する。

（注）　○の部分には，工期及び請負代金額を勘案して十分な協議が行えるよう留意して数字を記入する。

8　第三項及び前項の協議開始の日については，発注者が受注者の意見を聴いて定め，受注者に通知しなければならない。ただし，発注者が第一項，第五項又は第六項の請求を行った日又は受けた日から○日以内に協議開始の日を通知しない場合には，受注者は，協議開始の日を定め，発注者に通知することができる。

（注）　○の部分には，工期を勘案してできる限り早急に通知を行うよう留意して数字を記入する。

（臨機の措置）

第二十六条　受注者は，災害防止等のため必要があると認めるときは，臨機の措置をとらなければならない。この場合において，必要があると認めるときは，受注者は，あらかじめ監督員の意見を聴かなければならない。ただし，緊急やむを得ない事情があるときは，この限りでない。

2　前項の場合においては，受注者は，そのとった措置の内容を監督員に直ちに通知しなければならない。

3　監督員は，災害防止その他工事の施工上特に必要があると認めるときは，受注者に対して臨機の措置をとることを請求することができる。

4　受注者が第一項又は前項の規定により臨機の措置をとった場合において，当該措置に要した費用のうち，受注者が請負代金額の範囲において負担することが適当でないと認められる部分については，発注者が負担する。

（一般的損害）

第二十七条　工事目的物の引渡し前に，工事目的物又は工事材料について生じた損害その他工事の施工に関して生じた損害（次条第一項若しくは第二項又は第二十九条第一項に規定する損害を除く。）については，受注者がその費用を負担する。ただし，その損害（第五十一条第一項の規定により付された保険等によりてん補された部分を除く。）のうち発注者の責めに帰すべき事由により生じたものについては，発注者が負担する。

（第三者に及ぼした損害）

第二十八条　工事の施工について第三者に損害を及ぼしたときは，受注者がその損害を賠償しなければならない。ただし，その損害（第五十一条第一項の規定により付された保険等によりてん補された部分を除く。以下この条において同じ。）のうち発注者の責めに帰すべき事由により生じたものについては，発注者が負担する。

2　前項の規定にかかわらず，工事の施工に伴い通常避けることができない騒音，振動，地盤沈下，地下水の断絶等の理由により第三者に損害を及ぼしたときは，発注者がその損害を負担しなければならない。ただし，その損害のうち工事の施工につき受注者が善良な管理者の注意義務を怠ったことにより生じたものについては，受注者が負担する。

3　前二項の場合その他工事の施工について第三者との間に紛争を生じた場合においては，発注者及び受注者は協力してその処理解決に当たるものとする。

(不可抗力による損害)

第二十九条　工事目的物の引渡し前に，天災等（設計図書で基準を定めたものにあっては，当該基準を超えるものに限る。）発注者と受注者のいずれの責めにも帰すことができないもの（以下この条において「不可抗力」という。）により，工事目的物，仮設物又は工事現場に搬入済みの工事材料若しくは建設機械器具に損害が生じたときは，受注者は，その事実の発生後直ちにその状況を発注者に通知しなければならない。

2　発注者は，前項の規定による通知を受けたときは，直ちに調査を行い，同項の損害（受注者が善良な管理者の注意義務を怠ったことに基づくもの及び第五十一条第一項の規定により付された保険等によりてん補された部分を除く。以下この条において「損害」という。）の状況を確認し，その結果を受注者に通知しなければならない。

3　受注者は，前項の規定により損害の状況が確認されたときは，損害による費用の負担を発注者に請求することができる。

4　発注者は，前項の規定により受注者から損害による費用の負担の請求があったときは，当該損害の額（工事目的物，仮設物又は工事現場に搬入済みの工事材料若しくは建設機械器具であって第十三条第二項，第十四条第一項若しくは第二項又は第三十七条第三項の規定による検査，立会いその他受注者の工事に関する記録等により確認することができるものに係る額に限る。）及び当該損害の取片付けに要する費用の額の合計額（第六項において「損害合計額」という。）のうち請負代金額の百分の一を超える額を負担しなければならない。

5　損害の額は，次の各号に掲げる損害につき，それぞれ当該各号に定めるところにより，（内訳書に基づき）算定する。

（注）（内訳書に基づき）の部分は，第三条（B）を使用する場合には，削除する。

一　工事目的物に関する損害

損害を受けた工事目的物に相応する請負代金額とし，残存価値がある場合にはその評価額を差し引いた額とする。

二　工事材料に関する損害

損害を受けた工事材料で通常妥当と認められるものに相応する請負代金額とし，残存価値がある場合にはその評価額を差し引いた額とする。

三　仮設物又は建設機械器具に関する損害

損害を受けた仮設物又は建設機械器具で通常妥当と認められるものについて，当該工事で償却することとしている償却費の額から損害を受けた時点における工事目的物に相応する償却費の額を差し引いた額とする。ただし，修繕によりその機能を回復することができ，かつ，修繕費の額が上記の額より少額であるものについては，その修繕費の額とする。

6　数次にわたる不可抗力により損害合計額が累積した場合における第二次以降の不可抗力による損害合計額の負担については，第四項中「当該損害の額」とあるのは「損害の額の累計」と，「当該損害の取片付けに要する費用の額」とあるのは「損害の取片付けに要する費用の額の累計」と，「請負代金額の百分の一を超える額」とあるのは「請負代金額の百分の一を超える額から既に負担した額を差し引いた額」として同項を適用する。

（請負代金額の変更に代える設計図書の変更）

第三十条　発注者は，第八条，第十五条，第十七条から第二十二条まで，第二十五条から第二十七条まで，前条又は第三十三条の規定により請負代金額を増額すべき場合又は費用を負担すべき場合において，特別の理由があるときは，請負代金額の増額又は負担額の全部又は一部に代えて設計図書を変更することができる。この場合において，設計図書の変更内容は，発注者と受注者とが協議して定める。ただし，協議開始の日から○日以内に協議が整わない場合には，発注者が定め，受注者に通知する。

（注）　○の部分には，工期及び請負代金額を勘案して十分な協議が行えるよう留意して数字を記入する。

2　前項の協議開始の日については，発注者が受注者の意見を聴いて定め，受注者に通知しなければならない。ただし，発注者が請負代金額を増額すべき事由又は費用を負担すべき事由が生じた日から○日以内に協議開始の日を通知しない場合には，受注者は，協議開始の日を定め，発注者に通知することができる。

（注）　○の部分には，工期を勘案してできる限り早急に通知を行うよう留意して数字を記入する。

（あっせん又は調停）

第五十二条（A）　この約款の各条項において発注者と受注者とが協議して定めるものにつき協議が整わなかったときに発注者が定めたものに受注者が不服がある場合その他この契約に関して発注者と受注者との間に紛争を生じた場合には，発注者及び受注者は，契約書記載の調停人のあっせん又は調停によりその解決を図る。この場合において，紛争の処理に要する費用については，発注者と受注者とが協議して特別の定めをしたものを除き，発注者と受注者とがそれぞれが負担する。

2　発注者及び受注者は，前項の調停人があっせん又は調停を打ち切ったときは，建設業法による［　］建設工事紛争審査会（以下「審査会」という。）のあっせん又は調停によりその解決を図る。

（注）　［　］の部分には，「中央」の字句又は都道府県の名称を記入する。

3　第一項の規定にかかわらず，現場代理人の職務の執行に関する紛争，主任技術者（監理技術者），専門技術者その他受注者が工事を施工するために使用している下請負人，労働者等の工事の施工又は管理に関する紛争及び監督員の職務の執行に関する紛争については，第十二条第三項の規定により受注者が決定を行った後若しくは同条第五項の規定により発注者が決定を行った後，又は発注者若しくは受注者が決定を行わずに同条第三項若しくは第五項の期間が経過した後でなければ，発注者及び受注者は，第一項のあっせん又は調停を請求することができない。

4　発注者又は受注者は，申し出により，この約款の各条項の規定により行う発注者と受注者との間の協議に第一項の調停人を立ち会わせ，当該協議が円滑に整うよう必要な助言又は意見を求めることができる。この場合における必要な費用の負担については，同項後段の規定を準用する。

5　前項の規定により調停人の立会いのもとで行われた協議が整わなかったときに発注者が定めたものに受注者が不服がある場合で，発注者又は受注者の一方又は双方が第一項の調停人のあっせん又は調停により紛争を解決する見込がないと認めたときは，同項の規定にかかわらず，発注者及び受注者は，審査会のあっせん又は調停によりその解決を図る。

（注）第四項及び第五項は，調停人を協議に参加させない場合には，削除する。

第五十二条（B）　この約款の各条項において発注者と受注者とが協議して定めるものにつき協議が整わなかったときに発注者が定めたものに受注者が不服がある場合その他この契約に関して発注者と受注者との間に紛争を生じた場合には，発注者及び受注者は，建設業法による［　］建設工事紛争審査会（以下次条において「審査会」という。）のあっせん又は調停によりその解決を図る。

（注）（B）は，あらかじめ調停人を選任せず，建設業法による建設工事紛争審査会により紛争の解決を図る場合に使用する。

［　］の部分には，「中央」の字句又は都道府県の名称を記入する。

2　前項の規定にかかわらず，現場代理人の職務の執行に関する紛争，主任技術者（監理技術者），専門技術者その他受注者が工事を施工するために使用している下請負人，労働者等の工事の施工又は管理に関する紛争及び監督員の職務の執行に関する紛争については，第十二条第三項の規定により受注者が決定を行った後若しくは同条第五項の規定により発注者が決定を行った後，又は発注者若しくは受注者が決定を行わずに同条第三項若しくは第五項の期間が経過した後でなければ，発注者及び受注者は，前項のあっせん又は調停を請求することができない。

（仲裁）

第五十三条　発注者及び受注者は，その一方又は双方が前条の［調停人又は］審査会のあっせん又は調停により紛争を解決する見込みがないと認めたときは，同条の規定にかかわらず，仲裁合意書に基づき，審査会の仲裁に付し，その仲裁判断に服する。

（注）［　］の部分は，第五十二条（B）を使用する場合には削除する。

2．総価契約単価合意方式実施要領

国地契第79号
国官技第360号
国北予第33号
平成28年３月14日

１．目的

総価契約単価合意方式は，工事請負契約における受発注者間の双務性の向上の観点から，請負代金額の変更があった場合における変更金額や部分払金額の算定を行う際に用いる単価等をあらかじめ協議し，合意しておくことにより，設計変更や部分払に伴う協議の円滑化に資することを目的として実施するものとする。また，後工事の請負契約を随意契約により前工事の受注者と締結する場合においても本方式を適用することにより，適正な契約金額の算定を行うものとする。

２．対象工事

総価契約単価合意方式の対象工事は，次のとおりとする。

⑴　地方整備局（港湾空港関係事務に関することを除く。）にあっては，工事請負業者選定事務処理要領（昭和41年12月23日付け建設省厚第76号）第３に掲げる工事種別のうち，第１号から第４号まで，第７号，第９号から第17号まで及び第19号に掲げる工事

⑵　北海道開発局にあっては，河川事業，多目的ダム事業，海岸事業，砂防事業，道路事業及び公園事業に係る工事（北海道開発局工事等競争参加者選定要領（平成12年12月19日付け北開局工第333号）の別表（第６条関係）の区分の欄に掲げる建築，管，機械装置（昇降機設備に限る。）及び電気（建築電気設備，通信設備及び受変電設備に限る。）を除く。）

３．実施方式

⑴　総価契約単価合意方式は，次に掲げる実施方式により行うものとする。

①　単価個別合意方式

工事数量総括表の細別の単価（一式の場合は金額。②及び⑶②において同じ。）のそれぞれを算出した上で，当該単価について合意する方式

②　包括的単価個別合意方式

工事数量総括表の細別の単価に請負代金比率を乗じて得た各金額について合意する方式

⑵　⑴②の請負代金比率は，次の算式により得られる数値とする。

請負代金比率　＝　落札金額　÷　工事価格

(3) (1)の実施方式は，次に掲げるところにより定めるものとする。

① 受注者は，「単価個別合意方式」又は「包括的単価個別合意方式」のいずれか希望する方式を選択するものとする。

② 受注者は，①において，「単価個別合意方式」を選択した場合には，工事数量総括表の細別のそれぞれを算出した上で，発注者と協議するものとする。

③ ②の協議の開始の日から14日以内に協議が整わないときは，「包括的単価個別合意方式」を適用するものとする。

④ 受注者は，①において「包括的単価個別合意方式」を選択したときは，契約締結後14日以内に，契約担当課が契約締結後に送付する「包括的単価個別合意方式希望書」に，必要事項を記載の上，当該契約担当課に提出するものとする。

４．対象工事である旨の明示

(1) 総価契約単価合意方式の対象工事である旨の明示は，次に掲げる契約方式ごとにそれぞれ次に掲げる書面への記載（電磁的記録を含む。）により行うものとする。

① 一般競争入札の場合 ： 入札公告及び入札説明書

② 工事希望型競争入札の場合 ： 送付資料

③ ②以外の指名競争入札の場合 ： 指名通知

④ 随意契約の場合 ： 見積依頼書

(2) (1)の記載は，次に掲げる記載例によるものとする。

① 後工事がない工事の場合の記載例

（○） 総価契約単価合意方式の適用

① 本工事は，「総価契約単価合意方式」の対象工事である。本工事では，契約変更等における協議の円滑化に資するため，契約締結後〔詳細設計完了後に行う契約変更後〕に，受発注者間の協議により総価契約の内訳としての単価等について合意するものとする。

② 本方式の実施方式としては，

イ 単価個別合意方式（工事数量総括表の細別の単価（一式の場合は金額。ロにおいて同じ。）のそれぞれを算出した上で，当該単価について合意する方式）

ロ 包括的単価個別合意方式（工事数量総括表の細別の単価に請負代金比率を乗じて得た各金額について合意する方式）があり，受注者が選択するものとする。ただし，受注者が単価個別合意方式を選択した場合において，①の協議の開始の日から14日以内に協議が整わないときは，包括的単価個別合意方式を適用するものとする。

③ 受注者は，「包括的単価個別合意方式」を選択したときは，契約締結後14日以内に，契約担当課が契約締結後に送付する「包括的単価個別合意方式希望書」に，必要事項を記載の上，当該契約担当課に提出するものとする。

④ その他本方式の実施手続は，「総価契約単価合意方式実施要領」及び「総価契約単価合

意方式実施要領の解説」によるものとする。
［注］〔　〕内は，設計・施工一括発注方式の場合に使用する。

② 後工事がある場合における前工事の場合の記載例

（○） 総価契約単価合意方式の適用
① 本工事は，「総価契約単価合意方式」の対象工事である。本工事では，契約変更等における協議の円滑化に資するため，契約締結後〔詳細設計完了後に行う契約変更後〕に，受発注者間の協議により総価契約の内訳としての単価等について合意するものとする。
② 後工事の請負契約を随意契約により前工事の受注者と締結する場合についても，本工事において合意した単価等を使用するものとする。
③ 本方式の実施方式としては，
イ 単価個別合意方式（工事数量総括表の細別の単価（一式の場合は金額。ロにおいて同じ。）ののそれぞれを算出した上で，当該単価について合意する方式）
ロ 包括的単価個別合意方式（工事数量総括表の細別の単価に請負代金比率を乗じて得た各金額について合意する方式）があり，受注者が選択するものとする。ただし，受注者が単価個別合意方式を選択した場合において，①の協議の開始の日から14日以内に協議が整わないときは，包括的単価個別合意方式を適用するものとする。
④ 受注者は，「包括的単価個別合意方式」を選択したときは，契約締結後14日以内に，契約担当課が契約締結後に送付する「包括的単価個別合意方式希望書」に，必要事項を記載の上，当該契約担当課に提出するものとする。
⑤ その他本方式の実施手続は，「総価契約単価合意方式実施要領」及び「総価契約単価合意方式実施要領の解説」によるものとする。
［注］〔　〕内は，設計・施工一括発注方式の場合に使用する。

③ 後工事の場合の記載例

（○） 総価契約単価合意方式の適用
① 本工事は，「総価契約単価合意方式」の対象工事である。本工事では，契約変更等における協議の円滑化に資するため，契約締結後〔詳細設計完了後に行う契約変更後〕に，受発注者間の協議により総価契約の内訳としての単価等について合意するものとする。この場合において，前工事（○○○○○工事）について合意した単価等については，これを本工事に適用するものとする。
② その他本方式の実施手続は，「総価契約単価合意方式実施要領」及び「総価契約単価合意方式実施要領の解説」によるものとする。
［注１］〔　〕内は，設計・施工一括発注方式の場合に使用する。

［注２］（○○○○○工事）には，前工事の件名を記載する。

５．契約書及び特記仕様書における記載事項

⑴　契約書における記載事項

①　第３条関係（請負代金内訳書及び単価合意書）

総価契約単価合意方式を適用する工事においては，工事請負契約書（平成７年６月30日付け建設省厚契発第25号の別冊。以下単に「契約書」という。）第３条第１項に基づき，受注者から提出される請負代金内訳書（以下単に「内訳書」という。）について，受注者との間で単価等を協議した上で合意することとなる。このため，契約書第３条に次に掲げる事項を記載するものとする。

なお，新たに追加する契約書第３条第３項に規定する単価の協議に当たっては，受注者が単価個別合意方式又は包括的単価個別合意方式のいずれかを選択するものとし，協議開始の日から14日以内に単価個別合意方式による協議が整わない場合は，包括的単価個別合意方式を適用するものとする。

（記載例）
（請負代金内訳書，工程表及び単価合意書）
第３条　受注者は，この契約締結後○日以内に設計図書に基づいて，請負代金内訳書（以下「内訳書」という。）及び工程表を作成し，発注者に提出しなければならない。
２　（略）
３　発注者及び受注者は，第１項の規定による内訳書〔詳細設計完了後に行う契約の変更の内容を反映した内訳書〕の提出後，速やかに，当該内訳書に係る単価を協議し，単価合意書を作成の上合意するものとする。この場合において，協議がその開始の日から○日以内に整わないときは，発注者がこれを定め，受注者に通知するものとする。
４　受注者は，請負代金額の変更があったときは，当該変更の内容を反映した内訳書を作成し，○日以内に設計図書に基づいて，発注者に提出しなければならない。
５　第３項の規定は，前項の規定により内訳書が提出された場合において準用する。
６　第３項（前項において準用する場合を含む。）の単価合意書は，第25条第３項の規定により残工事代金額を定める場合並びに第29条第５項，第37条第６項及び第38条第２項に定める場合（第24条第１項各号に掲げる場合を除く。）を除き，発注者及び受注者を拘束するものではない。
７　第１項，第３項から第５項までの内訳書に係る規定は，請負代金額が１億円未満又は工期が６箇月未満の工事について，受注者が包括的単価個別合意方式を選択した場合において，工事費構成書の提示を求めないときは適用しない。
［注１］○の部分には，原則として，「14」と記入する。

［注２］〔　〕内は，設計・施工一括発注方式の場合に使用する。

② 第24条関係（請負代金額の変更方法）

本方式を適用する工事における請負代金額の変更に当たっては，単価合意書の記載事項を基礎として行うことができるように，契約書第24条に次に掲げる事項を記載するものとする。

（記載例）

（請負代金額の変更方法等）

第24条　請負代金額の変更については，次に掲げる場合を除き，第３条第３項（同条第５項において準用する場合を含む。）の規定により作成した単価合意書の記載事項を基礎として発注者と受注者とが協議して定める。ただし，協議開始の日から○日以内に協議が整わない場合には，発注者が定め，受注者に通知する。

一　数量に著しい変更が生じた場合。

二　単価合意書の作成の前提となっている施工条件と実際の施工条件が異なる場合。

三　単価合意書に記載されていない工種が生じた場合。

四　前各号に掲げる場合のほか，単価合意書の記載内容を基礎とした協議が不適当である場合。

［注］○の部分には，原則として，「14」と記入する。

2　前項各号に掲げる場合における請負代金額の変更については，発注者と受注者とが協議して定める。ただし，協議開始の日から○日以内に協議が整わない場合には，発注者が定め，受注者に通知する。

3・4　（略）

③ 第25条関係（賃金又は物価の変動に基づく請負代金額の変更）

本方式を適用する工事において，賃金又は物価の変動に基づき請負代金額を変更するときは，変更後の請負代金額の算定に当たり，単価合意書の記載事項に基づき行うことができるように，契約書第25条に次に掲げる事項を記載するものとする。

（記載例）

（賃金又は物価の変動に基づく請負代金額の変更）

第25条　（略）

2　（略）

3　変動前残工事代金額及び変動後残工事代金額は，請求のあった日を基準とし，単価合意書の記載事項，物価指数等に基づき発注者と受注者とが協議して定める。ただし，協議開始の日から○日以内に協議が整わない場合にあっては，発注者が定め，受注者に通知する。

［注］○の部分には，原則として，「14」と記入する。

４～８　（略）

④　第29条関係（不可抗力による損害）

本方式を適用する工事における不可抗力による損害の額の算定に当たっては，単価合意書の記載事項に基づき行うことができるように，契約書第29条に次に掲げる事項を記載するものとする。

（記載例）
（不可抗力による損害）
第29条　（略）
２～４　（略）
５　損害の額は，次に掲げる損害につき，それぞれ当該各号に定めるところにより算定する。この場合においては，第24条第１項各号に掲げる場合を除き，単価合意書の記載事項に基づき行うものとする。
一～三　（略）
６　（略）

⑤　第37条関係（部分払）

本方式を適用する工事における部分払金の額の算定に当たっては，単価合意書の記載事項に基づき行うことができるように，契約書第37条に次に掲げる事項を記載するものとする。

（記載例）
（部分払）
第37条　（略）
２～５　（略）
６　部分払金の額は，次の式により算定する。この場合において，第１項の請負代金相当額は，単価合意書の記載事項に基づき定め，第24条第１項各号に掲げる場合には発注者と受注者とが協議して定める。ただし，発注者が第３項前段の通知をした日から○日以内に協議が整わない場合には，発注者が定め，受注者に通知する。
部分払金の額≦第１項の請負代金相当額×（９／10－前払金額／請負代金額）
［注］　○の部分には，原則として，「10」と記入する。
７　（略）

⑥　第38条関係（部分引渡し）

本方式を適用する工事における部分引渡しに係る請負代金額の算定に当たっては，指定部分に相応する請負代金の額を単価合意書の記載事項に基づき行うことができるように，契約書第

38条に次に掲げる事項を記載するものとする。

（記載例）
（部分引渡し）
第38条　（略）
2　前項の規定により準用される第32条第１項の規定により請求することができる部分引渡しに係る請負代金の額は，次の式により算定する。この場合において，指定部分に相応する請負代金の額は，単価合意書の記載事項に基づき定め，第24条第１項各号に掲げる場合には発注者と受注者とが協議して定める。ただし，発注者が前項の規定により準用される第31条第２項の検査の結果の通知をした日から○日以内に協議が整わない場合には，発注者が定め，受注者に通知する。
部分引渡しに係る請負代金の額
＝指定部分に相応する請負代金の額×（１－前払金額／請負代金額）
［注］　○の部分には，原則として，「14」と記入する。

(2)　特記仕様書における記載事項

本方式を適用する工事においては，土木工事共通仕様書 第３編　３－１－１－２（請負代金内訳書及び工事費構成書）第２項，第６項及び第７項の規定は適用しないものとする。この場合において，受注者が内訳書を提出した場合は，受注者は請負代金額及び工期にかかわらず工事費構成書の提示を求めることができるものとし，特記仕様書に次に掲げる事項を記載するものとする。

①　後工事がない工事の場合の記載例

第◇条　総価契約単価合意方式について
（目的）
1．本工事は，請負代金額の変更があった場合における変更金額や部分払金額の算定を行う際に用いる単価等をあらかじめ協議し，合意しておくことにより，設計変更や部分払に伴う協議の円滑化に資することを目的として実施する総価契約単価合意方式の対象工事である。
（共通仕様書 第３編　３－１－１－２の適用）
2．請負代金内訳書の提出を求める場合，共通仕様書 第３編　３－１－１－２ 第２項，第６項及び第７項に係る規定は適用しないものとする。
受注者は，契約書第３条第１項の規定に基づき請負代金内訳書（以下「内訳書」という。）を発注者に提出した後に，当該工事の工事費構成書の提示を求めることができるものとする。【なお，包括的単価個別合意方式を選択した受注者も，内訳書を発注者に提出した場合には，当該工事の工事費構成書の提示を求めることができるものとする。】

［注］：【　】内は内訳書の提出を求めない場合に記入。

（合意単価の公表）

3．発注者・受注者間で作成の上合意した単価合意書は，公表するものとする。

② 後工事がある場合における前工事の場合の記載例

第◇条　前工事及び後工事の関係にある工事における総価契約単価合意方式について

（目的）

1．本工事は，請負代金額の変更があった場合における変更金額や部分払金額の算定を行う際に用いる単価等をあらかじめ協議し，合意しておくことにより，設計変更や部分払に伴う協議の円滑化に資することを目的として実施する総価契約単価合意方式の対象工事である。また，後工事の請負契約を随意契約により前工事の受注者と締結する場合には，前工事において合意した単価等を後工事において適用するものとする。

（共通仕様書 第３編　３－１－１－２の適用）

2．請負代金内訳書の提出を求める場合，共通仕様書 第３編　３－１－１－２ 第２項，第６項及び第７項に係る規定は適用しないものとする。

受注者は，契約書第３条第１項の規定に基づき請負代金内訳書（以下「内訳書」という。）を発注者に提出した後に，当該工事の工事費構成書の提示を求めることができるものとする。【なお，包括的単価個別合意方式を選択した受注者も，内訳書を発注者に提出した場合には，当該工事の工事費構成書の提示を求めることができるものとする。】

［注］：【　】内は内訳書の提出を求めない場合に記入。

（合意単価の公表）

3．発注者・受注者間で作成の上合意した単価合意書は，公表するものとする。

6．単価個別合意方式における単価合意の方法

契約書締結直後（設計・施工一括発注方式の場合は，詳細設計完了後に行う変更契約締結後）の単価合意は，契約書第３条第３項の規定に基づき実施する〔5．(1) ①の契約書記載例参照〕ほか，以下の手続により実施するものとする。

(1) 単価合意は，工事数量総括表を基に受注者が提出した内訳書に基づき行うものとし，直接工事費，共通仮設費（積上げ分），共通仮設費（率分），現場管理費及び一般管理費等の単価等について合意するものとする。

(2) 単価合意書に記載された直接工事費及び共通仮設費（積上げ分）における単価並びに単価合意の実施方式の種類は，変更しないものとする。

(3) 協議開始の日から14日以内に協議が整った場合は，単価合意書（別記様式１）を作成の上合意するものとする。この場合には，単価表（別記様式２）を作成の上，単価合意書に添付するもの

とする。

(4) 協議開始の日から14日以内に協議が整わない場合は，包括的単価個別合意方式にて行うものとする。

(5) 単価合意書を作成の上合意したときは，発注者は，速やかに当該合意書を閲覧に供する方法により公表するものとする。この場合においては，「工事における入札及び契約の過程並びに契約の内容等に係る情報の公表について」（平成13年３月30日付け国官会第1429号，国官地第26号）又は「工事における入札及び契約の過程並びに契約の内容等に係る情報の公表について」（平成13年４月１日付け北開局工管第７号）における予定価格の積算内訳の取扱いに準じて行うものとする。

(6) 請負代金額の変更後の単価合意は，契約書第３条第５項において準用する同条第３項の規定に基づき実施するものとする。この場合には，単価合意書に記載された直接工事費及び共通仮設費（積上げ分）の単価は変更しないものとする。

(7) 複数年度にわたる維持工事の契約においては，年度ごとに単価表を作成の上，単価等について合意するものとする。

７．単価個別合意方式における請負代金額の変更

請負代金額の変更に当たっては，契約書第24条の規定に従い，単価合意書に記載された単価を基礎として，請負代金額の変更部分の総額を協議するものとする〔５．(1) ②の契約書記載例参照〕。なお，その際の予定価格の積算に当たっては，以下の(1)から(3)までに留意するものとする。

(1) 直接工事費及び共通仮設費（積上げ分）については，単価合意書に記載の単価に基づき算出するものとする。なお，単価合意書に記載のない単価の取扱いは，以下のとおりとする。

・契約書第24条第１項第２号及び第３号に掲げる場合は，細別（レベル４）の比率（変更前の官積算単価に対する合意単価の比率をいう。以下この項において同じ。）に変更後の官積算単価を乗じて積算するものとする。

・既存の工種（レベル２）に種別（レベル３）及び細別（レベル４）が追加された場合は，当該工種（レベル２）の比率に官積算単価を乗じて積算するものとする。

・工種（レベル２）が新規に追加された場合の直接工事費及び新規に細別（レベル４）が追加された場合の共通仮設費（積上げ分）については，官積算単価にて積算するものとする。

(2) 共通仮設費（率分），現場管理費，一般管理費等については，(1)により算出した対象額に，変更前の対象額に対する合意金額の比率及び積算基準書の率式を利用した低減割合を乗じて算出するものとする。

なお，対象額とは，共通仮設費（率分）にあっては直接工事費，現場管理費にあっては純工事費，一般管理費等にあっては工事原価をいう。

(3) 複数年度にわたる維持工事については，積算基準書に基づき年度ごとに積算を行うものとし，請負代金額の変更に係る積算に当たっては，年度ごとに，初回の変更においては契約当初に合意した単価を用い，初回以降の変更（当該年度内に限る。）においては，変更前の対象額に対する

合意金額の比率及び積算基準書の率式を利用した低減割合を乗じて算出するものとする。また，当該年度以外の設計書は変更せず，当該年度の設計書のみ変更するものとする。

8．包括的単価個別合意方式における単価合意の方法

契約書締結直後（設計・施工一括発注方式の場合は，詳細設計完了後に行う変更契約締結後）の単価合意は，契約書第3条第3項の規定に基づき実施する〔5．⑴ ①の契約書記載例参照〕ほか，以下の手続により実施するものとする。

⑴ 単価合意は，工事数量総括表に記載の項目について，当初契約の予定価格（変更契約の場合は官積算額）に対する請負代金額の比率に基づき，直接工事費，共通仮設費（積上げ分），共通仮設費（率分），現場管理費及び一般管理費等の単価等について合意するものとする。

⑵ 単価合意書に記載された直接工事費及び共通仮設費（積上げ分）における単価並びに単価合意の実施方式の種類は，変更しないものとする。

⑶ 受注者による包括的単価個別合意方式の選択後，単価合意書（別記様式1）を作成の上合意するものとする。この場合において，発注者において単価表（別記様式2）を作成の上，単価合意書に添付するものとする。

⑷ 単価合意書を作成の上合意したときは，発注者は，速やかに当該合意書を閲覧に供する方法により公表するものとする。この場合においては，公表について，6．⑸に規定する通達における予定価格の積算内訳の取扱いに準じて行うものとする。

⑸ 請負代金額の変更後の単価合意は，契約書第3条第5項において準用する同条第3項の規定に基づき実施するものとする。この場合には，単価合意書に記載された直接工事費及び共通仮設費（積上げ分）の単価は，変更しないものとする。

⑹ 複数年度にわたる維持工事の契約においては，年度ごとに単価表を作成の上，単価等を合意するものとする。

9．包括的単価個別合意方式における請負代金額の変更

請負代金額の変更に当たっては，契約書第24条の規定に従い，単価合意書に記載された事項を基礎として，請負代金額の変更部分の総額を協議するものとする〔5．⑴ ②の契約書記載例参照〕。なお，その際の予定価格の積算に当たっては，以下の⑴から⑶までに留意するものとする。

⑴ 直接工事費及び共通仮設費（積上げ分）については，単価合意書に記載の単価に基づき積算するものとする。単価合意書に記載のない単価の取扱いは，以下のとおりとする。

・契約書第24条第1項第1号及び第2号に掲げる場合は，細別（レベル4）の比率（変更前の官積算単価に対する合意単価の比率をいう。以下この項において同じ。）に変更後の官積算単価を乗じて積算するものとする。

・既存の工種（レベル2）に種別（レベル3）及び細別（レベル4）が追加された場合は，当該工種（レベル2）の比率に官積算単価を乗じて積算するものとする。

・工種（レベル2）が新規に追加された場合の直接工事費及び細別（レベル4）が新規に追加さ

れた場合の共通仮設費（積上げ分）については，官積算単価にて積算するものとする。

⑵　共通仮設費（率分），現場管理費，一般管理費等については，⑴により算出した対象額（7．⑵の対象額をいう。以下同じ。）に，変更前の対象額に対する合意金額（合意金額は変更前の官積算額に請負比率を乗じた金額で算出）の比率及び積算基準書の率式を利用した低減割合を乗じて算出するものとする。

⑶　複数年度にわたる維持工事については，積算基準書に基づき年度ごとに積算を行うものとし，請負代金額の変更に係る積算に当たっては，年度ごとに，初回の変更においては契約当初に合意した単価を用い，初回以降の変更（当該年度内に限る。）においては，変更前の対象額に対する合意金額の比率及び積算基準書の率式を利用した低減割合を乗じて算出するものとする。また，当該年度以外の設計書は変更せず，当該年度の設計書のみ変更するものとする。

10．印紙税の取扱い

単価合意書は，印紙税法（昭和42年法律第23号）別表第1第2号に掲げる請負に関する契約書で契約金額の記載のないものに該当するとされていることから，200円の収入印紙の貼付が必要となることに留意するものとする。

（別記様式１）

単　価　合　意　書

平成○○年○○月○○日に契約した○○工事における契約の変更に用いる単価又は金額（契約単位が一式の項目については単価ではなく金額）について，別添の単価表のとおり合意する。

以上，単価合意の証として本書２通を作成し，当事者間記名押印の上，各自１通を保有する。

※　後工事がある場合における前工事の場合は，「契約の変更に用いる…」を「契約の変更及び随意契約予定の後工事に用いる…」に変更した上で記載する。

平成○○年○○月○○日

発注者　住所　○○○○○○○○○
　　　　氏名　支出負担行為担当官
　　　　　　　○○○○○○○○○　印

受注者　住所　○○○○○○○○○
　　　　氏名　○○○○○○○○○　印

（別記様式２）

別　添

単　価　表

工事区分・工種・種別・細別	規格	契約単位	数量	合意単価	金額	摘要
○○		式				
○○		式			○○	
○○		式				
○○	○○	○○	○○	○○	○○	
○○		式			○○	
○○		式				
○○	○○	○○	○○	○○	○○	
直接工事費		式				
共通仮設費		式				
共通仮設費（積上げ分）		式				
○○		式				
○○		式			○○	
イメージアップ（率計上）		式				
共通仮設費（率計上）		式			○○	
純工事費		式				
現場管理費		式			○○	
工事原価		式				
一般管理費等		式			○○	
工事価格		式				
消費税相当額		式				
工事費計		式				

※各項目の単価の費用内容は，新土木工事積算大系用語定義集によるものとする。

なお，本単価表に記載のない工種（レベル２）が追加された場合の直接工事費及び本単価表に記載のない細別（レベル４）が追加された場合の共通仮設費（積上げ分）については，変更時の価格を基礎として協議する。

総価契約単価合意方式実施要領の解説
(平成28年４月１日以降に入札手続きを開始する工事に適用)

１．はじめに

総価契約単価合意方式（以下「本方式」）については，「総価契約単価合意方式実施要領（以下「実施要領」)」及び「総価契約単価合意方式実施要領の解説」（以下「実施要領の解説」）に基づき行うものとしている。

本解説は，実施要領の内容を発注者，受注者ともに的確に理解するとともに，単価協議・合意の具体的な手順等を示すことにより，円滑な実施等に資することを目的とするものである。

なお，契約変更においては，「設計変更に伴う契約変更の取扱いについて」（昭和44年３月31日付け建設省東地厚発第31号の２）又は「設計変更に伴う契約変更の取扱いについて」（平成13年４月１日付け北開局工管第２号）に留意するものとする。

２．対象工事【実施要領２】

２．対象工事

総価契約単価合意方式の対象工事は，次のとおりとする。

① 地方整備局（港湾空港関係事務に関することを除く。）にあっては，工事請負業者選定事務処理要領（昭和41年12月23日付け建設省厚第76号）第３に掲げる工事種別のうち，第１号から第４号まで，第７号，第９号から第17号まで及び第19号に掲げる工事

② 北海道開発局にあっては，河川事業，多目的ダム事業，海岸事業，砂防事業，道路事業及び公園事業に係る工事（北海道開発局工事等競争参加者選定要領（平成12年12月19日付け北開局工第333号）の別表（第６条関係）の区分の欄に掲げる建築，管，機械装置（昇降機設備に限る。）及び電気（建築電気設備，通信設備及び受変電設備に限る。）を除く。）

工事請負業者選定事務処理要領第３に掲げる工事種別のうち下記●を対象とする。

●	一	一般土木工事	（土木に関する工事のうち次号から第４号まで，第７号から第17号まで及び第19号の工事種別に属する工事以外のものをいう。以下同じ。）
●	二	アスファルト舗装工事	
●	三	鋼橋上部工事	
●	四	造園工事	
	五	建築工事	（建築に関する工事のうち次号から第８号まで，第10号，第12号，第18号及び第19号の工事種別に属する工事以外のものをいう。以下同じ。）
	六	木造建築工事	
●	七	電気設備工事	
	八	暖冷房衛生設備工事	（空気調和設備工事を含む。以下同じ。）
●	九	セメント・コンクリート舗装工事	

●	十	プレストレスト・コンクリート工事	
●	十一	法面処理工事	
●	十二	塗装工事	
●	十三	維持修繕工事	（河川又は道路の維持又は修繕工事をいう。以下同じ。）
●	十四	河川しゅんせつ工事	
●	十五	グラウト工事	
●	十六	杭打工事	
●	十七	さく井工事	
	十八	プレハブ建築工事	
●	十九	機械設備工	（機械設備に関する工事のうち第７号，第８号，第20号及び第21号の工事種別に属する工事以外のものをいう。以下同じ。）
	二十	通信設備工事	
	二十一	受変電設備工事	

※七．電気設備工事，一九．機械設備工のうち，建築関係のものは対象外とする。

３．実施方式【実施要領３】

３．実施方式

⑴　総価契約単価合意方式は，次に掲げる実施方式により行うものとする。

①　単価個別合意方式

工事数量総括表の細別の単価（一式の場合は金額。②及び⑶ ②において同じ。）のそれぞれを積算した上で，当該単価について合意する方式

②　包括的単価個別合意方式

工事数量総括表の細別の単価に請負代金比率を乗じて得た各金額について合意する方式

⑵　⑴ ②の請負代金比率は，次の算式により得られる数値とする。

請負代金比率＝落札金額÷工事価格

⑶　⑴の実施方式は，次に掲げるところにより定めるものとする。

①　受注者は，「単価個別合意方式」又は「包括的単価個別合意方式」のいずれか希望する方式を選択するものとする。

②　受注者は，①において，「単価個別合意方式」を選択した場合には，工事数量総括表の細別のそれぞれを算出した上で，発注者と協議するものとする。

③　②の協議の開始の日から14日以内に協議が整わないときは，「包括的単価個別合意方式」を適用するものとする。

④　受注者は，①において「包括的単価個別合意方式」を選択したときは，契約締結後14日以内に，契約担当課が契約締結後に送付する「包括的単価個別合意方式希望書」に，必要事項を記載の上，当該契約担当課に提出するものとする。

包括的単価個別合意方式を選択する場合は，契約締結後，契約担当課から送付される「包括的単価個別合意方式希望書」を契約締結後14日以内に契約担当課へ提出することとする。なお，協議開始の日から14日以内に「単価個別合意方式」による協議が整わない場合は，「包括的単価個別合意方式」にて行うものとする。

４．対象工事である旨の明示【実施要領４】

４．対象工事である旨の明示

⑴　総価契約単価合意方式の対象工事である旨の明示は，次に掲げる契約方式ごとにそれぞれ次に掲げる書面への記載（電磁的記録を含む。）により行うものとする。

①　一般競争入札の場合　　　　：入札公告及び入札説明書
②　工事希望型競争入札の場合　：送付資料
③　②以外の指名競争入札の場合：指名通知
④　随意契約の場合　　　　　　：見積依頼書

⑵　（略）

公告に，実施要領の記載例を参考にして「総価契約単価合意方式対象工事」であることを記載する。

５．契約書及び特記仕様書等における記載事項【実施要領５】

５．契約書及び特記仕様書等における記載事項

⑴　契約書における記載事項

①　第３条関係（請負代金内訳書及び単価合意書）

（記載例）
（請負代金内訳書，工程表及び単価合意書）
第３条　受注者は，この契約締結後○日以内に設計図書に基づいて，請負代金内訳書（以下「内訳書」という。）及び工程表を作成し，発注者に提出しなければならない。
２　（略）
３　発注者及び受注者は，第１項の規定による内訳書〔詳細設計完了後に行う契約の変更の内容を反映した内訳書〕の提出後，速やかに，当該内訳書に係る単価を協議し，単価合意書を作成の上合意するものとする。この場合において，協議がその開始の日から○日以内に整わないときは，発注者がこれを定め，受注者に通知するものとする。
４　受注者は，請負代金額の変更があったときは，当該変更の内容を反映した内訳書を作成し，○日以内に設計図書に基づいて，発注者に提出しなければならない。
５　第３項の規定は，前項の規定により内訳書が提出された場合において準用する。

6　第３項（前項において準用する場合を含む。）の単価合意書は，第25条第３項の規定により残工事代金額を定める場合並びに第29条第５項，第37条第６項及び第38条第２項に定める場合（第24条第１項各号に掲げる場合を除く。）を除き，発注者及び受注者を拘束するものではない。

7　第１項，第３項から第５項までの内訳書に係る規定は，請負代金額が１億円未満又は工期が６箇月未満の工事について，受注者が包括的単価個別合意方式を選択した場合において，工事費構成書の提示を求めないときは適用しない。

［注１］○の部分には，原則として，「14」と記入する。

［注２］〔　〕内は，設計・施工一括発注方式の場合に使用する。

「発注者及び受注者を拘束するものではない」とは，単価合意書に記載された数量，単価及び合意条件のとおりに施工し，又は施工を強制するものではないとの意味であり，契約書の第１条第３項の「仮設，施工方法その他工事目的物を完成するために必要な一切の手段については，契約書及び設計図書に特別の定めがある場合を除き，受注者がその責任において定める。」という，いわゆる自主施工の原則を変更するものではない。

②　第24条関係（請負代金額の変更方法）

本方式を適用する工事における請負代金額の変更に当たっては，単価合意書の記載事項を基礎として行うことができるように，契約書第24条に次に掲げる事項を記載するものとする。

（記載例）

（請負代金額の変更方法等）

第24条　請負代金額の変更については，次に掲げる場合を除き，第３条第３項（同条第５項において準用する場合を含む。）の規定により作成した単価合意書の記載事項を基礎として発注者と受注者とが協議して定める。ただし，協議開始の日から○日以内に協議が整わない場合には，発注者が定め，受注者に通知する。

一　数量に著しい変更が生じた場合。

二　単価合意書の作成の前提となっている施工条件と実際の施工条件が異なる場合。

三　単価合意書に記載されていない工種が生じた場合。

四　前各号に掲げる場合のほか，単価合意書の記載内容を基礎とした協議が不適当である場合。

［注］○の部分には，原則として，「14」と記入する。

2　前項各号に掲げる場合における請負代金額の変更については，発注者と受注者とが協議して定める。ただし，協議開始の日から○日以内に協議が整わない場合には，発注者が定め，受注者に通知する。

3・4　(略)

請負代金額の変更方法については，原則として単価合意書に記載の合意単価等を基礎として請負代金額を変更することとするが，以下のような場合には，単価合意書に記載の合意単価等を用いることが不適当なことがあるので，変更時の価格を基礎として発注者と受注者とが協議して定めることとしている。

①　数量に著しい変更が生じた場合で，特別な理由がないとき
　工事材料等の購入量が大幅に増え材料単価が安くなる場合や，大型の機械により施工することで施工単価が安くなる場合など，著しい数量の増減があった場合。

②　単価合意書の作成の前提となっている施工条件と実際の施工条件が異なる場合で，特別な理由がないとき
　設計図書と現場条件に相違があった場合や，発注者から工事目的物の構造や材料規格について変更を指示した場合など，施工条件が異なる場合。

③　単価合意書に記載されていない工種が生じた場合で，特別な理由がないとき
　単価合意書に添付の単価表又は数量総括表に記載のない項目が生じた場合。

④　単価合意書の記載内容を基礎とした協議が不適当である場合で，特別な理由がないとき
　受注者の任意性が強いものとして当初一式金額で合意した作業土工について，受注者の責に帰すべきでない作業土工の金額変更が生ずる場合など，上記①から③に該当しないが単価合意書に記載の合意単価等を用いることが不適当な場合。

「特別な理由」とは，受注者の責に帰すべきものとして変更の対象にならない場合や，大幅な数量増減や施工条件変更にもかかわらず単価変動が無い場合などが該当する。尚，特別な理由がないとき」に変更時の価格を基礎とするのであるから，「特別な理由があるとき」は「その他の場合」として単価合意書に記載の合意単価等を基礎とすることとなる。

また，発注者と受注者とが協議とは，これらを踏まえて，請負代金額の変更部分の総額を協議するということである。

③　第25条関係（賃金又は物価の変動に基づく請負代金額の変更）

本方式を適用する工事において，賃金又は物価の変動に基づき請負代金額を変更するときは，変更後の請負代金額の算定に当たり，単価合意書の記載事項に基づき行うことができるように，契約書第25条に次に掲げる事項を記載するものとする。

（記載例）
（賃金又は物価の変動に基づく請負代金額の変更）
第25条　(略)

2　（略）

3　変動前残工事代金額及び変動後残工事代金額は，請求のあった日を基準とし，単価合意書の記載事項，物価指数等に基づき発注者と受注者とが協議して定める。ただし，協議開始の日から○日以内に協議が整わない場合にあっては，発注者が定め，受注者に通知する。

［注］ ○の部分には，原則として，「14」と記入する。

4～8　（略）

賃金又は物価の変動に基づく請負代金額の変更を行った場合には，契約書第３条第６項の規定に基づき単価合意を実施するものとする。その場合，一度合意した単価合意書に記載がある単価であっても，改めて合意し直すものとする。但し，以後，契約変更かつ部分払いが無いことが明らかな場合は，単価協議は不要とする。

⑵　特記仕様書における記載

本方式を適用する場合，土木工事共通仕様書 第3編　3－1－1－2（請負代金内訳書及び工事費構成書）第2項，第６項及び第７項に係る規定は適用しないものとする。この場合において，受注者が内訳書を提出した場合は，受注者は請負代金額及び工期にかかわらず工事費構成書の提示を求めることができるものとし，特記仕様書に次に掲げる事項を記載するものとする。

①　後工事がない工事の場合の記載例

第◇条　総価契約単価合意方式について

（目的）

1．本工事は，請負代金額の変更があった場合における変更金額の算定や部分払金額の算定を行う際に用いる単価等をあらかじめ協議し，合意しておくことにより，設計変更や部分払に伴う協議の円滑化に資することを目的として実施する総価契約単価合意方式の対象工事である。

（共通仕様書 第３編　３－１－１－２の適用）

2．請負代金内訳書の提出を求める場合，共通仕様書 第３編　３－１－１－２ 第２項，第６項及び第７項に係る規定は適用しないものとする。

受注者は，契約書第３条第１項の規定に基づく請負代金内訳書（以下「内訳書」という。）を発注者に提出した後に，当該工事の工事費構成書の提示を求めることができるものとする。【なお，包括的単価個別合意方式を選択した受注者も，内訳書を発注者に提出した場合には，当該工事の工事費構成書の提示を求めることができるものとする。】

［注］:【　】内は内訳書の提出を求めない場合に記入。

（合意単価の公表）
３．発注者・受注者間で作成の上合意した単価合意書は，公表することができるものとする。

② 後工事がある場合における前工事の場合の記載例

（略）

請負代金額１億円未満又は工期が６箇月未満等の工事で，かつ包括的単価個別合意方式が選択された場合は，内訳書の提出を求めないが，受注者の判断により契約書第３条に基づく内訳書を提出した場合は，受注者は工事費構成書の提示を求めることができることとしている。なお，変更契約締結後においても契約書第３条に基づく内訳書を提出した場合も同様としている。

６．単価個別合意方式における単価合意の方法【実施要領６】

６．単価個別合意方式における単価合意の方法

契約書締結直後（設計・施工一括発注方式の場合は，詳細設計完了後に行う変更契約締結後）の単価合意は，契約書第３条第１項及び第３項の規定に基づき実施する〔５．⑴ ①の契約書記載例参照〕ほか，以下の手続により実施するものとする。

⑴ 協議は，工事数量総括表を基に受注者が提出した内訳書に基づき行うものとし，直接工事費，共通仮設費（積上げ分），共通仮設費（率分），現場管理費及び一般管理費等の単価等について合意するものとする。

⑵ 単価合意書に記載された直接工事費及び共通仮設費（積上げ分）における単価並びに単価合意の実施方式の種類は，変更しないものとする。

⑶ 協議開始の日から14日以内に協議が整った場合は，単価合意書（別記様式１）を作成の上合意するものとする。この場合には，単価表（別記様式２）を作成の上，単価合意書に添付するものとする。

⑷ 協議開始の日から14日以内に協議が整わない場合は，包括的単価個別合意方式にて行うものとする。

⑸ 単価合意書を作成の上合意したときは，発注者は，速やかに当該合意書を閲覧に供する方法により公表するものとする。この場合においては，「工事における入札及び契約の過程並びに契約の内容等に係る情報の公表について」（平成13年３月30日付け国官会第1429号，国官地第26号）又は「工事における入札及び契約の過程並びに契約の内容等に係る情報の公表について」（平成13年４月１日付け北開局工管第７号）における予定価格の積算内訳の取扱いに準じて行うものとする。

⑹ 請負代金額の変更後の単価合意は，契約書第３条第５項において準用する同条第３項の規定に基づき実施するものとする。この場合には，単価合意書に記載された直接工事費及び共通仮設費（積上げ分）の単価は変更しないものとする。

⑺ 複数年度にわたる維持工事の契約においては，年度ごとに単価表を作成の上，単価等につ

いて合意するものとする。

単価協議・合意は下記の手順により行う。〔詳細は（解説：別紙１－１）参照〕

(1) 単価協議の手順

〈１〉 請負代金内訳書の様式，単価協議書及び包括的単価個別合意方式希望書の配布

① 契約担当課は，契約締結後（設計・施工一括発注方式の場合は，詳細設計完了後に行う変更契約締結後）速やかに，当該工事の工事数量が記載された「請負代金内訳書」の様式（電子データ／EXCEL 形式），「単価協議書」（別紙２）並びに受注者の希望により包括的単価個別合意方式を選択できる旨記載した「単価合意方式の選択について」（別紙２－２）を受注者に配布する。なお，「請負代金内訳書の提出について」（平成７年９月28日付け建設省厚契発第42号，建設省技調発第193号，建設省営計発第115号）記１又は「工事請負契約書の運用基準について」（平成９年１月16日付け北開局工第188号）第３条関係(1)アの対象工事に該当しない工事においても，請負代金内訳書の様式を配布する。また，単価協議書に記載する協議開始日は，契約締結後15日以降速やかに単価協議が開始されるよう設定する。

〈２〉 請負代金内訳書の提出

① 受注者は，「請負代金内訳書」を契約締結後14日以内に契約担当課に提出する。
（設計・施工一括発注方式の場合は，詳細設計完了後に行う変更契約締結後14日以内）
（「電子データ／EXCEL 形式」及び「紙出力（押印あり）」を受け取る）

② 契約担当課は，「請負代金内訳書」の記載内容に記入漏れ等が無いか確認を行う。

③ 「請負代金内訳書」に記載の金額が，入札時の工事費内訳書と金額の違いがあったとしても，一致するように修正を依頼せず，そのまま受け取る。

〈３〉 単価協議

① 発注者は「包括的単価個別合意方式希望書」が提出期限までに提出されていないことを確認し，協議開始の日以降速やかに，発注者と受注者とが単価協議を行う。（受注者から「請負代金内訳書」の提出後，発注者と受注者とが事前調整を実施することを妨げない。）

② 単価合意は，受注者が提出した請負代金内訳書に基づき，工事数量総括表の直接工事費及び共通仮設費（積上げ分）の細別に関する単価，共通仮設費（率計上分），現場管理費，一般管理費等の金額を，妥当性を確認のうえ合意するものとする。
（設計・施工一括発注方式の場合は，詳細設計完了後に行う変更契約締結後の工事数量総括表を基本とする。）

③ 単価合意に至るまでの間，複数回の協議を行った場合は，その都度「合意単価表（案）」（「請負代金内訳書」と同一様式であるが，単価協議以降「合意単価表（案）」と呼ぶ）の修正を受注者が行い，電子メール等で発注（積算）担当課へ提出する。なお，協議が整った場合は最終的な「合意単価表（案）」を単価合意書締結前（協議開始の日から14日以内）に契約担当課に提出する。

【協議区分と合意の内容】

協議区分	合意の内容	備　　考
Ⅰ．直接工事費	単価（円）	細別（レベル４）〔最下位が種別の場合は種別〕，単価は有効数字４桁（小数点第３位以下切り捨て），一式の場合は金額
Ⅱ．共通仮設費（積上げ分）	単価（円）	細別（レベル４），単価は有効数字４桁，一式の場合は金額
Ⅲ．共通仮設費（率分）	金額（円）	金額は円止
Ⅳ．現場管理費	金額（円）	金額は円止
Ⅴ．一般管理費等	金額（円）	金額は円止

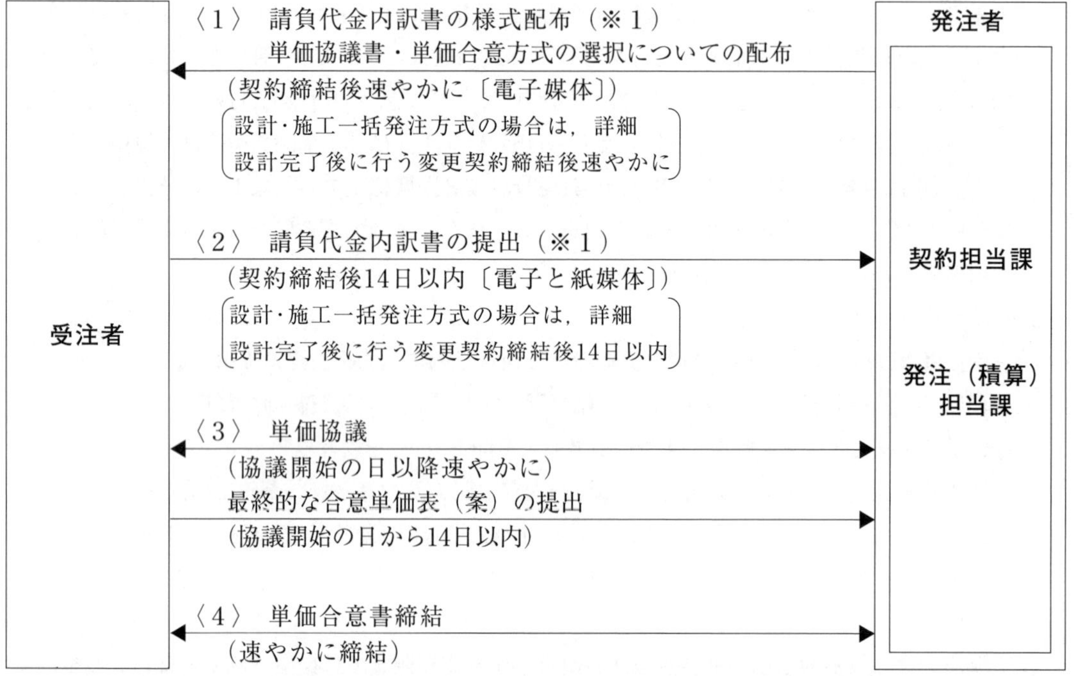

（※１）　請負代金額１億円未満又は工期が６箇月未満等で請負代金内訳書の提出を求めない工事の場合についても，単価個別合意方式を選択する場合を想定し，請負代金内訳書の様式を送付する。

（※２）　設計・施工一括発注方式の場合は，発注時設計条件によるものとし，詳細設計完了後速やかに数量総括表を変更する。（総価契約の金額を変更しない設計変更を行い，単価協議を実施する。）

⑵　単価合意書締結

①　協議開始の日から14日以内に協議が整い最終的な合意単価表（案）が受注者から提出された場合，発注（積算）担当課は，「単価合意書」（実施要領：別記様式１，２）を作成し，電子媒体で契約担当課に報告を行う。

②　契約担当課は，「単価合意書」（実施要領：別記様式１，２）を，電子ファイル（PDF 形式）等で受注者に送付する。受注者は，押印したもの２通を契約担当課に提出，契約担当課は押印後，１通を受注者に送付する。

《当初契約において単価協議が整わなかった場合》

当初契約において，協議開始の日から14日以内に協議が整わずに最終的な合意単価表（案）が受注者から提出されなかった場合は，包括的単価個別合意方式による「単価合意書」を速やかに締結する。（9．「包括的単価個別合意方式における単価合意の方法」を参照）

7．単価個別合意方式における請負代金額の変更【実施要領7】

7．単価個別合意方式における請負代金額の変更

請負代金額の変更に当たっては，契約書第24条の規定に従い，単価合意書に記載された単価を基礎として，請負代金額の変更部分の総額を協議するものとする〔5．(1) ②の契約書記載例参照〕。なお，その際の予定価格の積算に当たっては，以下の(1)から(3)までに留意するものとする。

(1) 直接工事費及び共通仮設費（積上げ分）については，単価合意書に記載の単価に基づき算出するものとする。なお，単価合意書に記載のない単価の取扱いは，以下のとおりとする。

・契約書第24条第１項第２号及び第３号に掲げる場合は，細別（レベル４）の比率（変更前の官積算単価に対する合意単価の比率をいう。以下この項において同じ。）に変更後の官積算単価を乗じて積算するものとする。

・既存の工種（レベル２）に種別（レベル３），細別（レベル４）が追加された場合は，当該工種（レベル２）の比率に官積算単価を乗じて積算するものとする。

・工種（レベル２）が新規に追加された場合の直接工事費，細別（レベル４）が新規に追加された場合の共通仮設費（積上げ分）については，官積算単価にて積算するものとする。

(2) 共通仮設費（率分），現場管理費，一般管理費等については，(1)により算出した対象額に，変更前の対象額に対する合意金額の比率及び積算基準書の率式を利用した低減割合を乗じて算出するものとする。

なお，対象額とは，共通仮設費（率分）にあっては直接工事費，現場管理費にあっては純工事費，一般管理費等にあっては工事原価をいう。

(3) 複数年度にわたる維持工事については，積算基準書に基づき年度ごとに積算を行うものとし，請負代金額の変更に係る積算に当たっては，年度ごとに，初回の変更においては契約当初に合意した単価を用い，初回以降の変更（当該年度内に限る。）においては，変更前の対象額に対する合意金額の比率及び積算基準書の率式を利用した低減割合を乗じて算出するものとする。また，当該年度以外の設計書は変更せず，当該年度の設計書のみ変更するものとする。

※本項は，発注者側の積算の考え方を記載したものである。

⑴　直接工事費及び共通仮設費（積上げ分）の変更額の算定

契約書第24条においては請負代金変更の際，合意単価以外を用いる４つの場合と合意単価を用いる場合を定めている。これらの場合に用いる積算単価はそれぞれ下記のとおりとする。なお，単価合意は変更協議等を円滑に行うためのものであり，契約書18条の考え方について従来と変わるものではない。

【単価合意書記載の単価以外を用いる場合】

①　数量に著しい変更が生じた場合で特別な理由がないとき

当該細別（レベル４）の比率（官積算単価に対する合意単価の比率をいう。以下本項同様）に変更後の条件により算出した官積算単価を乗じる。

（例）「掘削（土砂）」の内容が，「普通土30,000㎥未満」⇒「30,000㎥以上」となるなど官積算単価が変更。

②　単価合意書の作成の前提となっている施工条件と実際の施工条件が異なる場合で特別な理由がないとき

・既存の細別（レベル４）の積算条件が変更された場合は，当該細別（レベル４）の比率に変更後の条件により算出した官積算単価を乗じる。

（例）ダンプトラック運搬において，指定場所の変更により，運搬距離が変更。

・既存の工種（レベル２）に，新たな種別（レベル３）または細別（レベル４）が追加された場合は，当該工種（レベル２）の比率に官積算単価を乗じる。

（例）「掘削（土砂）」が「掘削（硬岩）」に変更。

③　単価合意書に記載されていない工種が生じた場合で特別な理由がないとき

・工種（レベル２）が新規に追加された場合の直接工事費，細別（レベル４）が新規に追加された場合の共通仮設費（積上げ分），及び業務種別が新規に追加された場合の業務委託料については，合意した工事と施工体制が異なると判断し，標準積算基準により算出した官積算単価とする。なお，当初設計において，協議により計上としたものも同じ取扱いとする。

ここで新規工種（レベル２），及び新規細別（レベル４）が追加された場合とは，工事工種体系の工種の用語上で同一の用語となる場合を除く。

なお，実施要領単価合意書（単価表）に記載の「変更時の価格を基礎として協議する」とは，新規工種（レベル２），及び新規細別（レベル４）は官積算単価を使用した上で，請負代金額の変更部分の総額を協議するということである。

④　単価合意書の記載内容を基礎とした協議が不適当である場合で特別な理由がないとき

上記①または②に該当しないが，合意単価によることが不適当な場合は，当該細別（レベル４）の比率に変更後の条件により算出した官積算単価を乗じる。ただし，当該単価が細別（レベル４）ではなく，工種（レベル２）または種別（レベル３）のものである場合は，当該工種（レベル２）の比率に変更後の条件により算出した官積算単価を乗じる。

（例）「作業土工」（一式）において，目的物の形状変更に伴い数量が増減変更。

【単価合意書記載の単価を用いる場合】

上記①～④以外の場合は，合意単価を用いる。

（例）①～④に該当しない数量増減変更。

工事工種体系は（http://www.nilim.go.jp/lab/pbg/index.htm）に掲載されている。

⑵ 共通仮設費（率分），現場管理費，一般管理費等の変更額の算定

間接労務費，工場管理費，共通仮設費（率分），共通仮設費（イメージアップ経費），現場管理費，技術者間接費，機器管理費，据付間接費，設計技術費，一般管理費等などの率計算により算出する項目については，⑴の単価を基礎として算出した積算基準書で定める対象額〔B〕に，変更前の対象額に対する合意金額の比率〔C〕，積算基準書の率式を利用した変更前後の低減割合〔D〕を乗じて算出する。

（例）共通仮設費（率分）＝B×C×D

B＝変更積算の共通仮設費（率分）の対象となる項目の合計金額

$$C=\frac{\text{変更前の共通仮設費（率分）の合意金額（C1）}}{\text{変更前の共通仮設費（率分）の対象となる項目の合計金額（C2）}}$$

$$D=\frac{\text{Bを積算基準書の率式に代入した値（D1）}}{\text{C2を積算基準書の率式に代入した値（D2）}}$$

＜設計変更にて共通仮設費（率分）対象額が，3,000万円⇒3,300万円となった場合の積算例＞

B＝変更積算の共通仮設費（率分）の対象となる項目の合計金額＝33,000,000円

C1＝変更前の共通仮設費（率分）の合意金額＝3,150,000円

C2＝変更前の共通仮設費（率分）の対象となる項目の合計金額＝30,000,000円

C＝C1／C2 ＝3,150,000円／30,000,000円

D1＝Bを積算基準書の率式に代入した値＝10.85％

D2＝C2を積算基準書の率式に代入した値＝10.95％

D＝D1／D2＝10.85％／10.95％

共通仮設費（率分）＝B×C×D＝33,000,000×3,150,000／30,000,000×10.85／10.95

＝3,433,356円

⑶ 複数年度にわたる維持工事の変更額の算定

各年度に行う変更においては，当該年度の設計書のみ変更して，単価合意するものとする。

各年度の初回の変更時に用いる積算単価は，当初契約時に合意した単価合意書に記載された単価を基礎とするものとする。この場合において，実施要領7 ⑴から⑶までにおける「比率」は，当初契約時に合意した官積算単価に対する合意単価の比率をいうものとする。

【参考】共通仮設費（率分）のイメージ図

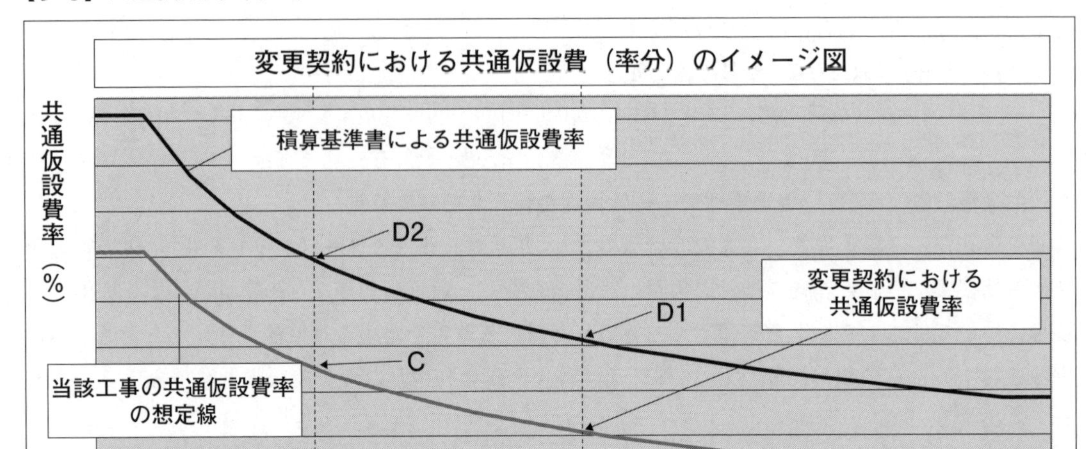

8．単価個別合意方式における請負代金額の変更後の単価合意

契約書第3条第5項及び第6項の規定に基づき請負代金額の変更後の単価合意を実施するものとする。〔(実施要領) 4．(1) ①の契約書記載例参照〕

但し，以後，契約変更かつ部分払いが無いことが明らかな場合は，単価協議は不要とする※。

契約変更後の単価合意の方法

① 具体的手順は，「6．単価個別合意方式における単価合意の方法」に準じて行うものとする。

② 契約担当課は，変更契約締結後，速やかに「請負代金内訳書」の様式（電子データ／EXCEL形式）及び「単価協議書」（別紙2）を受注者に配布する。

③ 受注者は，変更契約締結後14日以内に変更した「請負代金内訳書」を，契約担当課に提出する。

④ 単価合意書に記載のない直接工事費及び共通仮設費（積上げ分）の細別に関する単価，共通仮設費（率計上分），現場管理費，一般管理費等の金額について単価協議を行う。

⑤ 単価合意書に記載のある単価の変更は行わない。

⑥ 精算変更後の単価協議は不要とする※。

(※) 前後工事の関係にある前工事については，契約変更や部分払が無いことが明らかな場合や精算変更後でも，単価協議・合意は実施するものとする。

(〔13. 随意契約予定の後工事への適用〕参照)

9．包括的単価個別合意方式における単価合意の方法【実施要領8】

包括的単価個別合意方式は，受注者が希望した場合に限定される。ここからは，受注者が包括的単価個別合意方式を希望した場合を前提とする。

8．包括的単価個別合意方式における単価合意の方法

契約書締結直後（設計・施工一括発注方式の場合は，詳細設計完了後に行う変更契約締結後）の単価合意は，契約書第3条第3項の規定に基づき実施する〔5．(1) ①の契約書記載例参照〕ほか，以下の手続により実施するものとする。

(1) 協議は，工事数量総括表に記載の項目①について，当初契約の予定価格（変更契約の場合は官積算額）に対する請負代金額の比率②に基づき，直接工事費，共通仮設費（積上げ分），共通仮設費（率分），現場管理費及び一般管理費等の単価等について合意するものとする。

(2) 単価合意書に記載された直接工事費及び共通仮設費（積上げ分）における単価並びに単価合意の実施方式の種類は，変更しないものとする。

(3) 受注者による包括的単価個別合意方式の選択後，単価合意書（別記様式1）を作成の上合意するものとする。この場合において，発注者において単価表（別記様式2）を作成の上，単価合意書に添付するものとする。

(4) 単価合意書を作成の上合意したときは，発注者は，速やかに当該合意書を閲覧に供する方法により公表するものとする。この場合においては，公表について，情報公開通達における予定価格の積算内訳の取扱いに準じて行うものとする。

(5) 請負代金額の変更後の単価合意は，契約書第3条第5項の規定において準用する同条第3項の規定に基づき実施するものとする。この場合には，単価合意書に記載された直接工事費及び共通仮設費（積上げ分）の単価は，変更しないものとする。

(6) 複数年度にわたる維持工事の契約においては，年度ごとに単価表を作成の上，単価等を合意するものとする。

【用語解説】

① 項目……原則として，工事数量総括表に記載の細別（レベル4）を指す。

② 予定価格（変更契約の場合は官積算額）に対する請負代金額の比率……

第1回変更契約締結後は，当初契約と第1回変更契約の単価合意書記載の単価以外を用いる項目の官積算額の計に対する請負代金額の比率。

第2回変更契約締結後は，当初契約と第1回・2回変更契約の単価合意書記載の単価以外を用いる項目の官積算額の計に対する請負代金額の比率となる。(以降の複数回変更時も同様)

（　　また，官積算額には，積算基準書に基づいた官積算額（以下「一次官積算額」）と，単価合意書等に基づいた官積算額（以下「二次官積算額」）が存在するが，ここでは一次官積算額を指す。　）

単価合意は下記の手順により行う。〔詳細は（解説：別紙１－２）参照〕

⑴　協議及び単価合意書の締結

〈１〉　請負代金内訳書の様式，単価協議書及び包括的単価個別合意方式希望書配布

①　契約担当課は，契約締結後（設計・施工一括発注方式の場合は，詳細設計完了後に行う変更契約締結後）速やかに，当該工事の工事数量が記載された「請負代金内訳書」の様式（電子データ／EXCEL 形式），「単価協議書」（別紙２）及び受注者の希望により包括的単価個別合意方式を選択できる旨記載した「単価合意方式の選択について」（別紙２－２）を受注者に配布する。なお，「請負代金内訳書の提出について」（平成７年９月28日付け建設省厚契発第42号，建設省技調発第193号，建設省営計発第115号）記１又は「工事請負契約書の運用基準について」（平成９年１月16日付け北開局工第188号）第３条関係⑴アの対象工事に該当しない工事においても，請負代金内訳書の様式を配布する。

〈２〉　請負代金内訳書及び包括的単価個別合意方式希望書の提出

①　受注者は，「請負代金内訳書」及び「包括的単価個別合意方式希望書」を契約締結後14日以内に契約担当課に提出する。

（設計・施工一括発注方式の場合は，詳細設計完了後に行う変更契約締結後14日以内）

（「電子データ／EXCEL 形式」及び「紙出力（押印あり）」を受け取る）

（請負代金額１億円未満又は工期が６箇月未満等の請負代金内訳書の提出を求めない工事の場合で，受注者が単価包括合意方式を希望した場合には，請負代金内訳書の提出は不要（ただし，受注者の判断により内訳書を提出することを妨げるものではない））

②　契約担当課は，「請負代金内訳書」の記載内容に記入漏れ等が無いか確認を行う。

③　「請負代金内訳書」に記載の金額が，入札時の工事費内訳書と金額の違いがあったとしても，一致するように修正を依頼せず，そのまま受け取る。

〈３〉　単価合意書の作成

①　発注（積算）担当課は「単価合意書」（実施要領：別記様式１，２）を作成し，電子媒体で契約担当課に提出する。

②　当初単価合意は，当初の工事数量総括表に記載の項目について，一次官積算単価に，「（ｘ）当初契約の一次官積算額（予定価格）」に対する「（ｙ）当初請負代金額」の比率（ｙ／ｘ）を乗じたものを合意単価とみなす。

③　第（●）回変更単価合意において，第（●）回変更後の工事数量総括表に記載の項目のうち，単価合意書記載の単価以外を用いる直接工事費，及び共通仮設費（積上げ分）の細別の単価，並びに共通仮設費（率分），現場管理費，及び一般管理費等の金額については，一次官積算単価に，「（ｘ）第（●）回変更の一次官積算額（変更増減額ではなく総額）のうち，単価合意書

記載の単価以外を用いる項目の官積算額」に対する「（y）第（●）回変更後の請負代金額（変更増減額ではなく総額）のうち，単価合意書記載の単価以外を用いる項目の金額」の比率（y／x）を乗じたものを合意単価とみなす。

〈4〉 単価合意書締結

① 契約担当課は，「単価合意書」（実施要領：別記様式1，2）を，電子ファイル（PDF形式）等で受注者に送付する。受注者は，押印したもの2通を契約担当課に提出，契約担当課は押印後，1通を受注者に送付する。なお，合意は，工事数量総括表を基本とし，契約変更の考え方について合意するものとする。

（設計・施工一括発注方式の場合は，詳細設計完了後に行う変更契約締結後の工事数量総括表を基本とする。）

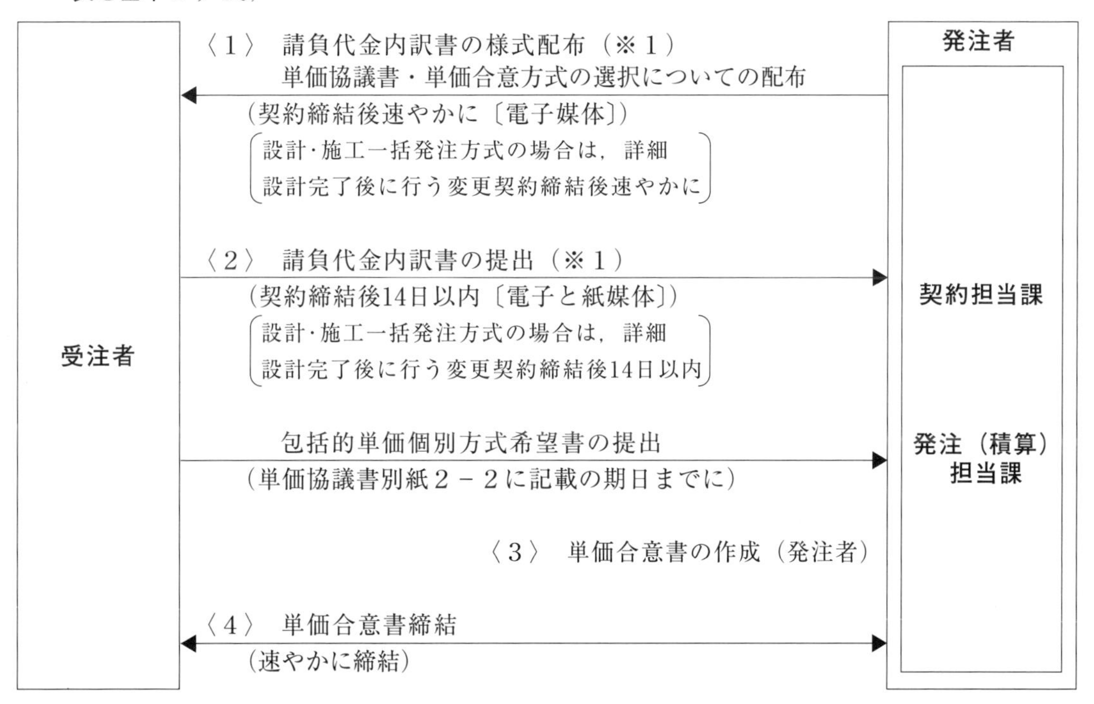

（※1） 請負代金額1億円未満又は工期が6箇月未満等で請負代金内訳書の提出を求めない工事で，受注者が包括的単価個別合意を希望する場合は，請負代金内訳書の提出は不要である。ただし，手続き上は単価個別合意方式が選択される場合も想定し，請負代金内訳書の様式は送付する。

（※2） 設計・施工一括発注方式の場合は，発注時設計条件によるものとし，詳細設計完了後速やかに数量総括表を変更する。（総価契約の金額を変更しない設計変更を行い，単価協議を実施する。）

10. 包括的単価個別合意方式における請負代金額の変更【実施要領９】

９．包括的単価個別合意方式における請負代金額の変更

請負代金額の変更に当たっては，契約書第24条の規定に従い，単価合意書に記載された事項を基礎として，請負代金額の変更部分の総額を協議するものとする〔５．⑴ ②の契約書記載例参照〕。なお，その際の予定価格の積算にあたっては，以下の⑴から⑶までに留意するものとする。

⑴　直接工事費及び共通仮設費（積上げ分）については，単価合意書に記載の単価に基づき積算するものとする。単価合意書に記載のない単価の取扱いは，以下のとおりとする。

・契約書第24条第１項第２号及び第３号に掲げる場合は，細別（レベル４）の比率（変更前の官積算単価に対する合意単価の比率をいう。以下この項において同じ。）に変更後の官積算単価を乗じて積算するものとする。

・既存の工種（レベル２）に種別（レベル３），細別（レベル４）が追加された場合は，当該工種（レベル２）の比率に官積算単価を乗じて積算するものとする。

・工種（レベル２）が新規に追加された場合の直接工事費及び細別（レベル４）が新規に追加された場合の共通仮設費（積上げ分）については，官積算単価にて積算するものとする。

⑵　共通仮設費（率分），現場管理費，一般管理費等については，⑴により算出した対象額（７．⑵の対象額をいう。以下同じ。）に，変更前の対象額に対する合意金額（合意金額は変更前の官積算額に請負比率を乗じた金額で算出）の比率及び積算基準書の率式を利用した低減割合を乗じて算出するものとする。

⑶　複数年度にわたる維持工事については，積算基準書に基づき年度ごとに積算を行うものとし，請負代金額の変更に係る積算に当たっては，年度ごとに，初回の変更においては契約当初に合意した単価を用い，初回以降の変更（当該年度内に限る。）においては，変更前の対象額に対する合意金額の比率及び積算基準書の率式を利用した低減割合を乗じて算出するものとする。また，当該年度以外の設計書は変更せず，当該年度の設計書のみ変更するものとする。

※本項は，発注者側の積算の考え方を記載したものである。

⑴　直接工事費・共通仮設費（積上げ分）の変更額の算定

契約書第24条においては請負代金変更の際，合意単価以外を用いる４つの場合と合意単価を用いる場合を定めている。これらの場合に用いる積算単価はそれぞれ下記のとおりとする。なお，単価合意は変更協議等を円滑に行うためのものであり，契約書18条の考え方について従来と変わるものではない。

【単価合意書記載の単価以外を用いる場合】

① 数量に著しい変更が生じた場合で特別な理由がないとき

当該細別（レベル４）の比率（官積算単価に対する合意単価の比率をいう。以下本項同様）に変更後の条件により算出した官積算単価を乗じる。

（例）「掘削（土砂）」の内容が，「普通土30,000㎥未満」⇒「30,000㎥以上」となるなど官積算単価が変更。

② 単価合意書の作成の前提となっている施工条件と実際の施工条件が異なる場合で特別な理由がないとき

・既存の細別（レベル４）の積算条件が変更された場合は，当該細別（レベル４）の比率に変更後の条件により算出した官積算単価を乗じる。

（例）ダンプトラック運搬において，指定場所の変更により，運搬距離が変更。

・既存の工種（レベル２）に，新たに種別（レベル３）または細別（レベル４）が追加された場合は，当該工種（レベル２）の比率に官積算単価を乗じる。

（例）「掘削（土砂）」が「掘削（軟岩）」に変更。

③ 単価合意書に記載されていない工種が生じた場合で特別な理由がないとき

・工種（レベル２）が新規に追加された場合の直接工事費，細別（レベル４）が新規に追加された場合の共通仮設費（積上げ分），及び業務種別が新規に追加された場合の業務委託料については，合意した工事と施工体制が異なると判断し，標準積算基準により算出した官積算単価とする。なお，当初設計において，協議により計上としたものも同じ取扱いとする。

ここで新規工種（レベル２），及び新規細別（レベル４）が追加された場合とは，工事工種体系の工種の用語上で同一の用語となる場合を除く。

なお，実施要領単価合意書（単価表）に記載の「変更時の価格を基礎として協議する」とは，新規工種（レベル２），及び新規細別（レベル４）は官積算単価を使用した上で，請負代金額の変更部分の総額を協議するということである。

④ 単価合意書の記載内容を基礎とした協議が不適当である場合で特別な理由がないとき

上記①または②に該当しないが，単価合意書に記載の項目によることが不適当な場合は，当該細別（レベル４）の比率に変更後の条件により算出した官積算単価を乗じる。ただし，当該単価が細別（レベル４）ではなく，工種（レベル２）または種別（レベル３）のものである場合は，当該工種（レベル２）の比率に変更後の条件により算出した官積算単価を乗じる。

（例）「作業土工」（一式）において，目的物の形状変更に伴い数量が増減変更。

【単価合意書記載の単価を用いる場合】

上記①～④以外の場合は，合意単価を乗じる。

（例）①～④に該当しない数量増減変更。

⑵　共通仮設費（率分），現場管理費，一般管理費等の変更額の算定

間接労務費，工場管理費，共通仮設費（率分），共通仮設費（イメージアップ経費），現場管理費，技術者間接費，機器管理費，据付間接費，設計技術費，一般管理費等などの率計算により算出する項目については，⑴の単価を基礎として算出した積算基準書で定める対象額〔Ｂ〕に，変更前の対象額に対する合意金額の比率〔Ｃ〕に，積算基準書の率式を利用した変更前後の低減割合を乗じた率〔Ｄ〕を乗じて算出する。

（例）共通仮設費（率分）＝Ｂ×Ｃ×Ｄ

Ｂ＝変更積算の共通仮設費（率分）の対象となる項目の合計金額

$$C = \frac{\text{変更前の共通仮設費（率分）の合意金額（C1）}}{\text{変更前の共通仮設費（率分）の対象となる項目の合計金額（C2）}}$$

$$D = \frac{\text{Bを積算基準書の率式に代入した値（D1）}}{\text{C2を積算基準書の率式に代入した値（D2）}}$$

<設計変更にて共通仮設費（率分）対象額が，3,000万円⇒3,300万円となった場合の積算例>

Ｂ＝変更積算の共通仮設費（率分）の対象となる項目の合計金額＝33,000,000円

C1＝変更前の共通仮設費（率分）の合意金額＝3,150,000円

C2＝変更前の共通仮設費（率分）の対象となる項目の合計金額＝30,000,000円

Ｃ＝Ｃ1／Ｃ2＝3,150,000円／30,000,000円

D1＝Ｂを積算基準書の率式に代入した値＝10.85％

D2＝Ｃ2を積算基準書の率式に代入した値＝10.95％

Ｄ＝Ｄ1／Ｄ2＝10.85％／10.95％

共通仮設費（率分）＝Ｂ×Ｃ×Ｄ＝33,000,000×3,150,000／30,000,000×10.85／10.95

＝3,433,356円

⑶　複数年度にわたる維持工事の変更額の算定

各年度に行う変更においては，当該年度の設計書のみ変更して，単価合意するものとする。

各年度の初回の変更時に用いる積算単価は，当初契約時に合意している単価合意書に記載された単価を基礎とするものとする。この場合において，実施要領７⑴から⑶までにおける「比率」は，当初契約時に合意した官積算単価に対する合意単価の比率をいうものとする。

11．包括的単価個別合意方式における請負代金額の変更後の単価合意

契約書第３条第５項及び第６項の規定に基づき請負代金額の変更後の単価合意を実施するものとする。〔（実施要領）４．⑴ ①の契約書記載例参照〕

但し，以後，契約変更かつ部分払いが無いことが明らかな場合は，単価協議は不要とする※。

契約変更後の単価合意の方法

① 具体的手順は,「9．包括的単価個別合意方式における単価合意の方法」に準じて行うものとする。

② 契約担当課は，変更契約締結後，速やかに「請負代金内訳書」の様式（電子データ／EXCEL形式),「単価協議書」(別紙２）を受注者に配布する。その際，受注者の希望により包括的単価個別合意方式を選択できる旨記載した「単価合意方式の選択について」(別紙２－２）は添付しない。なお,「請負代金内訳書の提出について」(平成７年９月28日付け建設省厚契発第42号，建設省技調発第193号，建設省営計発第115号）記１又は「契約書の運用基準について」(平成９年１月16日付け北開局工第188号）第３条関係⑴アの対象工事に該当しない工事においても，請負代金内訳書の様式を配布する。

③ 受注者は，変更契約締結後14日以内に変更した「請負代金内訳書」を，契約担当課に提出する。（請負代金額１億円未満又は工期が６箇月未満等の請負代金内訳書の提出を求めない工事の場合，請負代金内訳書の提出は不要（ただし，受注者の判断により内訳書を提出することを妨げるものではない))

④ 第（●）回変更単価合意において，第（●）回変更後の工事数量総括表に記載の項目のうち，単価合意書記載の単価以外を用いる直接工事費，及び共通仮設費（積上げ分）の細別の単価，並びに共通仮設費（率分)，現場管理費，及び一般管理費等の金額については，一次官積算単価に,「(ｘ）第（●）回変更の一次官積算額（変更増減額ではなく総額）のうち，単価合意書記載の単価以外を用いる項目の官積算額」に対する「(ｙ）第（●）回変更後の請負代金額総額（変更増減額ではなく総額）のうち単価合意書記載の単価以外を用いる項目の金額」の比率（ｙ／ｘ）を乗じたものを合意単価とみなす。

⑤ 単価合意書に記載のある単価の変更は行わない。

⑥ 精算変更後の単価合意は不要とする※。

（※） 前後工事の関係にある前工事については，契約変更や部分払が無いことが明らかな場合や精算変更後でも，単価協議・合意は実施するものとする。

(〔12．随意契約予定の後工事への適用〕参照)

12. 部分払【実施要領5 ⑴ ⑤】

⑤　部分払
　本方式を適用する工事における部分払金の額の算定に当たっては，単価合意書の記載事項に基づき行うことができるように，契約書第37条に次に掲げる事項を記載するものとする。

　契約書第37条の規定に基づき，工事数量総括表で表示される単位より細かい単位もしくは異なる単位（例えば，「工事現場に搬入済みの工事材料」等）での支払いを請求された場合は，資材費のみの計上は物価資料等により，それ以外の場合は，該当する工種の内訳について受注者から提出を受け，その内訳の項目，単位，数量，単価等に基づき数量の検測等を行い支払いに応ずる方法が可能と考えられる。なお，その内訳の合計額が各工種の金額と一致すること，並びに，内訳の項目・数量等が特記仕様書，図面等の設計図書の項目・数量等と整合することに留意する必要がある。

13. 随意契約予定の後工事への適用

　随意契約予定の後工事については，以下の内容を前項までの規定に加えて実施することとする。

⑴　後工事〔直接工事費，共通仮設費（積上げ分）〕の積算方法

①　前工事の積算と条件が同じ場合
　合意単価を補正したものを基に積算する。

【合意単価の補正】

　前工事で合意した単価については，発注時期の違いによる機・労・材の価格変動補正（価格変動率を前工事の合意単価に乗じて算出）を行うものとする。

$$\text{合意単価の補正} = \text{前工事合意単価} \times \frac{\text{後工事合意時点官積算単価}}{\text{前工事合意時点官積算単価}}$$

②　前工事の積算と条件が異なる場合
- 前工事の細別（レベル4）の積算条件が変更された場合は，前工事における細別（レベル4）の比率（官積算単価に対する合意単価の比率をいう。以下本項同様）に，後工事発注時の官積算単価を乗じて積算する。
- 既存の工種（レベル2）に，新たに種別（レベル3）または細別（レベル4）が追加された場合は，前工事における工種（レベル2）の比率に，後工事発注時の官積算単価を乗じて積算する。

③　前工事の単価合意書に記載のない工種が生じた場合
- 新規に工種（レベル2）が追加された場合は，官積算単価で積算する。

(2) 後工事〔共通仮設費（率分），現場管理費，一般管理費等〕の積算方法

共通仮設費（率分），現場管理費，一般管理費等については，前工事と後工事の各対象額合計金額（B）に対し，前工事において合意した単価を基にして算出した率（C），積算基準書の官率式を利用した低減割合（D）を掛けて出てきた金額から，前工事の各合意金額を控除し算出する。

（例）共通仮設費（率分）＝B×C×D－C1

B＝前工事と後工事の共通仮設費（率計上分）の対象となる項目の合計金額

$$C=\frac{\text{前工事の共通仮設費（率分）の合意金額（C1）}}{\text{前工事の共通仮設費（率分）の対象となる項目の合計金額（C2）}}$$

$$D=\frac{\text{前工事と後工事の共通仮設費（率分）の対象となる項目の合計金額を標準積算基準書の率式に代入した値（D1）}}{\text{前工事の共通仮設費（率分）の対象となる項目の合計金額（合意単価）を標準積算基準書の率式に代入した値（D2）}}$$

※1．上記前工事の設計金額は，後工事が追加発注される時点のものとし，その後，前工事の設計金額に設計変更が生じた場合でも，前工事の設計金額の変更は行わない。

※2．上記は，（積算基準）「随意契約方式により工事を発注する場合の間接工事費等の調整及びスライド条項の減額となる場合の運用について」に基づく。

＜前工事の共通仮設費（率分）対象額5億円，後工事の共通仮設費（率分）対象額5億円の場合の後工事の共通仮設費（率分）の積算例＞

B＝前工事と後工事の共通仮設費（率分）の対象額の合計＝1,000,000,000円

C1＝前工事の共通仮設費（率分）の合意金額＝57,500,000円

C2＝前工事の共通仮設費（率分）の対象となる項目の合計金額＝500,000,000円

C＝C1／C2＝57,500,000円／500,000,000円＝11.50%

D1＝前工事と後工事の共通仮設費（率分）の対象となる項目の合計金額を標準積算基準書の率式に代入した値＝10.76%

D2＝前工事の共通仮設費（率分）の対象となる項目の合計金額（合意単価）を標準積算基準書の率式に代入した値＝11.61%

D＝D1／D2＝10.76%／11.61%

共通仮設費（率分）＝B×C×D－C1＝1,000,000,000×11.50×10.76／11.61－57,500,000
＝49,080,534円

(3) 後工事の直接工事費・共通仮設費（積上げ分）の変更額の算定

7．(1) 単価個別合意方式〔直接工事費・共通仮設費（積上げ分）〕の変更額の算定に準ずる。

⑷　後工事の共通仮設費（率分），現場管理費，一般管理費等の変更額の算定

13. ⑵ 後工事〔共通仮設費（率分），現場管理費，一般管理費等〕の積算方法に準ずる。

【参考】共通仮設費（率分）のイメージ図

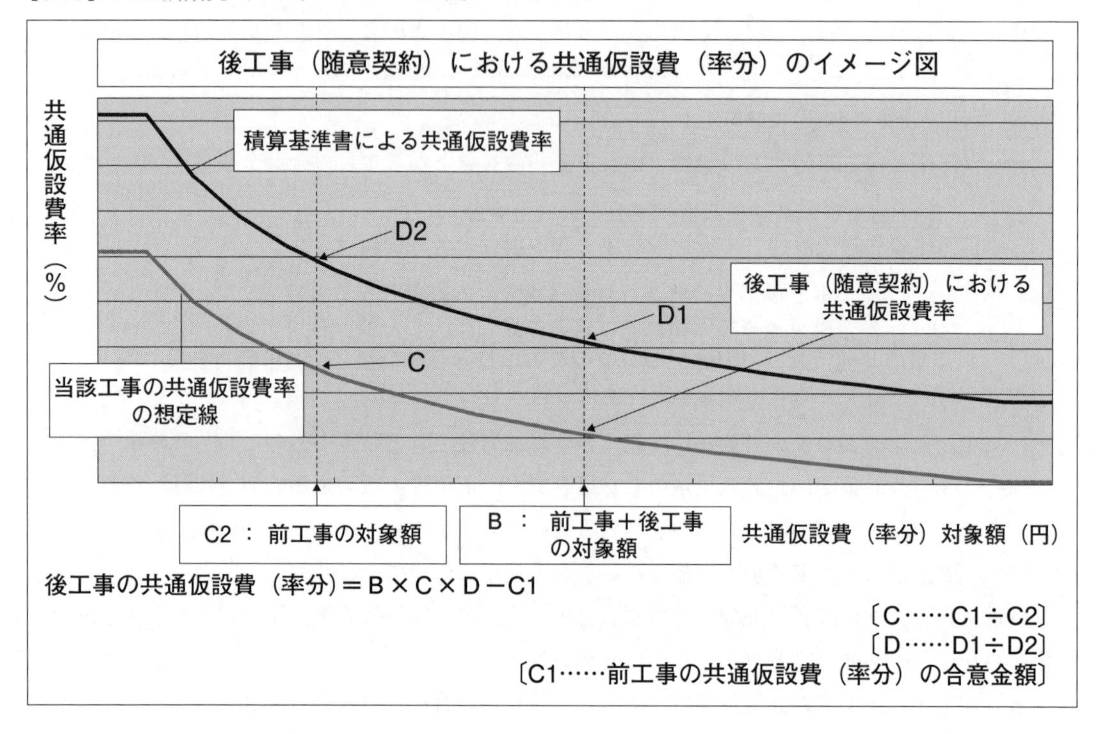

（別紙１－１）

単価個別合意方式のフロー図

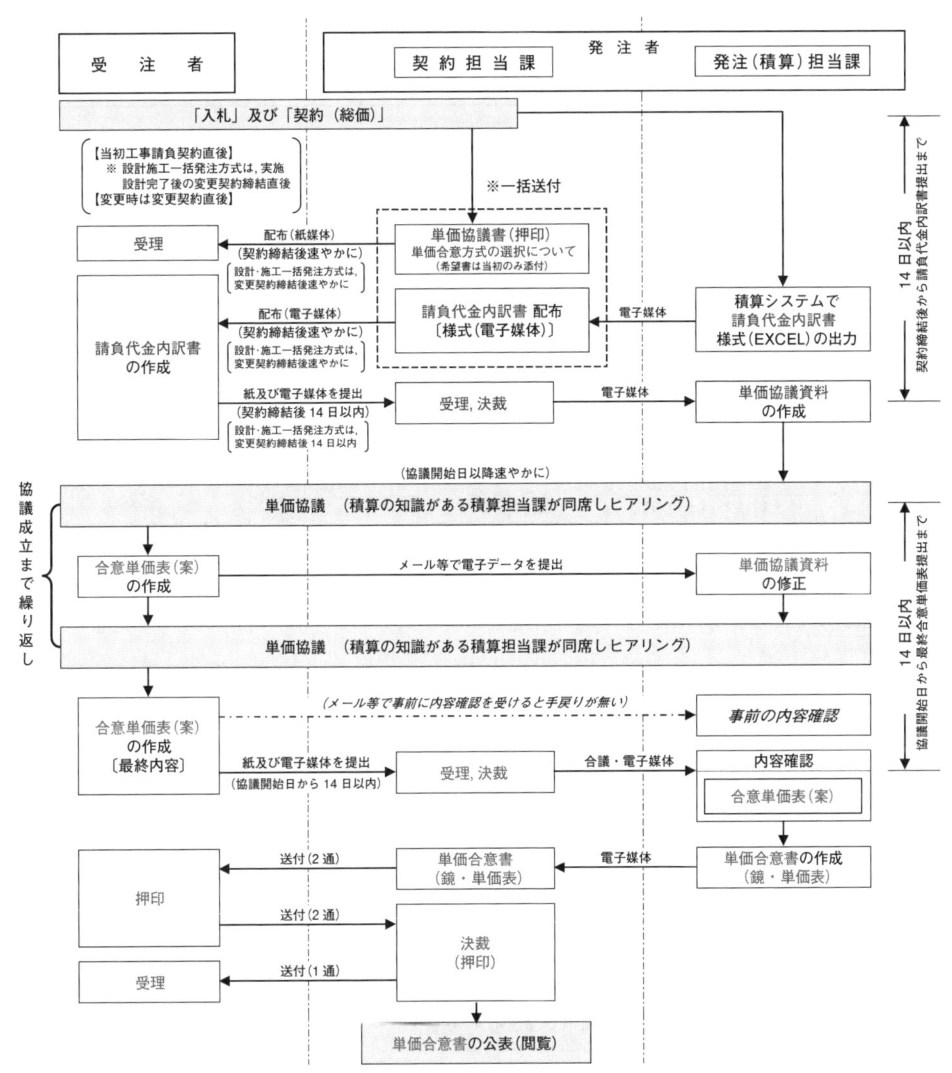

※１　単価協議書別紙２－２の「単価合意方式の選択について（包括的単価個別合意方式希望書）」は当初契約の段階で選択させるため，当初契約の単価協議書にのみ添付する。（契約変更時の単価協議書に，別紙２－２は添付しない。）

※２　「請負代金内訳書」と「合意単価表（案）」は同一様式であるが，単価協議以降「合意単価表（案）」と呼ぶ。

※３　「単価合意書」の締結は，合意単価表〔最終内容〕受理後速やかに行う。

※４　協議開始の日から14日以内に最終的な合意単価表（案）が受注者から提出されなかった場合は，包括的単価個別合意方式の「単価合意書」を締結する。

※５　「請負代金内訳書の提出について」（平成７年９月28日付建設省厚契発第42号，建設省技調発第193号，建設省営計発第115号。）記１の対象工事に該当しない場合においても，受注者は請負代金内訳書を提出する。

（別紙１－２）

包括的単価個別合意方式のフロー図

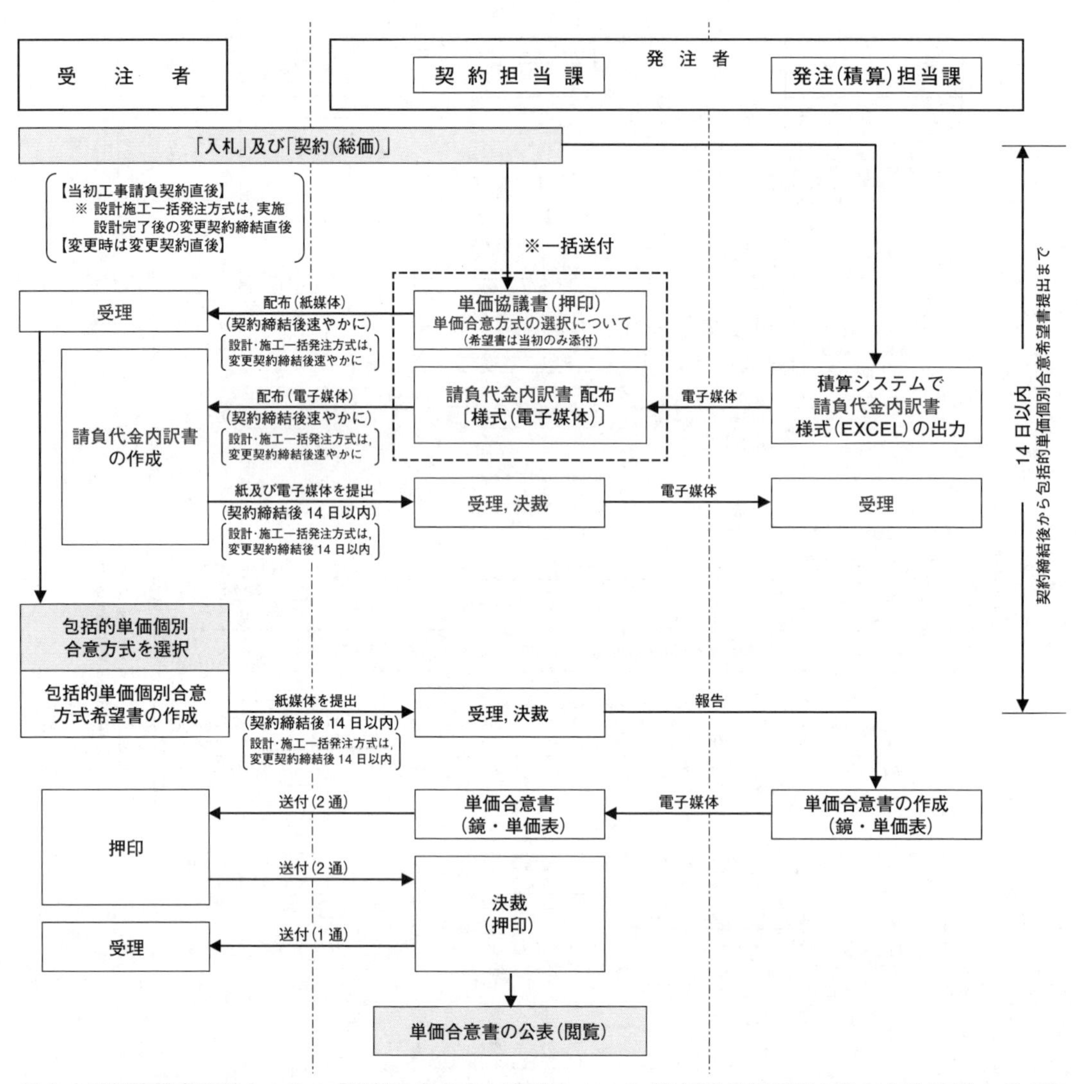

※１　単価協議書別紙２－２の「単価合意方式の選択について（包括的単価個別合意方式希望書）」は当初契約の段階で選択させるため，当初契約の単価協議書にのみ添付する。（契約変更時の単価協議書に，別紙２－２は添付しない。）

※２　「単価合意書」の締結は，包括的単価個別合意希望書受理後速やかに行う。

※３　「請負代金内訳書の提出について」（平成７年９月28日付建設省厚契発第42号，建設省技調発第193号，建設省営計発第115号。）記１の対象工事に該当しない場合は，請負代金内訳書の提出を求めない。但し，手続き上は単価個別合意方式が選択される場合も想定し，請負代金内訳書の様式は送付する。

※４　請負代金内訳書の提出が必要のない工事についても，請負代金内訳書を提出した後に工事費構成書の提示を求めることができる。

（別紙２）

年月日：平成　　年　　月　　日

（受注者名）
○○○○○　　　殿

（分任）支出負担行為担当官（官職氏名）
○○○○○　　　印

単価協議書（契約書第３条第３項）

平成　　年　　月　　日付けで請負契約を締結した下記工事について，契約書第３条第３項により単価合意書を締結したく協議する。

なお，合意のうえは発注者より送付する単価合意書２部に記名押印のうえ提出されたい。

記

１．工事名　　　○○○○○○工事
２．工　期　　　自　平成○○年○○月○○日　　　　至　平成○○年○○月○○日
３．請負代金額　　¥　○○○，○○○，○○○－
４．協議開始日　　平成○○年○○月○○日
（協議開始日は，契約締結後15日以降を標準とする）

（別紙２－２）

【単価合意方式の選択について】

本工事は，単価個別合意方式（総価契約単価合意方式実施要領および同解説を参照）の工事である。〔ついては，契約担当課より送付される「請負代金内訳書」を作成のうえ，契約担当課へ提出すること。〕

包括的単価個別合意方式を希望する場合は，平成　　年　　月　　日（契約締結後14日以内の日付を記入すること）までに，包括的単価個別合意方式希望書（本様式）を提出すること。〔なお，希望した際は「請負代金内訳書」の提出は不要とするが，受注者の判断で提出することを妨げるものではなく，契約書第３条に基づく請負代金内訳書を提出した場合には，工事費構成書の提示を求めることができる〕。

注：〔　〕内は請負代金内訳書の提出を求めない場合（請負代金額１億円未満又は工期６箇月未満等の工事）に記載。

分任支出負担行為担当官

包括的単価個別合意方式希望書

平成〇〇年〇〇月〇〇日に入札公告のあった〇〇工事における単価合意方式については，包括的単価個別合意方式を希望します。

平成〇〇年〇〇月〇〇日

受注者　住所　〇〇〇〇〇〇〇〇〇〇
　　　　氏名　〇〇〇〇〇〇〇〇〇〇　印

3．設計変更に伴う契約変更の取扱いについて

3－1　設計変更に伴う契約変更の取扱いについて

昭和44年３月31日　建設省東地厚発第31号の２
官房長から各地方建設局長（東北を除く。）あて

標記について，東北地方建設局長から別紙１のとおり照会があり，これに対して別紙２のとおり回答したので，今後これに準拠して処理することにつきとくに異議がないので了知するよう通知する。

別紙１

設計変更に伴う契約変更の取扱いについて（照会）

昭和44年３月22日　東建契44第132号
東北地方建設局長から官房長あて

標記について，別紙により実施してよろしいか照会する。

別　紙

設計変更に伴う契約変更の取扱いについて

（目的）

1　この取扱いは，設計変更に伴う契約変更の取扱いに関し必要な事項を定めることにより，契約に関する事務の簡素化と合理化を図るとともに，請負代金の支払を迅速にする等請負契約の双務性の維持等に資することを目的とする。

（定義）

2　この取扱いにおいて，次の各号に掲げる用語は，それぞれ当該各号に定めるところによる。

一　設計変更　工事請負標準契約書第15条及び第16条（(編注)　現行の工事請負契約書では第18条及び第19条となっている。）の規定により図面又は仕様書（土木工事にあつては，金額を記載しない設計書を含む。以下同じ。）を変更することとなる場合において，契約変更の手続の前に当該変更の内容をあらかじめ請負者に指示することをいう。

二　単価，工事量又は一式工事費の変更　設計変更に伴い，工事費内訳明細書（以下「内訳書」という。）の単価，工事量又は一式工事費を増減することとなる場合をいう。

（注）単価の変更とは，工事現場の実態によりコンクリート側溝の壁厚を変更したため単価に変更があるようなものをいい，工事量の変更とは，工事現場の実態により単価の変更を生ずることなく工事量を増減することをいい，一式工事費の変更とは，数量を一式として表示した工事（以下「一式工事」という。）のうち請負者に設計条件又は施工方法を明示したものにつき，工事現場の実態により当該設計条件又は施工方法を変更し，その結果当該工事費に増減を生ずることをいう。

三　新工種　設計変更に伴い，内訳書に設計変更に係る工事に対応する工種がないため，当該工事の種別，細別等（営繕工事（事業費をもつてする営繕工事を除く。以下同じ。）にあつては，科目，細目等）を新たに追加することとなる場合における当該工事をいう。

(契約変更の範囲)

3　設計表示単位に満たない設計変更は，契約変更の対象としないものとする。

（注）　工事量の設計表示単位は，別に定める設計積算に関する基準において工事の内容，規模等に応じ適正に定めるものとする。

4　一式工事については，請負者に図面，仕様書又は現場説明において設計条件又は施工方法を明示したものにつき，当該設計条件又は施工方法を変更した場合のほか，原則として，契約変更の対象としないものとする。

5　変更見込金額が請負代金額の30％をこえる工事は，現に施工中の工事と分離して施工することが著しく困難なものを除き，原則として，別途の契約とするものとする。

(土木工事に係る設計変更の手続)

6　土木工事に係る設計変更は，その必要が生じた都度，総括監督員がその変更の内容を掌握し，当該変更の内容が予算の範囲内であることを確認したうえ，文書により，主任監督員を通じて行なうものとする。ただし，変更の内容が極めて軽微なものは，主任監督員が行なうことができるものとする。

7　前項の場合において，当該設計変更の内容が次の各号の一に該当するものであるときは，あらかじめ，契約担当官等の承認を受けるものとする。

一　変更見込金額が請負代金額の10％又は1,000万円をこえるもの

二　構造，工法，位置，断面等の変更で重要なもの

（編注）「10％」は「20％（概算数量発注に係るものについては25％）」に，「1,000万円」は「4,000万円」に変更となっている（３－２参照）。

(営繕工事に係る設計変更の手続)

8　営繕工事に係る設計変更は，原則として，その必要が生じた都度，当該設計変更の内容に関する契約担当官等の指示又は承認に基づき，総括監督員が文書により行なうものとする。

(設計変更に伴う契約変更の手続)

9　設計変更に伴う契約変更の手続は，その必要が生じた都度，遅滞なく行なうものとする。ただし，軽微な設計変更に伴うものは，工期の末（国庫債務負担行為に基づく工事にあつては，各会計年度の末及び工期の末）に行なうことをもつて足りるものとする。

（注）　軽微な設計変更に伴うものとは，次に掲げるもの以外のものをいう。

イ　構造，工法，位置，断面等の変更で重要なもの

ロ　新工種に係るもの又は単価若しくは一式工事費の変更が予定されるもので，それぞれの変更見込金額又はこれらの変更見込金額の合計額が請負代金額の10％をこえるもの

（編注）「10％」は「20％（概算数量発注に係るものについては25％）」に変更となっている（3－2参照）。

（部分払）

10　部分払は，既済部分検査の時期における内訳書により出来高を確認し，請負代金額を限度として行なうものとする。この場合において，工事量の変更が予定されるものは当該変更工事量を対象とし，単価又は一式工事費に変更が予定されるもののうち変更増となるものは元の単価又は一式工事費によりそれぞれ出来高を確認するものとし，変更減となることが予定されるもの及び新工種に係るものは出来高の対象としないものとする。

（入札者又は契約の相手方に対する説明）

11　契約担当官等は，工事を指名競争に付そうとする場合の入札者又は随意契約によろうとする場合の契約の相手方に対し契約条項を示す際には，現場説明により，この取扱いに定める事項のほか，設計変更に関し必要な事項を了知させておくものとする。

（この取扱いの実施時期）

12　この取扱いは，昭和44年４月１日以降に工事の請負契約を締結するものから実施するものとする。

別紙２

設計変更に伴う契約変更の取扱いについて（回答）

昭和44年３月31日　建設省東地厚発第31号

官房長から東北地方建設局長あて

昭和44年３月22日付け東建契44第132号をもつて照会のあつた標記について，下記のとおり回答する。

記

工事を発注するにあたつては，事前の計画及び調査を慎重に行ない，工期中みだりに設計変更の必要が生じないように措置されたい。なお，工事には，その性格上不確定な条件を前提に設計図書を作成せざるを得ない制約があり，このため予期し得ない設計変更が発生するものと認められるので，このような原因による設計変更に伴う契約変更については，当分の間，照会のとおり処理することについてはやむを得ないものと了承する。ただし，照会の９の取扱いについて，軽微な設計変更に伴うものであつても，出来高認定の留保期間が長期に亘るため部分払にあたり請負者に著しく不利になると認められるものがあるときは，出来高認定の留保期間が長期に亘らないよう当該設計変更に伴う契約変更の手続をとることとされたい。

3－2　設計変更に伴う契約変更の取扱いについて

昭和62年6月29日　建設省東地厚発第38号の2
官房長から各地方建設局長（東北を除く）あて

標記について，東北地方建設局長から別紙1のとおり照会があり，これに対して別紙2のとおり回答したので通知する。

別紙1

設計変更に伴う契約変更の取扱いについて

昭和62年5月27日　建東契第234号
東北地方建設局長から官房長あて

標記については，昭和44年3月22日付け建東契44第132号をもつて照会（以下「照会」という。）し，昭和44年3月31日付け建設省東地厚発第31号により回答を得て，また，昭和61年11月25日付け建東契第557号をもつて標記取扱いの変更について照会し，昭和61年12月16日付け建設省東地厚発第426号で回答を得て実施しているところである。

しかしながら，設計変更の実態をかんがみると，あらかじめ契約担当官等の承認を受けることとされている照会別紙第7項第1号関係及びそれに関連する契約変更手続きの時期については，なお，一層の簡素化と合理化を図ることとしても，何等差し支えないものと思慮される。

ついては，照会別紙第7項第1号を「一，変更見込額が請負代金額の20％（概算数量発注に係る設計変更にあつては請負代金額の25％）又は，4,000万円をこえるもの」に，第9項の（注）のロ中「10％をこえるもの」を「20％（概算数量発注に係る設計変更に伴うものにあつては，請負代金額の25％）をこえるもの」に変更して取扱うこととしてよろしいか照会する。

別紙2

設計変更に伴う契約変更の取扱いについて

昭和62年6月29日　建設省東地厚発第38号
官房長から東北地方建設局長あて

昭和62年5月27日付け建東契第234号をもつて照会があつた標記については異存がない。

4．条件明示について

国官技第369号

平成14年３月28日

各地方整備局　企画部長　殿

国土交通省大臣官房技術調査課長

条件明示について

国土交通省直轄の土木工事を請負施工に付する場合における工事の設計図書に明示すべき施工条件について，「建設省技調発第24号」（平成３年１月25日付け）に，補足追加し，明示項目及び明示事項（案）をとりまとめたので参考にされたく通知する。

なお，「条件明示について」（平成３年１月25日）建設省技調発第24号は廃止する。

記

１．目的

「対象工事」を施工するにあたって，制約を受ける当該工事に関する施工条件を設計図書に明示することによって，工事の円滑な執行に資することを目的とする。

２．対象工事

平成14年４月１日以降に入札する国土交通省直轄の土木工事とする。

３．明示項目及び明示事項（案）

別　紙

４．明示方法

施工条件は，契約条件となるものであることから，設計図書の中で明示するものとする。また，明示された条件に変更が生じた場合は，契約書の関連する条項に基づき，適切に対応するものとする。

５．その他

⑴　明示されない施工条件，明示事項が不明確な施工条件についても，契約書の関連する条項に基づき甲・乙協議※できるものであること。

⑵　現場説明時の質問回答のうち，施工条件に関するものは，質問回答書により，文書化すること。

⑶　施工条件の明示は，工事規模，内容に応じて適切に対応すること。なお，施工方法，機械施設等の仮設については，施工者の創意工夫を損なわないよう表現上留意すること。

※（編注）　標準契約約款において，「甲」は「発注者」に「乙」は「受注者」に変更になっている。

別紙　　明示項目及び明示事項（案）

明示項目	明　示　事　項
工程関係	1．他の工事の開始または完了の時期により，当該工事の施工時期，全体工事等に影響がある場合は，影響箇所及び他の工事の内容，開始または完了の時期 2．施工時期，施工期間及び施工方法が制限される場合は，制限される施工内容，施工時期，施工時間及び施工方法 3．当該工事の関係機関等との協議に未成立のものがある場合は，制約を受ける内容及びその協議内容，成立見込み時期 4．関係機関，自治体等との協議の結果，特定された条件が付された当該工事の工程に影響がある場合は，その項目及び影響範囲 5．余裕工期を設定して発注する工事については，工事の着手時期 6．工事着手前に地下埋設物及び埋蔵文化財等の事前調査を必要とする場合は，その項目及び調査期間。また，地下埋設物等の移設が予定されている場合は，その移設期間 7．設計工程上見込んでいる休日日数等作業不能日数
用地関係	1．工事用地等に未処理部分がある場合は，その場所，範囲及び処理の見込み時期 2．工事用地等の使用終了後における復旧内容 3．工事用仮設道路・資機材置き場用の借地をさせる場合，その場所，範囲，時期，期間，使用条件，復旧方法等 4．施工者に，消波ブロック，桁製作等の仮設ヤードとして官有地等及び発注者が借り上げた土地を使用させる場合は，その場所，範囲，時期，期間，使用条件，復旧方法等
公害関係	1．工事に伴う公害防止（騒音，振動，粉塵，排出ガス等）のため，施工方法，建設機械・設備，作業時間等を指定する必要がある場合は，その内容 2．水替・流入防止施設が必要な場合は，その内容，期間 3．濁水，湧水等の処理で特別の対策を必要とする場合は，その内容（処理施設，処理条件等） 4．工事の施工に伴って発生する騒音，振動，地盤沈下，地下水の枯渇等，電波障害等に起因する事業損失が懸念される場合は，事前・事後調査の区分とその調査時期，未然に防止するために必要な調査方法，範囲等
安全対策関係	1．交通安全施設等を指定する場合は，その内容，期間 2．鉄道，ガス，電気，電話，水道等の施設と近接する工事での施工方法，作業時間等に制限がある場合は，その内容 3．落石，雪崩，土砂崩落等に対する防護施設が必要な場合は，その内容 4．交通誘導員，警戒船及び発破作業等の保全設備，保安要員の配置を指定する場合または発破作業等に制限がある場合は，その内容 5．有毒ガス及び酸素欠乏症等の対策として，換気設備等が必要な場合は，その内容
工事用道路関係	1．一般道路を搬入路として使用する場合 (1) 工事用資機材等の搬入経路，使用期間，使用時間帯等に制限がある場合は，その経路，期間，時間帯等 (2) 搬入路の使用中及び使用後の処置が必要である場合は，その処置内容 2．仮道路を設置する場合 (1) 仮道路に関する安全施設等が必要である場合は，その内容，期間 (2) 仮道路の工事終了後の処置（存置または撤去） (3) 仮道路の維持補修が必要である場合は，その内容
仮設備関係	1．仮土留，仮橋，足場等の仮設物を他の工事に引き渡す場合及び引き継いで使用する場合は，その内容，期間，条件等 2．仮設備の構造及びその施工方法を指定する場合は，その構造及びその施工方法 3．仮設備の設計条件を指定する場合は，その内容

明示項目	明　示　事　項
建設副産物関係	1．建設発生土が発生する場合は，残土の受入場所及び仮置き場所までの，距離，時間等の処分及び保管条件 2．建設副産物の現場内での再利用及び軽量化が必要な場合は，その内容 3．建設副産物及び建設廃棄物が発生する場合は，その処理方法，処理場所等の処理条件 　なお，再資源化処理施設または最終処分場を指定する場合は，その受入場所，距離，時間等の処分条件
工事支障物件等	1．地上，地下等への占用物件の有無及び占用物件等で工事支障物が存在する場合は，支障物件名，管理者，位置，移設時期，工事方法，防護等 2．地上，地下等の占用物件工事と重複して施工する場合は，その工事内容及び期間等
薬液注入関係	1．薬剤注入を行う場合は，設計条件，工法区分，材料種類，施工範囲，削孔数量，削孔延長及び注入量，注入圧等 2．周辺環境への調査が必要な場合は，その内容
その他	1．工事用資機材の保管及び仮置きが必要である場合は，その保管及び仮置き場所，期間，保管方法等 2．工事現場発生品がある場合は，その品名，数量，現場内での再使用の有無，引き渡し場所等 3．支給材料及び貸与品がある場合は，その品名，数量，品質，規格または性能，引き渡し場所，引き渡し期間等 4．関係機関・自治体等との近接協議に係る条件等その内容 5．架設工法を指定する場合は，その施工方法及び施工条件 6．工事用電力等を指定する場合は，その内容 7．新技術・新工法・特許工法を指定する場合は，その内容 8．部分使用を行う必要がある場合は，その箇所及び使用時期 9．給水の必要のある場合は，取水箇所・方法等

5．土木工事条件明示の手引き（案）によるチェックリスト記載例

（出典）北陸地方建設事業推進協議会 工事施工対策部会：土木工事条件明示の手引き（案），平成27年5月

1．施策関係（入札契約適正法関連や新しい取組に係わる事項の例示）

各項目の○付数字には，条件明示のポイントを記載した。

明示事項			特記該当項目
1　入契に係わる事項	対象 有	対象 無	
① 総合評価落札方式の有無　□ □ □	□	□	
総合評価落札方式　施工能力評価型（Ⅰ型　Ⅱ型）技術提案評価型（S型）			
② 総合評価方式で求めた技術提案の確認について	□	□	
（簡易な施工計画及び契約後VEを含む）			
③ 品質確保を目的としたモニターカメラの設置	□	□	
（対象は，大規模工事や低入札価格工事等）			
④ 低入札価格調査制度調査対象工事について	□	□	
（予定価格が1,000万円以上の工事が対象）			
⑤ 低入札価格工事におけるモニターカメラの設置ついて	□	□	
（予定価格が1億円以上の工事が対象）			
⑥ 工事の不可視部分の出来形管理について	□	□	
（予定価格が1億円以上の工事が対象）			
⑦ 土木工事に業務委託を含めた合併工事の有無	□	□	
（業務委託を含めた合併工事を発注する場合は，「業務の適切な品質確保対策」を明示）			
【留意事項】 **①～⑦に該当する工事は，その旨を特記仕様書に明示する。**			
2　新しい取組に係わる事項	対象 有	対象 無	
① 総価契約単価合意方式について	□	□	
（全工事（建築関係・情報通信・受変電設備の工事は対象外））			
② 施工プロセスを通じた検査の試行について	□	□	
（試行工事の対象となった場合）			
③ 施工者と契約した第三者による品質証明の試行について	□	□	
（試行工事の対象となった場合）			
④ コンクリートの品質確保における試験の実施（生コンの単位水量管理）	□	□	
（対象は，擁壁，ボックスカルバート，橋梁，トンネル，ダム，砂防堰堤，排水機場，堰・水門，洞門等の重要構造物で，詳細は技術管理課からの通知文を参照）			
⑤ コンクリート構造物非破壊試験の試行，微破壊・非破壊試験を用いた強度測定の試行	□	□	
（試行工事の対象となった場合）			
⑥ 情報化施工の対象工事			
（使用原則化工事）	□	□	
（試験施工調査の対象工事）	□	□	
⑦ 工事情報共有システムの試行対象工事	□	□	
（全ての工事が対象（災害復旧，工期が短い場合を除く））			
【留意事項】 **①～③及び⑤～⑦に該当する工事は，その旨を特記仕様書に明示する。** **④の生コンの単位水量に係わる試験を実施する場合は，特記明示と必要額を計上する。**			

明示事項			特記該当項目
3　施工に際しての事項	対象 有	対象 無	
① 部分払について	□	□	
（対象は，請負金額が1,000万円以上・実工期が180日超で該当工種の場合）			
② 施工合理化調査，諸経費動向調査の対象工事	□	□	
（歩掛調査対象工種が含まれる工事，諸経費動向調査の予定工事に指定された工事）			
③ 工事現場のイメージアップ（美装化）を行う工事	□	□	
（イメージアップ費用を計上する場合は，仮設費・安全施設・営繕施設別に内容明示）	□	□	
④ 冬期施工で，雪寒仮囲いや断熱型枠を使用する必要のある工事	□	□	
（降雪期の護岸，根固工，橋梁下部工等のコンクリート構造物や小断面の構造物に適用）			
⑤ 官保有の建設系機械の貸し付け	□	□	
（除雪グレーダーや自走式標識車等の官保有機械を有効に活用する）			
⑥ 地形・地質などの自然条件や，保護動植物など社会条件の明示	□	□	
⑦ 道路施設基本データの作成対象工事（対象は道路工事）	□	□	
⑧ 情報通信光施設近接工事における切断等の事故防止対策対象工事（対象は道路工事）	□	□	
⑨ 中間技術検査の実施対象工事	□	□	
⑩ 新技術活用事業対象工事	□	□	
⑪ 施工区域はDID地区である	□	□	
⑫ 防護柵設置工における出来形確保対策について	□	□	
（防護柵を設置する工事の場合）			
【留意事項】			
①～⑫に該当する工事は，その旨を特記仕様書に明示するとともに必要額を計上する。			

～～～～は，各発注機関に応じて修正しても良い

2．工程関係

各項目の○付数字には，条件明示のポイントを記載した。

明示事項	対象 有	対象 無	特記該当項目
1 影響を受ける他の工事	対象 有	対象 無	
① 先に発注された工事で，当該工事の工程が影響を受ける工事の有無 （影響を受ける工事の内容と，具体的制約内容，対象箇所およびその完成の時期や期間）	□	□	
② 後から発注される予定の工事で，当該工事の工程が影響を受ける工事の有無 （影響を受ける工事の内容と，具体的制約内容，対象箇所およびその完成の時期や期間）	□	□	
③ その他，関連して当該工事の工程が影響を受ける他の工事の有無 （影響を受ける工事の内容と，具体的制約内容，対象箇所およびその完成の時期や期間）	□	□	

他工事の名称	その発注者	影響を受ける箇所	影響を受ける期間	影響を受ける時間

影響を受ける工事内容	具体的制約内容	備考

明示事項	対象 有	対象 無
2 自然的·社会的条件で制約を受ける施工の内容，時期，時間及び工法等	対象 有	対象 無
① 交通規制や工事内容により，工事の施工期間又は時間帯に制約が生ずるか。 （観光シーズン期の施工中止や，交通渋滞等を回避するための夜間施工等の検討）	□	□
② 出水期や積雪・融雪期において，施工を中止有るいは休止する必要があるか。 （河道内の出水期での施工や，雪崩の恐れのある区域の施工は要検討）	□	□
③ 漁期や農業・用排水の使用時期，また地場産業の影響により，施工期間又は時間帯に制約が生ずるか。	□	□
④ 自然環境の保全に関しての制約の有無を明示する。 （猛禽類等の保護動植物の生息する可能性のある地域での施工制約）	□	□

自然的·社会的要因	施工内容	施工箇所	施工時期	施工時間

施工方法	具体的制約内容	備考

明示事項	対象 有	対象 無
3 関連機関等との協議に未成立のものがある場合の制約等	対象 有	対象 無
① 協議の成立時期が具体的に見込める場合は，「現在，協議中であることと，成立見込みの時期およびその制約される内容等」を明示する。	□	□
② 協議の結果，工程等に制約を受けることが予想される場合は，あらかじめその協議内容および制約される内容等について明示する。	□	□
③ 協議の必要性はあるが，未実施である場合は関連機関，内容，協議実施予定者（発注者/受注者）を明示する。	□	□

関連機関等	制約内容	協議内容	成立見込時期	備考

明示事項	対象 有	対象 無
4 関係機関，自治体等との協議の結果，工程に影響を受ける特定条件	対象 有	対象 無
① 施工時期等について付された条件を，具体的に明示する。	□	□
② 当初予想し得ない事態等が発生し工事期間等の変更が生じる場合は，監督職員に報告し，処理および対策についての協議を行うことを明示する。	□	□

機関・自治体名	影響項目	影響範囲・内容	規制期間	規制時間	備考

明示事項				特記該当項目
5　余裕工期を設定した工事の着手時期	対象 有	対象 無		
① 全体工期とともに，余裕期間の完了年月日（実工事着手日の前日）と「期間中は，資材の搬入および仮設物の設置等の工事を行ってはならない。」ことを明示する。	□	□		
② 北陸地方整備局独自の任意着手制度は，指定期間内で請負者が着手日を決定できる制度であり，活用にあたっては，設計要領を熟読の上，特記仕様書に明示する。	□	□		

全体工期	余裕期間	留意事項	備考

6　地上物件・地下埋設物・埋蔵文化財等の事前調査･移設の制約	対象 有	対象 無
① 必要な事前調査の期間等を明示し，その管理者の都合により，変更がある場合には別途協議することをあわせて明示する。	□	□
② 特に移設や撤去・保存等が必要になり影響を受ける場合は，施工方法や工程等について協議状況を明示する。	□	□
③ 埋蔵文化財については，施工に併せて発掘調査を実施する場合も有る。 （発掘調査中は，完了時期を明示，施工と発掘調査を実施する場合は期間・内容を明示）	□	□

地下埋設物・埋蔵文化財の種類	地下埋設物・埋蔵文化財の管理者	事前調査・移設の期間	備考

7　設計工程上の作業不能日数	対象 有	対象 無
① トンネル内工事や工場製作工事以外では，雨天，強風，降雪，波浪による休止日数や休日等の日数を明示する。また，トンネル内工事でも資機材等の搬出入に影響がある場合は，同様に 明示する。	□	□

総作業不能日数	休日日数	他の不能日数	内容	備考

8　現場条件による工法の制限の結果，工程に影響を受ける場合	対象 有	対象 無
① 工程に影響を与える特殊な工法の有無	□	□

対象工種	場所	日数	内容	備考

9　概数発注・概略設計による発注工事の場合	対象 有	対象 無
① 概数発注，概略設計，修正設計中の工事の場合，詳細設計の完成時期等について明示する。	□	□

対象工種	区間	詳細設計完成時期	備考

～～～～は，各発注機関に応じて修正しても良い

3．用地関係

各項目の○付数字には，条件明示のポイントを記載した。

明示事項								特記該当項目
1　工事用地等に未処理部分がある場合						**対象 有**	**対象 無**	
① 用地・立木の取得が終了していない場所，範囲，面積，工種及び確保の見込み時期等を明示する。						□	□	
② 期日までに用地取得が出来ない場合の工事工程への配慮を明示する。						□	□	
③ 保安林解除や未処理部分等に規制がある場合には，解除時期や未処理部分を明示する。						□	□	
④ 官民境界が未確定部分がある場合は当該区間及び協議状況を明示する。						□	□	
場所	**範囲**	**面積**	**取得見込時期**	**該当工種**			**備考**	
2　使用後の復旧条件がある場合						**対象 有**	**対象 無**	
① 工事用地等の使用終了後に復旧条件がある場合は，完了予定日とその内容を具体的に明示する。						□	□	
場所	**範囲**	**面積**	**復旧完了予定日**	**復旧条件**			**備考**	
3　工事用仮設道路，資機材置場，仮設ヤード等の用地を借地する必要がある場合						**対象 有**	**対象 無**	
① 発注者が地権者と借地契約し確保する場合に明示する。						□	□	
② 場所，範囲，面積，工種，期間，使用条件，重要施設の有無，使用後の復旧方法等を明示する。						□	□	
③ 借地上に支障物件等の処置が必要になった場合は，監督職員に報告し協議する旨を明示する。						□	□	
場所	**範囲**	**面積**	**期間**	**使用条件・復旧方法**			**備考**	
4　官有地等を使用させる場合						**対象 有**	**対象 無**	
① 使用する土地の場所，範囲，面積，使用条件，及び使用料の負担の有無を明示する。						□	□	
② 仮設ヤード周辺への立ち入り防止柵等の設置に条件がある場合はその内容を明示する。						□	□	
③ 現場状況等から使用条件が異なった場合は，監督職員に報告し協議する旨を明示する。						□	□	
④ 造成が必要な荒地等を使用させる場合は，その内容を明示する。						□	□	
場所	**範囲**	**面積**	**使用条件・復旧方法**				**備考**	

～～～～は，各発注機関に応じて修正しても良い

4．公害関係

各項目の○付数字には，条件明示のポイントを記載した。

明　示　事　項			特記該当項目
1　公害防止のため，施工方法，機械設備，作業時間等に制限がある場合	対象 有	対象 無	
① 特定の工種について，施工方法，機械施設，施工時間を指定する場合は，その内容を明示する。	□	□	
② 騒音，振動等の測定を指定する場合は，その内容等を明示する。	□	□	
③ 公害に関する特定地域指定がある場合はその地域を明示する。	□	□	
④ 地元対策上や法改正等により規制処置が必要となった場合は，監督職員に報告し協議する旨を明示する。	□	□	

対象工種	範囲または測定場所	時期	内容	備考

2　水替，流入防止施設が必要な場合	対象 有	対象 無
① 対象工種，規模，範囲，期間等を明示する。	□	□
② 当初の計画と現場の条件が異なった場合は，監督職員に報告し協議する旨を明示する。	□	□

対象工種	規模	範囲	排水時間	期間	備考

3　濁水，湧水等の処理で特別な対策を必要とする場合	対象 有	対象 無
① 濁水，湧水等の処理で特別な対策を必要とする場合はその内容を明示する。	□	□
② 当初の条件と状況が異なった場合は監督職員に報告し協議する旨を明示する。	□	□

対象工種	時期	処理施設	排水の水質目標値	排水場所	備考

4　事業損失等，第三者に被害を及ぼすことが懸念される場合	対象 有	対象 無
① 工事の施工に伴って発生する騒音，振動，地盤沈下，地下水の枯渇等，電波障害等に起因する事業損失が懸念される場合は，事前・事後調査の区分と，その調査時期，未然に防止するために必要な調査方法，範囲等を明示する。	□	□
② 発注段階では具体的に明示できない場合や当初と状況が異なった場合は，監督職員に報告し，協議する旨を明示する。	□	□

懸念事項	事前・事後	調査時期	調査範囲・対象件数	調査方法	報告書の有無	備考

5　油漏れ等に対策を必要とする場合	対象 有	対象 無
① 油漏れや重金属等の対策を必要とする場合はその内容を明示する。	□	□
② 当初の条件と状況が異なった場合は監督職員に報告し協議する旨を明示する。	□	□

対象工種	対象機械	時期	実施方法・必要資材	備考

～～～～は，各発注機関に応じて修正しても良い

5．安全対策関係

各項目の○付数字には，条件明示のポイントを記載した。

明示事項			特記該当項目
1　交通安全施設等の指定	対象 有	対象 無	
① 車線減少等の規制を伴う場合は，その内容と期間を明示する。	□	□	
② 歩道通行帯を確保する場合は，路面状況等その内容と期間を明示する。	□	□	
③ 夜間作業を伴う場合は，その内容と期間を明示する。	□	□	
④ 現場特有の理由で交通規制の方法が限定される場合その内容を明示する。	□	□	
⑤ 当初計画と実際の現場条件が異なった場合は，監督職員に報告し協議する旨を明示する。	□	□	

交通安全施設	工種	設置期間	内容	備考

2　下記施設等と近接する工事	対象 有	対象 無
① 近接する工事での施工法，作業時間等の制約がある場合は，その内容を明示する。		
鉄道	□	□
ガス	□	□
電気	□	□
電話	□	□
上水道	□	□
下水道	□	□
光ファイバ施設	□	□
NEXCO施設	□	□
医療施設	□	□
学校施設	□	□
文化財	□	□
その他（　　　　）	□	□
② 当初計画と実際の現場条件が異なった場合は，監督職員に報告し協議する旨を明示する。	□	□
③ 情報通信光施設と近接する工事がある場合は，切断等の事故防止対策を明示する。（対象は道路工事）	□	□

近接施設	管理者	協議状況	内容	立会条件	備考

3　下記危険要因に対する防護施設等	対象 有	対象 無
① 防護施設が必要な場合は，その内容を明示する。		
落石	□	□
雪崩	□	□
土砂崩壊	□	□
土石流	□	□
補強が必要な既存構造物	□	□
② 当初計画と実際の現場条件が異なった場合は，監督職員に報告し協議する旨を明示する。	□	□

危険要因	工種	防護施設	内容・規格	期間	備考

明示事項	特記該当項目

4 保全設備・保安要員の配置等

	対象 有	対象 無
① 交通誘導警備員，保全設備，保安要員の配置を指定する場合は，その内容を明示する。		
交通誘導警備員A，B	□	□
警戒船	□	□
保全設備	□	□
保安要員	□	□
鉄道工事管理者	□	□
② 当初計画と実際の現場条件が異なった場合は，監督職員に報告し協議する旨を明示する。	□	□

保全設備・保安要員	工種	場所	期間・時間	員数・規格	交代要員	備考

5 発破作業等の制限

	対象 有	対象 無
① 発破作業等に制限がある場合は，その内容を明示する。		
交通誘導警備員	□	□
警戒船	□	□
保全設備	□	□
保安要員	□	□
② 当初計画と実際の現場条件が異なった場合は，監督職員に報告し協議する旨を明示する。	□	□

制限作業	工種	場所	期間・時間	内容	備考

6 有毒ガス及び酸素欠乏等の対策

	対象 有	対象 無
① 換気設備等が必要な場合は，その内容を明示する。		
換気設備等	□	□
危険防止対策の工法・設備	□	□
② 当初計画と実際の現場条件が異なった場合は，監督職員に報告し協議する旨を明示する。	□	□

危険要因	工種	危険防止対策の工法内容，設備の規格・規模	備考

7 高所作業における対策

	対象 有	対象 無
① 高所作業における落下・墜落等対策を指定する場合はその内容を明示する。	□	□
② 当初計画と実際の現場条件が異なった場合は，監督職員に報告し協議する旨を明示する。	□	□

工種	場所	対策の内容，設備の規格・規模	備考

8 砂防工事の安全確保のために必要な情報提供

	対象 有	対象 無
① 安全確保のために必要な地形・地質特性を記載する。	□	□
② 過去に発生した土砂移動現象を明示する。	□	□

～～～～は，各発注機関に応じて修正しても良い

6．工事用道路関係

各項目の○付数字には，条件明示のポイントを記載した。

明示条件			特記該当項目
1　一般道路を搬入路として使用する場合	対象 有	対象 無	
① 運搬経路に制限がある場合や，経路を指定する場合は，その内容を明示する。	□	□	
② 搬入路の使用中及び使用後に配慮すべき処置，対応がある場合その内容を明示する。	□	□	
③ 地元対策上特に特記すべき事項がある場合はその内容を明示する。	□	□	
④ 現場状況等から使用条件が異なった場合は，監督職員に報告し協議する旨を明示する。	□	□	

経路	期間	時間帯	制限内容	備考
①				
①				

区間	期間	処置・対応内容	備考
②			
②			

特定資材・機材名	搬入経路	期間	時間	対応・配慮内容	備考
③					
③					

明示条件	対象 有	対象 無
2　仮道路を設置する場合		
① 仮道路の構造等を指定する場合は，その内容を明示する。	□	□
② 借地により仮道路を設ける場合は，借地料の負担があるか否か明示する。	□	□
③ 維持補修の必要がある場合はその内容を明示する。	□	□
④ 仮道路に安全施設が必要な場合はその内容を明示する。	□	□
⑤ 工事終了後存置または撤去するか明示し，撤去の場合はその内容を明示する。	□	□
⑥ 地元対策上特に特記すべき事項がある場合はその内容を明示する。	□	□
⑦ 現場状況等から設置条件が異なった場合は，監督職員に報告し協議する旨を明示する。	□	□

区間	幅員	延長	構造	その他仕様	備考
①					
①					

区間	借地料負担金額	維持補修内容	維持補修の時期および頻度	備考
②③				
②③				

区間	安全施設設置期間	安全施設内容	備考
③			
③			

区間	存置・撤去	運搬場所	運搬数量	使用後の処置	備考
⑤					
⑤					

特定資材・機材名	搬入経路	期間	時間	対応・配慮内容	備考
⑥					
⑥					

明示条件	対象 有	対象 無
3　一般道路を交通規制等により占用する場合		
① 交通規制を行う場合は，事前に関係機関と協議する旨を明示する。	□	□
② 交通規制を行い占用する場合，その内容を明示する。	□	□
③ 現場状況等から占用条件が異なった場合は，監督職員に報告し協議する旨を明示する。	□	□

区間	協議機関	期間	時間	規制内容	備考
○○交差点～○地点	所轄警察署	○年○月○日～○月○日	○時～○時	片側○車線，夜間交通規制	

明示条件	対象 有	対象 無	特記該当項目
4 他の工事と工事用道路を共用する場合			
① 他の工事と工事用道路を共用する場合は，工事用道路の管理者を明記すると共に，その内容を明示する。	□	□	
② 維持補修の必要がある場合は，その内容を明示する。	□	□	
③ 現場状況等から使用条件が異なった場合は，監督職員に報告し協議する旨を明示する。	□	□	

工事用道路の管理者	区間	共用する工事名	期間	配慮事項	備考

明示条件	対象 有	対象 無
5 工事用道路の使用に制限がある場合		
① 搬入路の幅員，高さ等により，資機材の搬出入時に制約や規制がある場合，その内容を明示する。	□	□

区間	期間	時間帯	制限内容	備考

～～～～は，各発注機関に応じて修正しても良い

7．仮設備関係

各項目の○付数字には，条件明示のポイントを記載した。

明示事項			特記該当項目
1　他の工事に引き継ぐ場合	対象 有	対象 無	
① 引き渡す場合は，その内容，時期，条件等を明示する。	□	□	
② 引き渡しに当たって，構造等安全性の確認，検査等を行う場合は，その実施日時，内容等を明示する。	□	□	
③ 現場状況等から他の工事に引渡しする条件等異なった場合は，監督職員に報告し協議する旨を明示する。	□	□	

仮設物の名称	施工者	撤去・損料負担者	引き渡し時期	維持管理等条件	備考
①					
①					

仮設物の名称	確認・検査内容	検査日時	条件等	備考
②				
②				

2　引き継いで使用する場合	対象 有	対象 無
① 引き継ぐ場合は，その内容，時期，条件等を明示する。	□	□
② 引き継ぎに当たって，構造等安全性の確認を行い疑義等が生じた場合は，速やかに監督職員に報告し協議する旨を明示する。	□	□

仮設物の名称	前・施工者	引き継ぎ確認事項	引き継ぎ時期	条件	備考

3　構造及び施工方法を指定する場合	対象 有	対象 無
① 存置期間，規模，使用材料，規格，数量を明示する。	□	□
② 現場状況等から施工条件が異なった場合は，監督職員に報告し協議する旨を明示する。	□	□

仮設物の名称	存置期間	規模	使用材料	規格	数量	施工方法	備考

4　設計条件を指定する場合	対象 有	対象 無
① 技術上の必要性から設計条件を指定する場合はその条件内容を明示する。 （仮締切の設計水位等が該当する他，地元協議等に基づき設計条件を指定する場合がある）	□	□
② 工事車両を対象とした仮橋，迂回路等は幅員・構造の設計条件を明示する。	□	□
③ 現場状況等から設計条件が異なった場合は，監督職員に報告し協議する旨を明示する。	□	□
④ 指定仮設で一般的でない（物価版に掲載のない）資材を使用する場合は明示する。	□	□

仮設物の名称	設計条件	備考

5　除雪が必要となる場合	対象 有	対象 無
① 冬期施工で除雪が想定される場合は，その内容を明示する。	□	□

工種	期間	内容	備考

～～～～は，各発注機関に応じて修正しても良い

8．建設副産物関係

各項目の○付数字には，条件明示のポイントを記載した。

明示事項	特記該当項目

1　建設発生土及び建設汚泥処理土

	対象 有	対象 無
① 工事現場から50kmの範囲内にある発生土を利用する他の建設工事に搬出する。	☐	☐
② 当初発注時に処分先が確定できない場合は，決定した後に設計変更対象とする。	☐	☐
③ 処分先で土の種類等の詳細な条件がある場合，その内容を明示する。	☐	☐
④ 夜間時受入れが出来ない場合など仮置きが必要な場合，その内容を明示する。	☐	☐

種別	自由・指定	運搬量	運搬距離	運搬先	処分・保管の条件	備考

2　建設廃棄物の種類と発生量

① 取扱及び処理方法の違う種別毎の廃棄物を明示する。

	対象 有	対象 無
特定建設資材廃棄物	☐	☐
その他の産業廃棄物	☐	☐
特別管理産業廃棄物	☐	☐

種別	種類	工種	発生量	備考

3　現場内での発生抑制･減量化･再利用の内容

	対象 有	対象 無
① 建設リサイクルガイドラインにより，計画・設計段階から施工段階における現場内での発生抑制等の具体的な実施事項を明示する。	☐	☐
② 仮置きが必要な場合，その内容を明示する。	☐	☐

種類	発生抑制	減量化	再利用	備考

4　処理施設等への運搬経路･方法等の規制・制限

	対象 有	対象 無
① 処理施設等への受入時間等の条件がある場合，その内容を明示する。	☐	☐
② 仮置きが必要な場合，その内容を明示する。	☐	☐

種類	運搬経路	運搬方法	性状及び荷姿等	備考

5　再資源化処理施設，中間・最終処理場の指定等

	対象 有	対象 無
① 指定副産物は，指定した再資源化施設へ搬出する。	☐	☐
② 建設発生木材の再資源化施設がない場合等，縮減施設へ搬入することがあれば明示する。	☐	☐
③ 夜間時受入れが出来ない場合など仮置きが必要な場合，その内容を明示する。	☐	☐

種類	再資源化処理施設	中間処理場	最終処理場	受入時間	処理税の有無	備考

明 示 事 項	対象 有	対象 無	特記該当項目
6 再生資材等の利用			
① リサイクル原則化ルールに従い，再生資材や建設発生土を利用することを明示する。			
再生骨材等	□	□	
再生加熱アスファルト混合物	□	□	
建設発生土	□	□	
グリーン購入法環境物品	□	□	

≪再生資材の利用≫

再生資材名	規格	使用箇所	再資源化処理施設	備考

≪他の工事現場からの建設発生土の利用≫

発生土の種類	発注機関	工事名	発生場所	施工会社・連絡先	備考

7 土壌汚染対策法の届出について	対象 有	対象 無
① 土壌汚染対策法で規定する一定規模（3,000㎡）以上の土地の形質変更を伴う対象工事であるかを確認する。（3,000㎡以上の形質変更を伴う工事を実施する場合，工事着手の30日前までに県知事等へ届出）	□	□
② 届出対象工事であり，発注時に届出が未了である場合，工事着手の見込みを明示する。	□	□
③ 形質変更面積が当初3,000㎡以下であったが，現場条件等により，施工途中で3,000㎡以上になる場合，監督職員に報告し協議する旨を明示する。	□	□

場所	範囲	面積	工事着手見込時期	該当工種	備考

は，各発注機関に応じて修正しても良い

9．工事支障物件等

各項目の○付数字には，条件明示のポイントを記載した。

明　示　事　項			特記該当項目
1　占用物件等の工事支障物件	対象 有	対象 無	
① 工事区域内に移設・撤去又は防護を要する工事支障物件がある場合は，移設時期，工事の方法，防護の要否等を明示する。			
電柱	□	□	
上下水道	□	□	
電々ケーブル	□	□	
ガス管	□	□	
架空電線	□	□	
標識・看板	□	□	
その他（　　　　）	□	□	
② 工事区域外であるが，工事施工において防護等する必要がある場合は，その内容を明示する。	□	□	
③ 企業者との協議段階で，当初の明示内容に変更が生じた場合は，監督職員に報告し協議する旨を明示する。	□	□	
④ 占用物件の撤去が別工事で発注されている場合はその企業者と工期，位置を明示する。	□	□	

支障物件名	管理者名	位置	企業者との協議	移設時期	工事方法（内容）	立会	備考

明　示　事　項			特記該当項目
2　占用物件工事との重複施工	対象 有	対象 無	
① 占用物件工事と重複して施工する場合は，工事主体，工事期間，位置関係等を明示する。			
電柱	□	□	
上下水道	□	□	
電々ケーブル	□	□	
ガス管	□	□	
架空電線	□	□	
標識・看板	□	□	
その他（　　　　）	□	□	
② 受注者が占用企業者と協議を要する場合は，その旨を明示する。	□	□	
③ 占用工事の工程が当該工事の着手時期や完了時期に影響する場合，その対応について明示する。	□	□	
④ 現場状況等から施工条件が異なった場合は，監督職員に報告し協議する旨を明示する。	□	□	

占用物件名	占用物件管理者	施工者	重複する工種	工事期間	位置関係	協議内容	備考
①②							
①②							

占用物件名	工程に影響する工種	影響する期間	対応内容	備考
③				
③				

～～～～～は，各発注機関に応じて修正しても良い

10. 薬液注入関係

各項目の○付数字には，条件明示のポイントを記載した。

明示事項			特記該当項目
1　薬液注入を行う場合	対象 有	対象 無	
① 薬液注入工法の設計条件（発注前の土質・地下埋設物・地下水位調査等），工法区分，材料種類，施工範囲，削孔数量・延長，および注入量・圧等を明示する。	□	□	
② 施工計画打合せ時等に施工業者から提出する事項を明示する。	□	□	
③ 材料搬入時・注入時の施工管理方法，注入の管理・注入の効果の確認方法を明示する。	□	□	
④ 産業廃棄物が発生した場合の，処分方法を明示する。	□	□	
⑤ 地下埋設物がある場合の防護方法を明示する。	□	□	
⑥ 現場状況等から施工条件が異なった場合は，監督職員に報告し協議する旨を明示する。	□	□	

土質柱状図	土の透水性	物理試験	力学試験	地下埋設物名	埋設物位置	埋設物構造	井戸の位置	井戸の使用状況
①　別途貸与								
①　別途貸与								

公共用水域等	工法区分	材料種類	施工範囲	削孔数量	削孔延長	注入数量	注入圧	備考
①								
①								

注入順序	注入速度	注入圧	ステップ長	材料	ゲルタイム	配合	その他	備考
②								
②								

材料搬入時の管理方法	注入時の管理方法	注入管理・効果の確認方法	備考
③			
③			

産業廃棄物の処理方法	地下埋設物がある場合の防護方法	備考
④	⑤	
④	⑤	

2　周辺環境影響調査	対象 有	対象 無
① 周辺環境への調査が必要な場合は，その内容を明示する。	□	□
② 現場状況等から調査項目が異なった場合は，監督職員に報告し協議する旨を明示する。	□	□

調査項目	採取地点	採取回数（着手前・工事中・工事終了後）	試験依頼先	備考

～～～～は，各発注機関に応じて修正しても良い

11. その他

各項目の○付数字には，条件明示のポイントを記載した。

明 示 事 項			特記該当項目
1　工事用資機材の保管及び仮置きが必要な場合	対象 有	対象 無	
① 資機材の種類，数量，保管・仮置き場所，期間，保管方法等を明示する。	□	□	
② 積み込み，運搬方法等を明示する。	□	□	
③ 機械の分解，組立，運搬がある場合はその回数を明示する。	□	□	
④ 現場状況等から使用条件が異なった場合は，監督職員に報告し協議する旨を明示する。	□	□	

種類	数量	保管・仮置き場所	期間	保管方法	積込・運搬方法	備考

明 示 事 項		
2　工事現場発生品がある場合	対象 有	対象 無
① 品名，数量，再使用の有無，引き渡し場所等を明示する。	□	□
② 品質検査の要否，処理方法，運搬方法等を明示する。	□	□

品名	数量	再使用	引き渡し場所	引き渡し時期	品質検査	運搬方法・費用	備考

明 示 事 項		
3　支給材料及び貸与品がある場合	対象 有	対象 無
① 品名，数量，品質，規格又は性能，引き渡し場所，引き渡し時期等を明示する。	□	□
② 使用目的，有償・無償の別，返納方法，返納場所等を明示する。	□	□
③ 支給材料及び貸与品の修理等がある場合は明示する。	□	□
④ 現場状況等から使用条件が異なった場合は，監督職員に報告し協議する旨を明示する。	□	□

品名	数量	規格・性能	引き渡し場所	使用目的	有償・無償	返納方法・場所	備考

明 示 事 項		
4　関係機関との近接協議	対象 有	対象 無
① 関係機関・自治体等の名称，協議の内容・条件等を明示する。	□	□
② 現場状況等から施工条件が異なった場合は，監督職員に報告し協議する旨を明示する。	□	□

関係機関等の名称	協議内容	対象工種・部分名	期間	備考

明 示 事 項		
5　架設工法を指定する場合	対象 有	対象 無
① 架設の施工方法，施工条件等を明示する。	□	□
② 現場状況等から施工条件が異なった場合は，監督職員に報告し協議する旨を明示する。	□	□

施工方法	施工条件	施工時期	備考

明 示 事 項		
6　工事用電力を指定する場合	対象 有	対象 無
① 工事用電力等を指定する場合は，関係機関との協議の時期・内容・条件等を明示する。	□	□
② 現場状況等から使用条件が異なった場合は，監督職員に報告し協議する旨を明示する。	□	□

供給電力先	協議時期	受給条件	保守点検	電力料	備考

明 示 事 項		
7　新技術・新工法・特許工法を指定する場合	対象 有	対象 無
① 新技術・新工法・特許工法を指定する場合は，その内容を明示する。	□	□
② 現場状況等から施工条件が異なった場合は，監督職員に報告し協議する旨を明示する。	□	□

工法名称	施工場所	採用理由	施工条件	特許所有者・NETIS番号	備考

明示事項	特記該当項目

8　指定部分の引き渡しを行う場合	対象 有	対象 無
① 指定部分の範囲，引き渡し時期を明示する。（図面にて指定部分を明示する）	☐	☐

指定部分	引き渡し時期	備考

9　部分使用を行う場合	対象 有	対象 無
① 使用箇所，使用期間等を明示する。	☐	☐
② 現場状況等から使用条件が異なった場合は，監督職員に報告し協議する旨を明示する。	☐	☐

使用箇所	使用条件	使用期間	備考
No.○○～No.○○	部分完了検査後	○年○月○日以降	

10　給水の必要のある場合	対象 有	対象 無
① 給水の必要のある場合は，関係機関との協議の時期・内容・条件に加え，取水個所，方法等を明示する。	☐	☐
② 現場状況等から給水条件が異なった場合は，監督職員に報告し協議する旨を明示する。	☐	☐

関係機関名	協議時期	取水箇所	取水時期	方法	備考

11　現場の状況等から止むを得ず工事が休止状態となった場合	対象 有	対象 無
① 現場の状況等から，止むを得ず工事が休止状態となった場合は，休止に伴う処置について監督職員と協議の上速やかに「中止命令」等の処置をとる場合がある旨を明示する。	☐	☐

12　特殊材料や特定使用材料がある場合	対象 有	対象 無
① 特殊材料や特定使用材料がある場合は，品質・性能・使用等を明示する。	☐	☐

特殊材料	対象工種	品質・性能	使用条件	備考

13　工事用使用船舶機械がある場合	対象 有	対象 無
① 工事用使用船舶機械の種類，運搬・曳航・回航の有無，回数，運搬距離，工事中一時退避の有無等を明示する。	☐	☐
② 繋船がある場合，日数，対象労務員数等を明示する。	☐	☐

使用船舶の種類	運搬・曳航・回航の有無，回数	運搬距離	一時退避の有無	繋船日数	備考

14　通行料等が必要な場合	対象 有	対象 無
① 通行料等が必要な場合，対象工事，車両種別等を明示する。	☐	☐

対象工種	区間	車両種別	備考

15　工事連携会議の設置が必要な場合	対象 有	対象 無
① 工事連携会議の実施の有無と時期，頻度等について明示する。	☐	☐

工事連携会議実施の有無	時期	頻度	備考

16　資材搬入方法等に制限がある場合	対象 有	対象 無
① 山岳地などで資材の搬入方法等に制限がある場合内容を明示する。	☐	☐

対象工事	場所	方法	備考

17　標準歩掛のない工種があり，歩掛調査を実施する場合	対象 有	対象 無
① 想定歩掛を明示し，歩掛調査を実施し必要に応じて変更の対象とすることを明示する。	☐	☐

対象工種	施工場所	施工条件	備考

18　見積参考資料の明示	対象 有	対象 無
① 参考資料の一つとして見積参考資料を作成し明示する。（ゴム支承材料　等）	☐	☐

明示事項					特記該当項目
19　**工事箇所が点在する工事の積算** ①施工箇所が点在する工事で，箇所毎に間接費を算出する場合に試行積算であることを明示する。			対象 有 ☐	対象 無 ☐	
地区	施工場所			備考	
20　**見積活用型積算方式** ①入札参加希望者に見積を求め，予定価格に反映させる「見積活用型積算方式」の対象の場合に記載する。			対象 有 ☐	対象 無 ☐	
区分	工種	規格		備考	
21　**遠隔地からの建設資材調達に係る設計変更** ①資材調達のために遠隔地からの調達をした場合に設計変更する対象とする場合に資材名と規格，想定する調達地域を記載する。(ひっ迫の恐れがある場合に記載する)			対象 有 ☐	対象 無 ☐	
資材名	規格	調達地域等		備考	
22　**地域外からの労働者確保に要する間接費の設計変更** ①地域外からの労働者確保に要する間接費の設計変更の対象工事とする場合に記載する。			対象 有 ☐	対象 無 ☐	
【被災地関係】					
23　**東日本大震災の復旧・復興事業等における積算方法等に関する試行について** ①被災地（岩手・宮城・福島県内）での工事の場合に対象となることを明示する。			対象 有 ☐	対象 無 ☐	
24　**東日本大震災の被災地で使用する建設機械の機械損料の補正** ①被災地（岩手・宮城・福島県内）での工事の場合に見積参考資料に記載する。			対象 有 ☐	対象 無 ☐	
25　**東日本大震災の被災地で適用する土木工事標準歩掛** ①被災地（岩手・宮城・福島県内）での工事の場合に見積参考資料に記載する。			対象 有 ☐	対象 無 ☐	
【コンクリート二次製品の活用】					
26　**コンクリート構造物において二次製品（プレキャスト）の活用について** ①コンクリート構造物においてコンクリート二次製品の活用検討を行ったか，活用する場合，特記仕様書あるいは参考資料等に載すること。			対象 有 ☐	対象 無 ☐	

〰〰〰〰は，各発注機関に応じて修正しても良い

６．設計変更ガイドライン

国土交通省（各地方整備局）では，平成27年度に，改正品確法の主旨を踏まえ，『設計変更ガイドライン』を一斉に改定した。

主な改定点は，以下の通り。

<H27年度改定の主な内容>

１．「改正品確法の趣旨を記載」について

・改正品確法の基本理念により，受発注者が対等の立場であることを記載し，適切に設計及び工期の変更を行うことを記載

２．「設計変更」について

・設計変更に伴う費用の増減概算額について，受発注者間で認識共有を図るため，契約変更に先立って行う指示書に概算額を明示することを記載

３．「土木工事条件明示の手引き（案）の作成」について

・条件明示の確認に不足が生じないよう受発注者の認識の共有化を図る「土木工事条件明示の手引き（案)」を作成

４．「工事一時中止」について

・工事一時中止についても，設計変更と同様に指示書及び基本計画書に増加概算額を明示することを記載

５．「工事一時中止」について（「工期短縮」について）

・受注者は工期短縮計画書を作成し，受発注者間で協議することを明記

６．「設計照査ガイドラインの作成」について

・受発注者間の照査の解釈の違いを解消するため，照査項目のチェックリストを含んだ「設計照査ガイドライン」を作成

『設計変更ガイドライン』については，各地方整備局のホームページに掲載されている。

（例）関東地方整備局ホームページは以下に掲載。

http://www.ktr.mlit.go.jp/gijyutu/gijyutu00000027.html

※なお，関東地方整備局では，28年５月に工事一時中止に係るガイドライン（案）に時点修正を加えた改定版を掲示しているが，設計変更ガイドラインについては変更はなし。変更点は，上記ホームページに新旧対照表がある。

（出典）国土交通省関東地方整備局：工事請負契約における設計変更ガイドライン（総合版）I
設計変更ガイドライン，平成27年６月

目　次

１．設計変更ガイドライン策定の背景

(1) 土木請負工事の特性

○土木工事では，個別に設計された極めて多岐にわたる目的物を，多種多様な現地の自然条件・環境条件の下で生産されるという特殊性を有している。

○当初積算時に予見できない事態，例えば土質・湧水等の変化に備え，その**前提条件を明示して設計変更の円滑化を工夫する必要がある。**

(2) 発注者・受注者の留意事項

発注者は

設計積算にあたって，平成14年４月22日付通達「条件明示について」に記載されている工事内容に関係する項目については，「６．条件明示」を参考に条件明示するよう努めること。

受注者は

工事の着手にあたって設計図書を照査し，着手時点における疑義を明らかにするとともに，施工中に疑義が生じた場合には，**発注者と「協議」し進めることが重要**である。

工事に必要な関係機関との調整，住民合意，用地確保，法定手続などの進捗状況を踏まえ，現場の実態に即した施工条件（自然条件を含む。）の明示等により，適切に設計図書を作成し，積算内容との整合を図るよう努める。**『発注関係事務の運用に関する指針』p.4抜粋**

(3) 設計変更の現状

～次のような業界からの意見がみられる～

＜設計成果＞
○設計と現場があっていない。現場に即した設計としてほしい。

＜発注時の条件整備＞
○関係機関との協議が整ってから発注してほしい。

＜条件明示＞
○施工上影響がある条件については条件明示をしてほしい。
○施工条件を明示し，施工条件に変更が生じたら適切な設計変更をしてほしい。

＜照査の範囲外＞
○照査の範囲を超える設計変更の業務に対して対価を支払ってほしい。

＜設計変更＞
○設計変更に伴う増加費用として，一体性のある工事であれば，30％を超える増加費用の変更を認めてほしい。

＜一時中止＞
○工事中止時の増加費用を適切に見込んでほしい。

○設計変更：契約変更の手続きの前に当該変更の内容をあらかじめ受注者に指示すること
○契約変更：契約内容に変更の必要が生じた場合，当該受注者との間において，既に締結されている契約内容を変更すること

(4) 適切な設計変更の必要性

改正品確法の基本理念に「請負契約の当事者が対等の立場における合意に基づいて公正な契約を適正な額の請負契約代金で締結」が示されているとともに，「設計図書に適切に施工条件を明示するとともに，必要があると認められたときは適切に設計図書の変更及びこれに伴い必要となる請負代金又は工期の変更を行うこと」が規定されている。

また，変更見込金額が請負代金額の30％を超える場合においても，一体施工の必要性から分離発注できないものについては，適切に設計図書の変更及びこれに伴い必要となる請負代金又は工期の変更を行うこととする。(但し，変更見込金額が請負代金額の30％を超える場合は追加する前に本局報告を行うこと。) この場合において，特に，指示等で実施が決定し，施工が進められているにも関わらず，変更見込金額が請負代金額の30％を超えたことのみをもって設計変更に応じない，も

しくは，設計変更に伴って必要と認められる請負代金の額や工期の変更を行わないことはあってはならない。

⑸　ガイドライン策定の目的

設計変更に係る業務の円滑化を図るためには，発注者と受注者がともに，設計変更が可能なケース・不可能なケース，手続きの流れ等について十分理解しておく必要がある。

⑹　設計変更ガイドラインの契約図書への位置づけ

契約の一事項として扱うこととし，特記仕様書へその旨記載する。

詳細は，p.114参照。

2．設計変更が不可能なケース

【基本事項】

◆下記のような場合においては，原則として設計変更できない。

1．設計図書に条件明示のない事項において，発注者と「協議」を行わず**受注者が独自に判断して施工を実施**した場合
2．発注者と「協議」をしているが，**協議の回答がない時点で施工を実施**した場合
3．**「承諾」で施工**した場合
4．工事請負契約書・土木工事共通仕様書（案）に定められている**所定の手続きを経ていない場合（契約書第18条～24条，共通仕様書　1－1－1－13～1－1－1－15）**
5．**正式な書面によらない事項**（口頭のみの指示・協議等）の場合

※契約書第26条（臨機の措置）については別途考慮する。

承諾：受注者自らの都合により施工方法等について監督職員に同意を得るもの

⇨　***設計変更不可***

協議：発注者と書面により対等な立場で合意して発注者の「指示」によるもの

⇨　***設計変更可能***

3．設計変更が可能なケース

【基本事項】

◆下記のような場合においては設計変更が可能である。

1．仮設（任意仮設を含む）において，条件明示の有無に係わらず**当初発注時点で予期しえなかった土質条件や地下水位等が現地で確認された場合。**
（ただし，所定の手続きが必要。）
2．当初発注時点で想定している工事着手時期に，**受注者の責によらず，工事着手出来ない**

場合。

3．**所定の手続き（「協議等」）を行い，発注者の「指示」**によるもの。

（「協議」の結果として，軽微なものは金額の変更を行わない場合もある。）

4．受注者が行うべき**「設計図書の照査」の範囲を超える作業**を実施する場合。

5．受注者の責によらない工期の延期・短縮を行う場合で協議により必要があると認められるとき。

【留意事項】

◆設計変更にあたっては下記の事項に留意し受注者へ指示する。

1．当初設計の考え方や設計条件を再確認して，設計変更「協議」にあたる。

2．当該事業（工事）での変更の必要性を明確にし，設計変更は契約書第19条にもとづき書面で行う。

（規格の妥当性，変更対応の妥当性（別途発注ではないか）を明確にする。）

3．設計変更に伴う契約変更の手続きは，その必要が生じた都度，遅滞なく行うものとする。

4．指示書へ概算金額の記載を行う。ただし，以下の事項を条件とする。

① 受注者からの協議における変更の場合は，受注者が見積書を提出した場合に，その見積書を参考にして指示書に記載する。

② 受注者からの協議によらず発注者の指示による場合は，概算金額を指示書に記載することとし，記載できない場合にはその理由を記載することとする。

③ 記載する概算金額は，「参考値」であり，契約変更額を拘束するものではない。

④ 概算金額の算出条件を明確にする。

※具体的な記載の運用については次頁に記載する。

■先行指示書等への概算額の記載方法

設計変更を行う為，契約変更に先だって指示を行う場合は，指示書にその内容に伴う増減額の概算額を記載する。ただし，受注者からの協議により変更する場合にあっては，協議時点で受注者から見積書の提出を受けた場合に限る。

ここで記載する概算額は，「参考値」であり，契約変更額を拘束するものではない。

また，緊急的に行う場合または何らかの理由により概算額の算定に時間を要する場合があり，そのような場合は，「後日通知する」ことを添えて指示を行うものとする。

【発注者からの先行指示の場合】

1．発注者から指示を行い，契約変更手続きを行う前に受注者へ作業を行わせる場合は，必ず書面（指示書等）にて指示を行う。
2．指示書には，変更内容による変更見込み概算額を記載することとし，記載できない場合にはその理由を記載する。
3．概算額については，類似する他工事の事例や設計業務等の成果，協会資料などを参考に記載することも可とする。また，記載した概算額の出典や算出条件等について明示する。
4．概算額は，百万円単位を基本（百万円以下の場合は十万円単位）とする。

【受発注者間の協議により変更する指示書の場合】

1．受発注者間の協議に基づき，契約変更手続きを行う前に受注者へ作業を行わせる場合は，必ず書面（指示書等）にて指示を行う。
2．指示書には，変更内容による変更見込み概算額を記載する。
3．概算額の明示にあたっては，協議時点で受注者から見積書の提出があった場合に，その見積書の妥当性を確認し，妥当性が確認された場合は，その見積書の額と，受注者の提示額であることを指示書に記載する。受注者から見積書の提出がない場合は，概算額を記載しない。
4．概算額は，百万円単位を基本（百万円以下の場合は十万円単位）とする。

⑴　**設計図書に誤謬又は脱漏がある場合の手続き**（契約書第18条第１項第二号）<設計変更可能なケース>

○受注者は，信義則上，設計図書が誤っていると思われる点を発注者に確認すべきであり，発注者は，それが本当に誤っている場合には設計図書を訂正する必要がある。また，設計図書に脱漏がある場合には，受注者としては，自分で勝手に補って施工をつづけるのではなく，発注者に確認して，脱漏部分を訂正してもらうべきである。

受注者

「契約書第18条（条件変更等）第１項の二」に基づき，その旨を直ちに監督職員に通知

発注者

発注者は第４項，第５項に基づき，必要に応じて設計図書の訂正・変更(当初積算の考え方に基づく条件明示)

受注者及び発注者は第23条，第24条に基づき，**「協議」により工期及び請負代金額を定める**

ex. ア．条件明示する必要がある場合にも係わらず，土質に関する一切の条件明示がない場合
イ．条件明示する必要がある場合にも係わらず，地下水位に関する一切の条件明示がない場合
ウ．条件明示する必要がある場合にも係わらず，交通整理員についての条件明示がない場合

(2) 設計図書の表示が明確でない場合の手続き（契約書第18条第１項第三号）＜設計変更可能なケース＞

○設計図書の表示が明確でないことは，表示が不十分，不正確，不明確で実際の工事施工にあたってどのように施工してよいか判断がつかない場合などのことである。この場合においても，受注者が勝手に判断して，施工することは不適当である。

受注者		発注者
「契約書第18条（条件変更等）第１項の三」に基づき，条件明示が不明確な旨を直ちに監督職員に通知		発注者は第４項，第５項に基づき，必要に応じて設計図書の訂正・変更（当初積算の考え方に基づく条件明示）

受注者及び発注者は第23条，第24条に基づき，**「協議」により工期及び請負代金額を定める**

ex. ア．土質柱状図は明示されているが，地下水位が不明確な場合
イ．水替工実施の記載はあるが，作業時もしくは常時排水などの運転条件等の明示がない場合

(3) 設計図書に示された自然的又は人為的な施工条件と実際の工事現場が一致しない場合の手続き（契約書第18条第１項第四号）＜設計変更可能なケース＞

○自然的条件とは，例えば，掘削する地山の高さ，埋め立てるべき水面の深さ等の地表面の凹凸等の形状，地質，湧水の有無又は量，地下水の水位，立木等の除去すべき物の有無。また，人為的な施工条件の例としては，地下埋設物，地下工作物，土取（捨）場，工事用道路，通行道路，工事に関係する法令等が挙げられる。

受注者		発注者
「契約書第18条（条件変更等）第1項の四」に基づき，設計図書の条件明示（当初積算の考え）と現地条件とが一致しないことを直ちに監督職員に通知		調査の結果，その事実が確認された場合，発注者は第4項·第5項に基づき，必要に応じて設計図書の訂正・変更

受注者及び発注者は第23条，第24条に基づき，**「協議」により工期及び請負代金額を定める**

ex. ア．設計図書に明示された土質が現地条件と一致しない場合
　イ．設計図書に明示された地下水位が現地条件と一致しない場合
　ウ．設計図書に明示された交通誘導員の人数等が規制図と一致しない場合
　エ．前頁の手続きにより行った設計図書の訂正・変更で，現地条件と一致しない場合
　オ．その他，新たな制約等が発生した場合

(4) **工事中止の場合の手続き**（契約書第20条）<設計変更可能なケース>

○受注者の責に帰することができないものにより工事目的物等に損害を生じ若しくは工事現場の状態が変動したため，受注者が工事を施工できないと認められる場合の手続き
（工事一時中止に係るガイドライン（案）参照）

受注者	発注者
地元調整や予期しない現場条件等のため，受注者が工事を施工することができない	
受注者からの中止事案の確認請求も可。	「契約書第20条(工事の中止)第1項」により，発注者は工事の全部又は一部の施工を原則として**一時中止しなければならない。**
受注者は，土木工事共通仕様書1－1－13 第3項に基づき，**基本計画書を作成し，発注者の承諾を得る。**	発注者より，**一時中止の指示**（契約上一時中止をかけることは発注者の義務）
不承諾の場合は，基本計画書を修正し，再度承諾を得る。	発注者は，現場管理上，**最低限必要な施設・人数等を吟味し**，基本計画書を承諾
基本計画書に基いた施工の実施	承諾した基本計画書に基づき，**施工監督及び設計変更を実施**

ex. ア．設計図書に工事着工時期が定められた場合，その期日までに受注者の責によらず施工できない場合

イ．警察，河川・鉄道管理者等の管理者間協議が未了の場合

ウ．管理者間協議の結果，施工できない期間が設定された場合

エ．受注者の責によらない何らかのトラブル（地元調整等）が生じた場合

オ．設計図書に定められた期日までに詳細設計が未了のため，施工できない場合

カ．予見できない事態が発生した（地中障害物の発見等）場合

キ．工事用地の確保が出来ない等のため工事を施工できない場合

ク．設計図書と実際の施工条件の相違又は設計図書の不備が発見されたため施工を続けることが困難な場合

ケ．埋蔵文化財の発掘又は調査，その他の事由により工事を施工できない場合

⑸ **「設計図書の照査」の範囲をこえるもの**＜設計変更可能なケース＞

1．現地測量の結果，横断図を新たに作成する必要があるもの。又は縦断計画の見直しを伴う横断図の再作成が必要となるもの。

2．施工の段階で判明した推定岩盤線の変更に伴う横断図の再作成が必要となるもの。ただし，当初横断図の推定岩盤線の変更は「設計図書の照査」に含まれる。

3．現地測量の結果，排水路計画を新たに作成する必要があるもの。

4．構造物の位置や計画高さ，延長が変更となり構造計算の再計算が必要となるもの。

5．構造物の載荷高さが変更となり，構造計算の再計算が必要となるもの。

6．現地測量の結果，構造物のタイプが変更となるもの。（標準設計で修正可能なものであっても照査の範囲をこえるものとして扱う）。

7．構造物の構造計算書の計算結果が設計図と違う場合の構造計算の再計算及び図面作成が必要となるもの。

8．基礎杭が試験杭等により変更となる場合の構造計算及び図面作成。

9．土留め等の構造計算において現地条件や施工条件が異なる場合の構計図面作成。

10. 「設計要領」・「各種示方書」等との対比設計。
11. 設計根拠まで遡る見直し，必要とする工費の算出。
12. 舗装修繕工事の縦横断設計（当初の設計図書において縦横断面図が示されており，その修正を行う場合とする。なお，設計図書で縦横断図が示されておらず土木工事共通仕様書「14－４－３　路面切削工」「14－４－５　切削オーバーレイ工」「14－４－６　オーバーレイ工」等に該当し縦横断設計を行うものは設計照査に含まれる）。

（注）　なお，適正な設計図書に基づく数量の算出及び完成図については，受注者の費用負担によるものとする。
　詳細については，「設計照査ガイドライン」を参照。

(6)　受注者からの請求による工期の延長（契約書第21条）<設計変更可能なケース>

○受注者は，天候の不良，関連工事の調整協力，その他受注者の責めに帰すことができない事由により工期内に工事を完成することができない場合は，発注者へその理由を明示した書面により工期延長変更を請求することができる。

受注者

「契約書第21条（受注者の請求による工期の延長）第１項」に基づき，その理由を明示した書面により監督職員に通知

協議

発注者

発注者は第２項に基づき，必要があると認められるときは，工期を延長しなければならない。請負代金についても必要と認められるときは変更を行う。

受注者及び発注者は第23条，第24条に基づき，**「協議」により工期及び請負代金額を定める**

ex. ア．天候不良の日が例年に比べ多いと判断でき，工期の延長が生じた場合
　イ．設計図書に明示された関連工事との調整に変更があり，工期の延長が生じた場合
　ウ．その他受注者の責めに帰することができない事由により工期の延長が生じた場合

(7)　発注者の請求による工期の短縮（契約書第22条）<設計変更可能なケース>

○発注者は，特別な理由により工期を短縮する必要があるときは，工期の短縮変更を受注者に書面にて請求することができる。

受注者

受注者は発注者からの請求に基づき，工期短縮を図るための施工計画を発注者に提出し，承諾を得る。

協議

発注者

発注者は，「契約書第 22 条（発注者の請求による工期の短縮等）第 1 項」に基づき，特別な理由により工期を短縮する必要があるときは，工期の短縮変更を書面により受注者に請求。

受注者及び発注者は第23条，第24条に基づき，**「協議」により工期及び請負代金額を定める**

ex. ア．工事一時中止にともない工期延長が予想され，工期短縮が必要な場合
　イ．関連工事等の影響により，工期短縮が必要な場合
　ウ．その他の事由（地元調整，関係機関調整など）により工期の短縮が必要な場合

4．設計変更手続きフロー

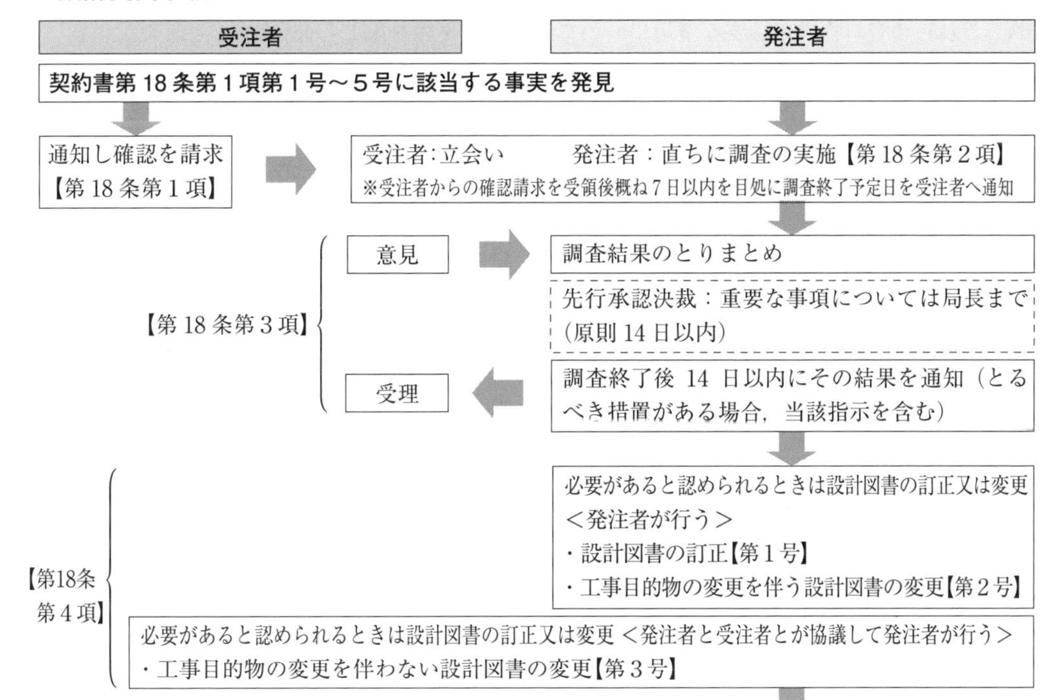

＜設計変更審査会＞
設計変更の妥当性の審議を行う（受発注者の発議により適宜開催）

変更内容・変更根拠の明確化，変更図面，変更数量計算書等の変更設計図書の作成

変更設計決裁：重要な事項については局長まで（原則 14 日以内）

必要があると認められるときは工期若しくは請負代金額を変更【第 18 条第５項】

協議　①工期の変更【第 23 条】　②請負代金額の変更【第 24 条】

５．設計変更に関わる資料の作成

設計変更に関わる資料の作成についての具体的対応方法

１）設計照査に必要な資料作成

受注者は，当初設計等に対して「工事請負契約書」**第18条第１項**に該当する事実が発見された場合，監督職員にその事実が確認できる資料を書面により提出し，確認を求めなければならない。なお，これらの資料作成に必要な費用については契約変更の対象としない。

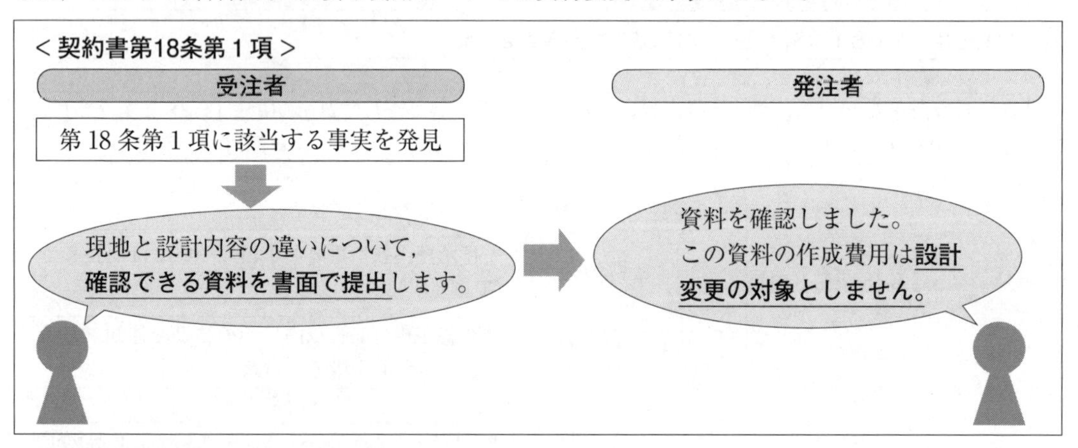

２）設計変更に必要な資料作成

「工事請負契約書」**第18条第１項**に基づき設計変更するために必要な資料の作成については，「工事請負契約書」**第18条第４項**に基づき発注者が行うものであるが，受注者に行わせる場合は，以下の手続きによるものとする。

① 設計照査に基づき設計変更が必要な内容については，受発注者間で確認する。

② 設計変更するために必要な資料の作成について書面により協議し，合意を図った後，発注者が具体的な指示を行うものとする。

③ 発注者は，書面による指示に基づき受注者が設計変更に関わり作成した資料を確認する。
④ 書面による指示に基づいた設計変更に関わる資料の作成業務については，契約変更の対象とする。
⑤ 増加費用の算定は，設計業務等標準積算基準書を基本とする。

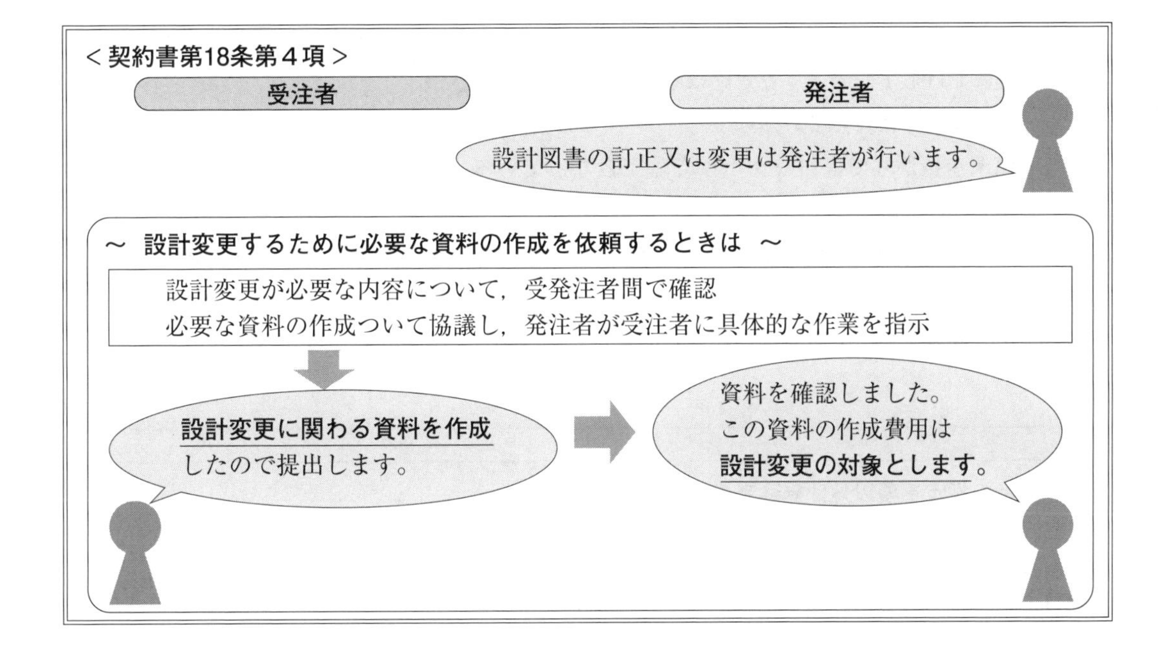

6．条件明示について （略）

（編注）第５章 4．条件明示について 参照

7．指定・任意の使い分け

【基本事項】

指定・任意については，工事請負契約書第１条第３項に定められているとおり，適切に扱う必要がある。

1．任意については，**その仮設，施工方法の一切の手段の選択は受注者の責任で行う。**

2．任意については，その仮設，施工方法に変更があっても**原則として設計変更の対象としない。**

3．ただし，指定・任意ともに**当初積算時の想定と現地条件が異なることによる変更は行う。**

【留意事項】

◆指定・任意の使い分けにおいては下記の事項に留意する。

1．仮設，施工方法等には，指定と任意があり，発注においては，**指定と任意の部分を明確にする**必要がある。

2．発注者（監督者）は，**任意の趣旨を踏まえ，適切な対応**をするように注意が必要。

※任意における下記のような対応は不適切

・○○工法で積算しているので，「○○工法以外での施工は不可」との対応。

・標準歩掛かりではバックホウで施工となっているので，「クラムシェルでの施工は不可」との対応。

・新技術の活用について受注者から申し出があった場合に，「積算上の工法で施工」するよう対応。

ただし，任意であっても，当初積算時の条件と現地条件に変更がある場合は，設計変更を行う。

◎発注者の指定事項以外は受注者の裁量の範囲

■自主施工の原則

契約書第１条第３項により，設計図書に指定されていなければ，工事実施の手段，仮設物等は受注者の裁量の範囲

契約書第１条第３項

仮設，施工方法その他の工事目的物を完成するために必要な一切の手段については，契約書及び設計図書に特別の定めがある場合を除き，受注者がその責任において定める。

【指定と任意の考え方】

	指　定	任　意
設計図書	施工方法等について具体的に指定する	施工方法等について具体的には指定しない
施工方法等の変更	発注者の指示又は承諾が必要	受注者の任意（施工計画書等の修正，提出は必要）
施工方法の変更がある場合の設計変更	設計変更の対象とする	設計変更の対象としない。
条件明示の変更に対応した設計変更	設計変更の対象とする	設計変更の対象とする。

その他	<指定仮設とすべき事項> ・河川堤防と同等の機能を有する仮締切のある場合 ・仮設構造物を一般交通に供する場合 ・関係官公署との協議により制約条件のある場合 ・特許工法又は特殊工法を採用する場合 ・その他，第三者に特に配慮する必要がある場合 ・他工事等に使用するため，工事完成後も存置される必要のある仮設

8．違算防止のための留意事項　（略）

7．工事一時中止に係るガイドライン（案）

（出典）国土交通省：工事一時中止に係るガイドライン（案），平成28年３月

目　　次

1．ガイドライン策定の背景

◆工事発注の基本的考え方

○工事の発注に際しては，地元設計協議，工事用地の確保，占用事業者等協議，関係機関協議を整え，適正な工期を確保し，発注を行うことが基本となる。

◆工事発注の現状

○円滑かつ効率的な事業執行を図るため，工事の発注時期の平準化に努めているところであるが，一部の工事で各種協議や工事用地の確保が未完了な場合においてもやむを得ず条件明示を行い，発注を行っている。

◆現状における課題

○各種協議や工事用地の確保が未完了な状態で発注を行った工事や工事の施工途中で受注者の責に帰することができない事由により施工ができなくなった工事については，工事の一時中止の指示を行わなければならない。

○しかし，一部の工事において一時中止の指示を行っていない工事も見受けられ，受注者の現場管理費等の増加や配置技術者の専任への支障が生じているといった指摘があるところである。

◆ガイドライン（案）の策定

○これらの課題を踏まえ，受発注者が工事一時中止について，適正な対応を行うためにガイドライン（案）を策定するものである。

２．工事の一時中止に係る基本フロー

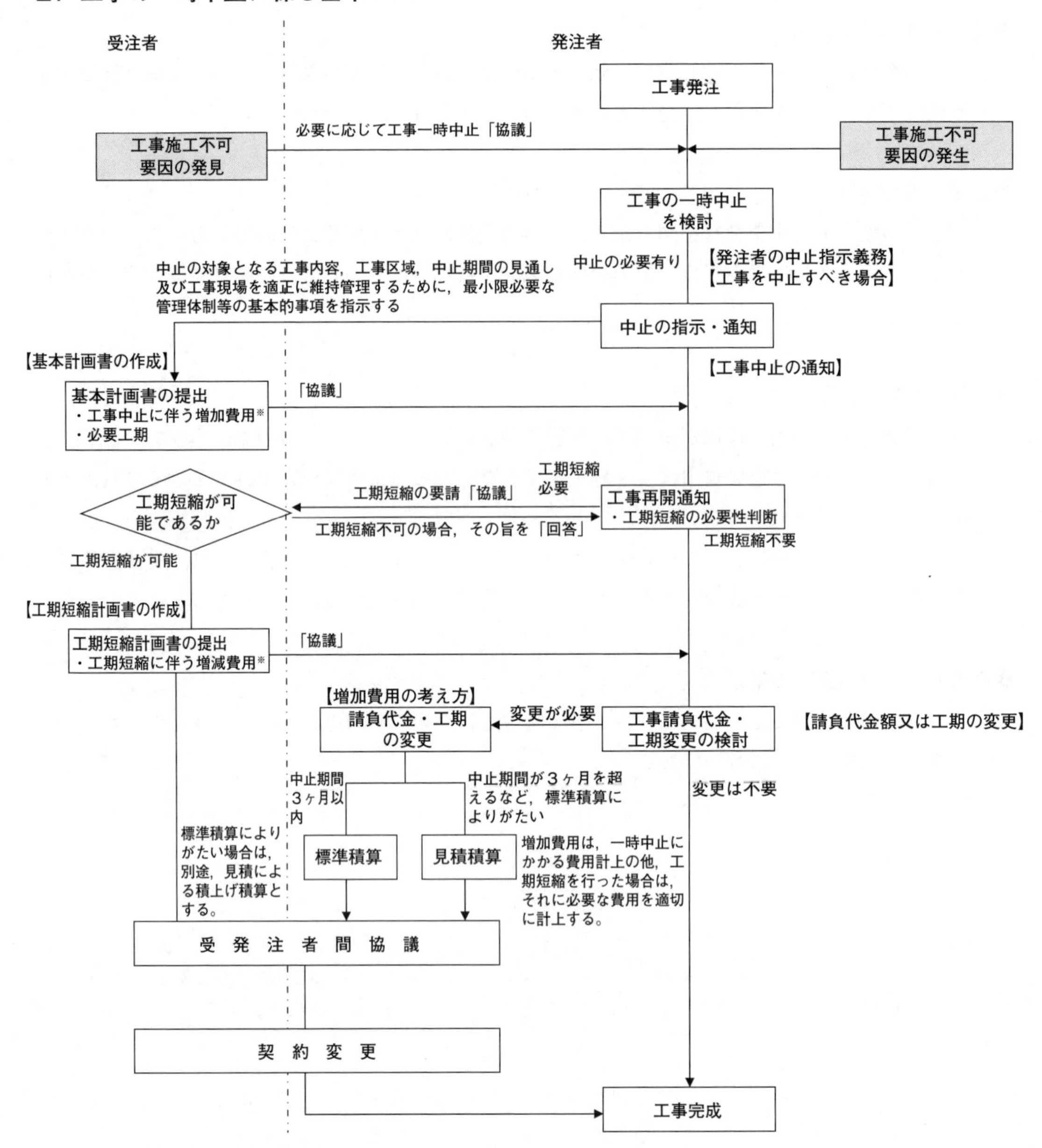

※概算費用は，参考値であり契約時点の費用を拘束するものではない。

3．発注者の中止指示義務

◆受注者の責に帰することができない事由により工事を施工できないと認められる場合には，発注者が工事の全部又は一部の中止を速やかに書面にて命じなければならない。
◇受注者は，工事施工不可要因を発見した場合，速やかに発注者と協議を行う。発注者は，必要があれば速やかに工事中止を指示する。　　【関係法令：契約書第20条】
※以降の一時中止に係る事項については，全部又は一部中止とも同様の考えとする。

◇受注者の帰責事由によらずに工事の施工ができないと認められる場合

◇受注者は，工事を施工する意志があっても施工することができず，工事が中止状態となる

◇このような場合に発注者が工事を中止させなければ，中止に伴い必要とされる工期又は請負代金額の変更は行われず，負担を受注者が負うこととなる

◇工事請負契約書第16条規定する発注者の工事用地等確保の義務，第18条に規定する施工条件の変化等における手続と関連する
◇このことから，発注者及び受注者の十分な理解のもとに適切に運営されることが望まれる

◇発注者は，工事の中止を受注者に命じ，工期又は請負代金額等を適正に確保する必要がある

注）1　工事の一時中止期間における，主任技術者及び監理技術者の取り扱いについては以下のとおり。
・工事を全面的に一時中止している期間は，専任を要しない期間である。
・受注者の責によらない理由により工事中止又は工事内容の変更が発生し，大幅な工期延期※となった場合は，技術者の途中交代が認められる。
【監理技術者制度運用マニュアル：国土交通省総合政策局】
※大幅な工期延期とは，工事請負契約書（受注者の解除権）第48条第1項二を準拠して，「延期期間が当初工期の10分の5（工期の10分の5が6月を超えるときは，6月）を超える場合」を目安とする。

４．工事を中止すべき場合

◆受注者の責に帰すことができない事由により工事を施工できないと認められる場合は，「①工事用地等の確保ができない等のため受注者が工事を施工できないと認められるとき」と「②暴風，豪雨，洪水，高潮，地震，地すべり，落盤，火災，騒乱，暴動その他の自然的又は人為的な事象であって受注者の責に帰すことができないものにより工事目的物等に損害を生じ若しくは工事現場の状態が変動したため受注者が工事を施工できないと認められるとき」の２つが規定されている。　【関係法令：契約書第20条】

◆上記の２つの規定以外にも，発注者が必要があると認めるときは，工事の全部又は一部の施工を一時中止することができる。

※一時中止を指示する場合は，「施工できないと認められる状態」にまで達していることが必要であり，「施工できないと認められる状態」は客観的に認められる場合を意味する。

①工事用地等の確保ができない等のため工事を施工できない場合

○発注者の義務である工事用地等の確保が行われないため（工事請負契約書第16条）施工できない場合

○設計図書と実際の施工条件の相違又は設計図書の不備が発見されたため（工事請負契約書第18条）施工を続けることが不可能な場合……等

②自然的又は人為的な事象のため工事を施工できない場合

○「自然的又は人為的事象」は，埋蔵文化財の発掘又は調査，反対運動等の妨害活動も含まれる。

○「工事現場の状態の変動」は，地形等の物理的な変動だけでなく，妨害活動を行う者による工事現場の占拠や著しい威嚇行為も含まれる

5．中止の指示・通知

◆発注者は，工事を中止するにあたっては，中止対象となる工事の内容，工事区域，中止期間の見通し等の中止内容を受注者に通知しなければならない。　【関係法令：契約書第20条】
また，工事現場を適正に維持管理するために，最小限必要な管理体制等の基本事項を指示することとする。

発注者の中止権

◇発注者は，「必要があると認められる」ときは，任意に工事を中止することができる。
※「必要があると認められる」か否か，中止すべき工事の範囲，中止期間については発注者の判断

◇発注者が工事を中止させることができるのは工事の完成前に限られる。

受注者による中止事案の確認請求

◇受注者は，受注者の責に帰すことができない工事施工不可要因を発見した場合は，工事の中止について発注者と協議することができる。

工事の中止期間

◇受注者は，中止期間が満了したときは，工事を再開することとなるが，通常，中止の通知時点では中止期間が確定的でないことが多い。

◇このような場合，工事中止の原因となっている事案の解決にどのくらい時間を要するか実現可能な計画を立て，工事を再開できる時期を通知する必要がある。

◇そして発注者は，施工一時中止している工事について施工可能と認めたときに工事の再開を指示しなければならない。

◇このことから，中止期間は，一時中止を指示したときから一時中止の事象が終了し，受注者が工事現場に入り作業を開始できると認められる状態になったときまでとなる。

6．基本計画書の作成

◆工事を中止した場合において，受注者は中止期間中の工事現場の維持・管理に関する基本計画書を発注者に提出し協議する。　【土木工事共通仕様書　1－1－1－13】
※実際に施工着手する前の施工計画作成中及び測量等の準備期間中であっても，現場の維持・管理は必要であることから基本計画書を提出し，受発注者間で協議する。

◆基本計画書の作成にあたっては，再開に備えての方策や一時中止に伴い発生する増加費用等について，受発注者間で確認し，双方の認識に相違が生じないようにする。

◆一時中止期間の変更や工事内容の変更など基本計画書の内容に変更が生じる場合受注者は変更計画書を作成し，受発注者間で協議する。

記載内容	管理責任
◇基本計画書作成の目的 ◇中止時点における工事の出来形，職員の体制，労働者数，搬入材料及び建設機械器具等の確認に関すること ◇中止に伴う工事現場の体制の縮小と再開に関すること ◇工事現場の維持・管理に関する基本的事項 ◇工事再開に向けた方策 ◇工事一時中止に伴う増加費用※及び算定根拠 ◇基本計画書に変更が生じた場合の手続き	◇中止した工事現場の管理責任は，受注者に属するものとする。 ◇受注者は，基本計画書において管理責任に係る旨を明らかにする。

※指示時点で想定している中止期間における概算金額を記載する。
一部一時中止の場合には，概算費用の記載は省略できる。

7．工期短縮計画書の作成

◆発注者は一時中止期間の解除にあたり工期短縮行う必要があると判断した場合は，受注者と工期短縮について協議し合意を図る。

◆受注者は，発注者からの協議に基づき，工期短縮を行う場合はその方策に関する工期短縮計画書を作成し，発注者と協議を行う。

◆協議にあたっては，工期短縮に伴う増加費用等について，受発注者間で確認し，双方の認識の相違が生じないようにする。

記載内容	工期の変更
◇工期短縮に必要となる施工計画，安全衛生計画等に関すること ◇短縮に伴う施工体制と短縮期間に関すること ◇工期短縮に伴い，新たに発生する費用について，必要性や数量等の根拠を明確にした増加費用を記載	◇受注者は，発注者からの承諾を受けた工期短縮計画にのっとり施工を実施し，受発注者間で協議した工程の遵守に努める。 ◇工期短縮に伴う増加費用については，工期短縮計画書に基づき設計変更を行う。

8．請負代金額又は工期の変更

◆工事を中止した場合において，「必要があると認められる」ときは，請負代金額又は工期が変更されなければならない。
※「必要があると認められるとき」とは，客観的に認める場合を意味する。

◇中止がごく短期間である場合，中止が部分的で全体工事の施工に影響がない等例外的な場合を除き，請負代金額及び工期の変更を行う。

請負代金額の変更

◇発注者は，工事の施工を中止させた場合に請負代金額の変更では填補し得ない受注者の増加費用，損害を負担しなければならない。
◇増加費用
○工事用地等を確保しなかった場合
○暴風雨の場合など契約の基礎条件の事情変更により生じたもの
◇損害の負担
○発注者に過失がある場合に生じたもの
○事情変更により生じたもの
※増加費用と損害は区別しないものとする

工期の変更

◇工期の変更期間は，原則，工事を中止した期間が妥当である。
◇地震，災害等の場合は，取片付け期間や復興期間に長期を要す場合もある。
◇このことから，取片付け期間や復興に要した期間を含めて工期延期することも可能である。

9．増加費用の考え方

(1)　本工事施工中に中止した場合

■増加費用の範囲

◆増加費用等の適用は，発注者が工事の一時中止（部分中止により工期延期となった場合を含む）を指示し，それに伴う増加費用等について受注者から請求があった場合に適用する。
◆増加費用として積算する範囲は，工事現場の維持に要する費用，工事体制の縮小に要する費用，工事の再開準備に要する費用，中止により工期延期となる場合の費用，工期短縮を行った場合の費用とする。

工事現場の維持に要する費用

◇中止期間中において工事現場を維持し又は工事の続行に備えて機械器具，労務者又は技術職員を保持するために必要とされる費用等

◇中止に係る工事現場の維持等のために必要な受注者の本支店における費用

工事体制の縮小に要する費用

◇中止時点における工事体制から中止した工事現場の維持体制にまで体制を縮小するため，不要となった機械器具，労務者又は技術職員の配置転換に要する費用等

※本工事とは，工事目的物又は仮設に係る工事

工事の再開準備に要する費用

◇工事の再開予告後，工事を再開できる体制にするため，工事現場に再投入される機械器具，労務者，技術職員の転入に要する費用等

中止により工期延期となる場合の費用

◇工期延期となることにより追加で生じる社員等給与，現場事務所費用，材料の保管費用，仮設諸機材の損料等に要する費用等

工期短縮を行った場合の費用

◇工期短縮の要因が発注者に起因する場合，自然条件（災害等含む）に起因する場合の工期短縮に要する費用等

◇工期短縮の要因が受注者に起因する場合は増加費用を見込まないものとする

■**中止に伴う増加費用の算定**

◆増加費用の算定は，受注者が基本計画書に従って実施した結果，必要とされた工事現場の維持等の費用の明細書に基づき，費用の必要性・数量など受発注者間で協議して行う。

◆増加費用の各構成費目は，原則として，中止期間中に要した費目の内容について積算する。再開以降の工事にかかる増加費用は，従来どおり設計変更で処理する。

◆一時中止に伴い発注者が新たに受け取り対象とした材料，直接労務費及び直接経費に係る費用は，該当する工種に追加計上し，設計変更により処理する。

増加費用等の構成

◇中止期間中の現場維持等に要する費用は，工事原価内の間接工事費の中で計上し，一般管理費等の対象とする。

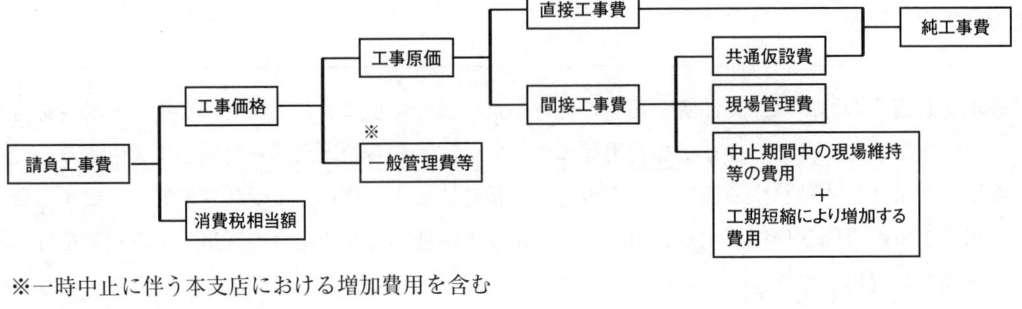

※一時中止に伴う本支店における増加費用を含む

標準積算により算定する場合，中止期間中の現場維持等に関する費用として積算する内容は，積上げ項目及び率項目とする。

積上げ項目

◇直接工事費，仮設費及び事業損失防止施設費における材料費，労務費，水道光熱電力等料金，機械経費で現場維持等に要する費用

○直接工事費に計上された材料（期間要素を考慮した材料）及び仮設費に計上された仮設材等の中止期間中に係る損料額及び補修費用

○直接工事費（仮設費を含む）及び事業損失防止費における項目で現場維持等に要する費用

率で計上する項目

◇運搬費の増加費用

○現場搬入済みの建設機械の工事現場への搬出又は工事現場への再搬入に要する費用

○大型機械類等の現場内小運搬

◇安全費の増加費用

○工事現場の維持に関する費用

※保安施設，保安要員の費用及び火薬庫，火工品庫の保安管理に要する費用

◇役務費の増加費用

○仮設費に係る土地の借り上げ等に要する費用，電力及び用水等の基本料金

◇営繕費の増加費用

○現場事務所，労務者宿舎，監督員詰所及び火薬庫等の営繕損料に要する費用

◇現場管理費の増加費用

○現場維持のために現場へ常駐する社員等従業員給料手当及び労務管理費等に要する費用

注）・標準積算は工事全体の一時中止（主たる工種の部分中止により工期が延期となった場合を含む）に適用し，道路維持工事又は河川維持工事のうち経常的な工事である場合，及び一時中止期間が３ヶ月を超える場合は適用不可

・標準積算によりがたい場合は，別途，見積による積上積算とする。

■増加費用の積算

◆増加費用は，原則，工事目的物又は仮設に係る工事の施工着手後を対象注）に算定することとし，算定方法は下記のとおりとする。

ただし，中止期間３ヶ月※以内は標準積算により算定し，中止期間が３ヶ月を超える場合，道路維持工事又は河川維持工事のうち経常的な工事である場合など，標準積算によりがたい場合は，受注者から増加費用に係る見積を求め，受発注者間で協議を行い増加費用を算定する。

※標準積算の適用範囲は，積算基準策定時に検証したケースが３ヶ月程度までであることから，「中止期間３ヶ月以内」としている。

※見積を求める場合，中止期間全体にかかる見積（例えば中止期間４ヶ月の場合，４ヶ月分の見積）を徴収する。

注）増加費用の算定（請負代金額の変更）は，施工着手後を原則とし，施工着手前の増加費用に関する受発注者間のトラブルを回避するため，契約図書に適切な条件明示（用地確保の状況，関係機関との協議状況など，工事着手に関する条件）を行うとともに，施工計画打合せ時に，現場事務所の設置時期などを確認し，十分な調整を行うこと。

工事一時中止に伴う積算方法（標準積算による場合）

◇中止期間中の現場維持等の費用（単位：円　1,000円未満切り捨て）

$G = dg \times J + \alpha$

dg：一時中止に係る現場経費率（単位：％　少数第４位四捨五入３位止め）

J：対象額（一時中止時点の契約上の純工事費）（単位：円　1,000円未満切り捨て）

α：積上げ費用（単位：円 1,000円未満切り捨て）

一時中止に係る現場経費率（dg）

$dg = A\ \{(J / (a \times J^{b} + N))^{B} - (J / (a \times J^{b}))^{B}\} + (N \times R \times 100) / J$

N：一時中止日数（日）ただし，部分中止の場合は，部分中止に伴う工期延期日数

R：公共工事設計労務単価（土木一般世話役），A・B・a・b：各工種毎に決まる係数（別表－１）

◇土木工事標準積算基準書における入力項目

○J：一時中止時点の契約上の純工事費　○N：一時中止日数　○α：積上げ費用

別表－１

<table>
<tr><th rowspan="2" colspan="2">工種区分</th><th colspan="3">係数A</th><th rowspan="2">係数B</th><th rowspan="2">係数a</th><th rowspan="2">係数b</th></tr>
<tr><th>地方部（一般交通等の影響なし）</th><th>地方部（一般交通等影響有）山間僻地離島</th><th>市街地（DID地区・準ずる地区）</th></tr>
<tr><td colspan="2">河川工事</td><td>739.2</td><td>781.0</td><td>807.6</td><td>－0.2636</td><td>0.3687</td><td>0.3311</td></tr>
<tr><td colspan="2">河川・道路構造物工事</td><td>180.4</td><td>190.6</td><td>197.2</td><td>－0.1562</td><td>0.8251</td><td>0.3075</td></tr>
<tr><td colspan="2">海岸工事</td><td>105.5</td><td>111.4</td><td>115.2</td><td>－0.1120</td><td>1.6285</td><td>0.2498</td></tr>
<tr><td colspan="2">道路改良工事</td><td>339.5</td><td>358.7</td><td>370.9</td><td>－0.1935</td><td>0.4461</td><td>0.3348</td></tr>
<tr><td colspan="2">鋼橋架設工事</td><td>550.3</td><td>581.5</td><td>601.3</td><td>－0.2612</td><td>0.0717</td><td>0.4607</td></tr>
<tr><td colspan="2">PC橋工事</td><td>476.3</td><td>503.2</td><td>520.4</td><td>－0.2330</td><td>0.8742</td><td>0.3058</td></tr>
<tr><td colspan="2">橋梁保全工事</td><td>180.4</td><td>190.6</td><td>197.2</td><td>－0.1562</td><td>0.8251</td><td>0.3075</td></tr>
<tr><td colspan="2">舗装工事</td><td>453.4</td><td>479.0</td><td>495.4</td><td>－0.2108</td><td>0.0761</td><td>0.4226</td></tr>
<tr><td rowspan="2">共同溝等工事</td><td>(1)</td><td>209.6</td><td>221.5</td><td>229.1</td><td>－0.1448</td><td>0.1529</td><td>0.4058</td></tr>
<tr><td>(2)</td><td>154.8</td><td>163.6</td><td>169.1</td><td>－0.1153</td><td>0.3726</td><td>0.3559</td></tr>
<tr><td colspan="2">トンネル工事</td><td>293.8</td><td>310.3</td><td>321.0</td><td>－0.1718</td><td>0.0973</td><td>0.4252</td></tr>
<tr><td colspan="2">砂防・地すべり等工事</td><td>151.0</td><td>159.5</td><td>164.9</td><td>－0.1379</td><td>0.4267</td><td>0.3357</td></tr>
<tr><td colspan="2">道路維持工事</td><td>96.0</td><td>101.4</td><td>104.9</td><td>－0.0926</td><td>0.1699</td><td>0.3933</td></tr>
<tr><td colspan="2">河川維持工事</td><td>439.2</td><td>464.0</td><td>479.9</td><td>－0.2138</td><td>0.0144</td><td>0.5544</td></tr>
<tr><td rowspan="3">下水道工事</td><td>(1)</td><td>437.5</td><td>462.4</td><td>478.1</td><td>－0.2054</td><td>0.0812</td><td>0.4356</td></tr>
<tr><td>(2)</td><td>135.2</td><td>142.9</td><td>147.8</td><td>－0.1089</td><td>0.2598</td><td>0.3771</td></tr>
<tr><td>(3)</td><td>106.4</td><td>112.6</td><td>116.3</td><td>－0.1078</td><td>0.5988</td><td>0.3258</td></tr>
<tr><td colspan="2">公園工事</td><td>244.3</td><td>258.1</td><td>267.0</td><td>－0.1733</td><td>0.2026</td><td>0.3740</td></tr>
<tr><td colspan="2">コンクリートダム工事</td><td>351.8</td><td>371.8</td><td>384.5</td><td>－0.1793</td><td>11.6225</td><td>0.1998</td></tr>
<tr><td colspan="2">フィルダム工事</td><td>508.1</td><td>536.9</td><td>555.1</td><td>－0.2055</td><td>0.0617</td><td>0.4440</td></tr>
<tr><td colspan="2">電線共同溝工事</td><td>256.9</td><td>271.4</td><td>280.8</td><td>－0.1615</td><td>8.1264</td><td>0.1740</td></tr>
</table>

※地域補正：地方部（一般交通等の影響なし）
地方部（一般交通等の影響有），山間僻地離島
市街地（DID地区・準ずる地区）

(2) 工期短縮を行った場合（当初設計から施工条件の変更がない場合）

■増加費用の考え方

①工期短縮の要因が発注者に起因するもの…………………………………【増加費用を見込む】
ex.・工種を追加したが工期延期せず当初工期のままとした場合
②工期短縮の要因が受注者に起因するもの……………………………【増加費用は見込まない】
ex.・工程の段取りにミスがあり，当初工程を短縮せざるを得ない場合
③工期短縮の要因が自然条件（災害等含む）に起因するもの……………【増加費用を見込む】
ex.・想定以上の悪天候により，当初予定の作業日数の確保が見込めず工期延期が必要であるが，何らかの事情により，工期延期ができない場合
・自然災害で被災※を受け，一時作業ができなくなったが，工期延期をせず，当初工期のまま施工する場合
※災害による損害については，工事請負契約書第29条（不可抗力による損害）に基づき対応

■増加費用を見込む場合の主な項目の事例

◇当初昼間施工であったが，工種追加により夜間施工を追加した場合は，夜間施工の手間に要する費用。
◇パーティー数を増加せざるを得ず，建設機械等の台数を増加させた場合に要する費用。
◇その他，必要と思われる費用。
※増加費用の内訳については，発注者と受注者で協議を行うものとする。

(3) 契約後準備工着手前に中止した場合

◆契約後準備工着手前とは，契約締結後で，現場事務所・工事看板が未設置，材料等が未搬入の状態で測量等の準備工に着手するまでの期間をいう。
◆発注者は，上記の期間中に，準備工又は本工事の施工に着手することが不可能と判断した場合は，工事の一時中止を受注者に通知する。

当初契約工期

契約締結

施工計画作成期間	準備工期間	本工事施工期間	後片付け期間

変更契約工期

契約締結

施工計画作成期間	中止期間	準備工期間	本工事施工期間	後片付け期間

◇**基本計画書の作成**
○工事請負契約書の工事用地の確保等第16条2項に「受注者は，確保された工事用地等を善良な管理者の注意をもって管理しなければならない」とある。
○このことから，受注者は必要に応じて，「工事現場の維持・管理に関する基本的事項」を記載した基本計画書を発注者に提出し，承諾を得る。
◇**増加費用**
○一時中止に伴う増加費用は計上しない。

(4) 準備工期間に中止した場合

◆準備工期間とは，契約締結後で，現場事務所・工事看板を設置し，測量等の本工事施工前の準備期間をいう。
◆発注者は，上記の期間中に，本体工事に着手することが不可能と判断した場合は，工事の一時中止を受注者に通知する。

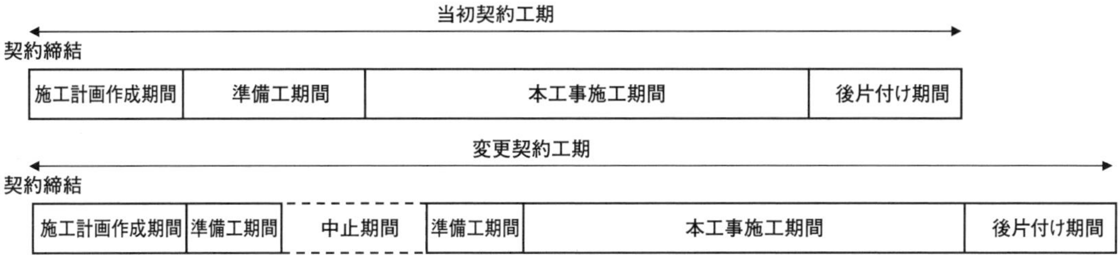

当初契約工期

契約締結

施工計画作成期間	準備工期間	本工事施工期間	後片付け期間

変更契約工期

契約締結

施工計画作成期間	準備工期間	中止期間	準備工期間	本工事施工期間	後片付け期間

◇基本計画書の作成

○受注者は，「工事現場の維持・管理に関する基本的事項」を記載した基本計画書に必要に応じて概算費用を記載※した上で，その内容について発注者と協議し同意を得る。

※概算費用は，請求する場合のみ記載する。
※概算費用は，参考値であり契約時点の費用を拘束するものではない。

◇増加費用

○増加費用の適用は，受注者から請求があった場合に適用する。
○増加費用は，安全費（工事看板の損料），営繕費（現場事務所の維持費，土地の借地料）及び現場管理費（監理技術者もしくは主任技術者，現場代理人等の現場従業員手当）等が想定される。
○増加費用の算定は，受注者が「基本計画書」に基づき実施した結果，必要とされた工事現場の維持等の費用の「明細書」に基づき，費用の必要性・数量など受発注者が協議して決定する。（積算は受注者から見積を求め行う。）

10. 増加費用の設計書及び事務処理上の扱い

■増加費用の設計書における取扱い

◆増加費用は，中止した工事の設計書の中に「中止期間中の現場維持等の費用」として原契約の請負工事費とは別計上する。
◆ただし，設計書上では，原契約に係る請負工事費と増し分費用の合算額を請負工事費とみなす。

■増加費用の事務処理上の取扱い

◆増加費用は，原契約と同一の予算費目をもって，設計変更の例にならい，更改契約するものとする。
◆増加費用は，受注者の請求があった場合に負担する
◆増加費用の積算は，工事再開後速やかに受発注者が協議して行う。

参考資料

■工事請負契約書（略）
■増加費用の費目と内容（略）

■工事の一時中止に係る手続様式（参考様式）

（参考様式）

様式－１

平成　　年　　月　　日

契約担当官等　　殿

総括（主任）監督員 印

請負工事の一時中止について

工事名
請負者
工　期　　平成　　年　　月　　日から平成　　年　　月　　日
施行中の標記工事について、下記のとおり工事の一時中止について通知されるよう上申します。

記

・　一時中止を必要とする理由
・　一時中止の内容
（１）中止する工事の工種等
（２）中止する工事区域
（３）一時中止の期間
（４）中止期間中における工事現場の維持管理等（別紙－１のとおり）

別紙－１

一時中止期間中における工事現場の維持、管理等の基本的事項

1　（維持、管理等について、詳細に記述する。）

6-106

（参考様式）

様式－2

平成　年　月　日

請　負　者　殿

契約担当官等印

請負工事の一時中止について

工事名
工　期　平成　年　月　日から平成　年　月　日
平成　年　月　日付け契約第　　号で契約した標記工事は下記により工事を中止されるよう、契約書第２０条第２項の規定により通知します。

記

・　一時中止を必要とする理由
・　一時中止の内容
（１）中止する工事の工種等
（２）中止する工事区域
（３）一時中止の期間
（４）管理体制等の基本的事項
　中止期間中における工事現場の維持管理を別紙－１により行うこと。
（５）基本計画書の提出
　中止期間中の維持管理に関する基本計画書を様式－３により甲に提出し承諾を得ること。
（6）中止に関わる概算費用
＜中止期間が３ヶ月以内の場合＞　「参考値」○○○円
※概算費用は、参考値であり契約時点の費用を拘束するものではない。
指示時点で想定している中止期間における概算金額を記載する。
一部一時中止の場合には、概算費用の記載は省略できる。
（土木工事標準積算基準書の計算方法により算出）
＜中止期間が３ヶ月を超える場合＞
監督職員が承諾した基本計画書に基づき、実費精算を行う。

別紙－１

一時中止期間中における工事現場の維持、管理等の基本的事項

1　（維持、管理等について、詳細に記述する。）

（参考様式）

様式－3

平成　年　月　日

契約担当官等　殿

請　負　者　印

工事一時中止に伴う工事現場の維持、管理等に関する基本計画書について

工　事　名

平成　年　月　日付けで工事一時中止の通知があった標記工事について、別紙のとおり基本計画を提出します。

別　紙

基 本 計 画 書

1　中止時点における内容

（1）中止する工種の出来高

（2）職員の体制

（3）労務者数

（4）搬入材料

（5）建設機械器具等

2　中止に伴う工事現場の体制の縮小と再開に関すること。

3　中止期間中の工事現場の維持、管理に関すること。

4　中止した工事現場の管理責任に関すること。

（参考様式）

様式－4

平成　　年　　月　　日

請　負　者　殿

契約担当官等　印

一時中止中の請負工事の再開について

工　事　名
中止期間　　平成　　年　　月　　日から平成　　年　　月　　日

平成　年　月　日付けの通知の標記工事は、平成　年　月　日より再開されるよう通知します。

（参考様式）

様式－5

平成　　年　　月　　日

契約担当官　　殿

請　負　者　印

○○工事に係る一時中止に伴う請負代金額の変更について

現在当社で施工中の○○工事の一時中止に伴う請負代金額の変更について、工事請負契約書第２０条により下記のとおり協議いたします。

記

協議額　　￥　○○○

上記のとおり提出されたので報告する。

平成　年　月　日

総括監督員　印

（参考様式）

様式－6

平成　　年　　月　　日

請　負　者　殿

契約担当官等　印

○○工事に係る請負代金額の変更について（協議）

標記について貴社より平成　年　月　日付けで提出の工事請負契約書第２０条に基づく工事の一時中止に伴う請負代金額変更協議については、当局において細部について検討した結果、下記のとおりその金額を算定したので協議します。

なお、この金額に依存がない場合には、下記に押印のうえ返送願います。

記

1　工事名

2　協議金額

3　貴社要求金額

上記金額について承諾しました。

平成　　年　　月　　日

契 約 担 当 官 等　殿

請 負 者 印

8．工事一時中止に伴う増加費用の取扱いについて

（出典）国土交通省関東地方整備局：工事請負契約における設計変更ガイドライン（総合版）Ⅱ－２ 工事一時中止に伴う増加費用の取扱いについて（案），平成28年５月

目　次

1．工事一時中止に係るガイドライン（案）について

工事一時中止に係るガイドラインについて

1．工事一時中止に係るガイドライン（案）は，平成20年３月26日付けで大臣官房技術調査課より通知されている。

2．ガイドラインの内容については，土木工事標準積算基準書に基づいており，昭和57年３月29日付け　建設省官技発第116号「工事の一時中止に伴う増加費用等の積算上の取扱いについて」をとりまとめたもの。

関東地整HP上の掲載場所
http://www.ktr.mlit.go.jp/gijyutu/gijyutu00000027.html
「関東地方整備局TOPの右上タブメニュー『技術情報』」
「技術情報」→「設計変更・工事一時中止」

設計変更・工事一時中止
工事請負契約における設計変更ガイドライン(総合版)
工事請負契約における設計変更ガイドライン(総合版)平成28年5月[PDF:3256KB]
工事請負契約書第25条スライド条項
様々な積算

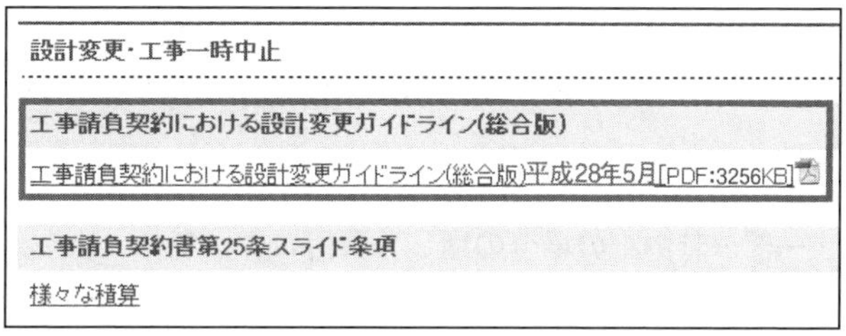

3．本ガイドラインについては，「工事請負契約における設計変更ガイドライン（総合版）平成28年５月」として関東地整 HP で公開しています。

増加費用に関する基本事項

対象工事 （S 57.3.29本省通達）	発注者が，契約書20条の３項の負担額を負担する工事は下記条件を満たす工事とする。 ○予測し難い理由により中止した工事 ○施工途中にある工事の主要部分を長期にわたって（指示した期間）中止した工事 ○著しい増し分費用が生じた工事
増加費用として積算する範囲 （ガイドライン p.40）	○工事現場の維持に要する費用 ○工事体制の縮小に要する費用 ○工事の再開準備に要する費用 ○中止により工期延期となる場合の費用 ○工期短縮を行った場合の費用
増加費用の算定 （ガイドライン p.42）	○増加費用の算定は，受注者が基本計画書に従って実施した結果，必要とされた工事現場の維持等の費用の明細書に基づき，費用の必要性・数量など発注者と受注者が協議して行う。 ○各構成費目は，原則として中止期間中に要した費用の内容について積算する。 ※再開以降の工事にかかる増加費用は従来どおり設計変更で処理する。

2．工事一時中止の区分

全部中止と一部一時中止の違い

「一時中止」と「一部一時中止」

工事請負契約書（第20条）では，工事用地等の確保ができない等のため又は暴風，豪雨等，自然的又は人為的な事象であって，受注者の責に帰すことができないものにより，受注者が工事を施工

できないと認められるときは，発注者は，工事の中止内容を直ちに受注者に通知することとされている。

工事の一時中止には，①工事の全部を中止する場合（一時中止），②工事の一部を中止する場合（一部一時中止）があり，契約上の取扱いや，増加費用の計上方法が異なる。

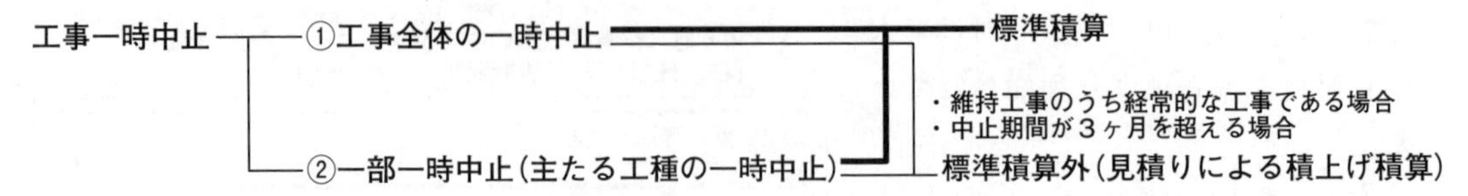

一部一時中止の場合の増し分費用について

中止がごく短期間である場合，中止が部分的で全体工事の施工に影響がない等例外的な場合を除き，請負金額及び工期の変更を行う。（主たる工種は工事費構成比率が最大の工種のみを指すものではない）

	一時中止 （工事全体の中止）	一部一時中止 （主たる工種の中止）
中止の範囲	工事範囲全体	工事範囲において工事が施工できない部分（中止の通知の際に図面に中止箇所を図示）
技術者の専任	工事を全面的に一時中止している期間は専任を要しない	工事施工期間は専任が必要
契約解除できる時期（契約書第48条）	中止期間が工期の10分の５を超えるとき。（工期の10分の５が６ヶ月を超えるときは６ヶ月）	中止部分を除いた他の部分の工事が完了した後３月を経過しても，なおその中止が解除されないとき
工期変更	原則として，中止期間分を工期延期することが考えられる	一部一時中止に伴う影響期間について工期延期する
増加費用の算定方法	中止期間が３ヶ月以内の場合は標準積算（率式）による G = dg × J + α dg：一時中止に係る現場経費率（単位：％　少数第４位四捨五入３位止め） J：対象額（一時中止時点の契約上の純工事費）（単位：円　1,000円未満切り捨て） α：積上げ費用（単位：円　1,000円未満切り捨て） 一時中止に係る現場経費率（dg） dg = A｛(J／(a × J^b + N))^B − (J／(a × J^b))^B｝+｛(N × R ×100)／J｝ N：一時中止日数 R：公共工事設計労務単価（土木一般世話役） A・B・a・b：各工種毎に決まる係数	
	Nは一時中止日数	Nは一部一時中止に伴う工期延期日数

3．全体中止と部分中止の積算内容の違い

算定方法の違い

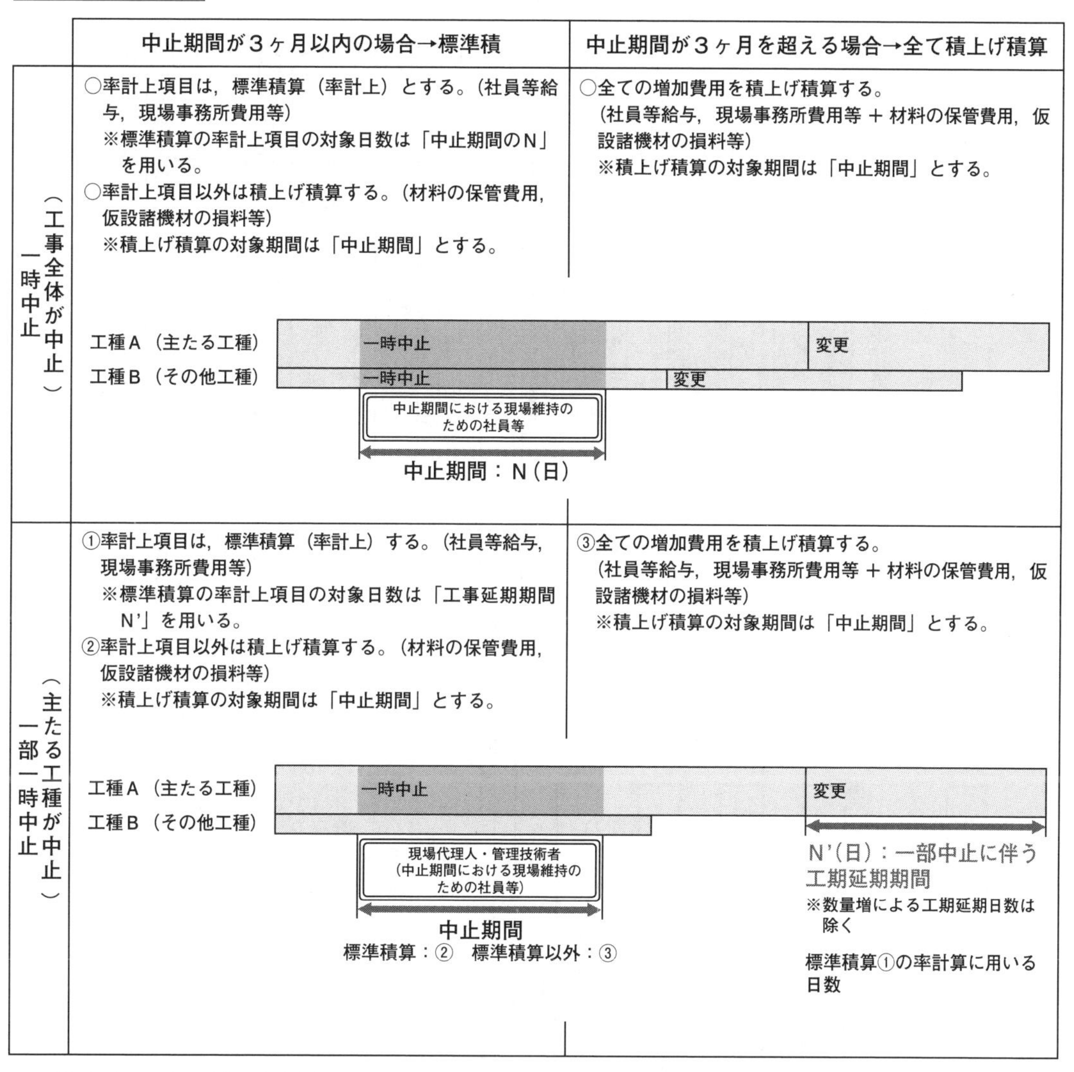

	中止期間が３ヶ月以内の場合→標準積	中止期間が３ヶ月を超える場合→全て積上げ積算
一時中止（工事全体が中止）	○率計上項目は，標準積算（率計上）とする。（社員等給与，現場事務所費用等） ※標準積算の率計上項目の対象日数は「中止期間のN」を用いる。 ○率計上項目以外は積上げ積算する。（材料の保管費用，仮設諸機材の損料等） ※積上げ積算の対象期間は「中止期間」とする。	○全ての増加費用を積上げ積算する。 （社員等給与，現場事務所費用等 ＋ 材料の保管費用，仮設諸機材の損料等） ※積上げ積算の対象期間は「中止期間」とする。
一部一時中止（主たる工種が中止）	①率計上項目は，標準積算（率計上）する。（社員等給与，現場事務所費用等） ※標準積算の率計上項目の対象日数は「工事延期期間N'」を用いる。 ②率計上項目以外は積上げ積算する。（材料の保管費用，仮設諸機材の損料等） ※積上げ積算の対象期間は「中止期間」とする。	③全ての増加費用を積上げ積算する。 （社員等給与，現場事務所費用等 ＋ 材料の保管費用，仮設諸機材の損料等） ※積上げ積算の対象期間は「中止期間」とする。

※工期延期により工期が出水期にかかってしまった場合：出水期間における現場維持等に必要な費用（仮設費用，運搬費用，現場巡視等）は設計変更により計上する。

4．請求の流れ及び適用範囲

工事一時中止の増し分費用について

★は留意事項

工事中止の通知・指示（発注者→受注者）

発注者は，中止の対象となる工事内容，工事区域，中止期間の見通し等の中止内容を通知する。また，工事現場を適正に維持管理するために，最小限必要な管理体制等の基本的事項を指示する。

★「中止の時期」の確認
★中止期間の見通しの確認　　→特に常駐させる技術者等の取扱いに留意

↓

基本計画書の提出・承諾（受注者→発注者）

★実施内容を明記（→積算に反映される）
★管理責任の所在を明記

↓

基本計画書に基づく工事現場の維持・管理（受注者が実施）

★実施内容の証明（増加費用の明細書，作業報告等）

↓

工事再開の通知（発注者→受注者）

★中止期間の確定（部分中止の場合は，部分中止に伴う工期延期日数）
★増し分費用の協議

↓

工事請負代金・工期変更の請求（受注者→発注者）

★増加費用の適用は受注者からの請求があった場合に適用

<table>
<tr><th colspan="2" rowspan="2"></th><th colspan="3">中止の時期</th></tr>
<tr><th>契約後準備工着手前
契約締結後で，現場事務所・工事看板が未設置，材料等が未手配の状態で測量等の準備工に着手するまでの期間</th><th>準備工期間
現場事務所・工事看板を設置し，測量等の本工事前の準備期間</th><th>本工事施工中</th></tr>
<tr><td rowspan="2">中止期間</td><td>～3ヶ月以内</td><td rowspan="2">増加費用は計上しない。

※全部中止の場合は技術者の専任の解除

※中止期間が工期の1/2（6ヶ月）を超えた場合等は契約の解除権が発生</td><td rowspan="2">積上げ積算

※右表項目について費用の明細書に基づき受発注者協議

【積算例】
○安全費
・工事看板損料
○営繕費
・現場事務所の維持費
・土地の借地料
○現場管理費
・現場従業員手当
等が想定される</td><td>標準積算（増加費用G＝dg× J ＋ α）または積上げ積算

率（dg）×対象額（J）で計上
dg：一時中止に係る現場経費率
J：中止時点の純工事費
注1）全部中止の場合に適用（主たる工種の部分中止により工期延期になった場合を含む）
注2）経常的な維持工事等は全て積上げ

α：積上げ積算
※右表項目（率分除く）について費用の明細書に基づき受発注者協議</td></tr>
<tr><td>3ヶ月を超える</td><td>積上げ積算

※右表項目について費用の明細書に基づき受発注者協議</td></tr>
</table>

※増加費用の算定は，受注者が作成する「基本計画書」に従って実施した結果，実際に要した工事現場の維持費用の「明細書」に基づき，官積算をするものとする。
なお，費用の必要性・数量などは発注者・受注者が協議して決定するものとする。

増加費用の範囲

（1）現場維持に要する費用
　イ．工事現場の維持に要する費用　　ニ．中止により工期延期となる場合の費用
　ロ．工事体制の縮小に要する費用　　ホ．工期短縮を行った場合の費用
　ハ．工事の再開・準備に要する費用
（2）本支店における増加費用……一般管理費として率計上される

中止期間中の現場維持等に要する費用

（網掛け）は，本工事施工中において３ヶ月以内の一時中止の場合の率計上項目

※H4.3.19「工事の一時中止に伴う増加費用等の積算上の取扱いについて」より抜粋

費目	内容
イ 材料費	① 材料の保管費用
	② 他の工事現場へ転用する材料の運搬費
	③ 直接工事費に計上された材料の損料等
ロ 労務費	① 工事現場の維持等に必要な労務費 中止後の労務費は，トンネル，潜函等を除き，原則として計上しない。
	② 他職種に転用した場合の労務費差額
ハ 水道光熱電力等料金	現場に設置済の施設を維持等のために指示あるいは協議により中止期間中稼働させるために要する水道光熱電力等費用
ニ 機械経費	① 工事現場に存置する機械の存置費用，運転費用
ホ 運搬費	① 工事現場外への搬出又は工事現場への再搬入に要する費用
	② 大型機械類等の現場内運搬
ヘ 準備費	通常の準備作業を超える跡かたづけ，再開準備に要する費用で指示あるいは協議により必要と認めたものは，別途積上げにより計上する
ト 仮設費	① 仮設諸機材の損料
	② 新たに必要となった工事現場の維持等に要する費用
チ 事業損失防止施設費	仮設費に準じて積算した費用
リ 安全費	① 既存の安全設備に係る費用
	② 新たな工事現場の維持等に要する安全費
ヌ 役務費	① プラント敷地，材料置場等の敷地の借上げ料
	② 電力・水道等の基本料
ル 技術管理費	原則として増し分費用は計上しない。
ヲ 営繕費	現場に設置済の営繕施設のうち元設計に計上されたものと同等と認められる営繕施設の中止期間に係る維持費，補修費及び損料額　等
ワ 労務者輸送費	元設計が，営繕費，労務者輸送費を区分して積算している場合において，受発注者協議により認められた労務者を一括通勤させる場合の通勤費用
カ 社員等従業員給料手当	中止期間中の工事現場の維持等のために，受発注者協議により定めた費用
ヨ 労務管理費	① 他の工事現場へ転出入する労務者の転出入に要する費用
	② 解雇・休業手当を払う場合の費用
タ 地代	現場管理費の内，営繕費に係る敷地の借上げに要する費用等として現場管理費率の中に計上されている地代の中止期間中の費用
レ 福利厚生費等	現場管理費の内，現場従業員に係る退職金，法定福利費，福利厚生費，通信交通費として現場管理費率の中に計上されている費用の中止期間中の費用

5．工事一時中止に伴う積算方法（標準積算による場合）

◆中止期間中の現場維持等の費用（単位：円　1000円未満切り捨て）

$G = dg \times J + \alpha$

dg：一時中止に係る現場経費率（単位：％　少数第４位四捨五入３位止め）

J：対象額（一時中止時点の契約上の純工事費）（単位：円　1000円未満切り捨て）

α：積み上げ費用（単位：円　1000円未満切り捨て）

dg＝A｛(J／(a × J^b ＋ N))^B − (J／(a × J^b))^B｝＋｛(N × R × 100)／J｝

N：一時中止日数（日）ただし，部分中止の場合は，部分中止に伴う工期延期日数

R：公共工事設計労務単価（土木一般世話役）

A・B・a・b：各工種毎に決まる係数（別表ー１）

河川・道路構造物　　　（地方部（一般交通等の影響なし））

A＝　180.4

B＝　−0.1562

a＝　0.8251

b＝　0.3075

J＝	1,000,000,000	一時中止時点の契約上の純工事費
N＝	90	一時中止日数
R＝	23,000	公共工事設計労務単価（土木一般世話役）（例：東京）
α＝	0	積み上げ費用

dg＝A｛(J／(a × J^b ＋ N))^B − (J／(a × J^b))^B｝＋｛(N × R × 100)／J｝

dg＝0.710240909　　少数第４位四捨五入

0.710％　３位止め

$G = dg \times J + \alpha$

G＝7,100,000

7,100,000　1000円未満切り捨て

中止90日，積み上げ分０円の場合の
“G（中止期間中の現場維持等の費用）”

純工事費	dg	G
100,000,000	3.297	3,297,000
300,000,000	1.496	4,488,000
500,000,000	1.075	5,375,000
1,000,000,000	0.710	7,100,000

6．工事一時中止に伴う増加費用等の積み上げ例（3ヶ月超える場合）

工　事　名：○○○電線共同溝工事

当 初 工 期：平成○○年○○月○○日～平成○○年○○月○○日（○○○日間）

当初契約金額：￥○○○，○○○，○○○‐

一時中止内容：現地調査の結果，特殊部・管路の施工不能箇所の調整及び支障物件移設等に占用企業との調整に時間を要するため工事を一時中止する

一時中止期間：平成○○年○○月○○日～平成○○年○○月○○日（○○○日間）

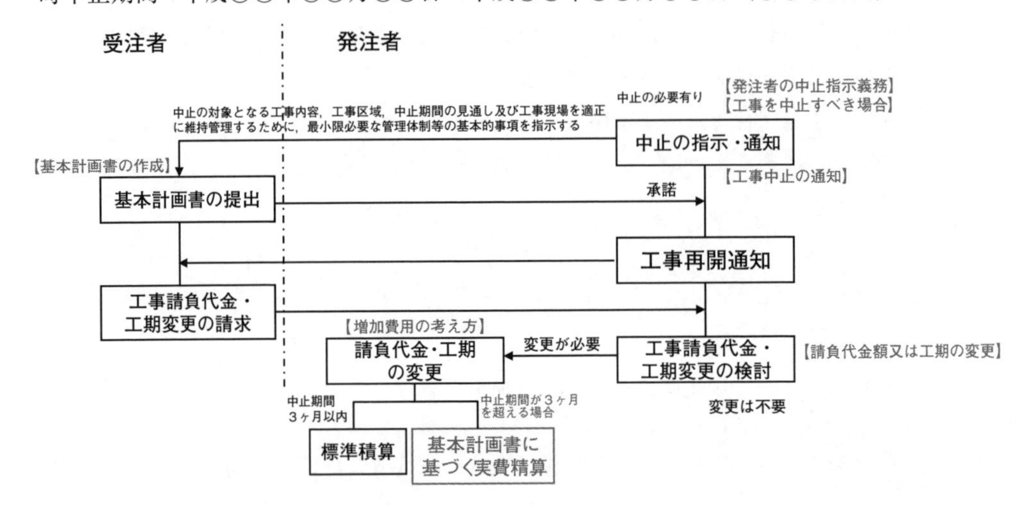

7．基本計画書の作成例

準備工期間中に工事中止となった場合の基本計画書及び請求資料の作成例

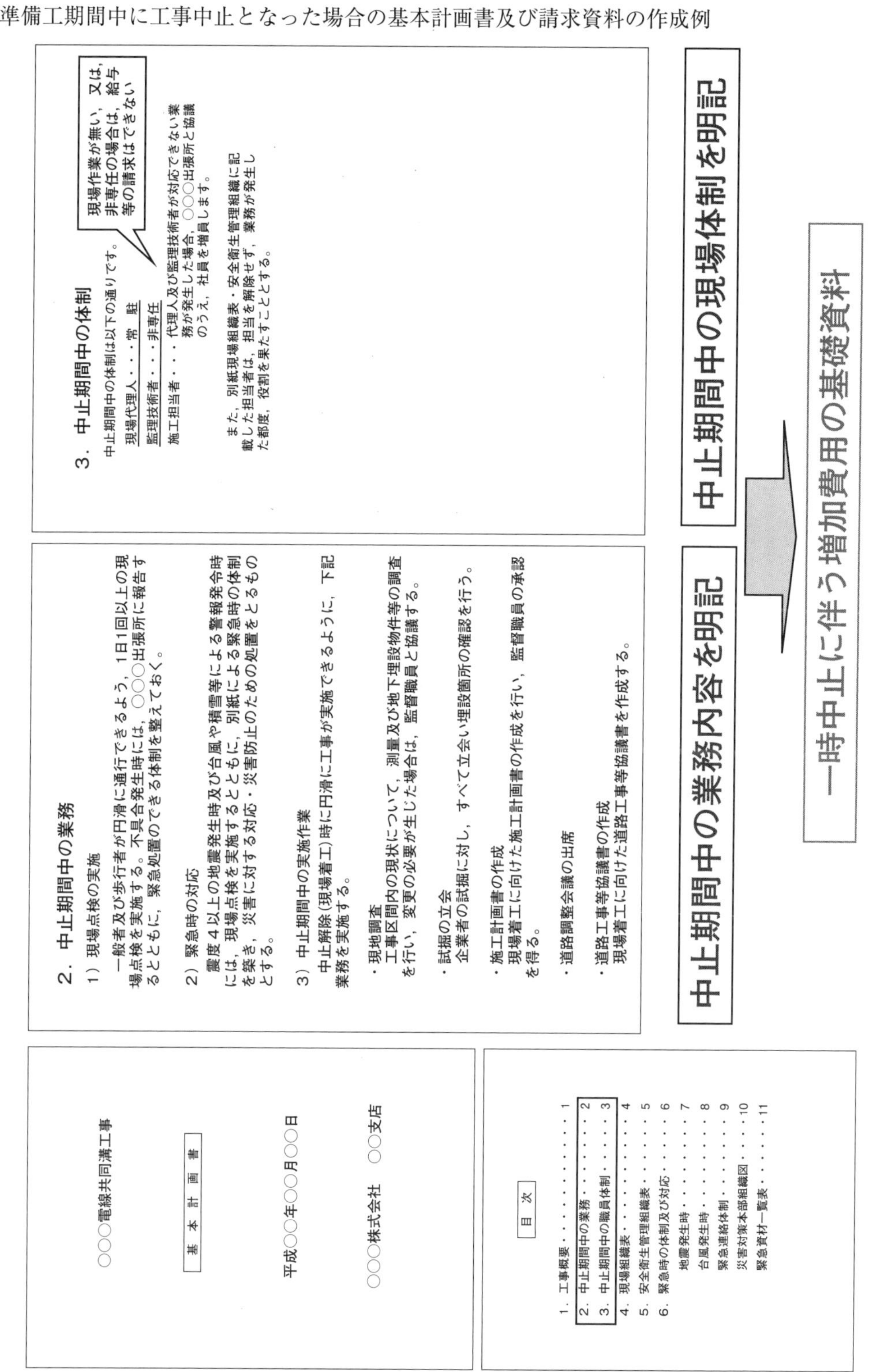

○○○電線共同溝工事

基　本　計　画　書

平成○○年○○月○○日

○○○株式会社　○○支店

目　次

2．中止期間中の業務

1）現場点検の実施

一般者及び歩行者が円滑に通行できるよう，1日1回以上の現場点検を実施する。不具合発生時には，○○○出張所に報告するとともに，緊急処置のできる体制を整えておく。

2）緊急時の対応

震度4以上の地震発生時及び台風や積雪等による警報発令時には，現場点検を実施するとともに，別紙による緊急時の体制を築き，災害に対する対応・災害防止のための処置をとるものとする。

3）中止期間中の実施作業

中止解除（現場着工）時に円滑に工事が実施できるように，下記業務を実施する。

・現地調査
工事区間内の現状について，測量及び地下埋設物件等の調査を行い，変更の必要が生じた場合は，監督職員と協議する。

・試掘の立会
企業者の試掘に対し，すべて立会い埋設箇所の確認を行う。

・施工計画書の作成
現場着工に向けた施工計画書の作成を行い，監督職員の承認を得る。

・道路調整会議の出席

・道路工事等協議書の作成
現場着工に向けた道路工事等協議書を作成する。

3．中止期間中の体制

中止期間中の体制は以下の通りです。

現場代理人・・・常　駐

監理技術者・・・非専任

施工担当者・・・代理人及び監理技術者が対応できない業務が発生した場合，○○○出張所と協議のうえ，社員を増員します。

また，別紙現場組織表・安全衛生管理組織に記載した担当者は，担当を解除せず，業務が発生した都度，役割を果たすこととする。

８．工事請負代金変更請求の作成例(1)

◎増加費用の請求書例

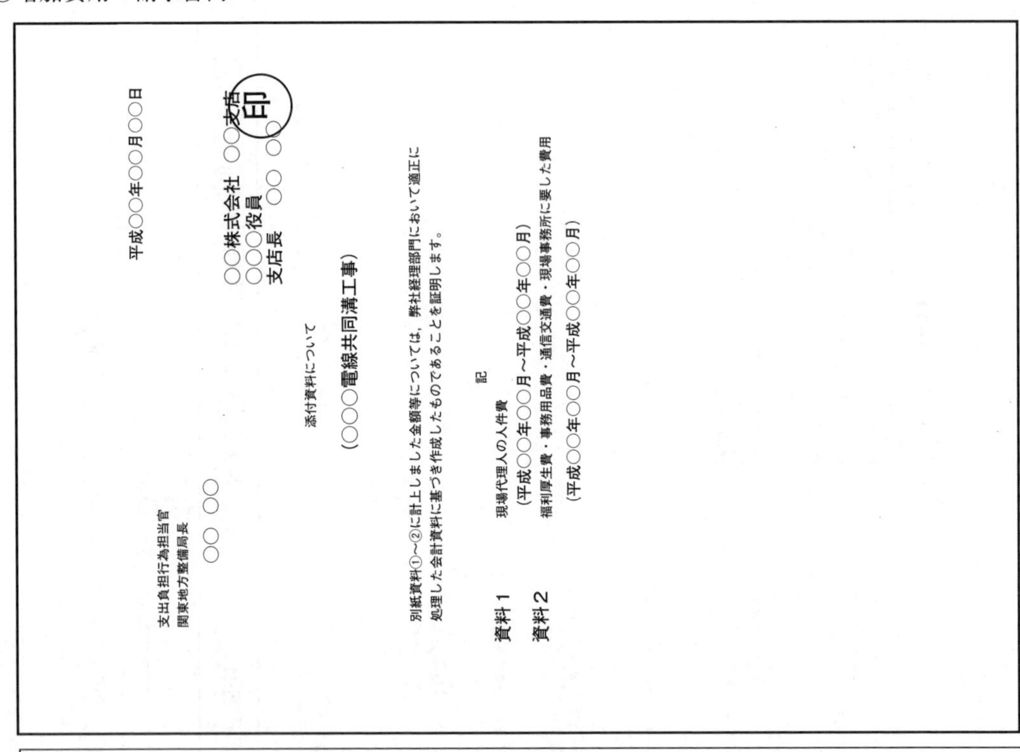

平成○○年○○月○○日

支出負担行為担当官
関東地方整備局長
○○ ○○

○○株式会社 ○○支店
○○○役員
支店長 ○○ ○○ 印

添付資料について

（○○○電線共同溝工事）

別紙資料①～②に計上しました金額等については，弊社経理部門において適正に処理した会計資料に基づき作成したものであることを証明します。

記

資料１　現場代理人の人件費
（平成○○年○○月～平成○○年○○月）

資料２　福利厚生費・事務用品費・通信交通費・現場事務所に要した費用
（平成○○年○○月～平成○○年○○月）

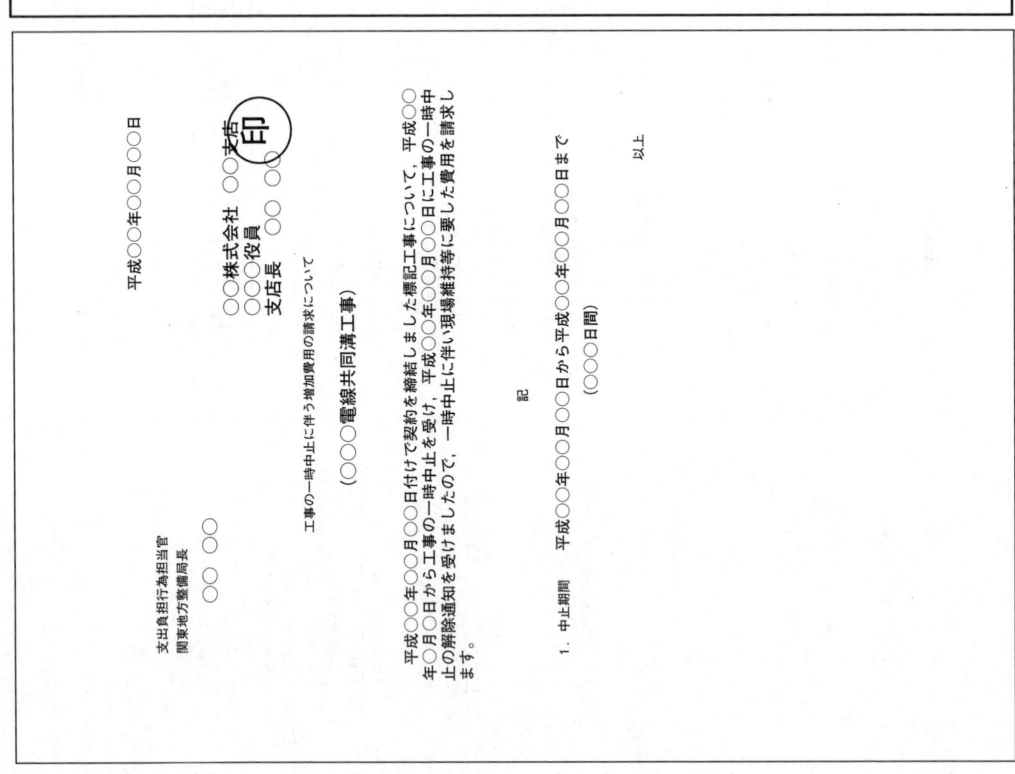

平成○○年○○月○○日

支出負担行為担当官
関東地方整備局長
○○ ○○

○○株式会社 ○○支店
○○○役員
支店長 ○○ ○○ 印

工事の一時中止に伴う増加費用の請求について

（○○○電線共同溝工事）

平成○○年○○月○○日付けで契約を締結しました標記工事について，平成○○年○月○日から工事の一時中止を受け，平成○○年○○月○○日に工事の一時中止の解除通知を受けましたので，一時中止に伴い現場維持等に要した費用を請求します。

記

１．中止期間　平成○○年○○月○○日から平成○○年○○月○○日まで
（○○○日間）

以上

9．工事請負代金変更請求の作成例(2)

◎増加費用の見積もり書例

工事一時中止に伴う増加費用等の見積もり

工事名	○○○○○電線共同溝工事		
工事場所	自）○○県○○市○○ 至）○○県○○市○○		
当初工期	自）平成○○年○○月○○日 至）平成○○年○○月○○日 （750日間）	一時中止期間	自）平成○○年○○月○○日 至）平成○○年○○月○○日 （129日間）
当初契約金額	¥○○○,○○○,○○○	税抜契約金額	¥○○○,○○○,○○○
増加金額	¥　3,629,624	税抜増加金額	¥　3,456,785

○○○○株式会社　○○支店

工事一時中止に伴う増加費用等の見積もり

工事名	○○○○○電線共同溝工事					
	規格	単位	数量	単価	金額	摘要
一時中止に伴う増し分費用		式	1		3,456,785	
（1）現場管理費		式	1		3,456,785	
・従業員給料手当		式	1		3,094,485	
現場代理人		月	4.3	506,809	2,179,279	
監理技術者		月	1.3	704,005	915,207	
・福利厚生費		式	1		35,498	
・事務用品費		式	1		50,935	
・通信交通費		式	1		112,835	
・現場事務所費		式	1		163,032	
合計					3,456,785	

※見積もりに対する妥当性の確認が出来る証明書類の提出が必要

例えば）

（1）現場代理人等の給料について

①当該現場での作業内容

②給与等の内訳書

③給与明細等の資料

（2）福利厚生費，通信交通費，営繕費について

①経費別支払調書

②事務用品の証明書類の提出

③経費支払い集計調書

妥当性の確認ができた項目を積み上げる

（例では，全て確認出来た場合，1,000円未満を切り捨てた3,456,000円を増加費用として計上）

10. 工事請負代金変更請求の作成例(3)

◎増加費用の見積もり根拠資料例

(1) 現場代理人等給料について　　【資料1】

① 当該現場での作業内容

現場代理人	監理技術者

中止期間中報告書　　○月　　総括表

月	日	曜日	作業の内容
○年 ○月	1	金	工事の一次中止指示
	2	土	
	3	日	
	4	月	現地調査（現地測量）
	5	火	現地調査（現地測量）
	6	水	現地調査（現地測量）
	7	木	現地調査（現地測量）
	8	金	現地調査（現地測量）
	9	土	
	10	日	
	11	月	現地調査（現地測量）
	12	火	現地調査（現地測量）
	13	水	現地調査（支障物等の確認）
	14	木	現地調査（支障物等の確認）
	15	金	現地調査（支障物等の確認）
	16	土	
	17	日	
	18	月	現地調査（支障物等の確認）
	19	火	現地調査（支障物等の確認）
	20	水	現地調査（支障物等の確認）
	21	木	現地調査（試掘の立会）
	22	金	現地調査（試掘の立会）
	23	土	
	24	日	
	25	月	特殊部位置の確認（現地照査）
	26	火	特殊部位置の確認（現地照査）
	27	水	道路調整会議（占用企業者）
	28	木	現地調査（試掘の立会）
	29	金	特殊部位置の確認（現地照査）
	30	土	
	31	日	

○○○㈱　○○支店

② 給与等の内訳書

※工事中止に伴い，監理技術者の専任を解除。工事再開の約1ヶ月前から専任を再開。（別途変更基本計画書を提出）

月別給与支給明細書

【現場代理人　○○　○○】

	給与	超勤手当	賞与配賦金	給与手当小計
○月	369,900	110,147	102,825	582,872
○月	369,900	0	102,825	472,725
○月	369,900	23,725	102,825	496,450
○月	369,900	5,932	102,825	478,657
○月（9日分）	109,103	753	38,717	148,573
合　計	1,588,703	140,557	450,017	2,179,277
対象期間平均	369,466	32,688	104,655	506,809

【監理技術者　○○　○○】

	給与	超勤手当	賞与配賦金	給与手当小計
○月				
○月				
○月				
○月	523,600	0	180,937	704,537
○月（9日分）	158,139	0	52,530	210,669
合　計	681,739	0	233,467	915,206
対象期間平均	524,415	0	179,590	704,005

現場着手の目処が立ったことから，○月に変更基本計画書を提出し，監理技術者を専任に変更した

③ 給与明細等の資料（各月の給与明細書，前年の源泉徴収票等）

平成　年分　給与所得の源泉徴収票

11. 工事請負代金変更請求の作成例(4)

◎増加費用の見積もり根拠資料例

(2) 福利厚生費，通信交通費，営繕費について【資料2】

① 経費別支払調書

(平成○○年　○月分)

税抜き金額

	項目	細別	支払先	金額	備考
	事務用品費				
		コピー代	○○○○㈱	37,000	
	通信交通費				
		連絡車	㈱○○○○	26,300	
	現場事務所				
		レンタルハウス	○○○○㈱	38,000	
	合　計			101,300	

② 事務用品費の証明書類の提出（請求書の例）

請求書

○○○株式会社　御中

平成○○年○月○日

工事名称　○○○電線共同溝工事

名称　メンテナンスカウンター料

住所　○○県○○市○○

会社名 代表者　○○○株式会社　印

TEL　012-345-6789

③ 経費支払い

集計調書

	福利厚生費	事務用品費	通信交信費	現場事務所
○月	7,850		26,300	38,000
○月			26,300	38,000
○月	27,648		26,300	38,000
○月		37,000	26,300	38,000
○月(9日分)		13,935	7,635	11,032
合計	35,498	50,935	112,835	163,032

12. 工事請負代金の構成(1)

増加費用等の構成

◇中止期間中の現場維持等に要する費用は工事原価に含めて計上し，一般管理費等の対象とする。

◇積み上げ計上費用には，請負比率及び合意比率は考慮しないものとする。

◇増加費用等についての変更契約は，工事再開後に行う。

【増額費用の計算例】

中止期間が3ヶ月を超える場合　（　）は増額金額

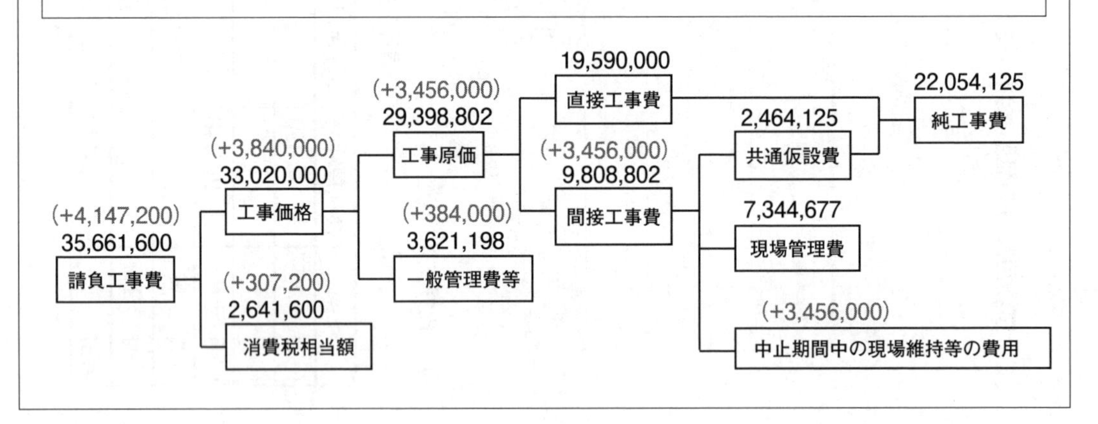

13. 工事請負代金の構成(2)

設　計　内　訳　書

工事名	○○○○○電線共同溝工事　（1回変更）(包括合意)				事業区分	共同溝・電線共同溝		
					工事区分	共同溝		
工事区分・工種・種別・細別	規格	単位	数量	単価	金額	数量増減	金額増減	摘要
共同溝		式	1 1		19,590,000 19,590,000	0	0	
開削土工		式	1 1		19,590,000 19,590,000	0	0	
掘削工		式	1 1		19,590,000 19,590,000	0	0	
開削掘削		㎥	10,000 10,000	1,959 1,959	19,590,000 19,590,000	0	0	
直接工事費		式	1 1		19,590,000 19,590,000	0	0	
共通仮設費		式	1 1		2,464,125 2,464,125	0	0	
共通仮設費（率計上）		式	1 1		2,464,125 2,464,125	0	0	
純工事費		式	1 1		22,054,125 22,054,125	0	0	
現場管理費		式	1 1		7,344,677 7,344,677	0	0	
中止期間中の現場維持費		式	0 1		0 3,456,000	1	3,456,000	※1
工事原価		式	1 1		29,398,802 32,854,802	1	3,456,000	
一般管理費等		式	1 1		3,621,198 4,005,198	1	384,000	
工事価格		式	1 1		33,020,000 36,860,000	1	3,840,000	
消費税相当額		式	1 1		2,641,600 2,948,800	1	307,200	
工事費計		式	1 1		35,661,600 39,808,800	1	4,147,200	

※1．『中止期間中の現場維持費』には，請負比率及び合意比率を考慮しない。

９．設計図書の照査ガイドライン

（出典）関東地方整備局：工事請負契約における設計変更ガイドライン（総合版）Ⅱ 設計照査ガイドライン，平成27年６月

目　次

1．「設計図書の照査」の基本的考え方

⑴　「設計図書の照査」に係わる規定について

■工請負契約書第18条（条件変更等）及び土木工事共通仕様書 第1編　1－1－3　設計図書の照査等においては，次のように受注者が設計図書の照査を自らの負担により行うこととなっている。

工事請負契約書第18条（条件変更等）

第18条　受注者は，工事の施工に当たり，次の各号のいずれかに該当する事実を発見したときは，その旨を直ちに監督職員に通知し，その確認を請求しなければならない。

一　図面，仕様書，現場説明書及び現場説明に対する質問回答書が一致しないこと（これらの優先順位が定められている場合を除く。）。

二　設計図書に誤謬又は脱漏があること。

三　設計図書の表示が明確でないこと。

四　工事現場の形状，地質，湧水等の状態，施工上の制約等設計図書に示された自然的又は人為的な施工条件と実際の工事現場が一致しないこと。

五　設計図書で明示されていない施工条件について予期することのできない特別な状態が生じたこと。

2　監督職員は，前項の規定による確認を請求されたとき又は自ら同項各号に掲げる事実を発見したときは，受注者の立会いの上，直ちに調査を行わなければならない。ただし，受注者が立会に応じない場合には，受注者の立会いを絵図に行うことができる。

3　発注者は，受注者の意見を聴いて，調査の結果（これに対してとるべき措置を指示する必要があるときは，当該指示を含む。）をとりまとめ，調査の終了後14日以内に，その結果を受注者に通知しなければならない。ただし，その期間内に通知できないやむを得ない理由があるときは，あらかじめ受注者の意見を聴いた上，当該期間を延長することができる。

4　前項の調査の結果において第1項の事実が確認された場合において，必要があると認められるときは，次に掲げるところにより，設計図書の訂正又は変更を行わなければならない。

一　第1項第一号から第三号までのいずれかに該当し設計図書を訂正する必要があるもの　　発注者が行う。

二　第1項第四号又は第五号に該当し設計図書を変更する場合で工事目的物の変更を伴うもの　　発注者が行う。

三　第1項第四号又は第五号に該当し設計図書を変更する場合で工事目的物の変更を伴わないもの　　発注者と受注者とが協議して発注者が行う。

5　前項の規定により設計図書の訂正又は変更が行われた場合において，発注者は，必要があると認められるときは工期若しくは請負代金額を変更し，又は受注者に損害を及ぼしたときは必要な費用を負担しなければならない。

土木工事共通仕様書 1－1－1－3 設計図書の照査等

2．設計図書の照査

受注者は，施工前及び施工途中において，自らの負担により契約書第18条第1項第1号から第5号に係る設計図書の照査を行い，該当する事実がある場合は，監督職員にその事実が確認できる資料を書面により提出し，確認を求めなければならない。

なお，確認できる資料とは，現地地形図，設計図との対比図，取り合図，施工図等を含むものとする。また，受注者は，監督職員から更に詳細な説明または書面の追加の要求があった場合は従わなければならない。

⑵「設計図書の照査」の位置づけ

■受注者は，工事請負契約書及び土木工事共通仕様書に基づいて，設計照査を行うこととなる。

■土木工事共通仕様書「2．設計図書の照査」に記載のあるとおり，照査結果から工事請負契約書第18条にある，現場と設計図書が一致しないことの事実を監督職員が確認できる資料（現地地形図，設計図との対比図，取り合図，施工図等）の作成は，受注者の負担により作成を行う。

■また，照査結果により，計画の見直し，図面の再作成，構造計算の再計算，追加調査等が生じた場合，それらに要する費用の負担は発注者の責任において行うものとする。

【受注者が自らの負担で行う部分】

① 設計照査に係る費用

② 設計照査の結果を監督職員に説明するために資料作成
（現地地形図，設計図との対比図，取り合図，施工図等）

③ 監督職員から更に詳細な説明を求められ，説明するための資料作成

【発注者が実施する部分】

① 照査結果により生じた，計画の見直し，図面の再作成，構造計算の再計算，追加調査等

※受注者に作成を指示する場合は，その費用を負担する。

2．「設計図書の照査」の範囲を超えるもの（事例）

設計変更が可能なケース

1．現地測量の結果，横断図を新たに作成する必要があるもの。又は縦断計画の見直しを伴う横断図の再作成が必要となるもの。

2．施工の段階で判明した推定岩盤線の変更に伴う横断図の再作成が必要となるもの。ただし，当初横断図の推定岩盤線の変更は「設計図書の照査」に含まれる。

3．現地測量の結果，排水路計画を新たに作成する必要があるもの。

4．構造物の位置や計画高さ，延長が変更となり構造計算の再計算が必要となるもの。
5．構造物の載荷高さが変更となり，構造計算の再計算が必要となるもの。
6．現地測量の結果，構造物のタイプが変更となるもの。（標準設計で修正可能なものであっても照査の範囲をこえるものとして扱う）。
7．構造物の構造計算書の計算結果が設計図と違う場合の構造計算の再計算及び図面作成が必要となるもの。
8．基礎杭が試験杭等により変更となる場合の構造計算及び図面作成。
9．土留め等の構造計算において現地条件や施工条件が異なる場合の構計図面作成。
10.「設計要領」・「各種示方書」等との対比設計。
11. 設計根拠まで遡る見直し，必要とする工費の算出。
12. 舗装修繕工事の縦横断設計（当初の設計図書において縦横断面図が示されており，その修正を行う場合とする。なお，設計図書で縦横断図が示されておらず土木工事共通仕様書「14－４－３ 路面切削工」「14－４－５ 切削オーバーレイ工」「14－４－６ オーバーレイ工」等に該当し縦横断設計を行うものは設計照査に含まれる）。

（注） なお，適正な設計図書に基づく数量の算出及び完成図については，受注者の費用負担によるものとする。

3．設計照査結果における受発注者間のやりとり

①照査結果の報告【受注者負担】

受注者

現地と設計内容の違いについて確認できる資料を書面にて提出します。

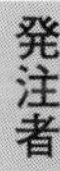

不明瞭な部分があるので，詳細に確認できる資料を提出してください。

詳細に確認できる資料を書面にて提出します。

②照査結果を受け設計図書の変更や構造計算の再計算等行う場合【発注者負担】

受注者

設計図書の訂正または変更を行います。

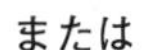

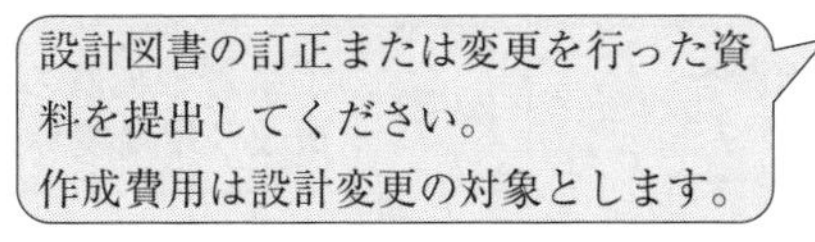

設計変更に関わる資料を作成したので提出します。

4．設計図書の照査項目及び内容

No.	項 目	主 な 内 容	
1	当該工事の条件明示内容の照査	1－1	「土木工事条件明示の手引き（案）」における明示事項に不足がないかの確認
		1－2	「土木工事条件明示の手引き（案）」における明示事項と現場条件に相違がないかの確認
2	関連資料・貸与資料の確認	2－1	ポンプ排水を行うにあたり，土質の確認によって，クイックサンド，ボイリングが起きない事を検討し確認したか
		2－2	ウェルポイントあるいはディープウェルを行うにあたり，工事着手前に土質の確認を行い，地下水位，透水係数，湧水量等を確認したか
		2－3	浚渫工の施工において，渇水位，平水位，最高水位，潮位及び流速・風浪等の水象・気象の施工に必要な資料を施工前に調査・確認したか
		2－4	地質調査報告書は整理されているか・追加ボーリングは必要ないかの確認
		2－5	軟弱地盤の施工に必要な資料はあるかの確認（圧密沈下，液状化，地盤支持力，法面安定，側方流動等）
		2－6	測量成果報告書（平面，横断，縦断）は整理されているかの確認
		2－7	共通仕様書及び特記仕様書に示される資料はあるかの確認
		2－8	設計計算書等（構造物（指定仮設含む），隣接工区等含む）はあるかの確認
		2－9	特記仕様書等に明示してある支障物件移設予定時期及び占用者に関する資料はあるかの確認
		2－10	地盤沈下，振動等による影響が第三者におよばないか，関連資料はあるかの確認
		2－11	地下占用物件である電線，電話線，水道，道路管理者用光ケーブル，その他の地下埋設物を示した図面（平面，横断，深さ等）等関連資料があるか
		2－12	設計成果物等（報告書等）の貸与資料（電子データを含む）に不足がないか，追加事項があるかの確認
3	現地踏査	3－1	工事着手後直ちに測量を実施し，測量標（仮BM），工事用多角点の設置及び用地境界，中心線，縦断，横断等を確認
		3－2	建設発生土の受入地への搬入に先立ち，容量が十分か確認
		3－3	周辺地域の地下水利用状況等から作業に伴い水質水量等に影響を及ぼす恐れがないか確認
		3－4	土留・仮締切工の仮設H鋼杭，仮設鋼矢板の打込みに先行し，支障となる埋設物の確認のため，溝掘り等を行い，埋設物を確認

No.	項 目		主 な 内 容
3	現地踏査	3－5	仮囲いまたは立入防止柵の設置にあたり，交通に支障をきたす場合あるいは苦情が発生すると予想される場合には，工事前に対策を検討し，確認
		3－6	砂防土工における斜面対策としての盛土工（押え盛土）を行うに当たり，盛土量，盛土の位置ならびに盛土基礎地盤の特性等について現状の状況等を照査
		3－7	施肥，灌水，薬剤散布の施工にあたり，施工前に施工箇所の状況を調査するものとし，設計図書に示す使用材料の種類，使用量等を確認
		3－8	境界の施工前及び施工後において，近接所有者の立会による境界確認
		3－9	トンネルの施工にあたって，工事着手前に測量を行い，両坑口間の基準点との相互関係を確認
		3－10	道路管理台帳及び占用者との現地確認
		3－11	鋼矢板等，仮設杭の施工に先立ち，明らかに埋設物がないことが確認されている場合を除き，建設工事公衆災害防止対策要綱に従って埋設物の存在の有無を確認
		3－12	電線共同溝設置の位置・線形については，事前に地下埋設物及び工事区間の現状について測量及び調査を行い確認
		3－13	工事に先立ち，現地を詳細に把握するために現地調査を行い，補強を実施しようとする橋脚および基礎について，形状や鉄筋の位置，添架物や近接する 地下構造物等の状況を把握するとともに，海水または鋼材の腐食を促進させる工場排水等の影響や，鋼材の位置する土中部が常時乾湿を繰り返す環境にあるかどうか等を事前に確認
		3－14	漏水補修工の施工箇所は，設計図書と現地の漏水個所とに不整合がないか施工前に確認
		3－15	地質調査報告書と工事現場の踏査結果（地質，わき水，地下水など）が整合するかの確認
		3－16	使用する材料や重機の運搬・搬入路を確認
		3－17	土石流の到達するおそれのある現場での安全対策について，現地踏査を実施しあらかじめその対策を確認
		3－18	アンカー工の施工に際しては，工事着手前に法面の安定，地盤の状況，地中障害物，湧水を調査
		3－19	周囲の地盤や構造物に変状を与えないように，締切盛土着手前に現状地盤を確認
4	設計図	4－1	桁の工作に着手する前に原寸図を作成し，図面の不備や製作上に支障がないかどうかを確認

No.	項 目	主 な 内 容	
4	設計図	4 − 2	施工前に，配筋図，鉄筋組立図，及びかぶり詳細図により組立可能か，また配力鉄筋および組立筋を考慮したかぶりとなっているかを照査
		4 − 3	一般図には必要な項目が記載されているかの確認（水位，設計条件，地質条件，建築限界等）
		4 − 4	平面図には必要な工事内容が明示されているかの確認（法線，築堤護岸，付属構造物等）
		4 − 5	構造図の基本寸法，座標値，高さ関係は照合されているかの確認
		4 − 6	構造図に地質条件（推定岩盤線，柱状図，地下水位等）を明記してあるかの確認
		4 − 7	図面が明瞭に描かれているかの確認（構造物と寸法線の使い分けがなされているか）
		4 − 8	構造詳細は適用基準及び打合せ事項と整合しているかの確認
		4 − 9	各設計図がお互いに整合されているかの確認 ・一般平面図と縦断図（構造一般図と線形図） ・構造図と配筋図 ・構造図と仮設図 ・下部工箱抜き図と付属物図（支承配置図，落橋防止図等） ・本体と付属物の取り合い 等
		4 −10	設計計算書の結果が正しく図面に反映されているかの確認（特に応力計算，安定計算等の結果が適用範囲も含めて整合しているか） ・壁厚 ・鉄筋（径，ピッチ，使用材料，ラップ位置，ラップ長，主鉄筋の定着長，段落し位置，ガス圧接位置） ・使用材料 ・その他
		4 −11	形状寸法，使用材料及びその配置は計算書と一致しているかの確認
		4 −12	地質調査報告書と設計図書の整合（調査箇所と柱状図，地質縦断面図・地質横断面図）はとれているかの確認
		4 −13	隣接工区等との整合はとれているかの確認
		4 −14	構造物の施工性に問題はないか。設計図等に基づいた適正な施工が可能かの確認（架設条件が設計図に反映されているか） ※橋梁上部工のみ対象
5	数量計算	5 − 1	数量計算に用いた数量は図面の寸法と一致するかの確認
		5 − 2	数量とりまとめは種類毎，材料毎の打合せ区分に合わせてまとめられているかの確認
		5 − 3	横断図面による面積計算，長さ計算の縮尺は図面に整合しているかの確認

No.	項目	主な内容	
6	設計計算書	6－1	使用されている設計基準等は適切かの確認
		6－2	設計基本条件は適切かの確認（荷重条件，施工条件，使用材料と規格，許容応力度等） ※橋梁上部工事のみ対象
		6－3	構造・線形条件は妥当かの確認（橋長，支間長，幅員構成，平面・横断線形，座標系等）
			※橋梁上部工事のみ対象

5．照査項目チェックリスト

受注者は，施工前及び施工途中において「設計図書の照査」を実施するが，「4．設計図書の照査項目及び内容」に基づき照査を行うこととし，その照査結果について，p.87以降に示す照査項目チェックリストについては，打合せ簿に添付して監督職員に報告する等に活用する。

(1) 照査項目チェックリストの作成手順

① 施工前に行う設計図書の照査時に，工事内容から判断して照査が必要と考えられる項目には「照査対象」欄の「有」にチェックをし，必要ないと考えられる項目には「無」にチェックを入れる。

なお，施工前には確認できないが，将来的に照査が必要な項目にも「有」にチェックを入れるものとし，照査の各段階でそれぞれ見直すこととする。

② 照査を完了した項目について，「照査実施」欄の「済」にチェックをし，日付を記入する。

③ 照査を完了した項目について，契約書第18条第１項第１号から第５号に該当する事実がある場合には「該当事実」欄の「有」にチェック，ない場合には「無」にチェックを入れる。

④ チェックリストを工事打合せ簿に添付して監督職員に提出し，照査状況及び結果を報告する。

その際に③の「該当事実」が「有」の項目にチェックした場合は，監督職員にその事実が確認できる資料も添付して提出する。

(2) 照査項目チェックリスト作成にあたっての留意事項

① 施工前及び施工途中の各照査段階において，照査を実施した項目にチェックと日付を記載し，完了している照査項目，今回実施した照査項目，照査対象であるが未照査項目を明確にする。

② １つの照査項目の中に複数の確認事項がある場合，打合せ簿，備考欄，別紙等を用いて確認済の内容がわかるようにする。

③ 照査内容の項目が漠然としており，発注者の認識と異なる恐れがあると判断される場合は，備考欄等に具体の確認項目を明確にしておく。

④ 特記仕様書，工事内容，規模，重要度等により，照査項目や内容を追加する必要がある場合は，項目を追加して利用する。

ただし，工事によって照査の必要がない項目も含まれることになるが，「照査対象」欄の「無」にチェックすることも照査の一部と考えられることから，チェックリストから項目を削除することは行わないこと。

提出年月日：　　　.　　　.

照査項目チェックリスト

工事名：

No.	項　目	主な内容		照査対象		照査実施		該当事実		備考
				有	無	済	日付	有	無	
1	当該工事の条件明示内容の照査	1－1	「土木工事条件明示の手引き(案)」における明示事項に不足がないかの確認							
		1－2	「土木工事条件明示の手引き(案)」における明示事項と現場条件に相違がないかの確認							
2	関連資料・貸与資料の確認	2－1	ポンプ排水を行うにあたり，土質の確認によって，クイックサンド，ボイリングが起きない事を検討し確認したか							
		2－2	ウェルポイントあるいはディープウェルを行うにあたり，工事着手前に土質の確認を行い，地下水位，透水係数，湧水量等を確認したか							
		2－3	浚渫工の施工において，渇水位，平水位，最高水位，潮位及び流速・風浪等の水象・気象の施工に必要な資料を施工前に調査・確認したか							
		2－4	地質調査報告書は整理されているか・追加ボーリングは必要ないかの確認							
		2－5	軟弱地盤の施工に必要な資料はあるかの確認（圧密沈下，液状化，地盤支持力，法面安定，側方流動等）							
		2－6	測量成果報告書（平面，横断，縦断）は整理されているかの確認							

（以下，略）

10．用語の定義

(1) 設計図書に属する文書

○**契約図書**とは，契約書及び設計図書をいう。

（編注：国土交通省の場合，本書 第１章 １－４ 参照）

○**設計図書**とは，仕様書，図面，現場説明書及び現場説明に対する質問回答書をいう。また，土木工事においては，工事数量総括表を含むものとする。

○**仕様書**とは，各工事に共通する共通仕様書と各工事ごとに規定される特記仕様書を総称していう。

○**共通仕様書**とは，各建設作業の順序，使用材料の品質，数量，仕上げの程度，施工方法等工事を施工するうえで必要な技術的要求，工事内容を説明したもののうち，あらかじめ定型的な内容を盛り込み作成したものをいう。

○**特記仕様書**とは，共通仕様書を補足し，工事の施工に関する明細または工事に固有の技術的要求を定める図書をいう。なお，設計図書に基づき監督職員が受注者に指示した書面及び受注者が提出し監督職員が承諾した書面は，特記仕様書に含まれる。

○**現場説明書**とは，工事の入札に参加するものに対して発注者が当該工事の契約条件等を説明するための書類をいう。

○**質問回答書**とは，質問受付時に入札参加者が提出した契約条件等に関する質問に対して発注者が回答する書面をいう。

○**図面**とは，入札に際して発注者が示した設計図，発注者から変更または追加された設計図，工事完成図等をいう。なお，設計図書に基づき監督職員が受注者に指示した図面及び受注者が提出し，監督職員が書面により承諾した図面を含むものとする。

○**工事数量総括表**とは，工事施工に関する工種，設計数量及び規格を示した書類をいう。

＜以上の出典：土木工事共通仕様書（案）H27版 １－１－１－２ 用語の定義＞

(2) 工事関連

○**工事**とは，本体工事及び仮設工事，またはそれらの一部をいう。

○**本体工事**とは，設計図書に従って，工事目的物を施工するための工事をいう。

○**仮設工事**とは，各種の仮工事であって，工事の施工及び完成に必要とされるものをいう。

○**工期**とは，契約図書に明示した工事を実施するために要する準備及び後片付け期間を含めた始期日から終期日までの期間をいう。

○**工事開始日**とは，工期の始期日または設計図書において規定する始期日をいう。

○**工事着手**とは，工事開始日以降の実際の工事のための準備工事（現場事務所等の設置または測量をいう。），詳細設計付工事における詳細設計又は工場製作を含む工事における工場製作工のいずれかに着手することをいう。

○**工事区域**とは，工事用地，その他設計図書で定める土地または水面の区域をいう。

○**現場**とは，工事を施工する場所及び工事の施工に必要な場所及び設計図書で明確に指定される場所をいう。

○**現場発生品**とは，工事の施工により現場において副次的に生じたもので，その所有権は発注者に帰属する。

＜以上の出典：土木工事共通仕様書（案）H27版 １－１－１－２ 用語の定義＞

⑶ 入札契約関連

１） 契約

○**公共工事標準請負契約約款**は，中央建設業審議会（中建審，建設業法に基づき建設工事の需要者及び建設業者である委員で構成された審議会）により作成された約款のひとつである。

公共工事標準請負契約約款は，国の機関，地方公共団体等のいわゆる公共発注者のみならず，電力，ガス，鉄道，電気通信等の，常時建設工事を発注する民間企業の工事についても用いることができるように作成されている。 （本書 第１章 １－３ 参照）

○**設計変更**は，契約変更を前提として，設計図書の内容を変更すること

○**契約変更**は，設計変更を伴う場合も伴わない場合も含め，契約の内容を変更すること

（本書 第１章 １－４ ⑵ 参照）

○**設計・施工一括発注方式**は，構造物の構造形式や主要諸元も含めた設計を施工と一括で発注することにより，民間企業の優れた技術を活用し，設計・施工の品質確保，合理的な設計，効率性を目指す方式である。

長らく，国土交通省の土木事業では，昭和34年の事務次官通達「土木事業に係る設計業務等を委託する場合の契約方式等について」（昭和34年１月19日，建設省発厚第３号）により設計の受託者は当該工事の入札に原則として参加できないものとされ，設計と施工を異なる者によって実施する設計・施工分離が原則とされてきた。これに対して，平成７年１月に「公共工事の品質に関する委員会」において品質確保・向上のインセンティブを付与する方策の１つとして設計・施工一括発注方式の検討を行う必要があるとされ，導入が始まった。

○**詳細設計付工事発注方式**は，構造物の構造形式や主要諸元，構造一般図等を確定した上で，施工のために必要な仮設をはじめ詳細な設計を施工と一括で発注することにより，製作・施工者のノウハウを活用する方式である。

＜以上の出典：国土交通省直轄事業の建設生産システムにおける発注者責任に関する懇談会：設計・施工一括及び詳細設計付工事発注方式実施マニュアル（案）p.1，2009.3＞

○**VE方式**は，目的別の機能を低下させずにコストを低減させる。若しくは同等のコストで機能の向上を図るための技術のことである。実施段階に応じて，設計VE，入札時VE，契約後VEなどの方式がある。

国土交通省の土木工事に関しては，「一般競争入札における入札時VE方式の試行について」（平成10年２月18日，建設省厚契発第９号，建設省技調発第36号，建設省営計発第15号），並びに「契約後VE方式の試行に係る手続きについて」（平成13年３月30日，国官地第24号，

国官技第79号，国営計第81号，平成22年９月６日最終改正，国地契第23号，国官技第171号，国営計第67号）により，入札時 VE，契約後 VE を試行している。

2） 入札説明書

○**入札説明書**は，公共土木工事の発注において，発注者が工事概要，競争参加資格，競争参加資格申請書の提出，入札説明書等に対する質問の手続き，入札方法等，落札者の決定方法などを示した文書である。説明書本文のほか，別冊として公告の写し，契約書案（及び契約約款），入札心得，図面，仕様書及び現場説明書を含めるものとされている。

○**入札心得**は，入札者が競争入札への参加にあたって法令の他に順守すべき入札手続きなどを示した文書である。

3） 総合評価等

○**総合評価落札方式**は，価格と価格以外の要素（品質など）を総合的に評価して落札者を決定する方式。

平成17年４月に施行された品確法では，公共工事の品質は「経済性に配慮しつつ価格以外の多様な要素をも考慮し，価格及び品質が総合的に優れた内容の契約がなされることより，確保されなければならない」とし，公共工事の品質確保ための主要な取り組みとして総合評価落札方式の適用を挙げている。

総合評価落札方式の類型は，公共工事の特性（内容，規模，要求要件等）に応じて「技術提案評価型」と「施工能力評価型」に大別される。

○**施工能力評価型**は，技術的工夫の余地が小さい工事を対象に発注者が示す仕様に基づき，適切で確実な施工を行う能力確認する場合に適用するものである。

○**技術提案評価型**は，技術的工夫の余地が大きい事を対象に構造上の工夫や特殊な施工方法等を含む高度な技術提案を求めること，又は発注者が示す標準的な仕様（案）に対し施工上の特定の課題等に関して施工上の工夫等の技術提案を求めることにより，民間企業の優れた技術力を活用し，公共工事の品質をより高めることを期待する場合に適用するものである。

＜出典：国土交通省直轄工事における総合評価落札方式の運用ガイドライン（2013年３月）＞

○**施工体制確認型総合評価落札方式**は，品質確保のための体制その他の施工体制の確保状況を確認し，入札説明書等に記載された要求要件を確実に実現できるかどうかを審査し，評価する方式であり，「施工体制確認型総合評価落札方式の試行について」（平成18年12月８日，国地契第72号，国官技第243号，国営計第117号，平成21年４月３日最終改正，国地契第62号，国官技第342号，国営計第115号）により試行されている。

＜出典：施工体制確認型総合評価落札方式の試行について（平成18年12月８日）＞

○**技術提案・交渉方式**とは，技術提案を募集し，最も優れた提案を行った者を優先交渉権者とし，その者と価格や施工方法等を交渉し，契約の相手方を決定する方式である。

＜出典：公共工事の入札契約方式の適用に関するガイドライン【本編】（平成27年５月）＞

⑷ 積算関連

１） 積算関連

○**工事工種体系**は，工事数量総括表について，階層数や階層定義，細分化法など構成方法，用語名称や単位数量などの表示方法を工種ごとに標準化・規格化することである。工事の具体的項目をレベル０からレベル６までの７つの体系階層（レベル）でツリー状に整理したものは，「工事工種体系ツリー」と呼ばれている。「土木請負工事における設計書及び工事数量総括表に関する標準的な構成内容について」（平成８年４月１日，建設省技調発第90号）で通知され，国土交通省直轄工事での使用が始まった。

＜出典：国土技術政策総合研究所：新土木工事積算大系と積算の実際－発注者・受注者間の共通認識の形成に向けて＞

○**予定価格**は，国や地方公共団体が契約の相手方を決定するにあたって，契約担当官等が定める制限価格である。

会計法第29条の６では，「契約担当官等は，競争に付する場合においては，政令の定めるところにより，契約の目的に応じ，予定価格の制限の範囲内で最高又は最低の価格をもつて申込みをした者を契約の相手方とするものとする。ただし，国の支払の原因となる契約のうち政令で定めるものについて，相手方となるべき者の申込みに係る価格によっては，その者により当該契約の内容に適合した履行がされないおそれがあると認められるとき，又はその者と契約を締結することが公正な取引の秩序を乱すこととなるおそれがあって著しく不適当であると認められるときは，政令の定めるところにより，予定価格の制限の範囲内の価格をもって申込みをした他の者のうち最低の価格をもって申込みをした者を当該契約の相手方とすることができる。」とされている。ここでの政令は，予算決算及び会計令である。

○**低入札価格調査基準価格**とは，会計法第29条の６のただし書きの規定を運用するため，「相手方となるべき者の申込みに係る価格によっては，その者により当該契約の内容に適合した履行がされないこととなるおそれがあると認められる場合の基準」として，この価格を下回った場合には調査を行うこととしている価格である。予算決算及び会計令第85条から第88条にその手続きが定められている。また，基準は，「予算決算及び会計令第85条の基準について」（平成21年３月31日付け国官会第2462号で協議し，同日付け財計第944号で回答）により定められている。

○**総価契約単価合意方式**とは，工事請負契約における受発注者間の双務性の向上の観点から，請負代金額の変更があった場合の金額の算定や部分払金額の算定を行うための単価等を前もって協議し，合意しておくことにより，設計変更や部分払に伴う協議の円滑化を図ることを目的として実施するものである。また，後工事を随意契約により前工事と同じ請負者に発注する場合においても本方式を適用することにより，適正な金額の算定を行うものである。この場合，契約総額（総価）は契約額で拘束される。 （本書 第１章 １－７及び第４章 ４－２ ⑴ 参照）

＜出典：総価契約単価合意方式の実施について（平成23年９月14日，国地契第30号，国官技第183号，国北予第20号）＞

2） 条件明示関連

○**条件明示**とは，工事施工の円滑化を図るため，施工条件を設計図書で明らかにしておく（「指定」しておく）ことである。「条件明示について」（平成14年３月28日，国官技第369号）において条件明示に関する共通的な事項が示されている。

（本書 第２章 ２－１ ⑹，第３章 ３－１ 参照）

○**指定**とは，工事目的物を完成するにあたり，設計図書のとおり，施工を行わなければならないものであり，指定事項が変われば，設計変更の対象になる。

○**任意**とは，工事目的物を完成するにあたり，受注者の責任において自由に施工を行うことができるものであり，内容に変更があっても設計変更の対象外である。ただし，任意であっても，当初積算時の条件と現地条件に変更がある場合は，設計変更を行う。

＜出典：国土技術政策総合研究所：新土木工事積算大系と積算の実際－発注者・受注者間の共通認識の形成に向けて＞

⑸ 監督職員関連

○**監督職員**とは，総括監督員，主任監督員，監督員を総称していう。

なお，国土交通省直轄工事に用いる工事請負契約書及び共通仕様書（全国版）における「監督職員」は，標準契約約款では「監督員」と称している。

○**総括監督員**とは，監督総括業務を担当し，主に，受注者に対する指示，承諾または協議及び関連工事の調整のうち重要なものの処理，及び設計図書の変更，一時中止または打切りの必要があると認める場合における契約担当官等に対する報告等を行う者をいう。また，土木工事にあっては主任監督員および監督員の指揮監督並びに監督業務のとりまとめを行う者をいう。

○**主任監督員**とは，土木工事における主任監督員は現場監督総括業務を担当し，主に，受注者に対する指示，承諾または協議（重要なもの及び軽易なものを除く）の処理，工事実施のための詳細図等（軽易なものを除く）の作成及び交付または受注者が作成した図面の承諾を行い，また，契約図書に基づく工程の管理，立会，段階確認，工事材料の試験または検査の実施（他のものに実施させ当該実施を確認することを含む）で重要なものの処理，関連工事の調整（重要なものを除く），設計図書の変更（重要なものを除く），一時中止または打切りの必要があると認める場合における総括監督員への報告を行う者をいう。また，土木工事にあっては監督員の指揮監督並びに現場監督総括業務及び一般監督業務のとりまとめを行う者をいう。

○**監督員**とは，一般監督業務を担当し，主に受注者に対する指示，承諾または協議で軽易なものの処理，工事実施のための詳細図等で軽易なものの作成及び交付または受注者が作成した図面のうち軽易なものの承諾を行い，また，契約図書に基づく工程の管理，立会，工事材料試験の実施（重要なものは除く。）を行う者をいう。また，土木工事における監督員は段階確認を行う。なお，設計図書の変更，一時中止または打切りの必要があると認める場合において，土木工事にあっては主任監督員への報告を行うとともに，一般監督業務のとりまとめを行う者をいう。

<以上の出典：土木工事共通仕様書（案）H27版　1－1－1－2　用語の定義>

○**段階確認**とは，設計図書に示された施工段階において，監督職員が臨場等により，出来形，品質，規格，数値等を確認することをいう。

<出典：土木工事共通仕様書（案）H27版　3－1－1－1　用語の定義>

(6)　検査関連

○**工事検査**とは，検査職員が契約書第31条，第37条，第38条に基づいて給付の完了の確認を行うことをいう。

○**検査職員**とは，契約書第31条第2項の規定に基づき，工事検査を行うために発注者が定めた者をいう。

○**同等以上の品質**とは，特記仕様書で指定する品質または特記仕様書に指定がない場合，監督職員が承諾する試験機関の品質確認を得た品質または，監督職員の承諾した品質をいう。なお，試験機関において品質を確かめるために必要となる費用は，受注者の負担とする。

<以上の出典：土木工事共通仕様書（案）H27版　1－1－1－2　用語の定義>

○**技術検査**とは，地方整備局工事技術検査要領（国土交通事務次官通知，平成18年3月31日改正）に基づき行うものをいい，請負代金の支払いを伴うものではない。

<出典：土木工事共通仕様書（案）H27版　3－1－1－1　用語の定義>

○**出来高部分払方式**は，出来高に応じて段階的に支払う方式である。本方式の実施により，受発注者が相互にコスト意識を持ち，短い間隔で出来高に応じた部分払や設計変更協議を実施し，円滑かつ速やかな工事代金の流通を確保することによって，より双務性及び質の高い施工体制の確保を目指すものである。国土交通省では，出来高部分払方式の対象は，工期が180日を超える工事としている。

○**施工プロセスを通じた検査**は，施工プロセス全体を通じて工事実施状況等を確認し，その結果を検査に反映させることによって工事の品質確保体制を強化し，既済部分検査や完成検査の効率化を図るものである。あわせて，出来高部分払方式を採用し，出来高に応じた円滑な支払を図る。

<以上の出典：受注者のための初めての施工プロセスを通じた検査と出来高部分払い，国土交通省，2010.6>

(7)　協議・指示・承諾関連

○**指示**とは，契約図書の定めに基づき，監督職員が請負者に対し，工事の施工上必要な事項について書面をもって示し，実施させることをいう。

○**承諾**とは，契約図書で明示した事項について，発注者若しくは監督職員または請負者が書面により同意することをいう。

○**協議**とは，書面により契約図書の協議事項について，発注者または監督職員と請負者が対等の立場で合議し，結論を得ることをいう。

○**提出**とは，監督職員が受注者に対し，または受注者が監督職員に対し工事に係わる書面またはその他の資料を説明し，差し出すことをいう。

○**提示**とは，監督職員が受注者に対し，または受注者が監督職員または検査職員に対し工事に係わる書面またはその他の資料を示し，説明することをいう。

○**報告**とは，受注者が監督職員に対し，工事の状況または結果について書面により知らせることをいう。

○**通知**とは，発注者または監督職員と受注者または現場代理人の間で，工事の施工に関する事項について，書面により互いに知らせることをいう。

○**連絡**とは，監督職員と受注者または現場代理人の間で，契約書第18条に該当しない事項または緊急で伝達すべき事項について，口頭，ファクシミリ，電子メールなどの署名または押印が不要な手段により互いに知らせることをいう。なお，後日書面による連絡内容の伝達は不要とする。

○**確認**とは，契約図書に示された事項について，監督職員，検査職員または受注者が臨場若しくは関係資料により，その内容について契約図書との適合を確かめることをいう。

○**立会**とは，契約図書に示された項目について，監督職員が臨場により，その内容について契約図書との適合を確かめることをいう。

<以上の出典：土木工事共通仕様書（案）H27版　1－1－1－2　用語の定義>

(8)　書類関連

○**書面**とは，手書き，印刷物等による工事打合せ簿等の工事帳票をいい，発行年月日を記載し，署名または押印したものを有効とする。ただし，情報共有システムを用いて作成及び提出等を行った工事帳票については，署名または押印がなくても有効とする。

○**工事関係書類**とは，契約図書，契約関係書類，工事書類，及び工事完成図書をいう。

○**契約関係書類**とは，契約書第９条第５項の定めにより監督職員を経由して受注者から発注者へ，または受注者へ提出される書類をいう。

○**工事書類**とは，工事写真及び工事帳票をいう。

○**工事写真**とは，工事着手前及び工事完成，また，施工管理の手段として各工事の施工段階及び工事完成後目視できない箇所の施工状況，出来形寸法，品質管理状況，工事中の災害写真等を写真管理基準に基づき撮影したものをいう。

○**工事帳票**とは，施工計画書，工事打合せ簿，品質管理資料，出来形管理資料等の定型様式の資料，及び工事打合せ簿等に添付して提出される非定型の資料をいう。

○**工事管理台帳**とは，設計図書に従って工事目的物の完成状態を記録した台帳をいう。工事管理台帳は，工事目的物の諸元をとりまとめた施設管理台帳と工事目的物の品質記録をとりまとめた品質記録台帳をいう。

○**工事完成図書**とは，工事完成時に納品する成果品をいう。

<以上の出典：土木工事共通仕様書（案）H27版　1－1－1－2　用語の定義>

⑼　成果納品関連

○**納品**とは，受注者が監督職員に工事完成時に成果品を納めることをいう。

○**電子納品**とは，電子成果品を納品することをいう。

○**電子成果品**とは，電子的手段によって発注者に納品する成果品となる電子データをいう。

＜以上の出典：土木工事共通仕様書（案）H27版　１－１－１－２　用語の定義＞

⑽　受発注者間のコミュニケーション向上関連

○**施工効率向上プロジェクト**は，工事現場における受発注者間のコミュニケーションを円滑にし，生産性の向上を図ることを目的に国土交通省が実施している現場改善活動の総称である。本プロジェクトでは，三者会議，ワンデーレスポンス，設計変更審査会，情報共有システムの活用が重点的な活動となっている。

○**三者会議**は，工事目的物の品質確保を目的として，工事の着手前や施工段階において，発注者（設計担当・工事担当），設計者，施工者（受注者）の三者による「三者会議」（発注機関によっては異なる呼称が用いられている）を実施し，設計思想の伝達及び情報共有を図る取り組みである。

○**ワンデーレスポンス**は，工事の現場において，発注段階で予見不可能な諸問題が発生した等の場合に，発注者の意志決定に時間を費やすことにより，必要な実働工程が確保出来なくなり結果的に工事目的物等の品質が確保されていないケースが発生しているとの指摘などもあり，発注者側の行動の迅速化を図るための取り組みである。

○**設計変更審査会**は，設計変更手続きの透明性と公正性の向上及び迅速化を目的として，発注者と受注者による，設計変更の妥当性の審議及び工事の中止等の協議・審議等を行う取り組みである。

○**情報共有システム**は，国土交通省の各工事現場において発注者，受注者双方が電子的に情報を交換・共有することにより，円滑かつ効率的に施工管理を行うことを目的として，ICT（情報通信技術）を活用し，受発注者間の情報を電子的に交換・共有することによって業務の効率化を実現するシステムである。

「土木工事の情報共有システム活用ガイドライン」（国土交通省大臣官房技術調査課，2014.7）が運用の指針となっている。

（本書 第４章　４－３　参照）

〔著　　者〕

芦田　義則　　元国土交通省大臣官房技術調査課建設コスト管理企画室長

小池　　剛　　元国土交通省大臣官房技術調査課建設コスト管理企画室長

飛田　忠一　　元国土交通省関東地方整備局企画部技術開発調整官

松本　直也　　元国土交通省大臣官房技術調査課建設コスト管理企画室長

箕浦　宏和　　（一財）建設物価調査会　調査役
（元関東地方建設局企画部環境調整官）

■本書の追加・修正事項のお知らせ

当会ホームページ「建設Navi」(http://www.kensetu-navi.com/#2)の"刊行物修正情報"をご参照下さい。

■本書の内容に関する質問について

「記載事項以外の質問や解釈」,「具体的な事例相談」など,ご質問内容によってはお答えできない場合もあります。

■本書の内容に関する問合せ先

技術図書問合せセンター

TEL 03-3663-5521　　FAX 03-3639-4125

◇当会発行書籍の申込み先

図書販売サイト「建設物価 Book Store(http://book.kensetu-navi.com/)」

または,お近くの書店もしくは【電話】0120-978-599まで。

改訂版 よくわかる公共土木工事の設計変更

平成24年6月29日　初版

平成28年7月27日　改訂

監　修　国土交通省大臣官房技術調査課

発　行　一般財団法人 建設物価調査会

〒103-0011　東京都中央区日本橋大伝馬町11番8号

フジスタービル日本橋

電　話　03 (3663) 8763 (代)

印　刷　奥村印刷株式会社

 ISBN 978-4-7676-8102-3